本书精彩案例欣赏

餐 厅 家 具

SONY

卫生间家具

建筑可视化设计师系列

建筑可视化效果图表现技法

何智娟　文兰　编著
飞思数码产品研发中心　监制

——3ds Max 2008/VRay完美家具表现技法

電子工業出版社
Publishing House of Electronics Industry
北京·BEIJING

内容简介

本书共9章，第1章分为3节，第1节介绍了3ds Max 2008的界面和基础操作，第2节介绍了VRay渲染器的灯光、材质系统及渲染设置面板，第3节介绍了现代家具的设计特点。第2章介绍了茶室家具，首先介绍了中式板凳的特点及适用空间，接着讲解了中式板凳的制作流程，最后讲解了茶室家具场景的灯光、材质、渲染设置。第3章介绍了餐厅家具，首先讲解了餐椅的特点及适用空间，接着讲解了餐椅的制作流程，最后讲解了餐厅家具场景的灯光、材质、渲染设置。第4章介绍了卫生间家具，首先讲解了浴缸的特点及适用空间，接着讲解了浴缸的制作流程，最后讲解了卫生间家具场景的灯光、材质、渲染设置。第5章介绍了书房家具，首先讲解了书桌的特点及适用空间，接着讲解了书桌的制作流程，最后讲解了书房家具场景的灯光、材质、渲染设置。第6章介绍了卧室家具，首先讲解了床的特点及适用空间，接着讲解了床的制作流程，最后讲解了卧室家具场景的灯光、材质、渲染设置。第7章介绍了厨房家具，首先讲解了活动茶几的特点及适用空间，接着讲解了活动茶几的制作流程，最后讲解了厨房家具场景的灯光、材质、渲染设置。第8章介绍了客厅家具，首先讲解了沙发的特点及适用空间，接着讲解了沙发的制作流程，最后讲解了客厅家具场景的灯光、材质、渲染设置。第9章介绍了休闲室家具，首先讲解了茶几的特点及适用空间，接着讲解了茶几的制作流程，最后讲解了休闲室家具场景的灯光、材质、渲染设置。

本书内容翔实，结构清晰，讲解简洁流畅，实例丰富精美，适合3ds Max初、中级读者学习使用，也适合希望快速在效果图渲染方面提高渲染质量和工作效率的人员阅读学习，也可以作为各大中专院校或相关社会类培训班用作相关课程的学习用书。

图书在版编目（CIP）数据

建筑可视化效果图表现技法：3ds Max 2008/VRay完美家具表现技法／何智娟，文兰编著.

北京：电子工业出版社，2008.4

（建筑可视化设计师系列）

ISBN 978-7-121-06165-3

Ⅰ. 建… Ⅱ. ①何…②文… Ⅲ. 家具－计算机辅助设计－应用软件，3DS MAX 2008、VRAY

Ⅳ. TU201.4 TS664.01-39

中国版本图书馆CIP数据核字（2008）第030138号

责任编辑：王树伟　李新承

印　　刷：北京天宇星印刷厂

装　　订：三河市皇庄路通装订厂

出版发行：电子工业出版社

北京市海淀区万寿路173信箱　邮编：100036

开　　本：787×1092　1/16　印张：17.25　字数：441.6千字　彩插：4

印　　次：2008年4月第1次印刷

印　　数：5 000册　　定价：65.80（含光盘1张）

凡所购买电子工业出版社图书有缺损问题，请向购买书店调换。若书店售缺，请与本社发行部联系，联系及邮购电话：（010）88254888。

质量投诉请发邮件至zlts@phei.com.cn。盗版侵权举报请发邮件至dbqq@phei.com.cn。

服务热线：（010）88258888。

出版说明

关于丛书

什么是可视化?

可视化(Visualization)是利用计算机图形学和图像处理技术，将数据转换成图形或图像在屏幕上显示出来并进行交互处理的理论、方法和技术。它涉及计算机图形学、图像处理、计算机视觉、计算机辅助设计等多个领域，成为研究数据表示、数据处理、决策分析等一系列问题的综合技术。

有哪几种设计可视化产品形式?

“设计可视化”产品形式主要包括：建筑表现、建筑动画、数字化管理系统、多媒体演示服务、数字影视片等多种领域。同样这些内容也构成了“设计可视化”领域的基本框架。随着时间的推移及数字技术的不断升级，加之市场新的需求，“设计可视化”现有领域也将随着自身的发展及市场新的需求的引导继续向外延拓展。

国内可视化市场从1992年起步。近几年，随着建筑行业的繁荣，可视化表现得到了很大的发展。建筑设计公司在此方面投入更大，客户需求也越来越多。因此，可视化技术日趋完善，表现日趋丰富，并且更注重方案设计。客户更关注设计表现，而设计表现，则贯穿了整个设计流程。

目前国内建筑可视化表现分哪几种方式?

- 静态效果图

这是最普遍、最流行的一种表现方式，其表现日趋真实化，但表现力度稍弱。通过某种手段将建筑在空间中的视觉效果预先完美展示，也指进行中的建筑视觉动画创作在未完成情况下的虚拟静帧。

- 建筑动画

这是为表现建筑及建筑相关活动所产生的动画影片。它通常利用计算机软件来表现设计师对建筑视觉效果把握的意图，让观众体验建筑从视觉打动到心理感知，再到意识认知的过程。它的特点是视觉冲击力极强，有镜头效果，有文化及背景表现。

- 虚拟现实表现

虚拟现实技术(Virtual Reality)，又称灵境技术，20世纪90年代初逐渐为各界所关注，在商业领域得到了进一步的发展。这种技术的特点在于：计算机产生一种人为虚拟的环境，这种虚拟的环境是通过计算机图形构成的三维数字模型，编制到计算机中来产生逼真的“虚拟环境”，从而使用户在视觉上产生一种沉浸于虚拟环境的感觉，这就是虚拟现实技术的浸没感(Immersion)或临场参与感。在某种程度上，虚拟现实系统其实就是通过计算机系统仿真的数字化沙盘，但比传统沙盘和模型功能更多、性能更强、应用更广，是建筑设计和规划表现工具从传统工艺向数字技术发展的又一次革命!

现阶段建筑可视化的需求主要有哪几个领域?

- 家庭装修，以静态效果图为主，简单的动态漫游。
- 公司装修，以静态效果图为主，动态漫游，简单的动画表现。
- 政府项目，要求静态效果图，动画表现，以动态漫游为主。
- 政府主要项目，要求以动画表现为主，加上虚拟现实技术、漫游及效果图辅助。

出版说明

未来建筑设计领域对可视化设计有哪些需求？

随着客户的要求不断提高，多种表现形式共存，为客户今后的发展提供上升空间，为今后的数字城市提供配套，宽带及因特网为数字表现提供更广阔的平台。

为了满足更多的建筑设计人员的需求，我们针对国内建筑可视化需求领域进行了全面的规划，推出了“建筑可视化设计师系列”丛书。丛书可作为建筑可视化设计行业从业者的自学参考书，同时也可作为相关专业院校最佳的教学辅导用书。

我们真诚希望“建筑可视化设计师系列”丛书可以为更多读者带来广阔的学习空间，并希望我们的努力能够为国内的建筑可视化设计者队伍的建设做出一些贡献。我们期待着您能提出宝贵的意见。

关于本书

本书是建筑可视化系列丛书之一，本书以提高读者综合素质为重点，对家具设计和渲染相关的知识进行了全面的介绍，阅读后可使读者在室内效果图制作的技能和知识方面得到显著的提高。

家具作为一种生活用品与纯粹的艺术品有所不同，首先是应当具备实实在在的功能，没有功能就无从谈及家具，更无从谈起人性化家具设计。功能包括三个层次：一是基本的使用功能，它的实现基本没有问题；二是细微功能的延展，它包括内置功能和外置功能两个方面，一个细微的功能考虑可能会使使用者愉悦或使市场占有率直线上升；三是以人体工程学为基础的舒适性设计。总之，对家具的功能设计而言，要以舒适和方便为基本出发点，以灵活多变和节省空间为基本，以节省材料能源与使用耐久为原则，不断拓展新功能的家具来满足人们的使用要求。

本书以家具的功能性质进行分类，分为茶室家具、餐厅家具、卫生间家具、书房家具、卧室家具、厨房家具、客厅家具、休闲室家具等几大类型，然后选择每类家具中的典型进行特点上的分析，使读者对家具的风格有了整体把握；接着讲解如何进行建模，使读者对3ds Max 2008的建模技术有所了解，最后讲解如何渲染家具场景，使读者能迅速掌握VRay渲染器的渲染技巧。采用大量的实例由浅入深、循序渐进地讲解了建模、材质、灯光、渲染等技巧。本书在注重实际操作的同时还兼顾了初学者的基础教学，使各个层面的读者学习后都能达到较高的表现水准。

本书案例制作精美，技术、方法实用，讲解生动，详略得当，本书特别适合希望快速在效果图渲染方面提高渲染质量、工作效率的人员阅读学习，也可以作为各大中专院校或相关社会类培训班用作相关课程的学习用书。为了方便读者学习，本书配套光盘除了包含全书所有实例场景和贴图材质外，同时随盘赠送了大量的材质贴图。

编 著 者

飞思数码产品研发中心

联系方式

咨询电话：（010）68134545　88254160

电子邮件：support@fecit.com.cn

服务网址：http://www.fecit.com.cn　http://www.fecit.net

通用网址：计算机图书、飞思、飞思教育、飞思科技、FECIT

目　录

第 1 章　软件基础与家具设计概念

本章首先对3ds Max 2008的界面划分和工具进行简单的介绍，接着介绍内嵌于3ds Max的VRay软件在材质、灯光等方面新增的内容，最后对现代家具设计的定义和特点进行总结。

1.1 3ds Max 2008软件的基本操作

3ds Max是Autodesk公司发行的世界上应用最广泛的三维建模、动画、渲染软件，完全可以满足制作高质量动画、最新游戏开发、设计三维效果等的需要。日前流行于影视特效，电脑游戏动画，工业设计，建筑设计等领域。使用3ds Max 2008能够在计算机上快速创建专业品质的 3D 模型、照片级真实感的静止图像及电影品质的动画。首先认识一下3ds Max 2008的操作界面，如图1-1所示。

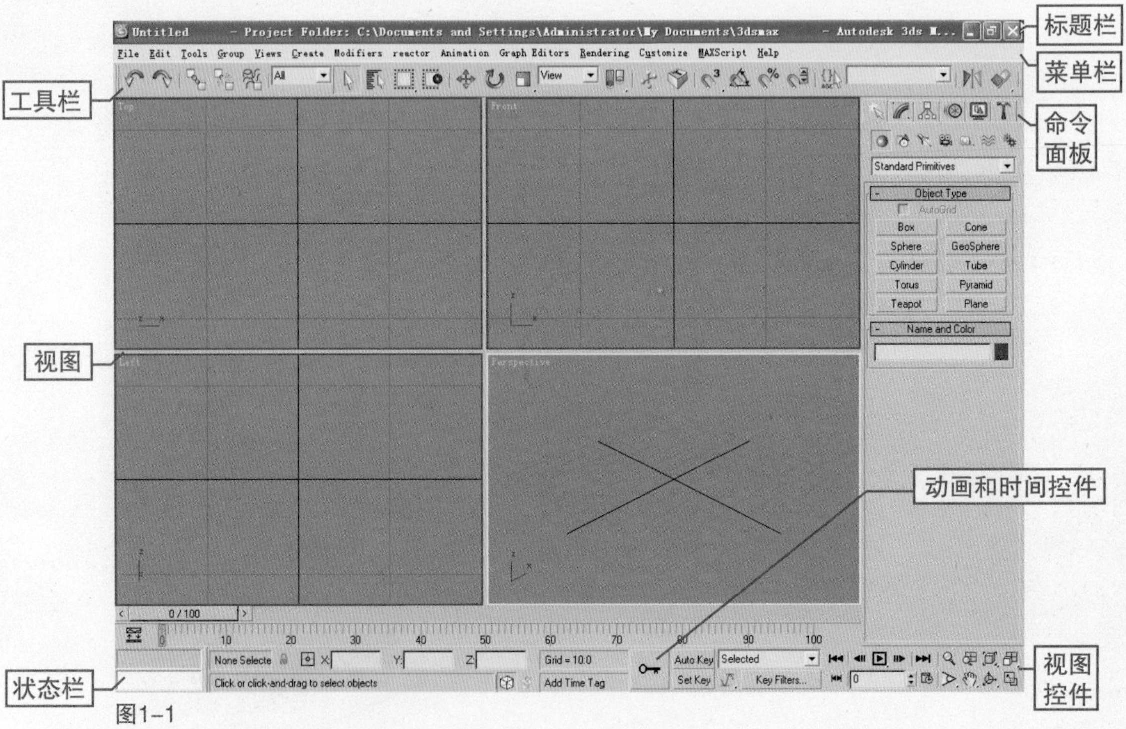

图1-1

使用3ds Max 2008进行创作，通常的工作流程分为建立对象模型、使用材质、放置灯光和摄影机、设置场景动画和渲染场景等5部分。如果创建的是静态作品就可以省略设置场景动画这一步。

3ds Max 2008的操作界面分为标题栏、菜单栏、工具栏、状态栏、动画和时间控件、视图、视图控件、命令面板等8大组成部分。

1.1.1 菜单栏

菜单栏位于主窗口的标题栏下面，每个菜单的标题表明该菜单命令的用途，如图1-2所示。

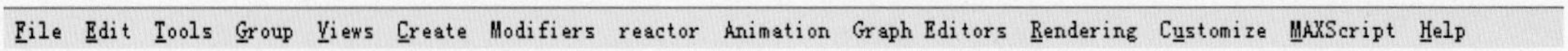

图1-2

1.1.2 工具栏

3ds Max 中的很多命令均可由工具栏上的按钮来实现。工具栏分为主工具栏、reactor 工具栏、附加工具栏等。默认情况下，主工具栏位于界面的顶部，如图1-3所示。

图1–3

使用撤销按钮可取消上一次操作的效果。

使用重做按钮可取消上一次撤销的操作。

使用选择并链接按钮可以通过将两个对象链接作为子和父，定义它们间的层次。

使用取消链接选择按钮可清除两个对象之间的层次。

使用绑定到空间扭曲按钮可以把当前选择附加到空间扭曲。

All 使用选择过滤器列表，可以限制由选择工具选择的对象的特定类型和组合。

选择对象按钮可用于选择一个或多个操作对象。

使用“按名称选择”，可以利用“选择对象”对话框从当前场景中所有对象的列表中选择对象。

选择区域按钮提供了可用于按区域选择对象的5种方法。单击选择区域按钮，会显示矩形、圆形、围栏、套索和绘制选择区域等按钮。

在按区域选择时，“窗口/交叉选择”切换可以在窗口和交叉模式之间进行切换。

使用选择并移动按钮可以选择并移动对象。

使用选择并旋转按钮可以选择并旋转对象。

选择并缩放按钮提供了对用于更改对象大小的选择并均匀缩放、选择并非均匀缩放、选择并挤压三种工具的访问。

View 使用参考坐标系列表，可以指定变换（移动、旋转和缩放）所用的坐标系。

中心按钮提供了对用于确定缩放和旋转操作几何中心的使用轴点中心、使用选择中心、使用变换坐标中心三种方法的访问。

使用选择并操纵命令可以通过在视图中拖动操纵器，编辑某些对象、修改器和控制器的参数。

使用键盘快捷键覆盖切换可以在只使用“主用户界面”快捷键和同时使用主快捷键和功能区域（如可编辑网格、轨迹视图、NURBS 等）快捷键之间进行切换。

捕捉切换按钮提供捕捉处于活动状态位置的 3D 空间的控制范围。

角度捕捉切换确定多数功能的增量旋转，包括标准旋转变换。随着旋转对象（或对象组），对象以设置的增量围绕指定轴旋转。

百分比捕捉切换通过指定的百分比来控制对象的缩放。

使用微调器捕捉切换设置 3ds Max 中所有微调器的增加或减少值。

编辑命名选择显示“编辑命名选择”对话框，可用于管理子对象的命名选择集。

使用命名选择集列表可以命名选择集，并重新调用选择以便以后使用。

单击镜像按钮将显示“镜像”对话框，使用该对话框可以在镜像一个或多个对象的方向时，移动这些对象。

对齐弹出按钮提供了对用于对齐对象的对齐、快速对齐、法线对齐、放置高光、对齐摄影机 、对齐到视图 6种不同工具的访问。

层管理器可以创建和删除层的无模式对话框，也可以查看和编辑场景中所有层的设置，及其相关联的对象。

轨迹视图曲线编辑器是一种轨迹视图模式，用于以图表上的功能曲线来表示运动轨迹。

图解视图是基于节点的场景图，通过它可以访问对象属性、材质、控制器、修改器、层次和不可见场景关系。

材质编辑器提供创建和编辑材质及贴图的功能。

使用渲染可以基于 3D 场景创建 2D 图像或动画。从而可以使用所设置的灯光、所应用的材质及环境设置（如背景和大气）为场景的几何体着色。

该按钮可以使用当前产品级渲染设置来渲染场景，而无须显示渲染场景对话框。

附加工具栏包含另外几个用于处理 3ds Max 场景的工具。默认 UI 并不显示该工具栏，要查看该工具栏，选择【Customize（自定义）】→【Show UI（显示UI）】→【Show Floating Toolbars（显示附加工具栏）】命令，此时附加工具栏则显示，如图1-4所示。

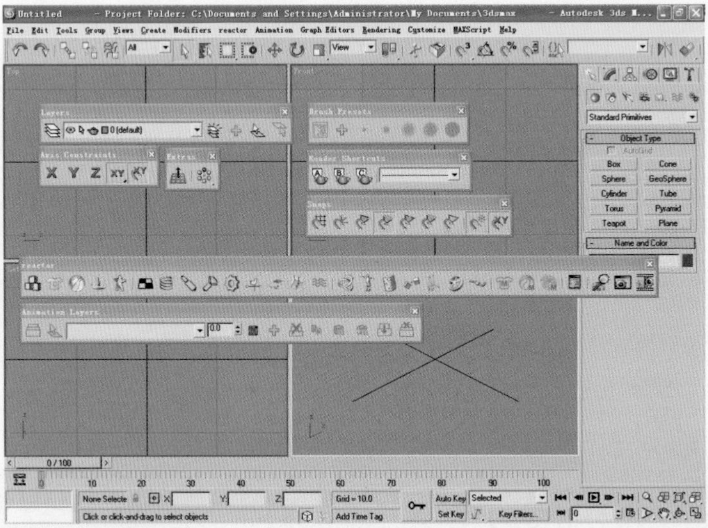

图1-4

层工具栏简化了 3ds Max 中与层系统的交互，从而使用户更易于组织场景中的层，大多数操作都可以通过层管理器进行，轴约束按钮在轴约束工具栏上。阵列弹出按钮提供了对用于创建对象阵列的各种工具的访问。使用渲染快捷键工具栏可以指定三个自定义预设按钮的设置，然后可以使用这些按钮在各种渲染预设之间进行切换。使用捕捉工具栏可以访问最常用的捕捉设置。使用 reactor 工具栏可以快速访问 reactor 动力学功能的一些对象和命令。

1.1.3 状态栏

3ds Max 窗口底部包含一个状态栏区域，提供有关场景和活动命令的提示及状态信息。这是一个坐标显示区域，可以在此输入变换值，如图1-5所示。

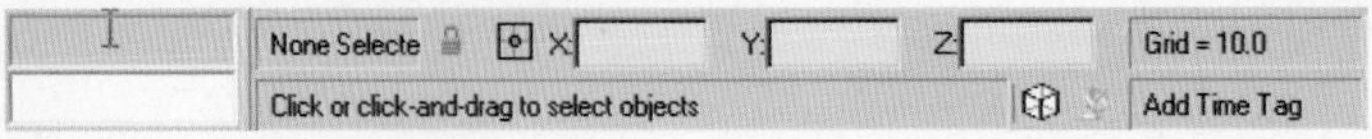

图1-5

1.1.4 动画和时间控件

位于状态栏和视图导航控件之间的是动画控件，以及用于在视图中进行动画播放的时间控件，如图1–6所示。

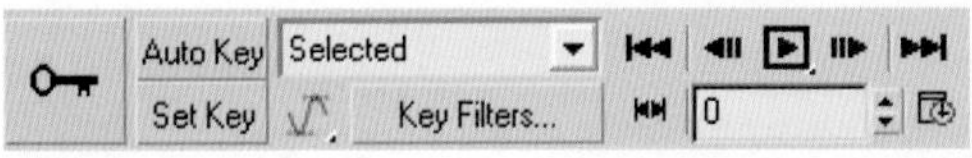

图1–6

1.1.5 视图

启动 3ds Max 之后，其主界面包含4个同样大小的视图。透视图位于右下部，其他三个视图的相应名称为：顶视图、前视图、左视图，如图1–7所示。

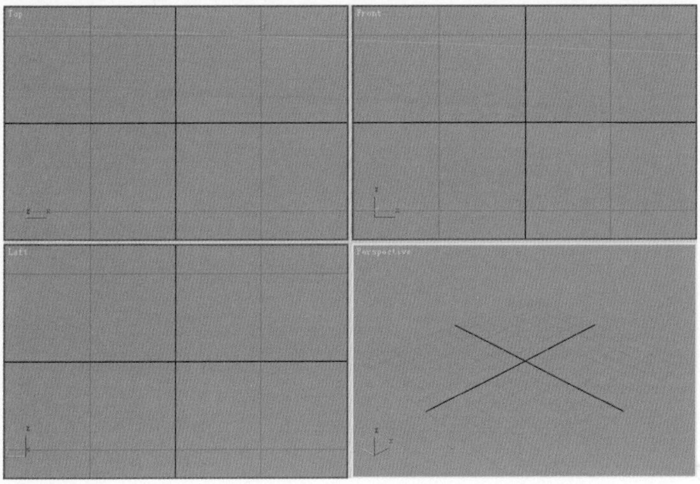
图1–7

1.1.6 视图控件

在状态栏的右侧是可以控制视图显示和导航的按钮，如图1–8所示。

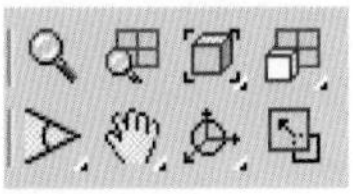
图1–8

当在透视图或正交视图中进行拖动时，使用缩放可调整视图放大值。

使用缩放所有视图按钮可以同时调整所有透视图和正交视图中的视图放大值。

最大化显示按钮包含最大化显示按钮和最大化显示选定对象按钮。

所有视图最大化显示按钮在所有视图中均处于可用状态。

视野（FOV）调整视图中可见的场景数量和透视张角量，更改视野的效果与更改摄影机上的镜头类似。

可以在与当前视图平面平行的方向移动视图。

使用弧形旋转按钮可以使视图围绕中心自由旋转。

使用最大化视图切换按钮可在其正常大小和全屏之间进行切换。

1.1.7 命令面板

命令面板由6个用户界面面板组成，如图1-9所示，使用这些面板可访问3ds Max的大多数建模功能、动画功能、显示选择和其他工具。每次只有一个面板可见。要显示不同的面板，单击命令面板顶部相应的选项卡按钮即可。

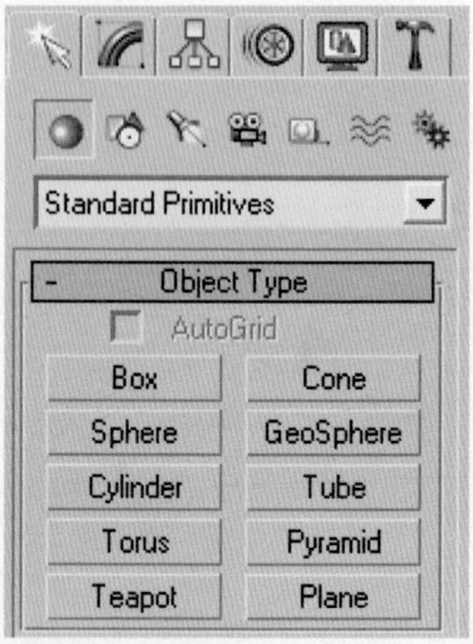

图1-9

(1) 创建命令面板：创建命令面板提供用于创建对象的控件，是在 3ds Max 中构建新场景的第一步。它将所创建的对象种类分为几何体、图形、灯光 、摄影机、辅助对象、空间扭曲对象、系统7 个类别。

(2) 修改命令面板：通过 3ds Max 的创建命令面板，可以在场景中放置一些基本对象，创建的同时就为每个对象指定一组自己的创建参数，该参数根据对象类型定义其几何和其他特性。可以在修改命令面板中更改这些参数，使用修改命令面板来指定修改器。

(3) 层次命令面板：通过层次命令面板可以访问用来调整对象间层次链接的工具。

(4) 运动命令面板：运动命令面板提供用于调整选定对象运动的工具，还提供了轨迹视图的替代选项，用来指定动画控制器。如果指定的动画控制器具有参数，则在运动命令面板中显示其他卷展栏。

(5) 显示命令面板：通过显示命令面板可以访问场景中控制对象显示方式的工具。可以隐藏或取消隐藏、冻结或解冻对象、改变其显示特性、加速视图显示及简化建模步骤。

(6) 工具命令面板：使用工具命令面板可以访问各种命令和工具。

1.1.8 3ds Max的项目工作流程

当安装好3ds Max 之后，就可以开始进行设计，在3ds Max中设计的工作流程分为多个步骤，首先在视图中建立对象的模型，接着使用“材质编辑器”设计材质，然后创建带有各种属性的灯光来为场景提供照明，再单击【自动关键点】按钮，设置场景动画。最后使用渲染功能定义环境并从场景中生成最终输出结果。

1. 建立对象的模型

当打开3ds Max程序时将启动了一个未命名的新场景。可以选择【Customize（自定义）】→【Units Setup（单位设置）】命令，弹出“Units Setup（单位设置）”对话框，对系统单位进行设置。

通过创建命令面板中的命令创建标准对象，例如 3D 几何体和 2D 图形，然后将修改器应用于这些对象，可以在场景中建立对象模型。

2. 使用材质

可以使用“材质编辑器”来设计材质和贴图，从而控制对象曲面的外观。贴图也可以被用来控制环境效果的外观，例如，灯光、雾和背景。

3. 放置灯光和摄影机

放置灯光和摄影机来完成场景就像在拍电影以前在电影布景中放置灯光和摄影机一样。可以通过创建面板的灯光类别中创建和放置灯光。默认灯光分为列标准灯光和光度学灯光两大类。

还可以从创建面板的摄影机类别中创建和放置摄影机。摄影机定义用来渲染的视图，还可以设置摄影机动画来产生电影的效果。

4. 设置场景动画

可以对场景中的任何对象进行动画设置。单击【自动关键点】按钮来启用自动创建动画，拖动时间滑块，并在场景中做出更改来创建动画效果。

5. 渲染场景

使用渲染功能可以定义环境并从场景中生成最终输出结果。3ds Max 2008拥有“默认扫描线渲染器”和“mental ray 渲染器”。

1.2 VRay软件简介

VRay是比较流行的外挂渲染器之一，由Chaos Group公司出品。它是目前最优秀的渲染插件之一。尤其在室内外效果图制作中，VRay几乎可以称得上是速度最快、渲染效果最好的渲染软件精品。随着VRay的不断升级和完善，在越来越多的效果图实例中向人们证实了它强大的功能。图1-10和图1-11所示的图片是VRay官方提供的部分作品，可供参考。VRay软件内嵌于3ds Max中，在材质、灯光方面都新增了内容。

图1-10

图1-11

1.2.1 VRay的材质系统

VRay的材质和贴图内嵌于3ds Max中，可以在“材质/贴图浏览器”中进行浏览。

- VRayMtl：VRayMtl是VRay渲染器中最常用的材质，可以通过贴图通道制作出真实材质。
- VR凹凸材质：又名VR快速3S材质，用于计算次表面散射效果。
- VR材质包裹器：用于控制材质的全局光照、焦散等效果。
- VR代理材质：此材质可以更广泛地控制色彩融合、反射和折射。
- VR灯光材质：可以将此材质赋予物体，使物体可以作为光源。
- VR混合材质：可以让多个材质以层的方式混合，来模拟真实世界中的复杂材质。
- VR双面材质：可以用于设置物体前、后两面不同的材质。
- VRayHDRI贴图：用于创建场景的环境贴图，把HDRI当做光源使用。
- VR边纹理贴图：此贴图可以模拟3ds Max里的线框材质效果。
- VR灰尘贴图：用于模拟真实世界中物体上的灰尘和污垢效果。
- VR天光贴图：用于模拟大气对阳光的散射效果。
- VRayMap贴图：VRay渲染器不支持3ds Max里的光线追踪贴图，所以就使用VRayMap来代替3ds Max标准材质的反射和折射贴图。
- VR位图过滤器：它可以贴图纹理进行X、Y轴向编辑。
- VR颜色贴图：可以用于设置任何颜色。

1.2.2 VRay的灯光系统

当安装了VRay渲染器后，在灯光创建命令面板的下拉菜单中会增加VRay选项，这里集中了VRay的照明系统。

VRay的照明系统包含了VR灯光和VR阳光，如图1-12所示。

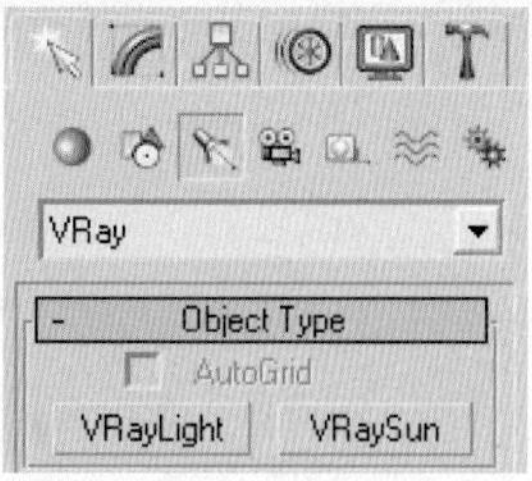

图1-12

- VRayLight：VR灯光光源是从矩形区域发射光线的，它同目标面光源的图标相类似。
- VRaySun：VR阳光用于模拟物理世界里的真实阳光。

1.2.3 VRay的渲染基础

VRay渲染器的很多控制参数集中在渲染参数面板上，按键盘上的【F10】键将打开渲染参数面板。当进行渲染前首先要确定当前的渲染器是VRay渲染器，在渲染参数面板的指定渲染器卷展栏选择V-Ray Adv1.5RC3渲染器。

VRay渲染器的渲染设置卷展栏如图1-13所示。

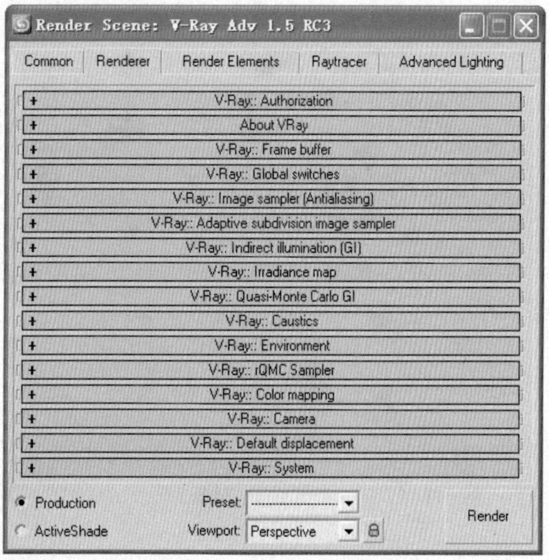

图1-13

“Global switches（全局开关）”卷展栏：主要针对场景中的灯光对象、材质反射/折射属性、置换、间接照明等进行总体控制。

“Frame buffer（帧缓冲区）”卷展栏：用于设置VRay渲染器自身的图形渲染窗口，渲染图片的大小，并保存渲染图形。

“Image sampler（Antialiasing）”图像采样（反锯齿）】卷展栏：图像采样指的是采样和过滤的一种算法，产生最终的像素数组来完成图形的渲染。“图像采样（反锯齿）”卷展栏提供了多种不同的采样算法。

“Indirect illumination（间接照明（GI））”卷展栏：VRay的全局光照明的核心部分，在这里可以开启全局光效果，全局光引擎等。

“Irradiance map（发光贴图）”卷展栏：当在“Indirect illumination间接照明（GI）”卷展栏的“首次反弹”选项组中选择了“发光贴图”作为全局光渲染引擎，在VRay的渲染参数面板中将增加“发光贴图”卷展栏。

“Quasi-Monte Carlo GI（准蒙特卡洛全局光）”卷展栏：在“间接照明（GI）”卷展栏选择了“准蒙特卡洛全局光”作为全局光渲染引擎，在VRay的渲染参数面板中将增加“准蒙特卡洛全局光”卷展栏。

“全局光子贴图”卷展栏：基于场景中灯光密度进行渲染。

“灯光缓存”卷展栏：当在“间接照明（GI）”卷展栏中选择了“灯光缓存”作为全局光渲染引擎时，在VRay的渲染参数面板中将增加“灯光缓存”卷展栏。

"Color mapping（颜色映射）"卷展栏：主要控制灯光方面的衰减及色彩的不同模式。

"rQMC Sampler（rQMC采样器）"卷展栏：用于控制场景中反射模糊、折射模糊、面光源、抗锯齿、景深、动态模糊等效果的计算程度。

"Environment（环境）"卷展栏：包含了VRay天光、反射环境和折射环境。

1.3 现代家具设计

家具是人类生活必不可少的。根据社会学专家统计，大多数社会成员在家具上接触的时间占人一生2/3以上。所以家具的设计与制造同人类生活息息相关，尤其现代家具的设计和制造更是体现当代生活水平和质量的主要标志。家具在当代已经被赋予了最宽泛的定义。

当今人类跨入21世纪，迎来了知识经济时代。随着信息处理技术等高科技的发展和普及，全球经济一体化进程的加快，当代家具业正面临着许多新的问题。随着生活水平的提高，家具要满足人们的生理、心理和审美的需求，趋向个性化、多样化、时装化发展。

现代家具设计具有个性化、简约造型、家具材料选择多元化等特点。

1.3.1 现代家具的设计特点

现代家具的设计体现了人们对个性的追求，千篇一律的家具设计被视为不合潮流。在功能、造型、颜色、材料和图案上，个性化的追求更加鲜明，而且呈现出无限可能性。针对的对象不是普通意义上的人群，能突显个人文化品位的家具大受欢迎。

提倡非装饰的简单几何图形作为造型的基础，通常以朴素的线条来体现造型，习惯使用低对比度的颜色。简约不是单纯的简单，也不是贫乏，更不是功能的简化，而是追求文化的精髓，抛弃豪华雍容的装饰要素，应用简洁明快的实际主体，加上带有民族文化特点的元素形成简约自然的产品外观。

现代家具材料可谓无所不用，除了传统的天然材料、人造木质材料、金属、塑料、石材、皮革等均可用在家具上。材料的选择和使用呈多元化趋势，家具材料是为家具设计服务的，因此无论木、皮、布、藤、金属或多种材料的结合，都有各自的特色。

1.3.2 现代家具与室内设计的关系

1. 家具在建筑室内环境中的地位

家具是构成建筑室内空间的使用功能和视觉美感的第一至关重要的因素。由于现代建筑设计和结构技术都有了很大的进步，建筑学的学科内涵有了很大的发展，现代建筑环境艺术、室内设计与家具设计作为一个学科的分支逐渐从建筑学科中分离出来，形成几个新的专业。

家具是建筑室内空间的主体，人类的工作、学习和生活在建筑空间中都是以家具来演绎和展开的，因此无论是生活空间、工作空间、公共空间的设计，还是建筑室内设计，都把家具的设计与配套放在首位。家具是构成建筑室内设计风格的主体，应作为首要因素来设计，然后再进一步考虑天花、地面的设计，以及灯光、布艺、艺术品陈列与现代电器的配套设计，综合运用现代人体工程学、现代美学、现代科技的知识，创造功能合理、完美和谐的现代文明建筑室内空间。

家具设计要与建筑室内设计相统一，家具的造型、尺度、色彩、材料、肌理要与建筑室内相适应，家具设计师要深入研究、学习建筑与室内设计专业的相关知识和基本概念。

2. 家具在建筑室内环境中的作用

建筑室内为家具的设计、陈设提供了一个限定的空间，家具设计就是在这个限定的空间中，以人为本，合理组织安排室内空间的设计。在建筑室内空间中，人从事的工作、生活方式是多样的，不同的家具组合，可以组成不同的空间。如沙发、茶几（有时加上灯饰）与组合声像柜组成起居、娱乐、会客、休闲的空间；餐桌、餐椅、酒柜组成餐饮空间。

3. 家具在建筑室内环境中的作用

由于框架结构建筑的普及，建筑的内部空间越来越大、越来越通透，无论是现代的大空间办公室、公共建筑，还是家庭居住空间，墙的空间隔断作用越来越多地被隔断家具所替代，既满足了使用的功能，又增加了使用的面积。如整面墙的大衣柜、书架，各种通透的隔断与屏风，大空间办公室的现代办公家具组合屏风与护围，组成互不干扰又互相连通的具有写字、电脑操作、文件储藏和信息传递等多功能的办公单元。家具取代墙在建筑室内分隔空间，特别是在室内空间造型上大大提高了室内空间的利用率，丰富了建筑室内空间的造型。

第 2 章　茶室家具

随着茶文化的发展，饮茶也戴上了神秘、高雅、圣洁的光环，连饮茶时的环境、家具都有一定的要求。为了追求饮茶时带有浓厚书卷气息的高雅意境，茶室家具明显不同于庄重、厚实的厅堂家具，它给人以精品尊贵之感。本章的学习重点在于中式板凳模型的建立和茶室家具的表现。

2.1 中式板凳的创建

中式板凳模型的难点在于板凳脚和连接板凳脚的支撑结构，如图2-1所示。首先运用样条线创建板凳脚的截面图形，接着运用Extrude（挤出）修改器将它由二维图形转化为三维物体，然后将挤出对象塌陷并对其进行编辑。连接板凳脚的支撑结构同样运用样条线创建它的截面，接着为它添加Bevel（倒角）修改器。

图2-1

2.1.1 中式板凳的特点及适用空间

茶室家具将古典融入流行，中式复古的板凳，搭配红色茶几，别具东方韵味，赋予茶室粗犷朴实的美感，更为家具添上色彩。这种风格给人一种肃穆典雅的氛围，浓厚的怀旧气息。中式板凳可以适用于餐饮、家居、茶楼等空间。

2.1.2 中式板凳的制作流程

|1| 选择【Customize（自定义）】→【Units Setup（单位设置）】命令，弹出“Units Setup（单位设置）”对话框设置系统的单位，如图2-2所示。

|2| 单击 按钮进入创建命令面板，接着单击 按钮进入二维物体创建命令面板，然后单击 Line （样条线）按钮，在Front（前）视图中拖动鼠标创建闭合曲线，这是板凳脚的截面图形。在弹出的对话框中单击 是(Y) 按钮，如图2-3所示。

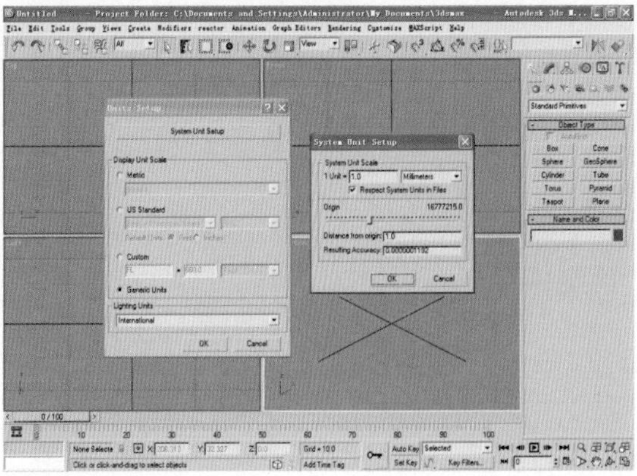

图2-2

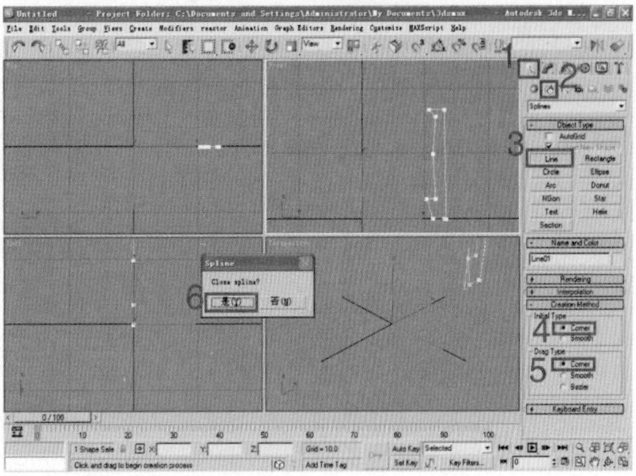

图2-3

指南针

在进行建模前首先都需要设置系统单位，这样有利于控制模型的比例。

| 3 | 单击 按钮进入修改命令面板，在修改堆栈中单击【Line（样条线）】命令前【+】展开其子层级，接着进入此修改器的Vertex（顶点）子层级，在Front（前）视图中选择如图2-4所示的顶点。

| 4 | 接着单击鼠标右键，在弹出的快捷菜单中选择【Smooth（光滑）】命令，转化选择顶点的类型，如图2-5所示。

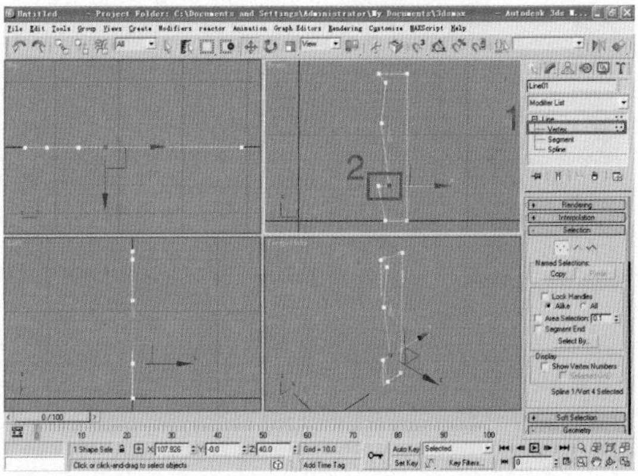

图2-4

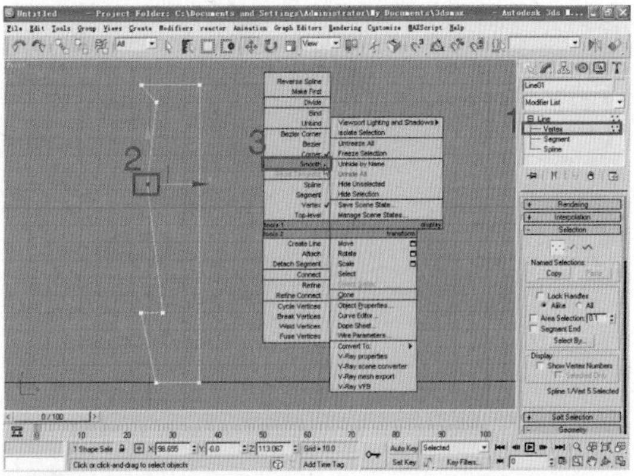

图2-5

| 5 | 当转化顶点类型后，样条线变得更为圆滑，如图2-6所示。

| 6 | 按住键盘上的【Ctrl】键，在视图中进行加选，选择如图2-7所示的顶点。

| 7 | 在修改命令面板上单击 Fillet （圆角）按钮并在视图中拖动鼠标，当 Fillet 数值框中的值为2.5时停止拖动，对选择的顶点进行圆角处理，如图2-8所示。

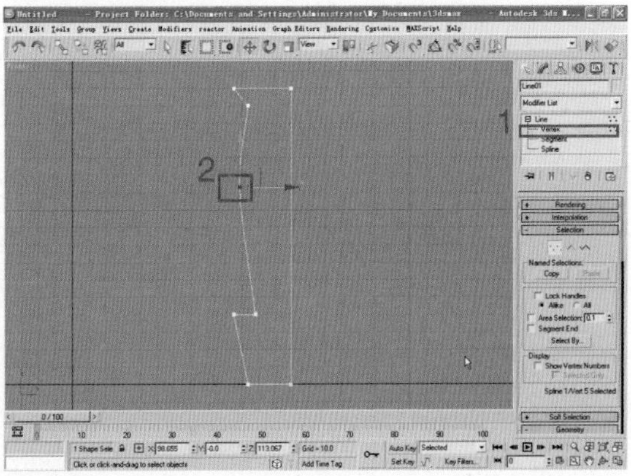

图2-6

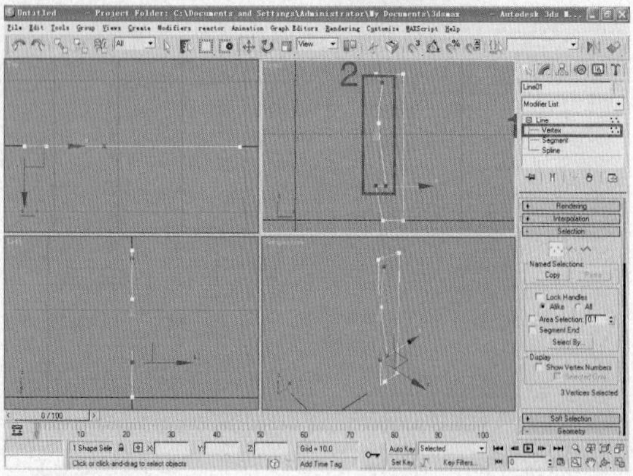

图2-7

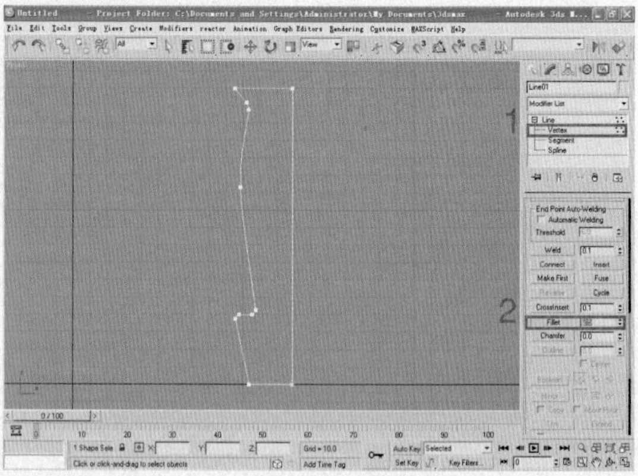

图2-8

丨8丨退出【Line（样条线）】命令的Vertex（顶点）子层级，单击按钮进入修改命令面板，在修改器列表中选择“Extrude（挤出）”修改器添加给样条线，设置此修改器的参数，如图2-9所示，将截面图形挤出厚度。

丨9丨在视图中选择挤压对象并单击鼠标右键，在弹出的快捷菜单中选择【Convert to Editable Poly（转换成可编辑多边形）】命令，使它塌陷，如图2-10所示。

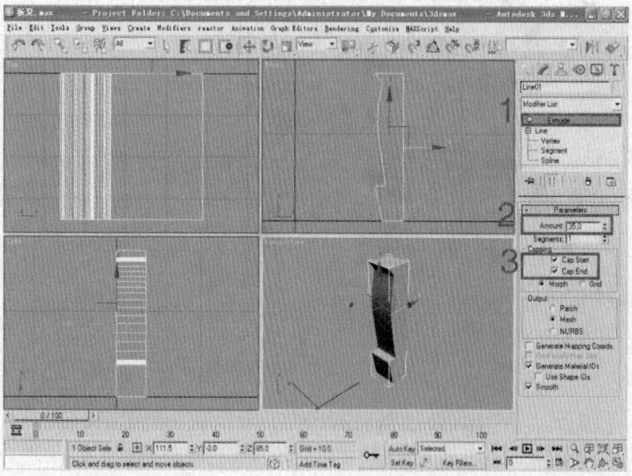

图2-9

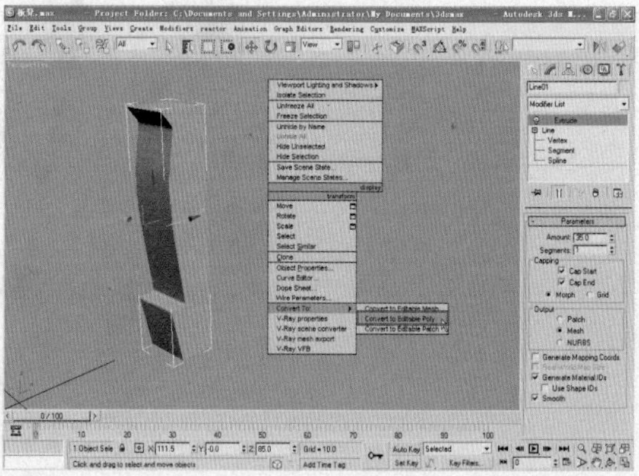

图2-10

指南针

将选择对象塌陷成多边形物体后，在进入多边形物体的子层级进行编辑。

丨10丨单击按钮进入修改命令面板，在修改堆栈中进入【Editable Poly（可编辑多边形）】命令的Edge（边）子层级，如图2-11所示。

丨11丨在修改命令面板中单击 Slice Plane 按钮，将在视图中显示黄色的切割平面，如图2-12所示。

丨12丨单击工具栏上的按钮，在Top（顶）视图中旋转切割平面，如图2-13所示。

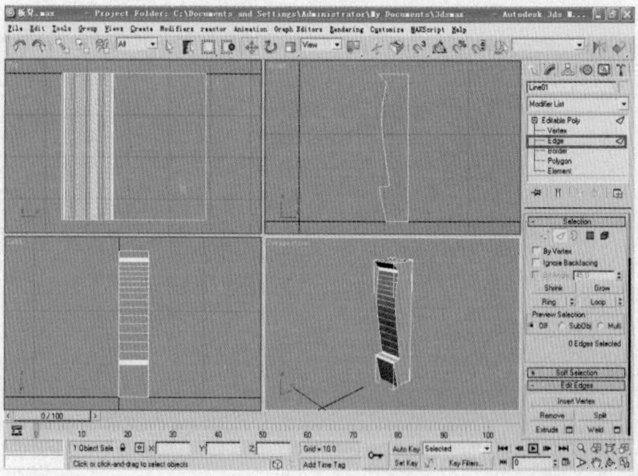

图2-11

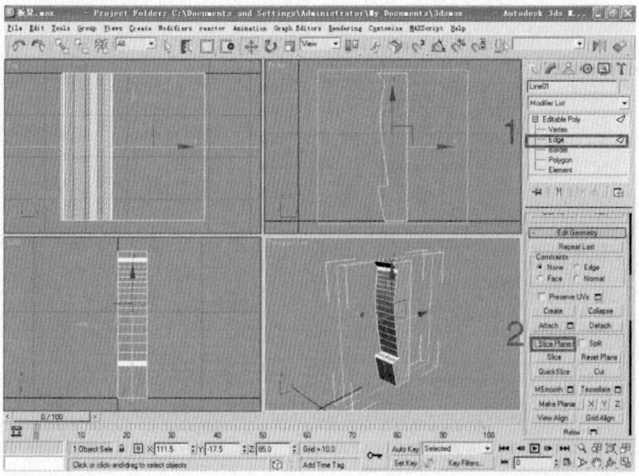

图2-12

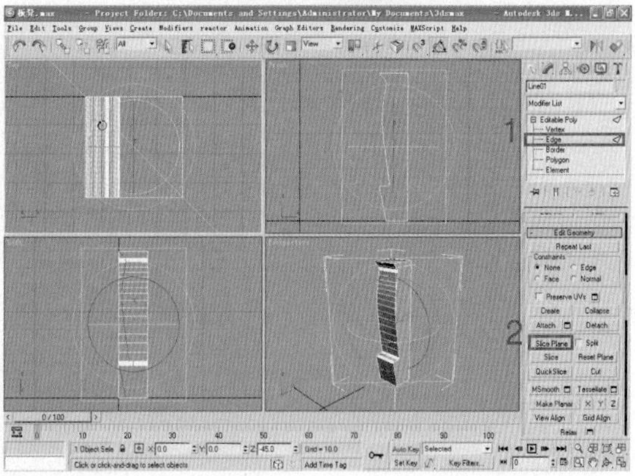

图2-13

| 13 | 接着在修改命令面板中单击 Slice （切片）按钮进行切割，如图2-14所示。

| 14 | 当进行了切割后，挤压对象上将出现红色的切割线，如图2-15所示。

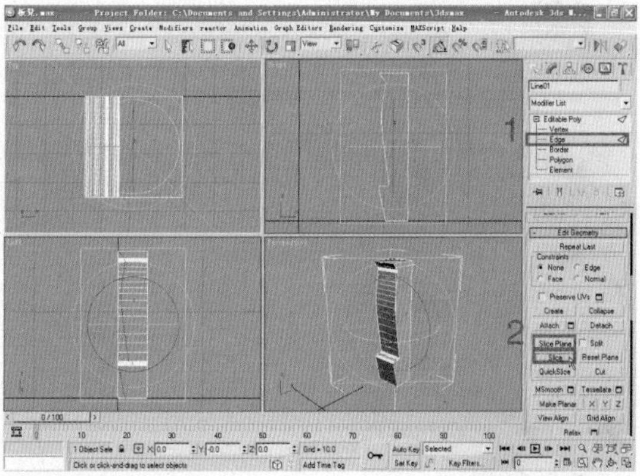

图2-14

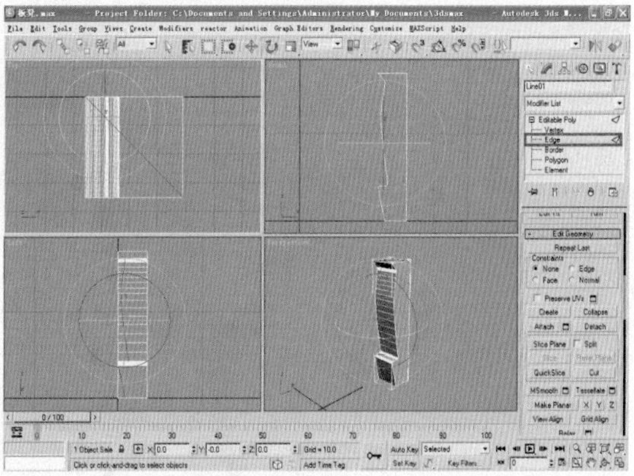

图2-15

| 15 | 在修改堆栈中进入【Editable Poly（可编辑多边形）】命令的Polygon（多边形）子层级，如图2-16所示。

| 16 | 单击工具栏上的按钮，在Top（顶）视图中框选如图2-17所示的多边形。

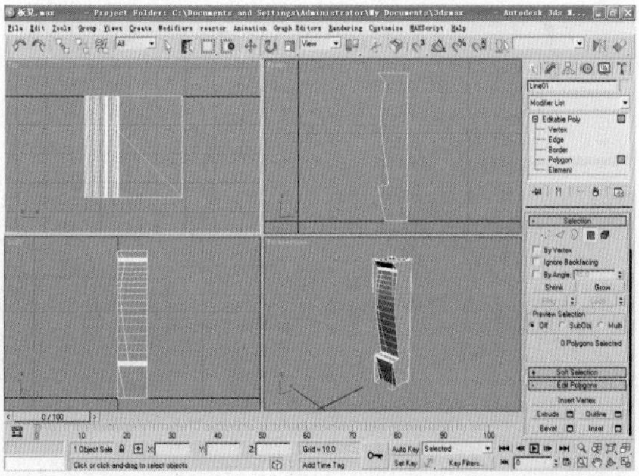

图2-16

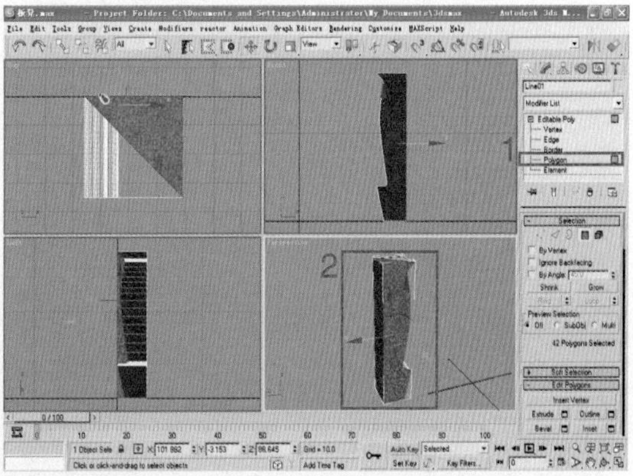

图2-17

| 17 | 按键盘上的【Delete】键将选择的多边形删除，如图2-18所示。

| 18 | 按住键盘上的【Shift】键，在Top视图中沿Y轴向上移动，在弹出的“Clone Options（克隆选项）”对话框中的“对象”选项组中选择“Copy（复制）”单选按钮，将“Number of Copies（副本数）”设置为1。将选择对象复制一个，如图2-19所示。

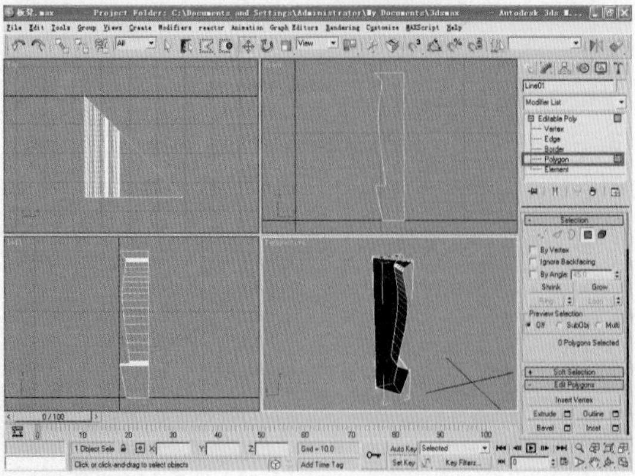

图2-18

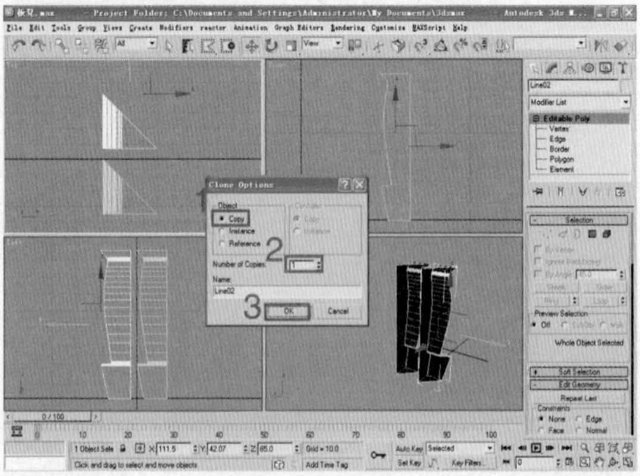

图2-19

| 19 | 单击工具栏上的按钮，在弹出的“Mirror（镜像）”对话框中设置如图2-20所示的参数，使选择对象反转方向。

| 20 | 单击工具栏上的和按钮，在Top(顶)视图中将选择对象沿Z轴旋转90º，如图2-21所示。

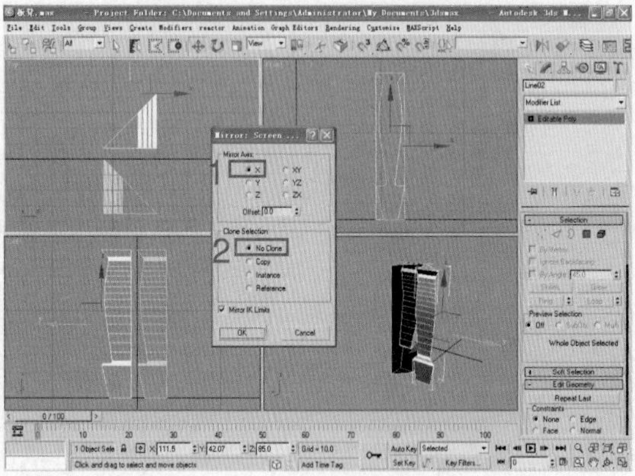

图2-20

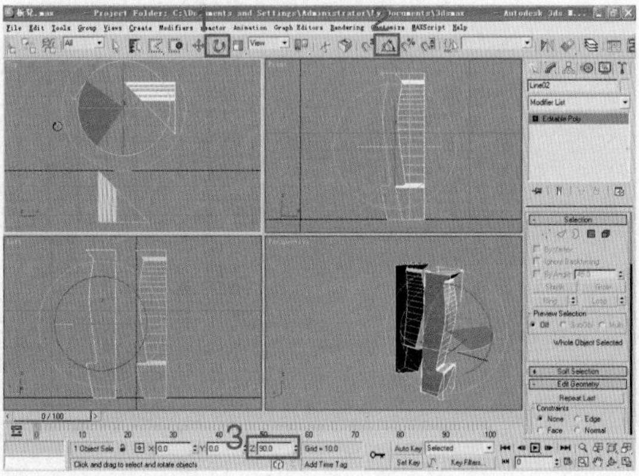

图2-21

| 21 | 单击工具栏上的和按钮，在Top(顶)视图中将选择对象移动到如图2-22所示的位置。

| 22 | 在修改命令面板中单击 Attach （附加）按钮，接着拾取另一物体将它们结合在一起，如图2-23所示，这样就完成了板凳脚的制作。

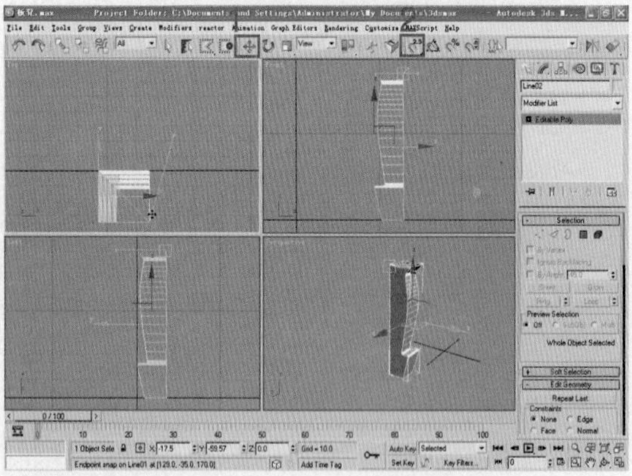

图2-22

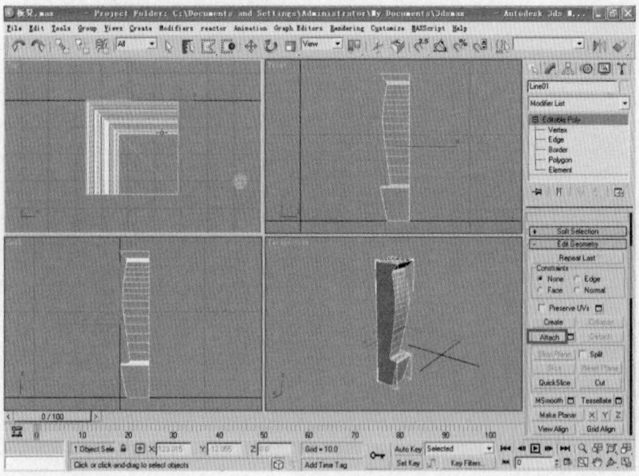

图2-23

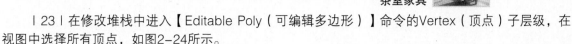

| 23 | 在修改堆栈中进入【Editable Poly（可编辑多边形）】命令的Vertex（顶点）子层级，在视图中选择所有顶点，如图2-24所示。

| 24 | 单击修改命令面板上的 Weld （焊接）后的□按钮，在弹出的“Weld Vertices（焊接顶点）”对话框中将“Weld Threshold（焊接阀值）”设置为0.1，如图2-25所示。

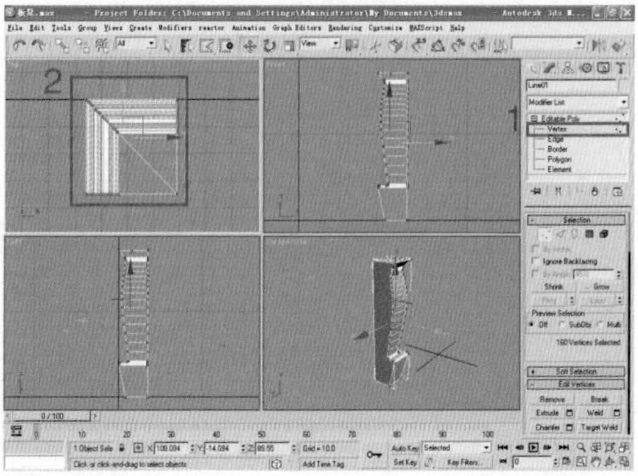
图2-24

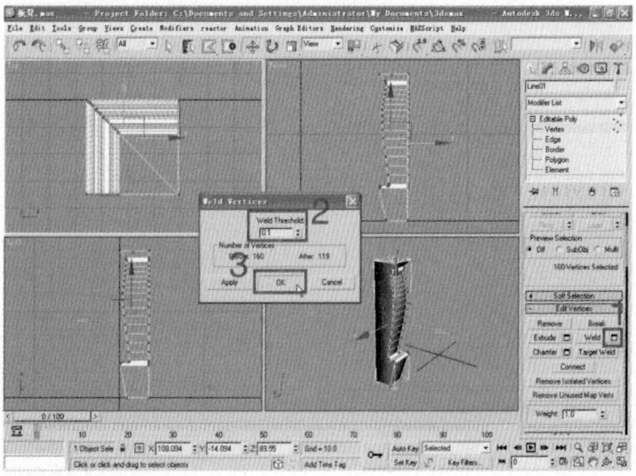
图2-25

指南针

当单击 Weld 按钮后，所有相邻顶点将进行焊接。

| 25 | 在修改堆栈中进入【Editable Poly（可编辑多边形）】命令的Edge（边）子层级，在视图中选择如图2-26所示的边。

| 26 | 单击修改命令面板上 Chamfer 后的□按钮，在弹出的“Chamfer Edges（倒边）”对话框中将“Chamfer Amount（倒角数量）”设置为1.5。选择的边将进行倒角，如图2-27所示。

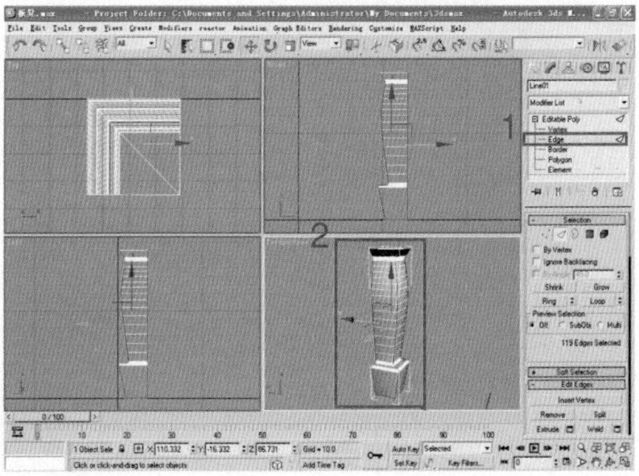
图2-26

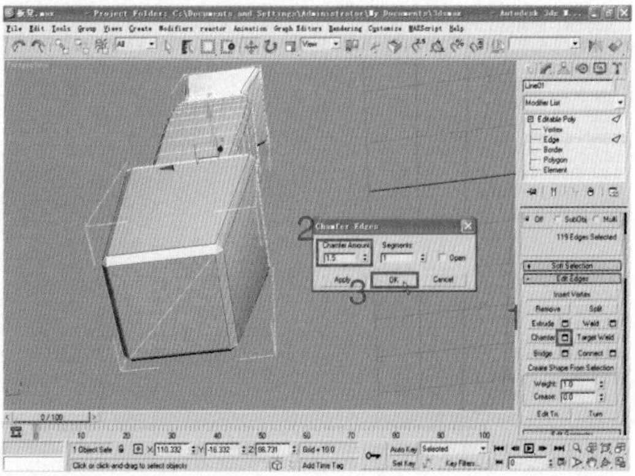
图2-27

| 27 | 退出【Editable Poly（可编辑多边形）】命令的Edge（边）子层级，在修改器列表中选择【Smooth（光滑）】修改器。对选择对象进行光滑处理，如图2-28所示。

| 28 | 按住键盘上的【Shift】键，同时按住鼠标左键在Top视图中沿Y轴向上移动，在弹出的“Clone Options（克隆选项）”对话框中选择“对象”选项组中的“Instance（关联）”单选按钮，将“Number of Copies（副本数）”设置为1。将板凳脚关联复制一个，如图2-29所示。

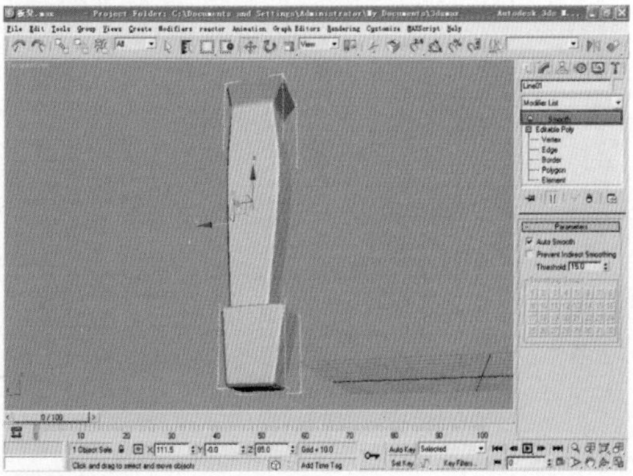
图2-28

丨29丨单击工具栏上的按钮，在弹出的“Mirror（镜像）”对话框中设置如图2-30所示的参数，使板凳脚反转方向。

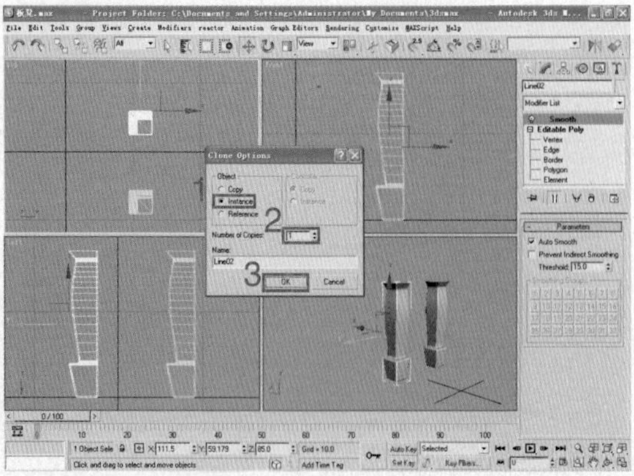

图2-29

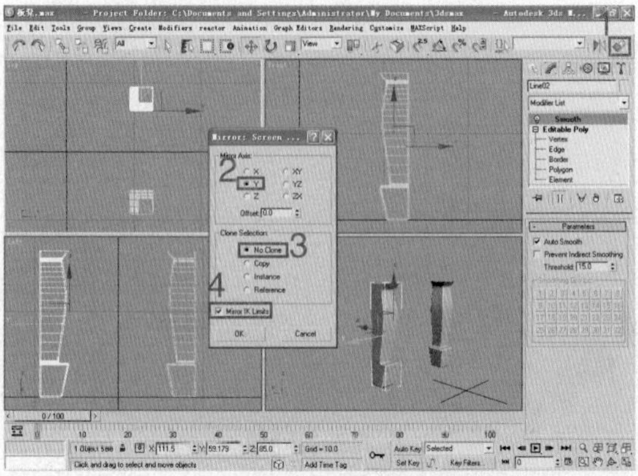

图2-30

丨30丨用同样的方法复制其他两只板凳脚，如图2-31所示。

丨31丨单击 Line （样条线）按钮，在Front（前）视图中拖动鼠标创建如图2-32所示的闭合样条线，这是连接板凳脚的截面图形。

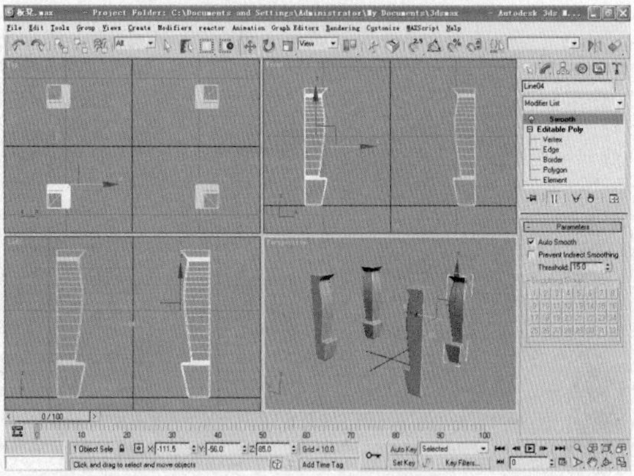

图2-31

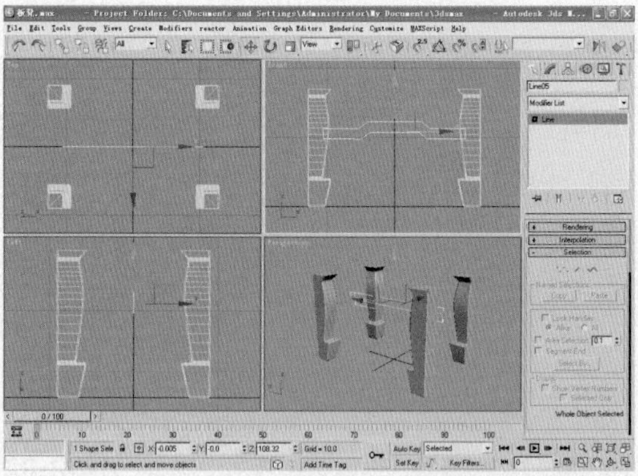

图2-32

丨32丨单击按钮进入修改命令面板，在修改堆栈中单击【Line（样条线）】命令前【+】展开其子层级，接着进入此修改器的Vertex（顶点）子层级，如图2-33所示。

丨33丨当工具栏上的按钮处于激活状态时，在Front（前）视图中框选如图2-34所示的顶点。

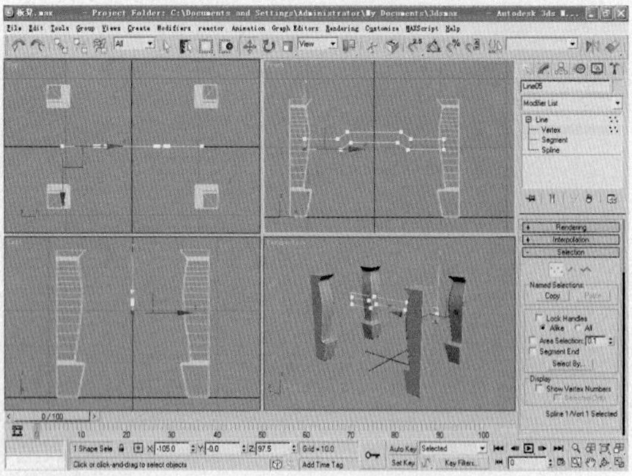

图2-33

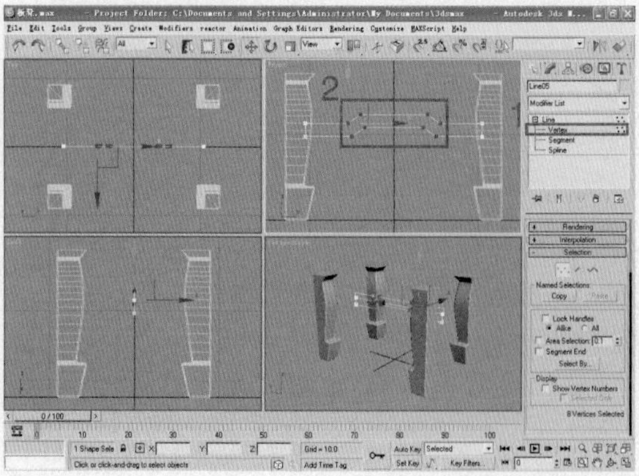

图2-34

| 34 | 在修改命令面板中将 Fillet 数值框的数值设置为2，对选择的顶点进行圆角处理，如图2-35所示。

| 35 | 退出【Line（样条线）】命令的Vertex（顶点）子层级，在修改命令列表中选择Bevel（倒角）修改器添加给闭合样条线，设置如图2-36所示的参数。

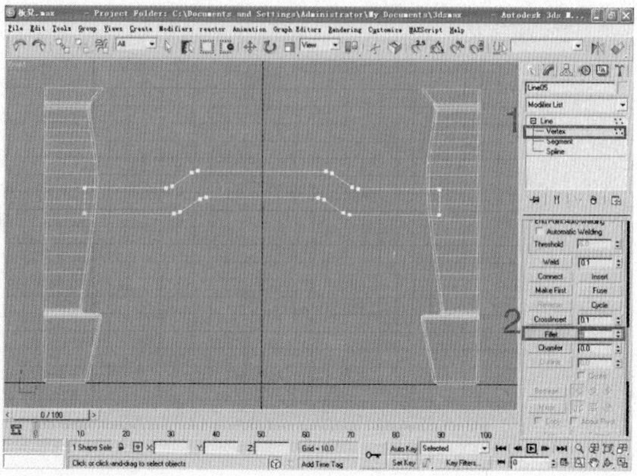
图2-35

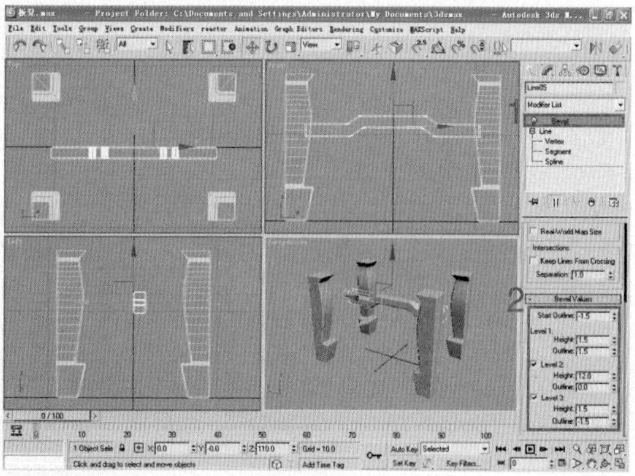
图2-36

指南针

进行倒角处理后的闭合样条线将从二维对象转换为三维对象，并具有厚度。

| 36 | 在Top视图中将倒角后的对象移动到如图2-37所示的位置。

| 37 | 复制其余三个连接板凳脚的倒角对象并放置到合适的位置，如图2-38所示。

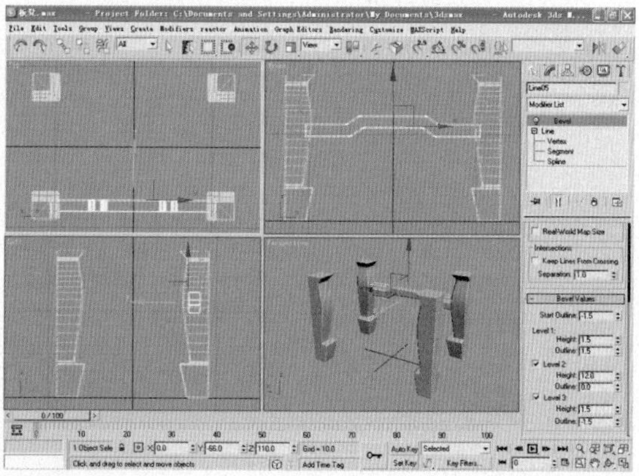
图2-37

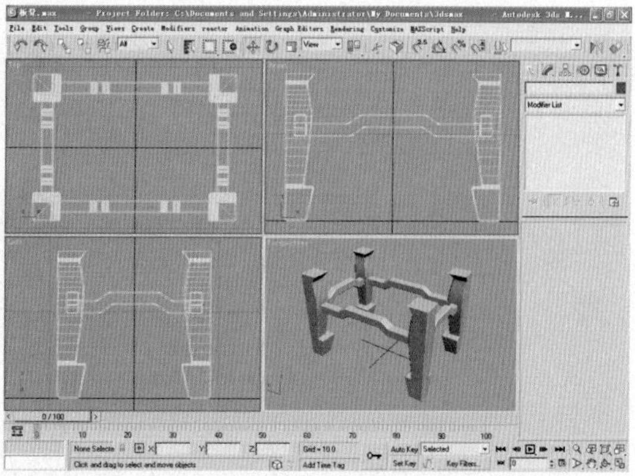
图2-38

| 38 | 单击按钮进入创建命令面板，接着单击按钮进入三维物体创建命令面板，再单击 Box （长方体）按钮，在Top（顶）视图中拖动鼠标创建长方体并设置其参数，如图2-39所示。

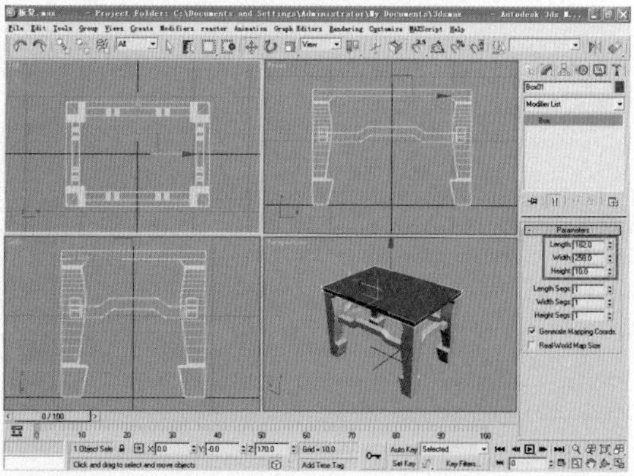
图2-39

| 39 | 单击按钮进入创建命令面板，接着单击按钮进入三维物体创建命令面板。在下拉列表中选择“Extended Primitives（扩展几何体）”选项，然后单击 ChamferBox （切角长方体）按钮，在Top（顶）视图中拖动鼠标创建长方体并设置其参数，如图2-40所示。

| 40 | 在Perspective（透视）视图中选择开始创建的长方体对象，如图2-41所示。

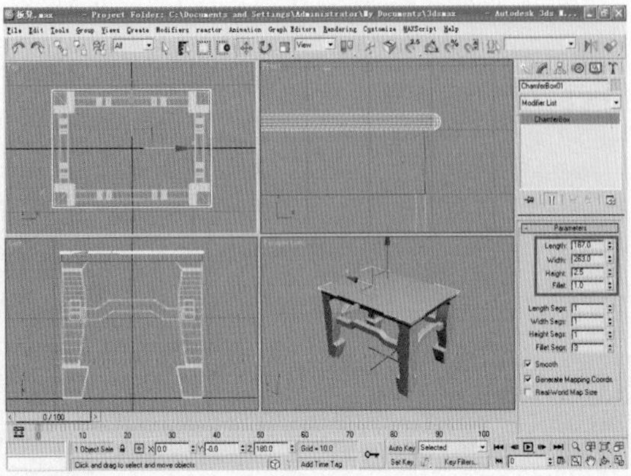
图2-40

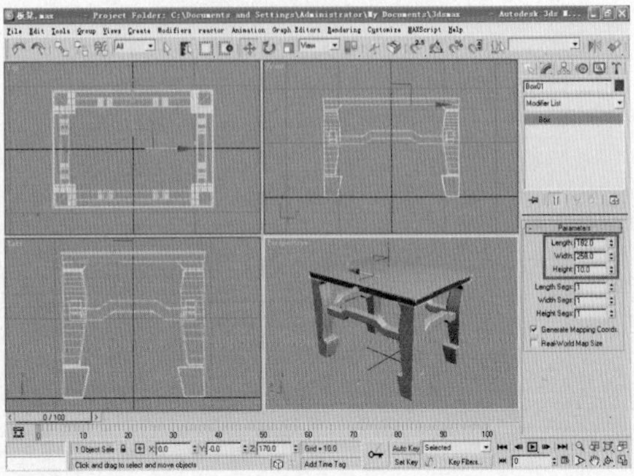
图2-41

| 41 | 按住键盘上的【Shift】键，并按住鼠标左键在Top视图中沿Y轴向上移动，在弹出的“Clone Options（克隆选项）”对话框中选择“对象”选项组中的“Instance（关联）”单选按钮，将“Number of Copies（副本数）”设置为1。将选择的长方体关联复制一个，如图2-42所示。

| 42 | 在视图下方的状态栏中将Z轴后面文本框中的数值设置为182.5，将长方体移动到如图2-43所示的位置。

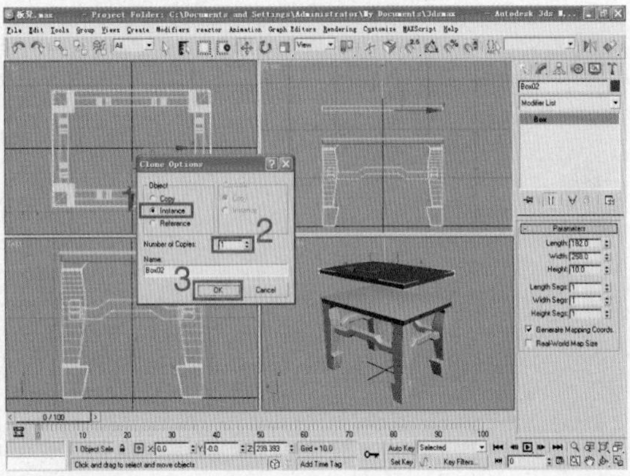
图2-42

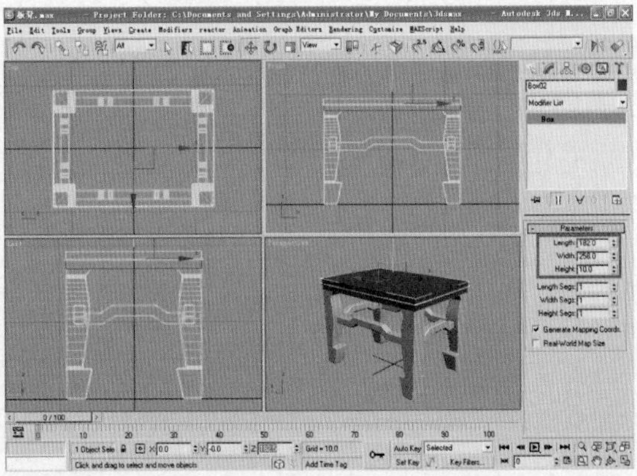
图2-43

| 43 | 单击创建命令面板上的 Box （长方体）按钮，在Top（顶）视图中拖动鼠标创建长方体，其参数如图2-44所示。

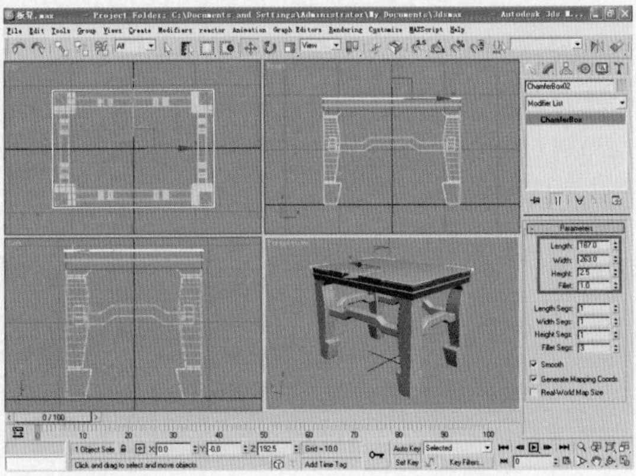
图2-44

|44| 单击创建命令面板上的 ChamferBox（切角长方体）按钮，在Top（顶）视图中拖动鼠标创建长方体，其参数如图2-45所示。

|45| 在视图中选择挤压对象并单击鼠标右键，在弹出的快捷菜单中选择【Convert to Editable Poly（转换成可编辑多边形）】命令使它塌陷，如图2-46所示。

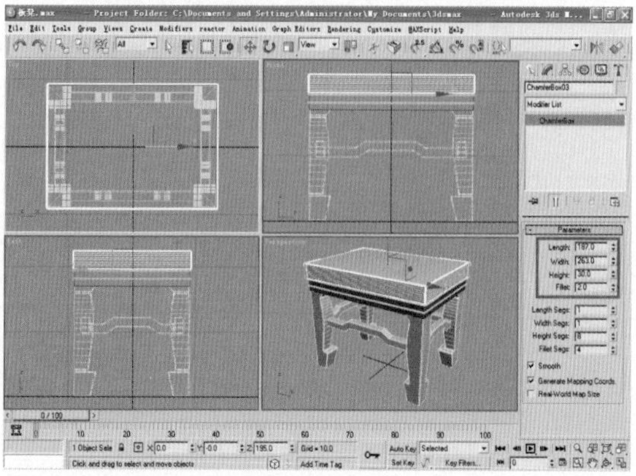
图2-45

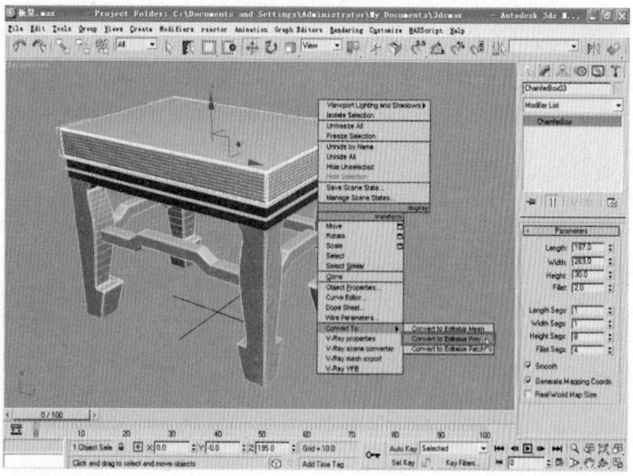
图2-46

|46| 单击按钮进入修改命令面板，在修改堆栈中进入【Editable Poly（可编辑多边形）】命令的Polygon（多边形）子层级，在视图中选择如图2-47所示的多边形。

|47| 单击修改命令面板上 Inset 后面的□按钮，在弹出的“Inset Polygons（插入多边形）”对话框中将“Inset Type（插入类型）”设置为Group（组），将“Inset Amount（插入数量）”设置为35。选择的多边形将缩小插入的面，如图2-48所示。

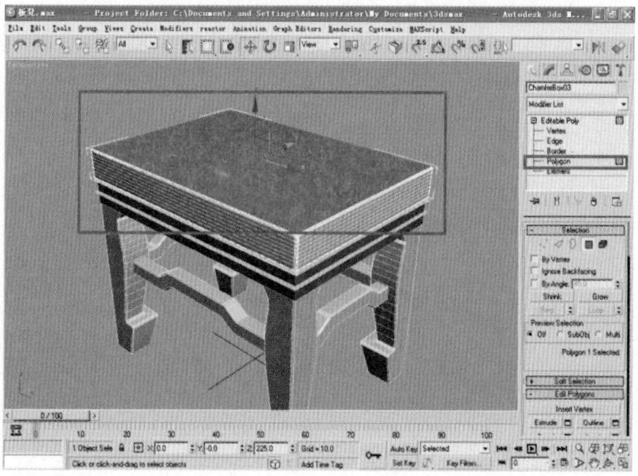
图2-47

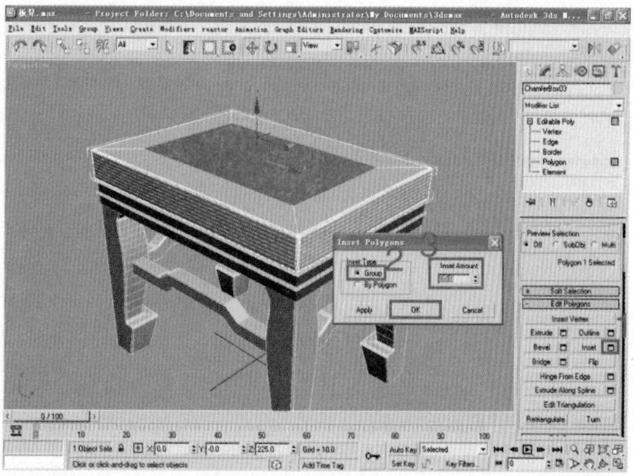
图2-48

|48| 单击按钮进入修改命令面板，在修改堆栈中进入【Editable Poly（可编辑多边形）】命令的Edge（边）子层级，按住【Ctrl】键并在视图中选择如图2-49所示的边。

|49| 单击修改命令面板上 Extrude 后面的□按钮，在弹出的“Extrude Edyes（挤出边）”对话框中将“Extrusion Height（挤出高度）”设置为-1，“Extrusion Base Width”（挤出基面宽度）设置为1，如图2-50所示。

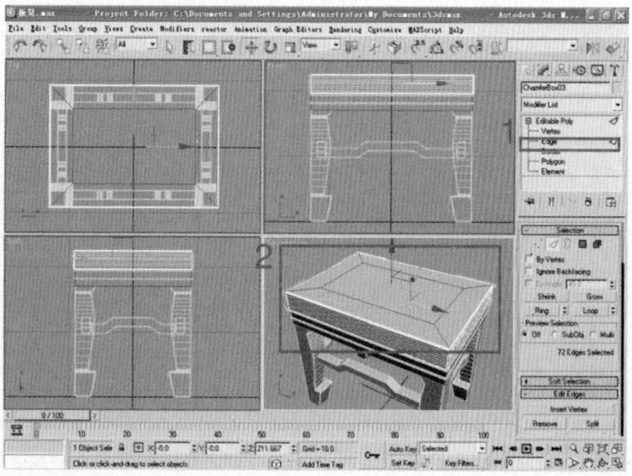
图2-49

| 50 | 放大视图可见经过挤压的边不够平滑，因此在修改命令列表中选择Smooth（光滑）修改器添加给选择对象，如图2-51所示。

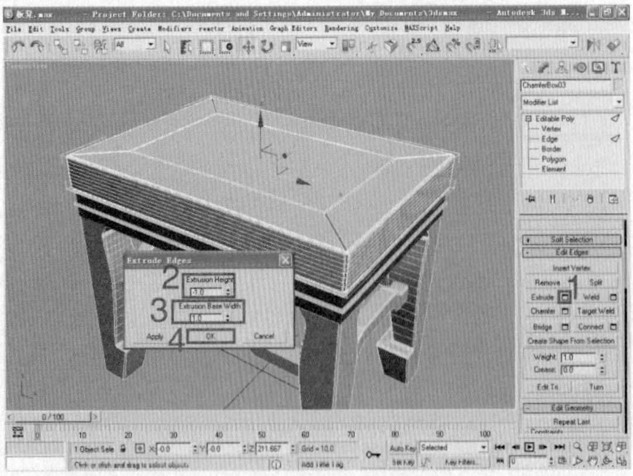

图2-50

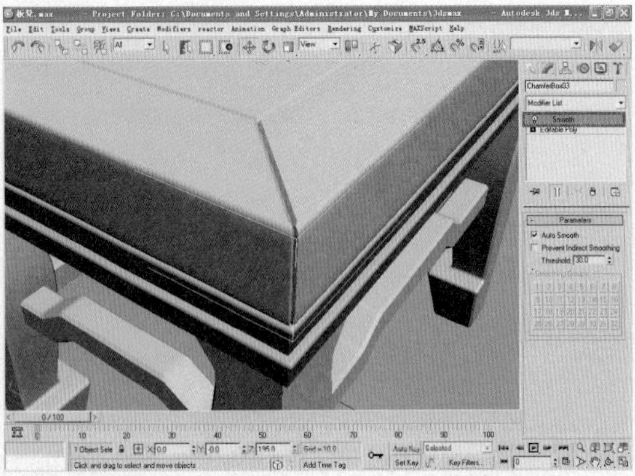

图2-51

| 51 | 在修改命令列表中选择FFD 3×3×3，如图2-52所示。

| 52 | 单击 按钮进入修改命令面板，在修改堆栈中进入【FFD 3×3×3】命令的Control Points（控制点）子层级，在Front（前）视图中选择第一层的控制点并进行缩小操作，如图2-53所示。

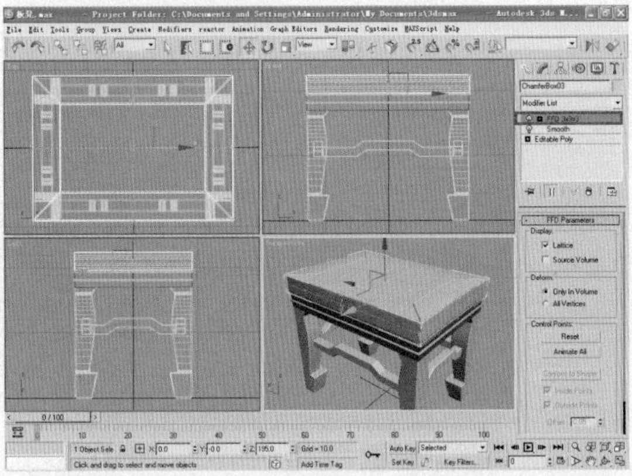

图2-52

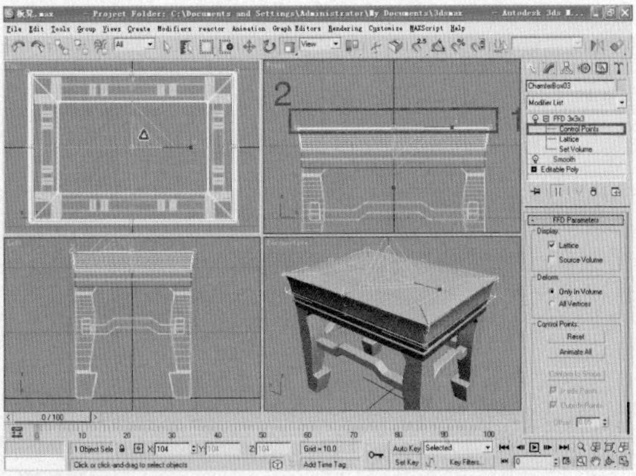

图2-53

| 53 | 在Front（前）视图中选择第二层的控制点并进行放大操作，如图2-54所示。

| 54 | 板凳模型建立完成后如图2-55所示。

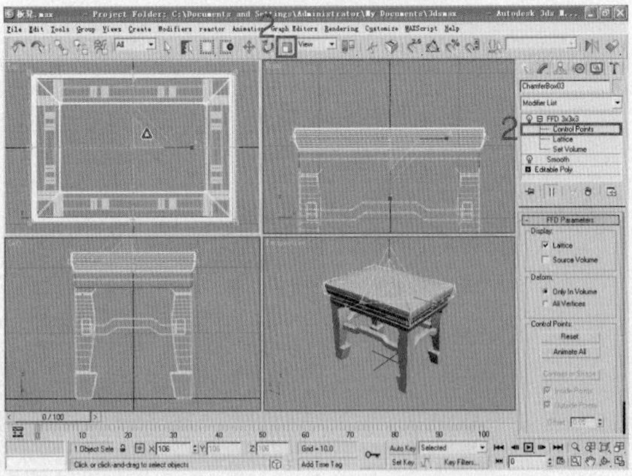

图2-54

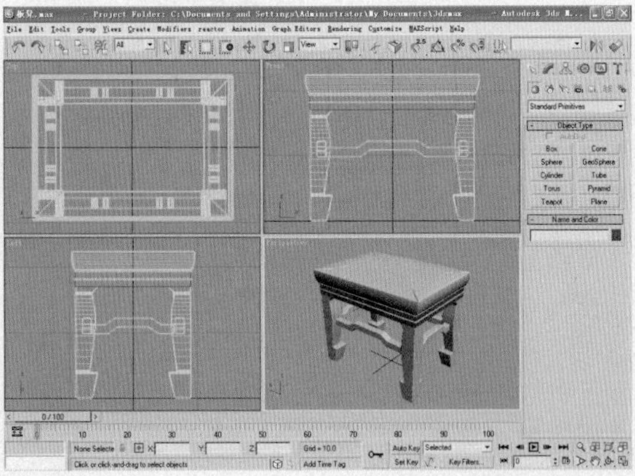

图2-55

2.2 茶室家具的渲染

本节介绍的茶室空间的墙体、茶几等材质很有特色，要注意设置它们的参数。这个空间的主要光源是太阳光，它来自场景右侧的窗户，因此场景左侧的光线要比右侧略弱。在渲染时可以先设置较小参数进行试渲染，当光线确定后再设置较大的参数进行正式出图。

2.2.1 茶室家具场景的灯光设置

| 1 | 在3ds Max 2008中打开“茶室.max”文件，接着按键盘上的【M】键打开“Material Editor（材质编辑器）”。在材质编辑器中激活空白材质示例窗并将它转化为VRayMtl类型材质，将它命名为“素模”。单击工具栏上的按钮，在视图中选择除窗户玻璃以外的所有对象，单击材质编辑器上的按钮，将“素模”材质赋予选择对象，如图2-56所示。

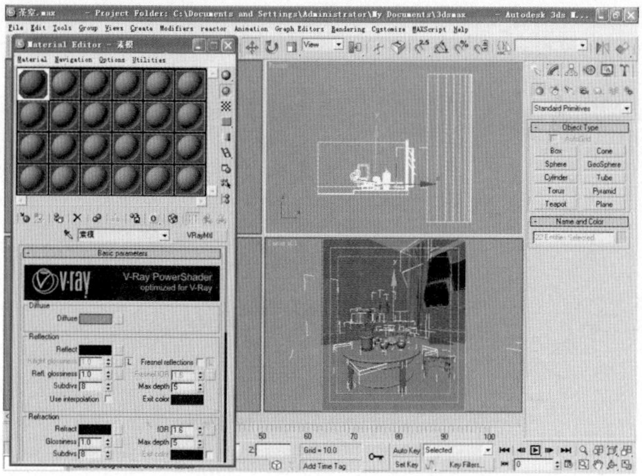

图2-56

| 2 | 单击“素模”材质设置面板上Diffuse（漫射）后面的按钮，在弹出的“Color Selector（颜色选择器）”对话框中设置“Hue（色调）”为0、“Sat（饱和度）”为0、“Value（亮度）”为200，如图2-57所示。

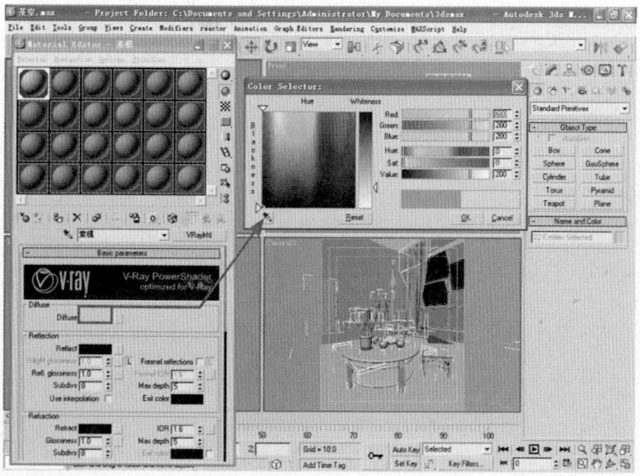

图2-57

> 指南针
> 当“Hue（色调）”为0、“Sat（饱和度）”为0、“Value（亮度）”为200时，材质既不会显得太白，也不会显得太黑。

|3| 激活空白材质示例窗并将它转化为VRayMtl类型材质，将它命名为“窗户玻璃”。单击Diffuse（漫射）后面的 按钮，在弹出的“Color Selector（颜色选择器）”对话框中设置“Hue（色调）”为0、“Sat（饱和度）”为0、“Value（亮度）”为255。单击Reflect（反射）后面的 按钮，在弹出的“Color Selector（颜色选择器）”对话框中设置“Hue（色调）”为0、“Sat（饱和度）”为0、“Value（亮度）”为255。展开【Maps（贴图）】卷展栏，单击反射选项后面的 None 按钮，在弹出的“Material/Map Browser（材质/贴图浏览器）”对话框中选择“Falloff（衰减）”贴图并单击 确定 按钮，如图2-58所示。

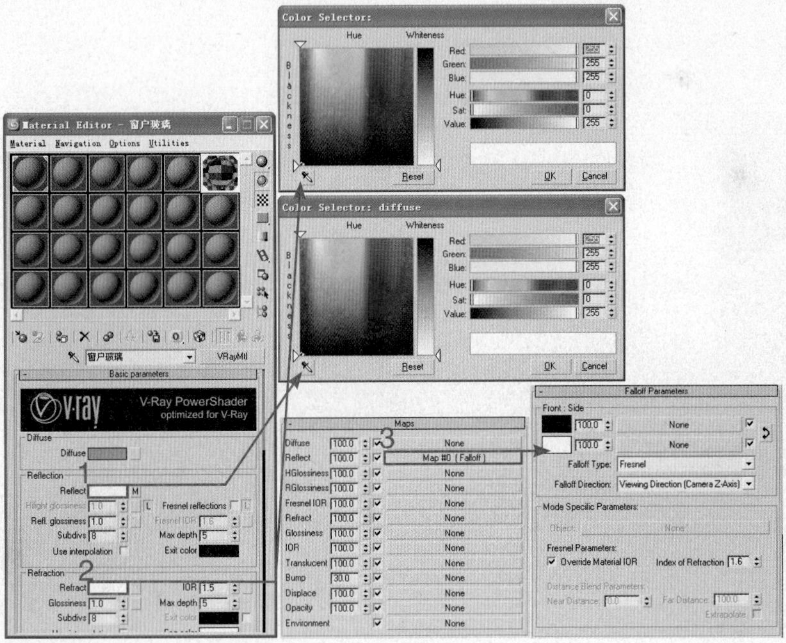

图2-58

|4| 单击工具栏上的 按钮在视图中选择窗户玻璃对象，单击材质编辑器上的 按钮，将“窗户玻璃”材质赋予选择对象，如图2-59所示。

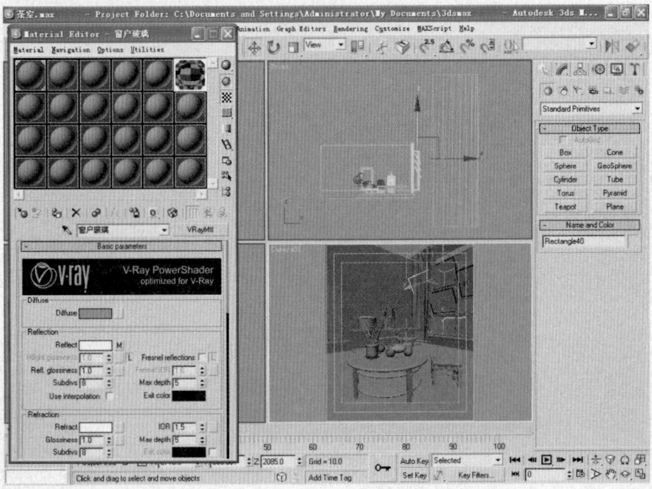

图2-59

指南针 这里为窗户玻璃对象指定透明的玻璃材质是为了使阳光透过玻璃进入室内。

|5|设置灯光后，需要渲染才能观察到灯光效果，因此需要在渲染面板中设置基本参数来观察灯光渲染。首先指定渲染器类型，单击工具栏上的按钮，打开渲染设置面板，首先将当前渲染器设置为“V-Ray Adv 1.5 RC3”渲染器。接着单击 Renderer (渲染)按钮，将渲染图片的“Width（宽度）”设置为430，“Height（高度）”设置为500，如图2-60所示。

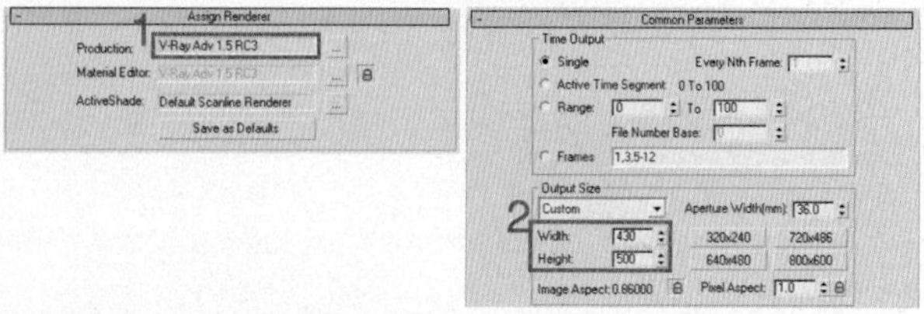

图2-60

|6|设置“Frame buffer（帧缓冲区）”和“Global switches（全局开关）”卷展栏中的参数，在“Image sampler (Antialiasing)（图像采样反锯齿）”卷展栏中选择“Fixed（固定）”采样器和“Catmull-Rom”抗锯齿过滤器，如图2-61所示。

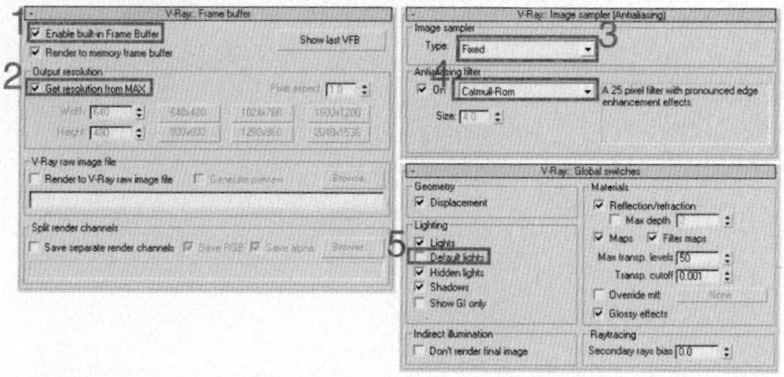

图2-61

|7|在“Indirect illumination (GI)（间接照明）”卷展栏中，选择“ON（开）”复选框，将“Primary bounces（首次反弹）”倍增器设置为1，“GI engine（全局光引擎）”选择“Irradiance map（发光贴图）”；将“Secondary bounces（二次反弹）”倍增器设置为1，“GI engine（全局光引擎）”选择“Light cache（灯光缓冲）”。接着展开“Irradiance map（发光贴图）”卷展栏，在Current preset（当前预设模式）中选择“Low（低）”选项。在“Mode（模式）”中选择“Single frame（单帧）”模式。然后展开“Light cache（灯光缓存）”卷展栏，将“Subdivs（细分值）”设置为200，在“Mode（模式）”中选择“Single frame（单帧）”模式，其他设置如图2-62所示。

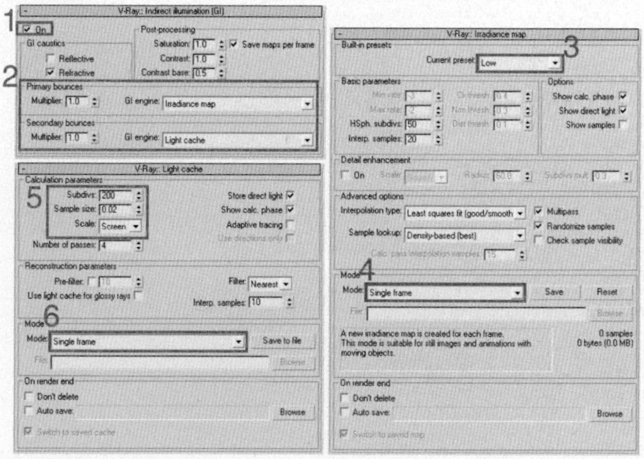

图2-62

| 8 | 展开“Color mapping（颜色映射）”卷展栏，选择“Exponential（指数）”选项。展开“rQMC Sampler（rQMC采样器）”卷展栏，将“Adaptive amount（适应数量）”设置为0.85，“Noise threshold（噪波阀值）”设置为0.01，将“Min samples（最小采样值）”设置为8，如图2-63所示。

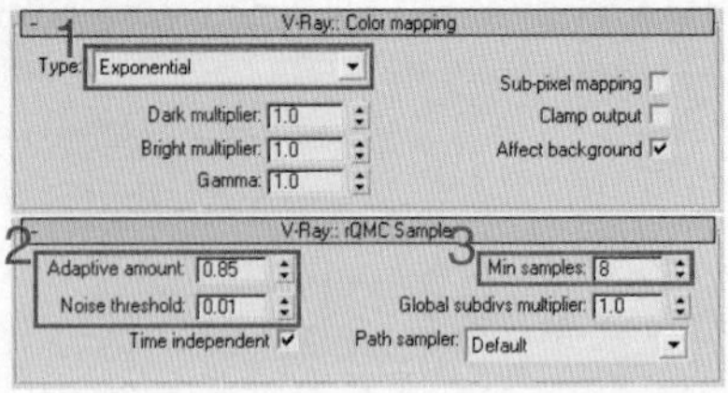

图2-63

| 9 | 单击VRay灯光创建命令面板上的 VRaySun 按钮，如图2-64所示。

| 10 | 在视图中创建太阳光，同时在弹出的对话框中单击 否(N) 按钮，不同时创建天空光贴图，如图2-65所示。

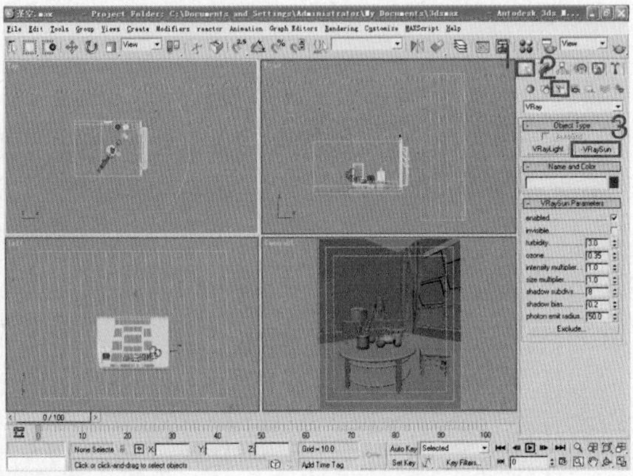

图2-64

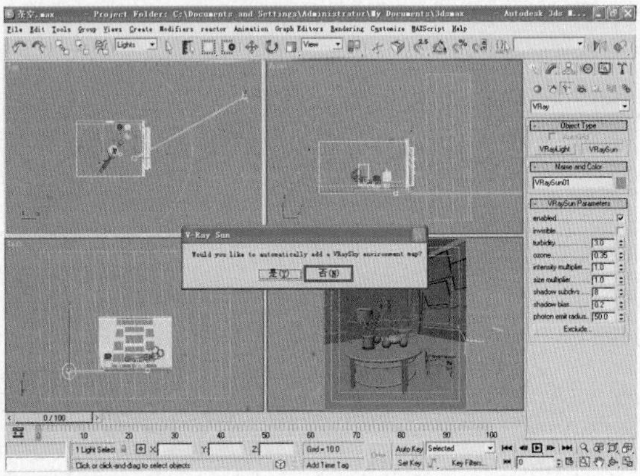

图2-65

指南针

这里暂时不添加VRaySky贴图是为了方便观察独立的太阳光效果。

| 11 | 单击工具栏上的按钮，在视图中选择太阳光对象，将它移动到如图2-66所示的位置。

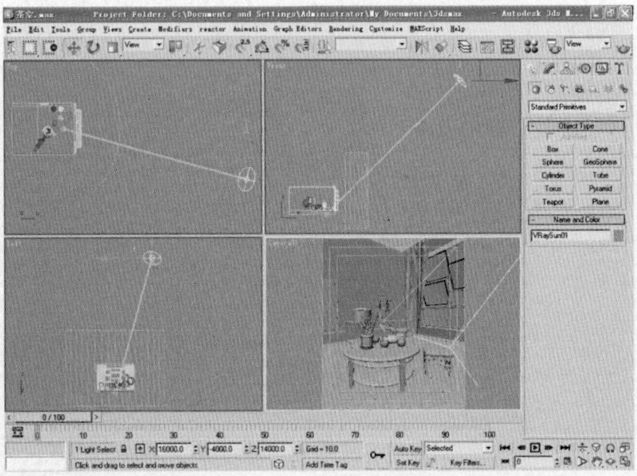

图2-66

| 12 | 在视图中选择太阳光并单击按钮，在修改命令面板中将“turbidity（浊度）”设置为3.0，“intensity multiplier（强度倍增）”设置为1。单击工具栏上的按钮，渲染后的效果如图2-67所示，来自户外的太阳光极强，场景曝光严重。

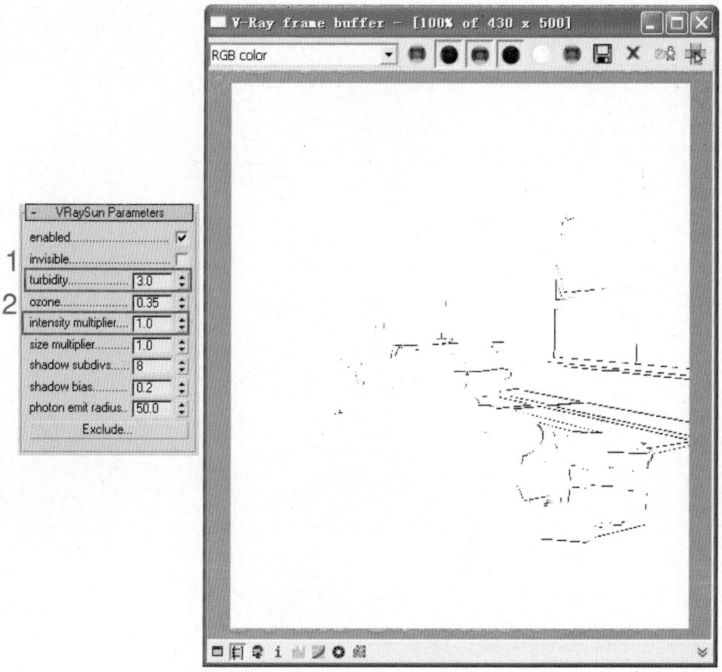

图2-67

| 13 | 在修改命令面板中将“intensity multiplier（强度倍增）”设置为0.06，单击工具栏上的按钮，渲染后的效果如图2-68所示，来自户外的太阳光偏强，场景局部仍然有曝光现象。

| 14 | 在修改命令面板中将“intensity multiplier（强度倍增）”设置为0.04，单击工具栏上的按钮，渲染后的效果如图2-69所示，场景光线得到减弱。

图2-68

图2-69

| 15 | 在视图中选择太阳光并单击按钮，在修改命令面板中将“turbidity（浊度）”设置为6.0，单击工具栏上的按钮，渲染后的效果如图2-70所示，来自户外的太阳光偏暖。

| 16 | 在修改命令面板中将“turbidity（浊度）”设置为8.0，单击工具栏上的按钮，渲染后的效果如图2-71所示，太阳光更为偏暖，场景亮度再次降低。

图2-70

图2-71

| 17 | 选择菜单栏中的【Rendering（渲染）】→【Environment（环境）】命令，弹出“Environment and Effects（环境和效果）”对话框。单击 None 按钮，在弹出的“Material/Map Browser（材质/贴图浏览器）”对话框中选择“VRaySky（VR天光）”贴图，如图2-72所示。

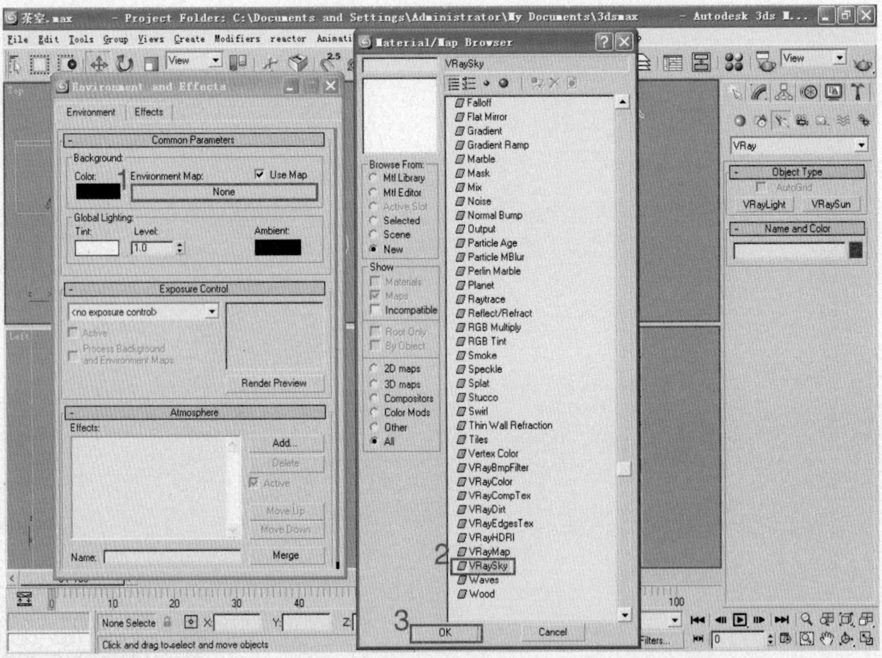

图2-72

指南针

这里是另一种添加“VRaySky（VR天光）”贴图的方式。

| 18 | 将“Environment and Effects（环境和效果）”对话框中的“VRaySky（VR天光）”贴图拖动到材质编辑器上的空白材质球上，在弹出的“Instance（Copy）（实例副本贴图）”对话框中选择“Instance（实例）”复选框，如图2-73所示。

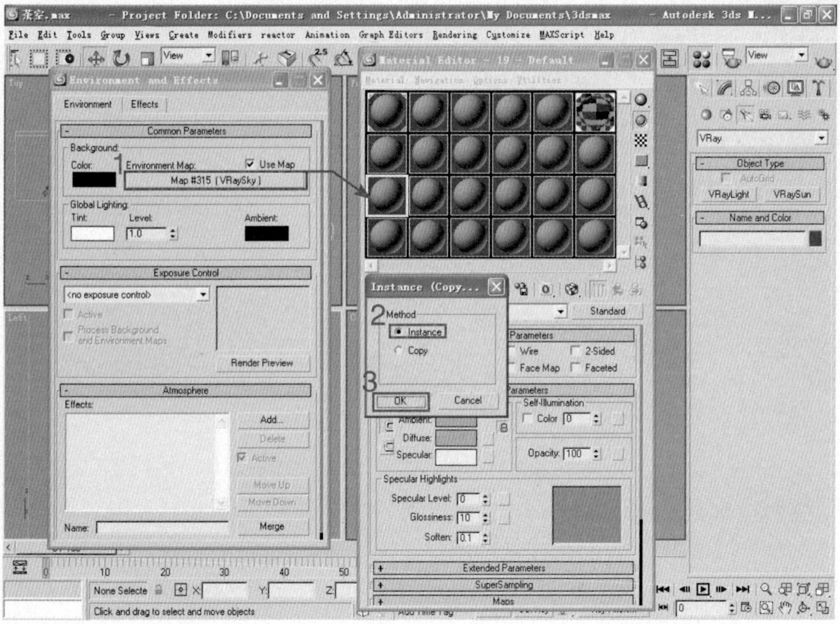

图2-73

| 19 | 在“VRaySky（VR天光）”贴图的编辑面板上单击 None 按钮，接着在视图中拾取开始创建的太阳光，使天光和太阳光关联。在材质编辑器中激活天空光贴图，对它的参数进行设置。通常默认的“sun intensity multiplier（太阳强度倍增器）”数值都偏大，因此将它设置为0.04，将“sun turbidity（阳光浊度）”设置为3.0。单击工具栏上的按钮，渲染后的效果如图2-74所示，此时户外的天光略强。

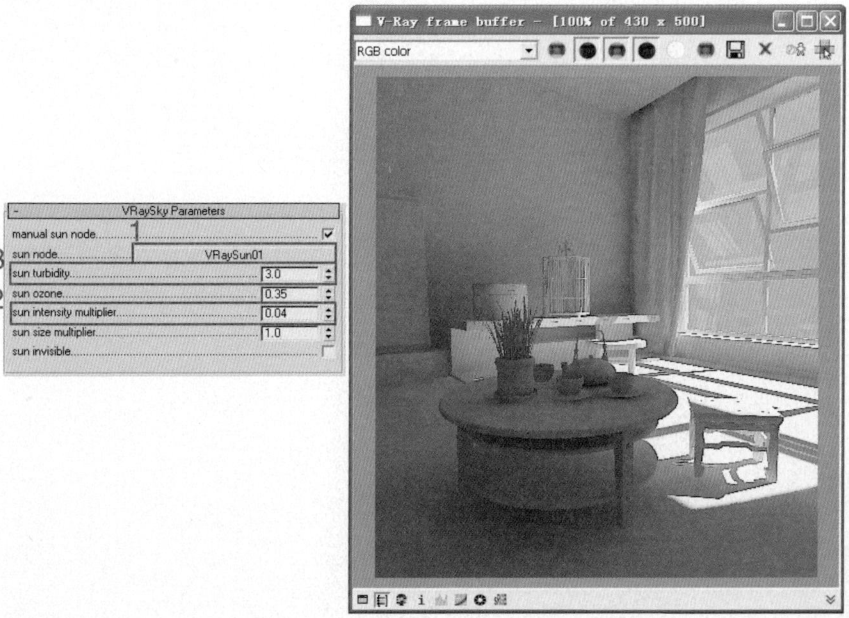

图2-74

| 20 | 在材质编辑器中将“sun intensity multiplier（太阳强度倍增器）”数值设置为0.025，渲染后的效果如图2-75所示，室外环境的亮度降低。

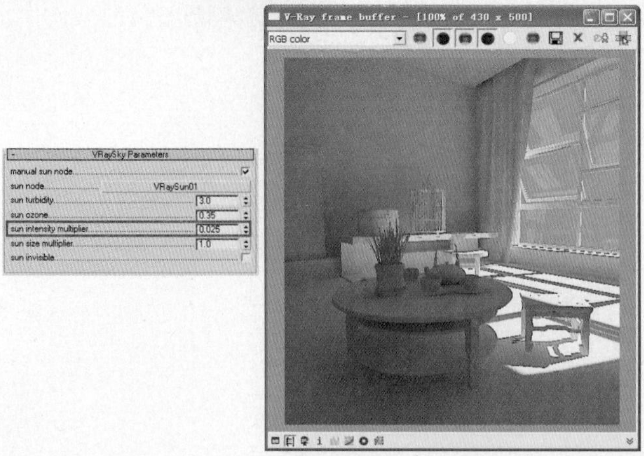

图2-75

| 21 | 在材质编辑器中将“sun turbidity（阳光浊度）”设置为5.0，单击工具栏上的按钮，渲染后的效果如图2-76所示，室外环境的颜色倾向改变。

图2-76

| 22 | 在材质编辑器中将“sun turbidity（阳光浊度）”设置为8.0，单击工具栏上的按钮，渲染后的效果如图2-77所示，室外环境的颜色偏暖。

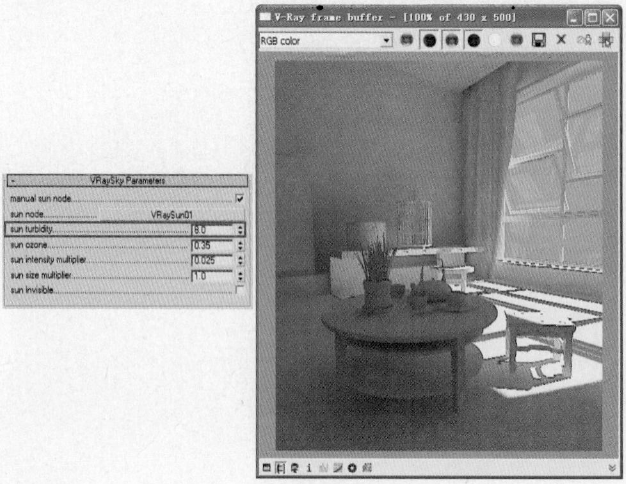

图2-77

|23| 单击VRay灯光创建命令面板上的 VRayLight 按钮，在Left（左）视图中创建如图2-78所示的VRay灯光，用于模拟来自窗外的环境光。

|24| 在工具栏上单击 按钮，在视图中选择VRayLight光源对象，在Top（顶）视图中将它移动到如图2-79所示的位置。

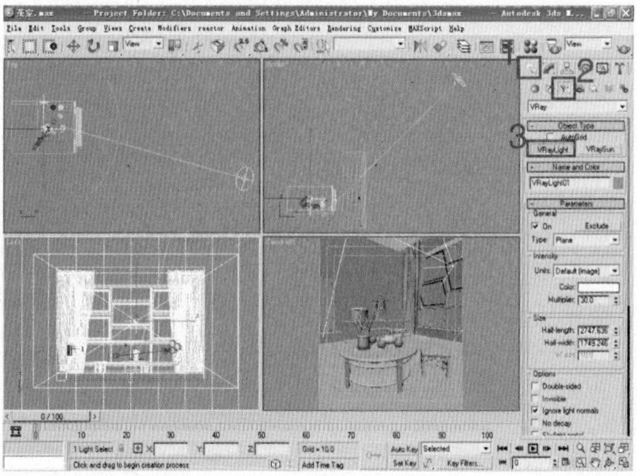

图2-78

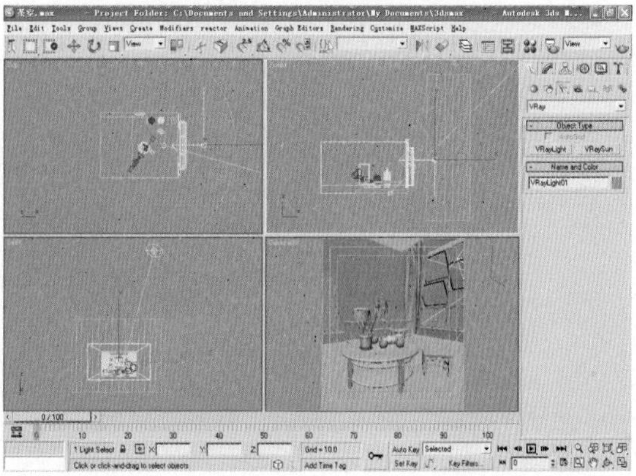

图2-79

指南针

当在一个视图中创建了光源后，一定要在其他视图中移动光源到合适的位置。

|25| 选择创建的VRayLight光源并单击 按钮进入修改命令面板，在修改命令面板上将“Half-length（半长）”数值设置为3500，“Half-width（半宽）”数值设置为2000，“Multiplier（倍增器）”数值修改为10。单击 按钮进行渲染，效果如图2-80所示。场景被照亮，但是光线强度偏弱。

|26| 在修改命令面板上将“Multiplier（倍增器）”数值修改为16，单击 按钮进行渲染，效果如图2-81所示，场景的光线强度得到增加。

图2-80

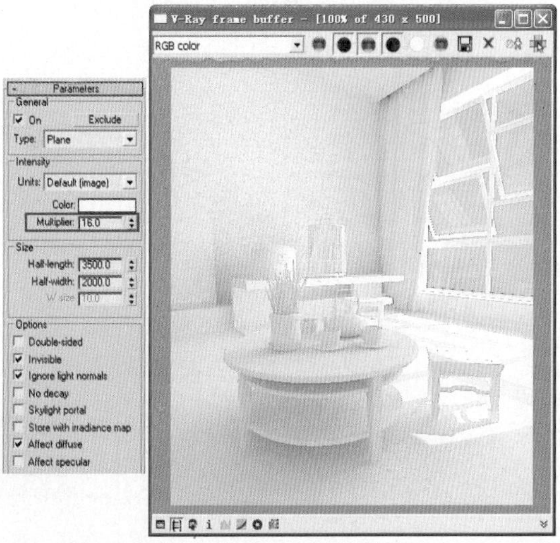

图2-81

|27| 在修改命令面板上单击Color（颜色）后面的 按钮，在弹出的“Color Selector（颜色选择器）”对话框中设置“Hue（色调）”为145、“Sat（饱和度）”为20，“Value（亮度）”255，单击 按钮进行渲染，效果如图2-82所示，场景光线的颜色倾向得到改变。

图2-82

2.2.2 茶室家具的材质设置

| 1 | 单击工具栏上的按钮，在视图中选择箱子和茶几对象，单击“Material Editor（材质编辑器）”上的按钮，设置此材质的漫射和反射颜色，如图2-83所示。将此材质赋予选择对象。

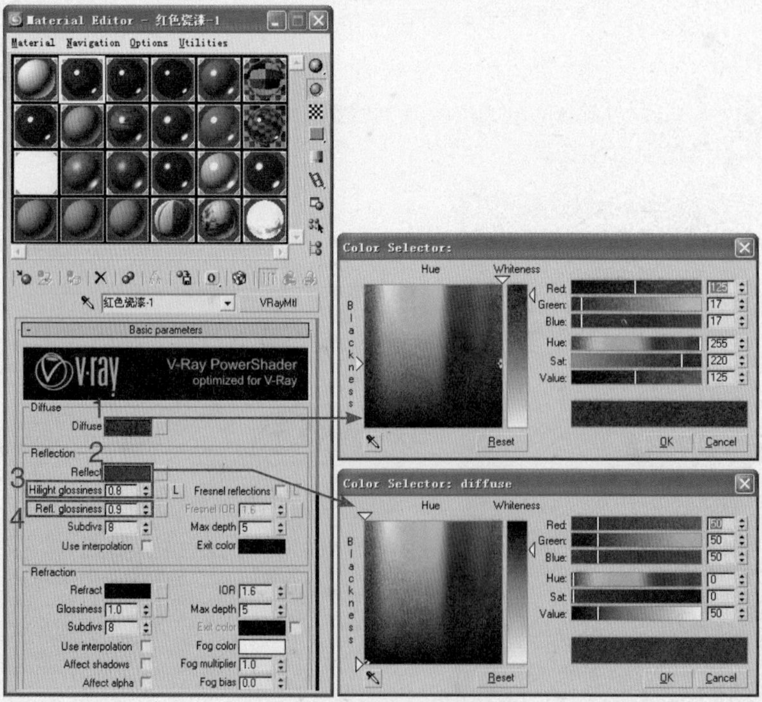

图2-83

| 2 | 在材质编辑器中激活空白材质示例窗，并将它转化为VRayMtl类型材质，将它命名为“红色瓷漆-2”。单击工具栏上的按钮，在视图中选择小凳对象，单击材质编辑器上的按钮，将此材质赋予选择对象。设置此材质的漫射和反射颜色，如图2-84所示。

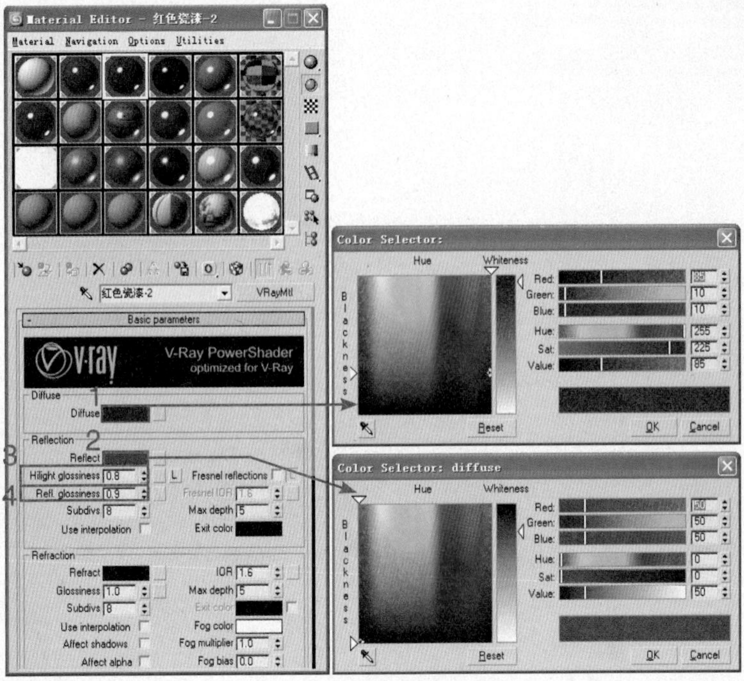

图2-84

| 3 | 在材质编辑器中激活空白材质示例窗并将它转化为VRayMtl类型材质，将它命名为“黑色瓷漆”。单击工具栏上的按钮，在视图中选择画框的外框，单击材质编辑器上的按钮，将此材质赋予选择对象。设置此材质的漫射和反射颜色，如图2-85所示。

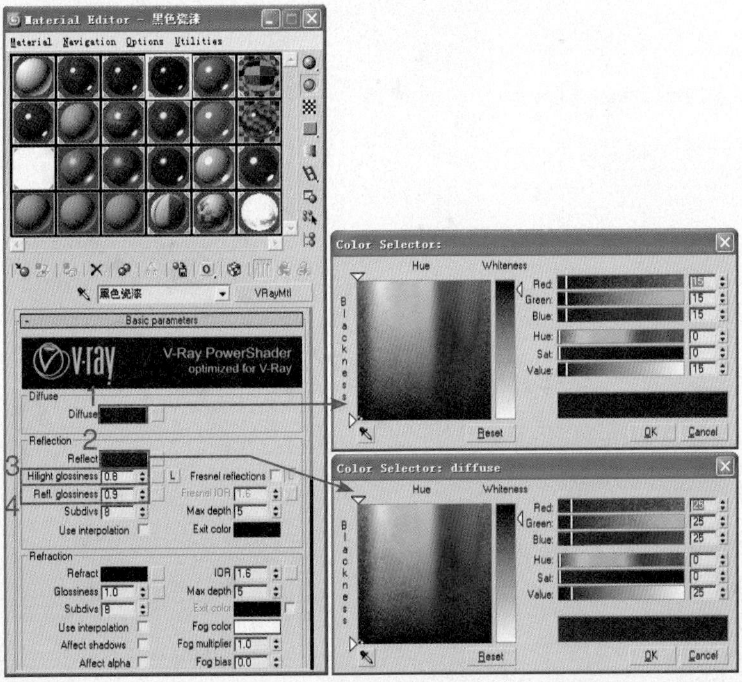

图2-85

| 4 | 激活空白材质示例窗并将它转化为VRayMtl类型材质，将它命名为“窗框”。单击工具栏上的按钮，在视图中选择窗户框对象，单击材质编辑器上的按钮，将此材质赋予选择对象。设置此材质的漫射和反射颜色，如图2-86所示。

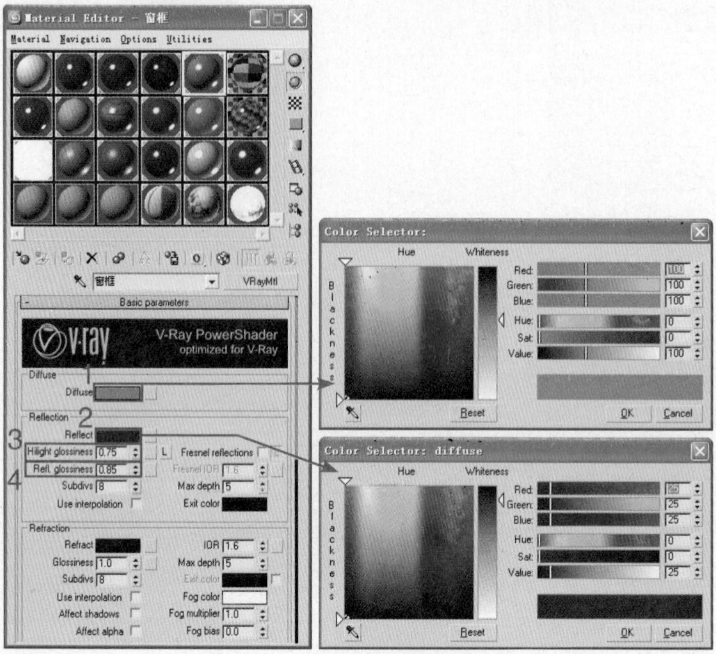

图2-86

|5| 激活空白材质示例窗并将它转化为VRayMtl类型材质，将它命名为“木地板”。单击工具栏上的按钮，在视图中选择地板对象，单击材质编辑器上的按钮，将此材质赋予选择对象。设置此材质的漫射和反射颜色，如图2-87所示。

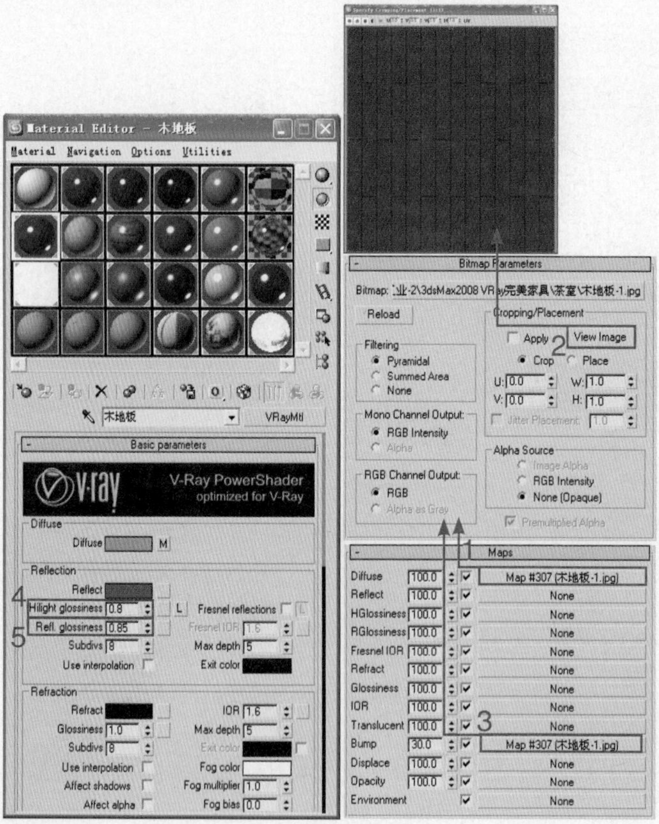

图2-87

|6|将此材质赋予地板对象，选择“UVW Mapping（UVW贴图）”修改器添加给墙面对象。在修改命令面板的“Parameters（参数）”卷展栏中选择“Box（长方体）”单选按钮，将“Length（长度）”设置为950，将“Width（宽度）”设置为1200，将“Height（高度）”设置为1200，如图2-88所示。

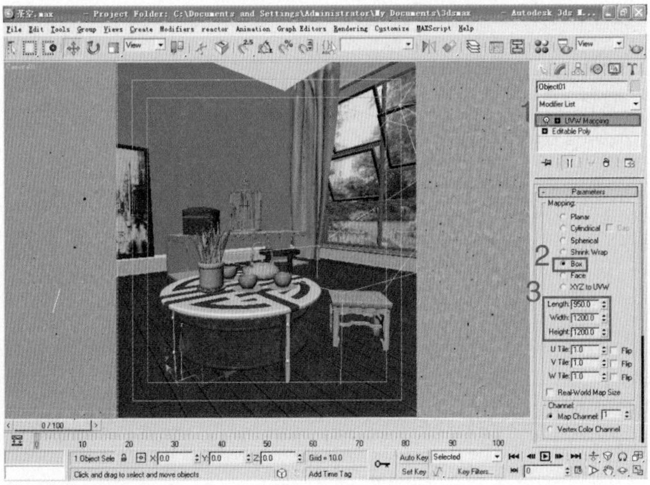

图2-88

|7|激活名称为“素水泥”的材质示例窗，设置参数如图2-89所示，在漫射和凹凸通道中都添加“素水泥-1.jpg”文件。

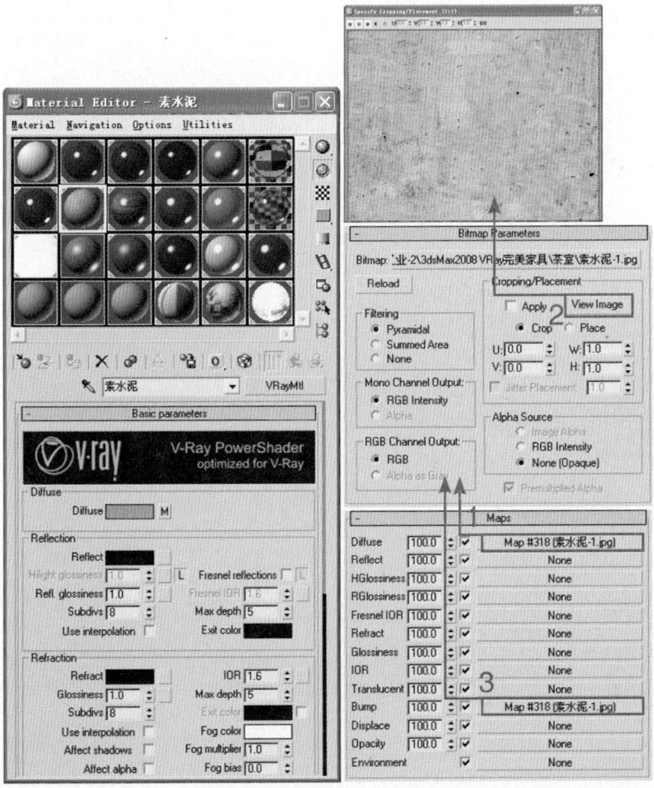

图2-89

|8|将此材质赋予墙面对象，选择“UVW Mapping（UVW贴图）”修改器添加给墙面对象。在修改命令面板的“Parameters（参数）”卷展栏中选择“Box（长方体）”单选按钮，将“Length

（长度）”设置为1，将“Width（宽度）”设置为1000，将“Height（高度）”设置为1000，如图2-90所示。

图2-90

| 9 | 激活名称为“木纹-1”的材质示例窗，设置参数如图2-91所示，在漫射和凹凸通道中都添加“木纹-1.jpg”文件。

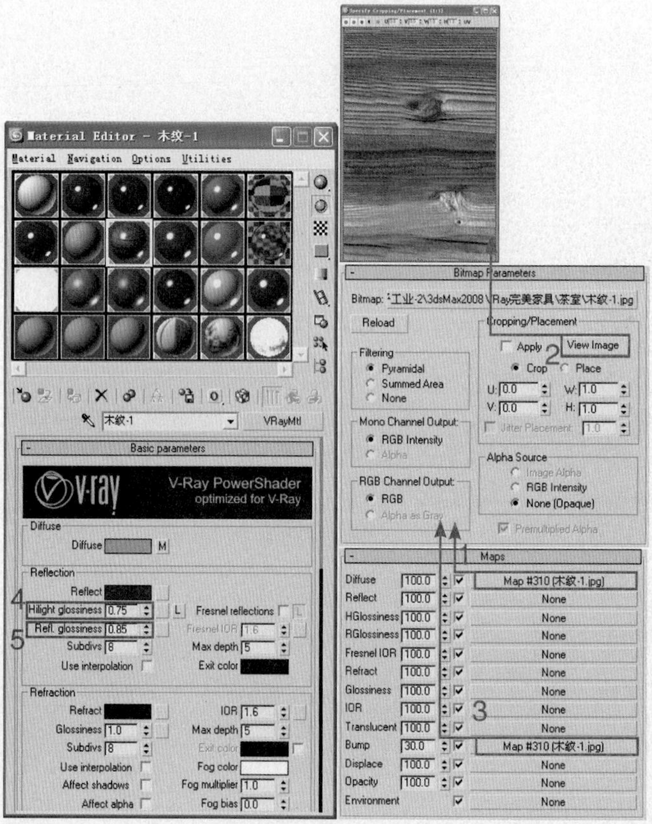

图2-91

| 10 | 将此材质赋予木凳对象，选择“UVW Mapping（UVW贴图）”修改器添加给木凳对象。在修改命令面板的“Parameters（参数）”卷展栏中选择“Box（长方体）”单选按钮，将“Length

（长度）”设置为400，将“Width（宽度）”设置为400，将“Height（高度）”设置为400，如图2-92所示。

图2-92

| 11 | 激活名称为“木纹-2”的材质示例窗，设置参数如图2-93所示，在漫射和凹凸通道中都添加“木纹-2.jpg”文件。

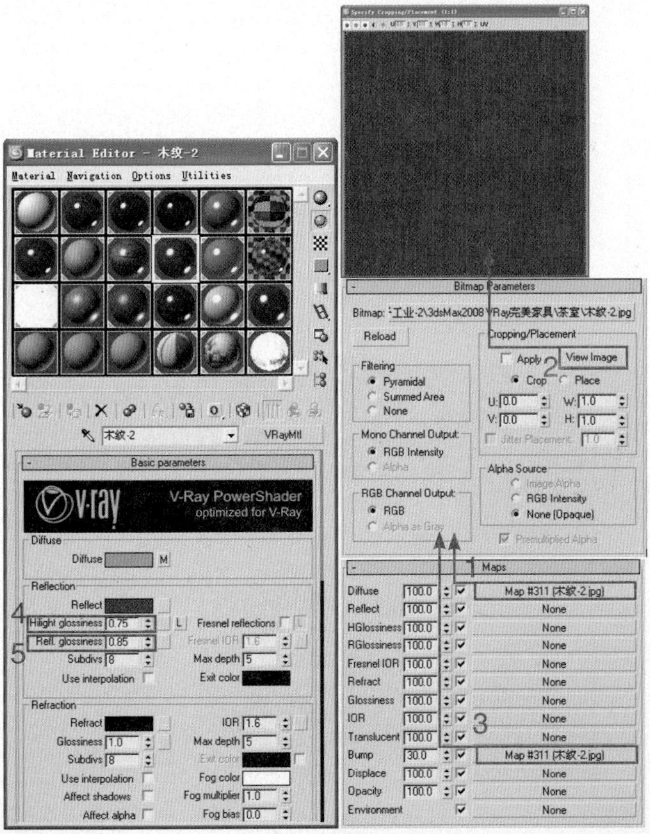

图2-93

| 12 | 将此材质赋予鸟笼对象，选择“UVW Mapping（UVW贴图）”修改器添加给鸟笼对象。在修改命令面板的“Parameters（参数）”卷展栏中选择“Box（长方体）”单选按钮，将“Length

（长度）”设置为500，将“Width（宽度）”设置为500，将“Height（高度）”设置为500，如图2-94所示。

| 13 | 将此材质赋予长桌对象，选择“UVW Mapping（UVW贴图）”修改器添加给长桌对象。在修改命令面板的“Parameters（参数）”卷展栏中选择“Box（长方体）”单选按钮，将“Length（长度）”设置为750，将“Width（宽度）”设置为750，将“Height（高度）”设置为750，如图2-95所示。

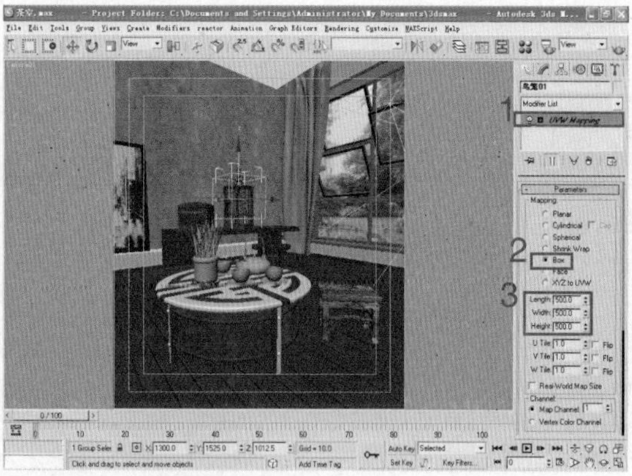

图2-94

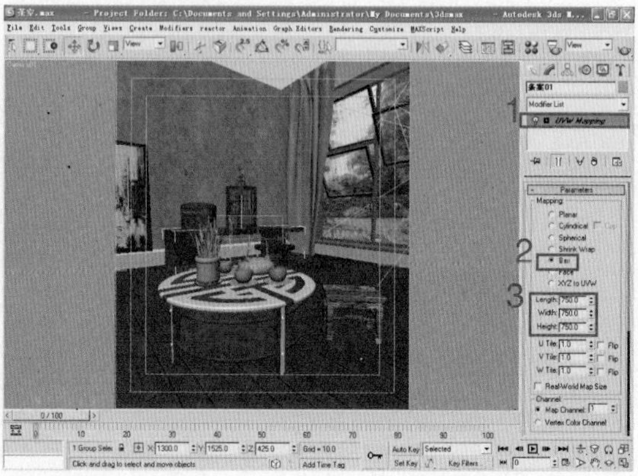

图2-95

| 14 | 激活空白材质示例窗并将它转化为VRayMtl类型材质，将它命名为“银漆”。单击工具栏上的按钮，在视图中选择茶几对象，单击材质编辑器上的按钮，将此材质赋予选择对象。设置此材质的漫射和反射颜色，如图2-96所示。

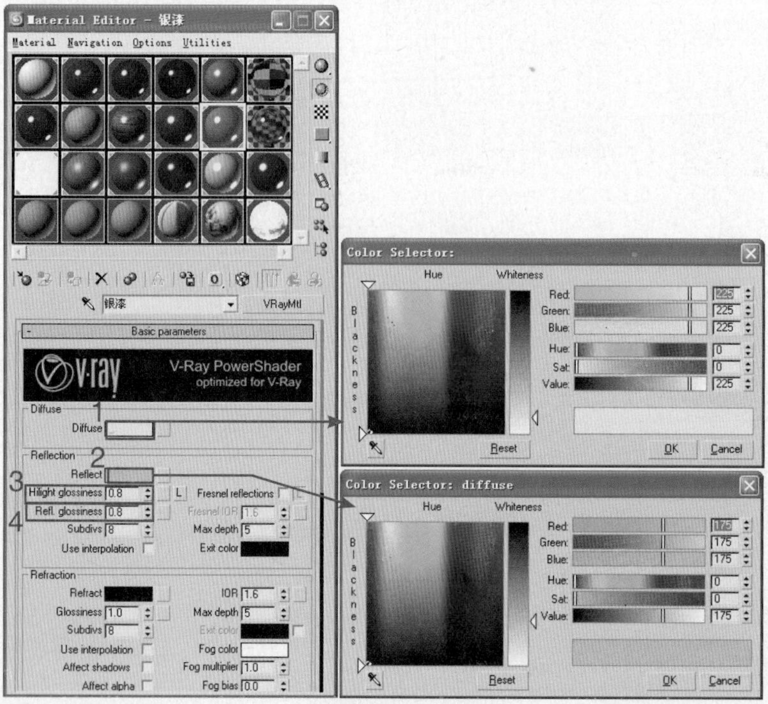

图2-96

| 15 | 激活空白材质示例窗并将它转化为VRayMtl类型材质，将它命名为“不锈钢”。单击工具栏上的按钮，在视图中选择锁对象，单击材质编辑器上的按钮，将此材质赋予选择对象。设置此材质的漫射和反射颜色，如图2-97所示。

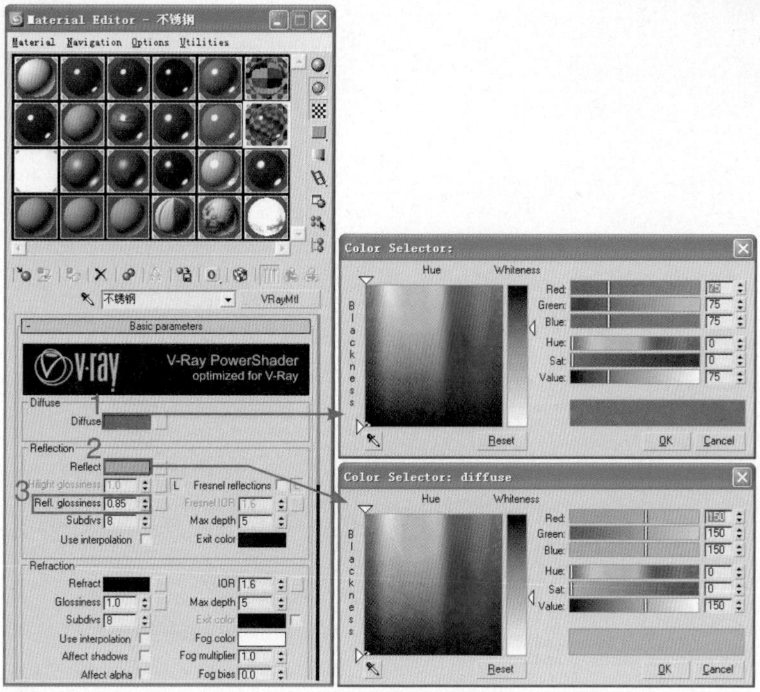

图2-97

| 16 | 激活空白材质示例窗并将它转化为VRayMtl类型材质，将它命名为“植物-1”。单击工具栏上的按钮，在视图中选择锁对象，单击材质编辑器上的按钮，将此材质赋予选择对象。设置此材质的漫射和反射颜色，如图2-98所示。

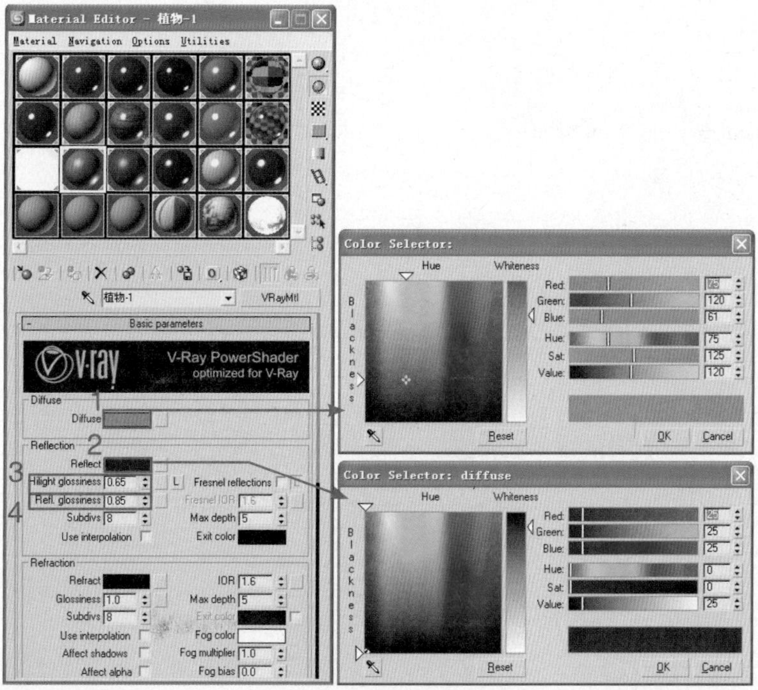

图2-98

| 17 | 激活空白材质示例窗并将它转化为VRayMtl类型材质，将它命名为“泥土”。单击工具栏上的按钮，在视图中选择锁对象，单击材质编辑器上的按钮，将此材质赋予选择对象。设置此材质的漫射和反射颜色，如图2-99所示。

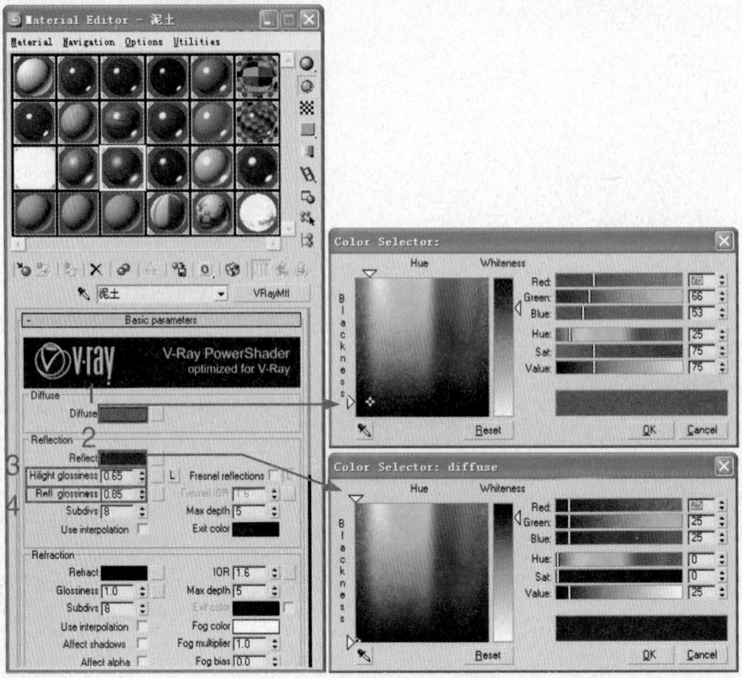

图2-99

| 18 | 激活名称为“窗帘纱布”的材质示例窗，设置参数如图2-100所示。在漫射和凹凸通道中都添加“布纹-1.jpg”文件，接着在自发光通道中添加“遮罩贴图”。

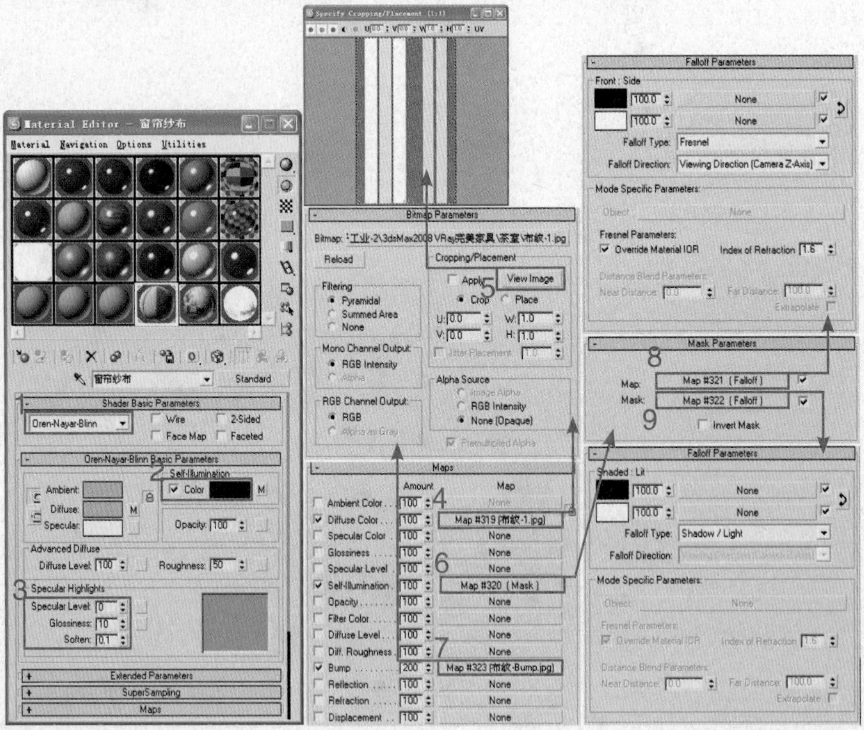

图2-100

| 19 | 将此材质赋予长桌对象，选择“UVW Mapping（UVW贴图）”修改器添加给长桌对象。在修改命令面板的“Parameters（参数）”卷展栏中选择“Box（长方体）”单选按钮，将“Length

（长度）”设置为600，将“Width（宽度）”设置为600，将“Height（高度）”设置为600，如图2-101所示。

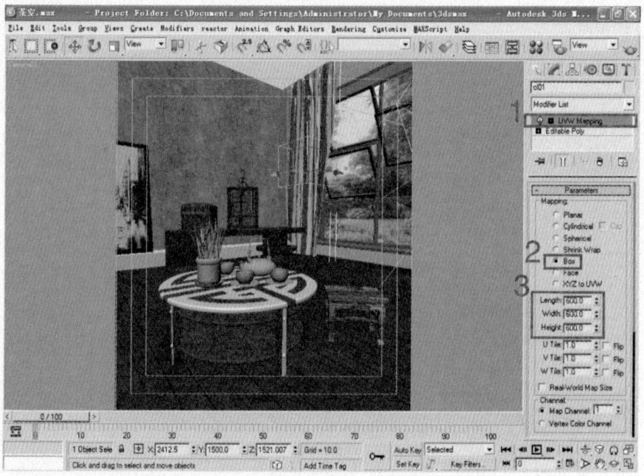

图2-101

2.2.3 茶室家具的渲染设置

| 1 | 首先运用较低参数渲染光子贴图。将渲染图片的“Width（宽度）”设置为550，“Height（高度）”设置为640。展开“Irradiance map（发光贴图）”卷展栏，在“Current preset（当前预置）”中选择“Low（低）”选项。在“Mode（模式）”中选择“Single frame（单帧）”模式。单击 Save 按钮，在弹出的保存发光贴图对话框中为发光贴图命名并保存。然后在“On render end（渲染后）”选项组中选择“Don't delete（不删除）”和“Auto save（自动保存）”复选框。接着单击 Browse 按钮，在弹出的对话框中为它指定路径，其他设置如图2-102所示。

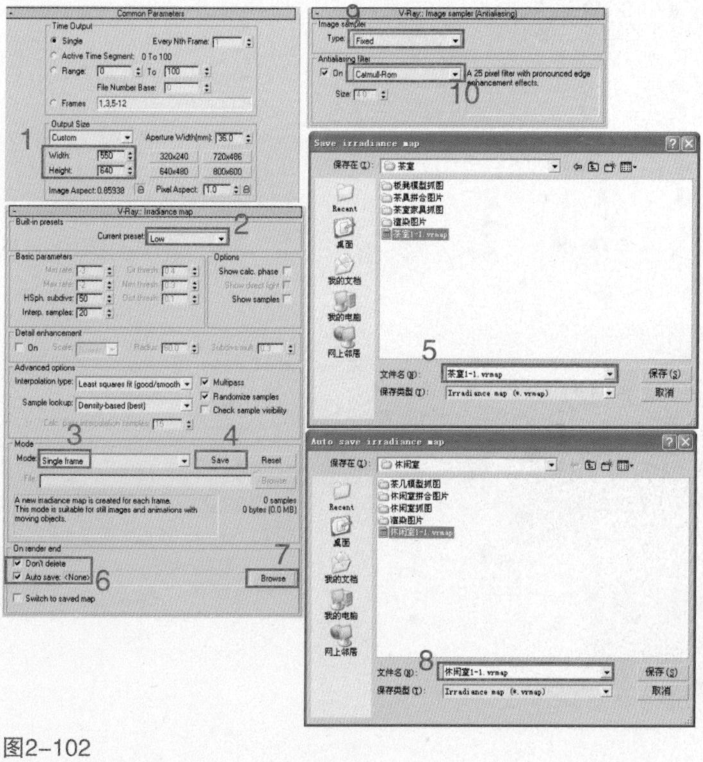

图2-102

| 2 | 将渲染图片的“Width（宽度）”设置为2063，“Height（高度）”设置为2400。展开“Image sampler（Antialiasing）（图像采样反锯齿）”卷展栏，选择“Adaptive QMC（自适应准蒙特卡洛采样器）”的采样方式和“Mitchell–Netravali”抗锯齿过滤器，如图2–103所示。

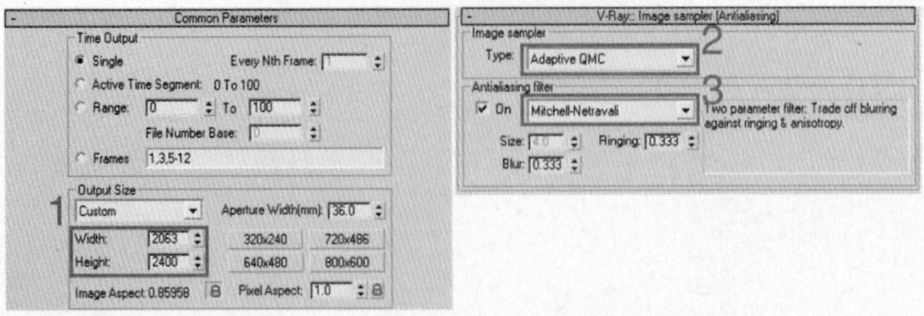

图2–103

| 3 | 当光子贴图渲染完成后设置高参数渲染正图。展开“Irradiance map（发光贴图）”设置卷展栏，在“Mode（模式）”中设置为自动跳转到“From file（从文件）”模式。在“Current preset（当前预设模式）”中选择“Hight（高）”品质选项。展开“Light cache（灯光缓存）”卷展栏，将“Subdivs（细分值）”设置为1200，在“Mode（模式）”中选择“From file（从文件）”模式。展开“rQMC Sampler（rQMC采样器）”卷展栏，将“Adaptive amount（适应数量）”设置为0.85，“Min samples（最小采样值）”设置为15，“Noise threshold（噪波阀值）”设置为0.002，如图2–104所示。

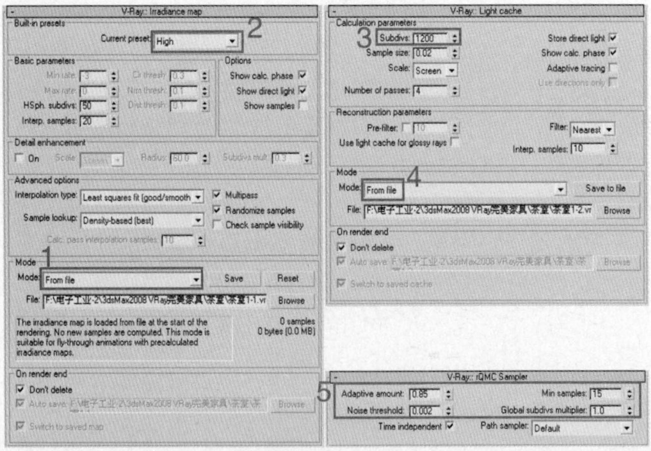

图2–104

| 4 | 进行最终渲染。单击按钮进行正图的渲染，渲染时是以块状的形式进行渲染，如图2–105所示。当正图渲染完成后为它命名并保存。

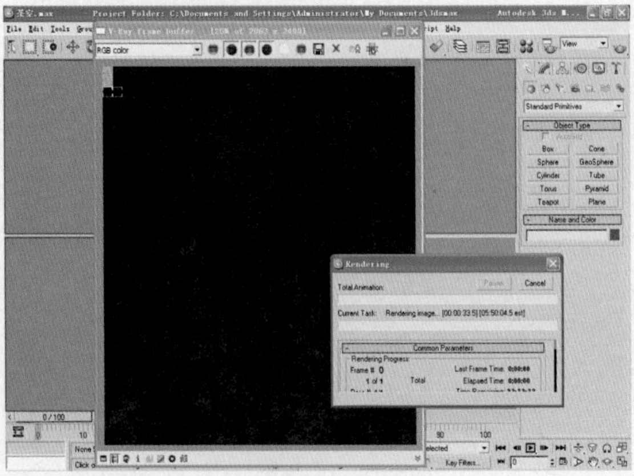

图2–105

2.2.4 进行后期处理

| 1 | 在Photoshop CS3中打开“茶室.tga”，如图2-106所示。然后选择【文件】→【存储为】命令，或按【Shift+Ctrl+S】组合键，将此文件命名为“茶室.psd”。

图2-106

| 2 | 接着调整图片的亮度，选择【图层】→【新建调整图层】→【色阶】命令，如图2-107所示。在弹出的对话框中将新图层命名为“色阶1”，如图2-108所示。

图2-107

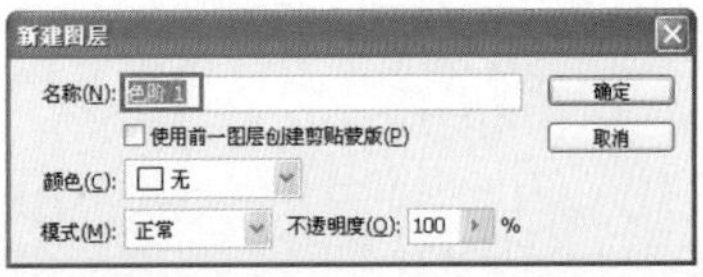

图2-108

| 3 | 单击 确定 按钮将弹出“色阶”对话框，拖动滑块调整图片的明暗，使图片变亮，如图2-109所示。

图2-109

|4| 单击图层面板下方的◐按钮，在弹出的菜单中选择【色彩平衡】命令，创建色彩平衡调整图层，如图2-110所示。

|5| 在弹出的“色彩平衡”对话框中分别选择“中间调”单选按钮，并拖动滑块进行色彩平衡调节，如图2-111所示。

图2-110

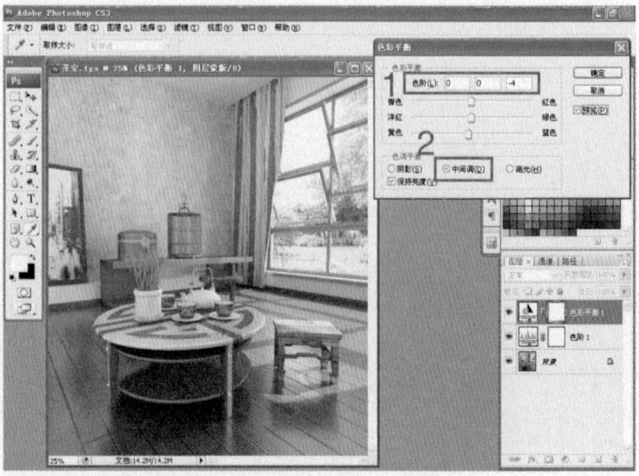

图2-111

|6| 在弹出的“色彩平衡”对话框中分别选择“高光”单选按钮并拖动滑块进行色彩平衡调节，如图2-112所示。

|7| 单击图层面板下方的◐按钮，在弹出的菜单上选择【曲线】命令，创建曲线调整图层。在弹出的“曲线”对话框中拖动曲线，对画面局部明暗再次进行调整，如图2-113所示。

图2-112

图2-113

|8| 单击图层面板下面的◐按钮，在弹出的菜单中选择【亮度/对比度】命令，创建亮度/对比度调整图层。在“亮度/对比度”对话框中将“亮度”和“对比度”都设置为5，如图2-114所示。通过对亮度/对比度调整后，画面的亮度和对比度都增加了。

|9| 单击图层面板下面的◐按钮，在弹出的菜单中选择【色相/饱和度】命令，创建色相/饱和度调整图层。在“色相/饱和度”对话框中将“色相”设置为2，将“饱和度”设置为10，如图2-115所示。

图2-114

| 10 | 激活图层面板上的曲线调整图层，重新打开“曲线”对话框，如图2-116所示。

图2-115

图2-116

| 11 | 在弹出的“曲线”对话框中单击增加调节点，接着拖动曲线，再次调整画面明暗，如图2-117所示。

| 12 | 选择【图层】→【拼合图像】命令，将图层拼合，如图2-118所示。

图2-117

图2-118

| 13 | 选择【图像】→【模式】→【Lab颜色】命令，如图2-119所示。

| 14 | 当选择Lab颜色模式后，图片将失去颜色。在图层面板上单击 通道 按钮进入通道面板。将Alpha1通道删除，如图2-120所示。

图2-119

图2-120

| 15 | 在通道面板中激活“明度”通道，选择【图像】→【调整】→【色阶】命令，在“色阶”对话框中设置如图2-121所示的参数。

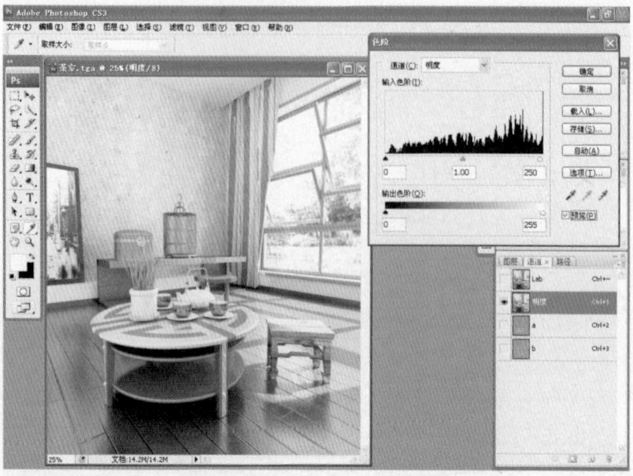

图2-121

| 16 | 在激活“明度”通道的前提下选择【滤镜】→【锐化】→【USM锐化】命令，在弹出的“USM锐化”对话框中将“数量”设置为65，如图2-122所示。

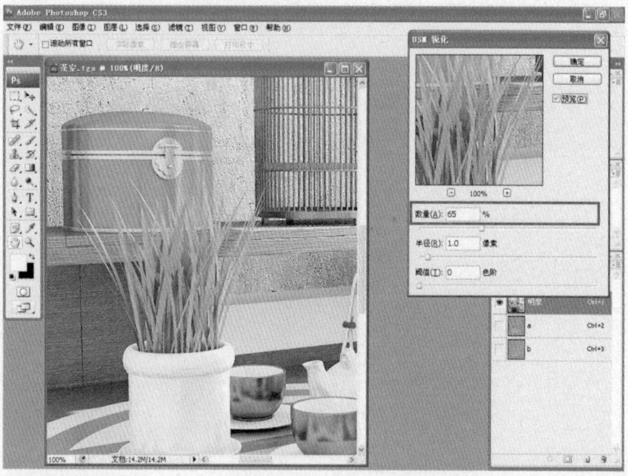

图2-122

| 17 | 选择【图像】→【模式】→【RGB颜色】命令，将图片重新转化为RGB颜色，如图2-123所示。

图2-123

| 18 | 回到图层面板中发现锐化不够，再次选择【滤镜】→【锐化】→【USM锐化】命令，在弹出的“USM锐化”对话框中将“数量”设置为20，如图2-124所示。

图2-124

| 19 | 在Photoshop CS3中进行后期处理后的效果如图2-125所示。

图2-125

第 3 章　餐厅家具

餐厅正日益成为重要的活动场所，它不仅是家人日常进餐的地方，也是亲朋好友谈心、休息、享受生活的地方，在餐厅的设计上应着重考虑其功能的配置。舒适的进餐环境以独立的餐厅为佳，餐厅家具主要包括餐桌、餐椅、餐柜等。餐厅家具的款式简洁，注重功能，没有冗沉的线条，整体设计是现代简约的感觉。本章的学习重点在于餐椅模型的创建方法和上午时分餐厅场景的表现。

3.1 餐椅的创建

在制作餐椅模型时分两部分进行创建，首先建立餐椅脚，接着建立餐椅靠背。餐椅的靠背线条比较柔和，因此在创建时多次运用了圆角命令，这样创建出来的餐椅靠背的边角线条更圆润，如图3-1所示。

图3-1

3.1.1 餐椅的特点及适用空间

这里选择的是高背餐椅，突出的是优雅，追求西式的餐厅风格。这款餐椅轻便、坚固耐用，符合人体生理曲线、使用舒适、曲线优美、个性独特。适用于餐厅、咖啡厅等空间。

3.1.2 餐椅的制作流程

|1| 当设置好系统单位后，单击 Line （样条线）按钮，在Top（顶）视图中拖动鼠标创建闭合样条线，这是餐椅脚的截面图。在弹出的对话框中单击 是(Y) 按钮使样条线闭合，如图3-2所示。

|2| 单击 按钮进入修改命令面板，在修改堆栈中单击【Line（样条线）】命令前的【+】展开其子层级，接着进入此修改器的Vertex（顶点）子层级，如图3-3所示。

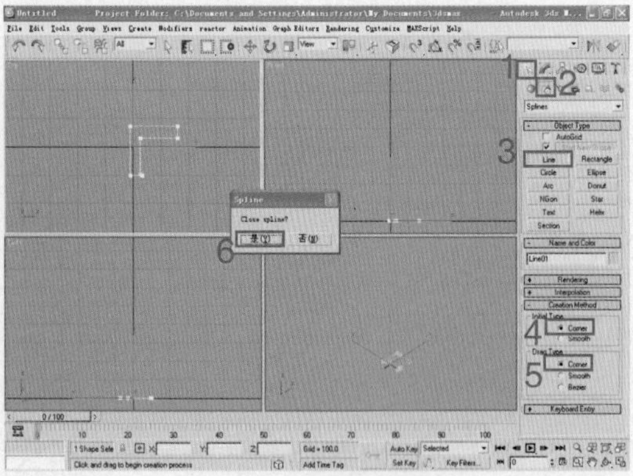

图3-2

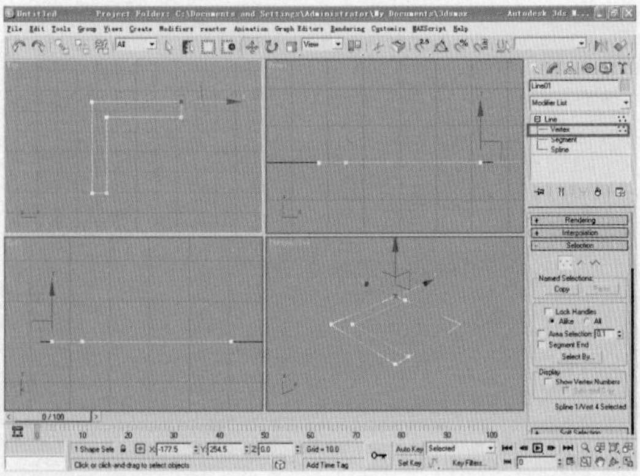

图3-3

| 3 | 在修改器列表中选择“Extrude（挤出）”修改器添加样条线，设置“Amount（数量）”数值为382.5，将截面图形挤出厚度，如图3-4所示。

| 4 | 在视图中选择挤压对象并单击鼠标右键，在弹出的快捷菜单中选择【Convert to Editable Poly（转换为可编辑多边形）】命令使它塌陷，如图3-5所示。

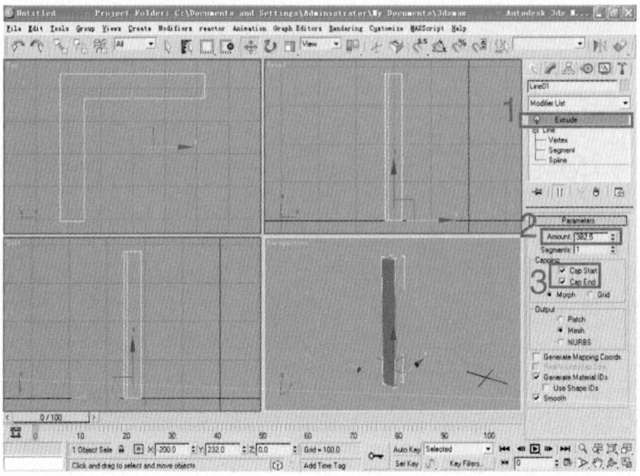
图3-4

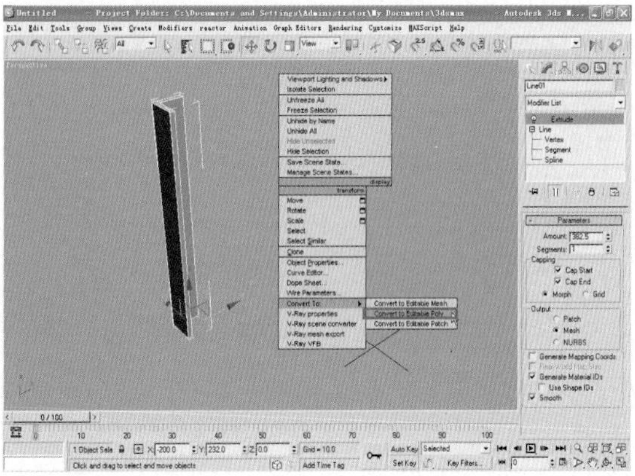
图3-5

| 5 | 单击工具栏上的按钮，在Perspective（透视）视图中框选如图3-6所示的顶点。

| 6 | 在状态栏中单击（锁定）按钮，将X轴后的数值设置为-25。选择的顶点将向左移动，如图3-7所示。

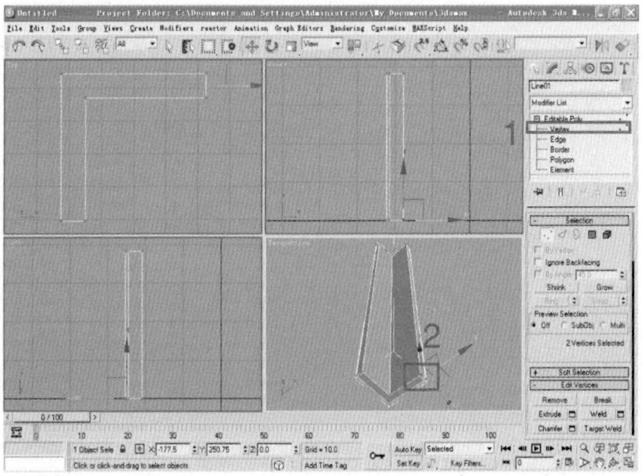
图3-6

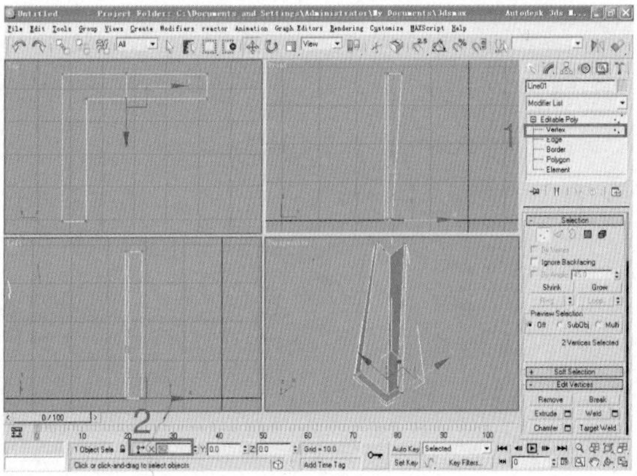
图3-7

指南针

当【锁定】按钮未使用时图标呈现状态，当单击此按钮时，图标为状态。

| 7 | 接着在Perspective（透视）视图中选择如图3-8所示的顶点。

| 8 | 同样在状态栏中单击按钮，将X轴后的数值设置为-25。选择的顶点将进行移动，如图3-9所示。

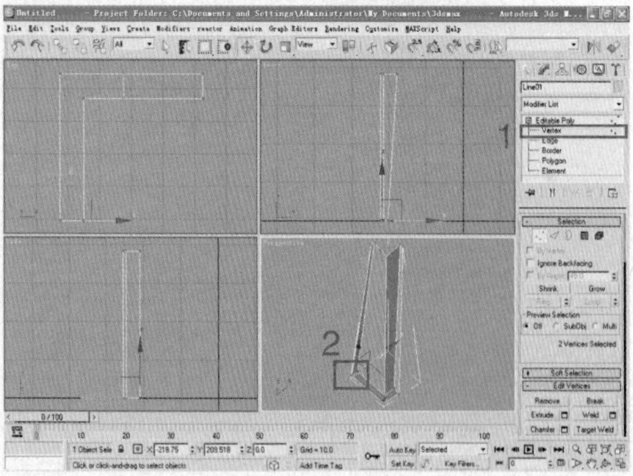

图3-8

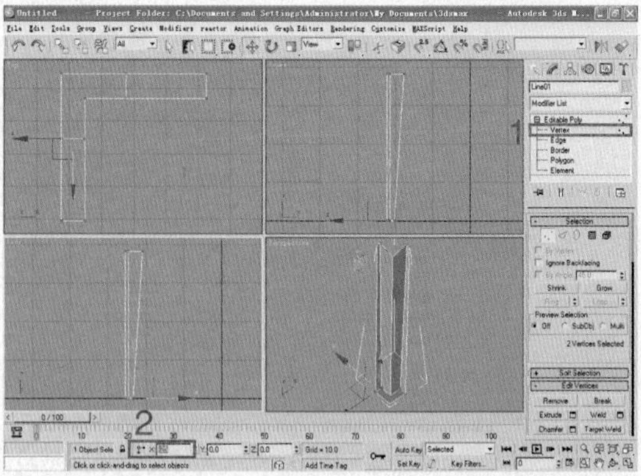

图3-9

| 9 | 单击 按钮进入修改命令面板，在修改堆栈中进入【Editable Poly（可编辑多边形）】命令的Edge（边）子层级。在Perspective（透视）视图中选择如图3-10所示的边。

| 10 | 单击修改命令面板上 Chamfer 后面的 按钮，在弹出的“Chamfer Edges（倒边）”对话框中将“Chamfer Amount（倒角数量）”设置为1.5，如图3-11所示选择的边将进行倒角。

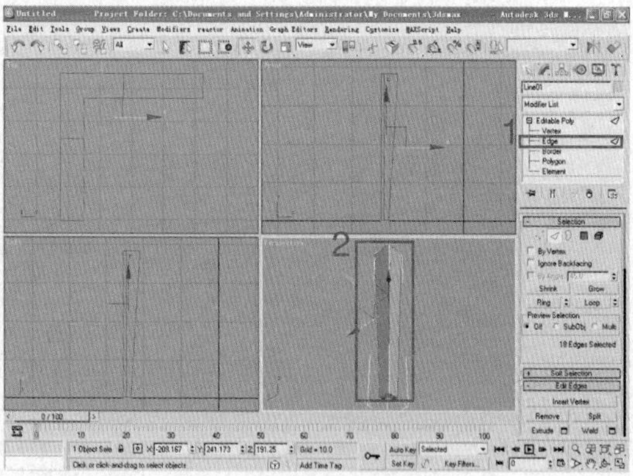

图3-10

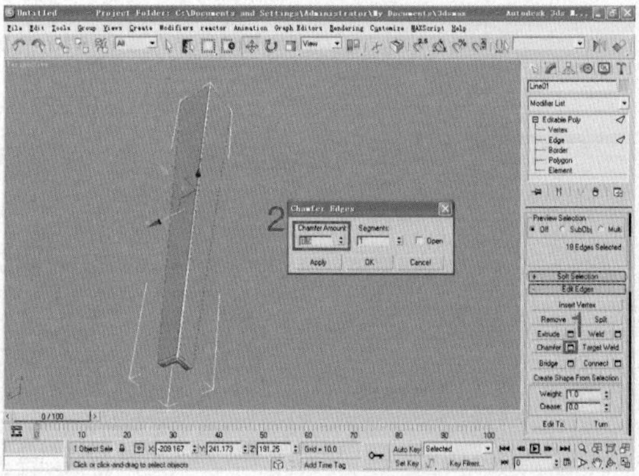

图3-11

| 11 | 按住【Shift】键和鼠标左键，在Top（顶）视图中沿X轴向右移动，在弹出的“Clone Options（克隆选项）”对话框中选择“对象”选项组中的“Instance（关联）”选项，将“副本数”设置为1。将餐椅脚关联复制一个，如图3-12所示。

| 12 | 单击工具栏上的 按钮，在弹出的“Mirror（镜像）”对话框中设置如图3-13所示的参数，使餐椅脚反转方向。

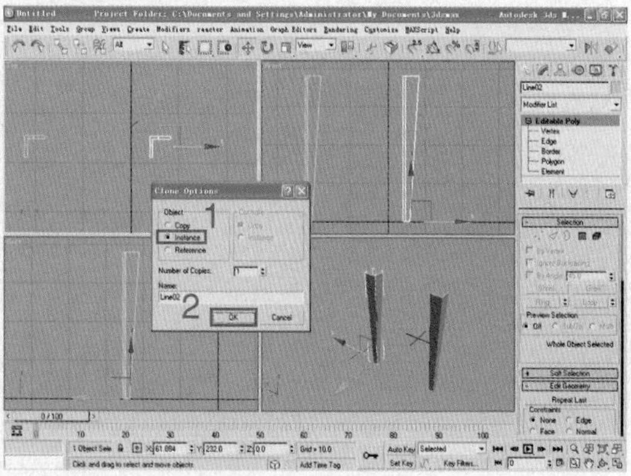

图3-12

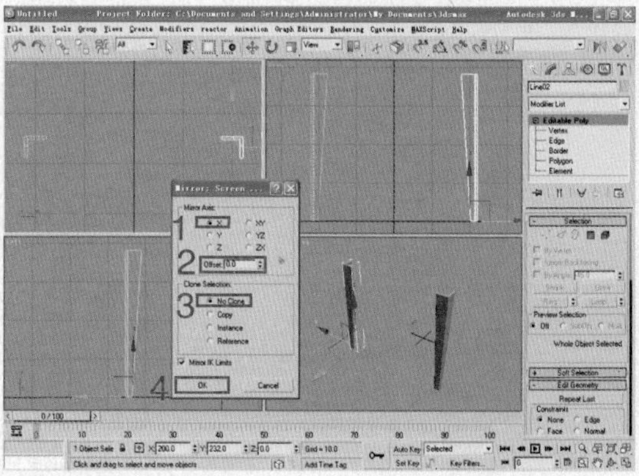

图3-13

| 13 | 按住【Shift】键和鼠标左键，在Top（顶）视图中沿Y轴向下移动，在弹出的“Clone Options（克隆选项）”对话框中选择“对象”选项组中的“Copy（复制）”选项，将副本数设置为1，如图3-14所示。

| 14 | 单击工具栏上的按钮，在弹出的“Mirror（镜像）”对话框中设置如图3-15所示的参数，使餐椅脚反转方向。

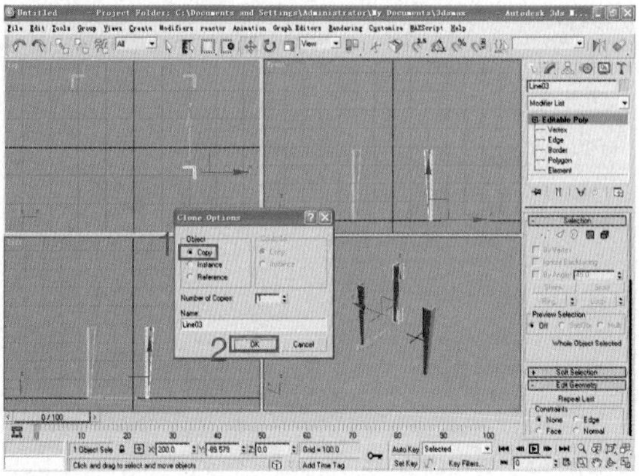

图3-14

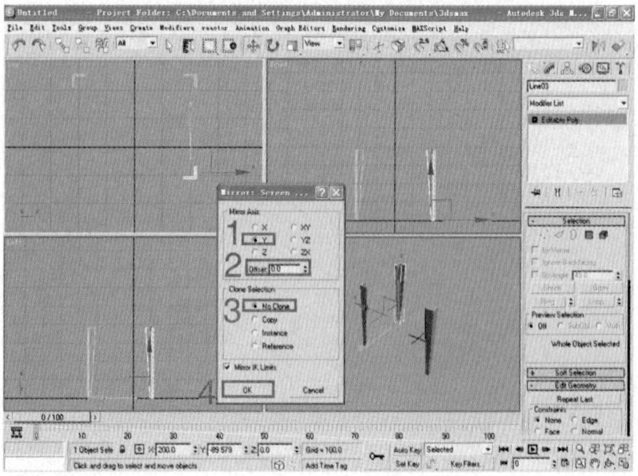

图3-15

| 15 | 单击工具栏上的按钮，在Top（顶）视图中选择如图3-16所示的对象。

| 16 | 在修改堆栈中进入【Editable Poly（可编辑多边形）】命令的Vertex（顶点）子层级，在视图中选择如图3-17所示的顶点。

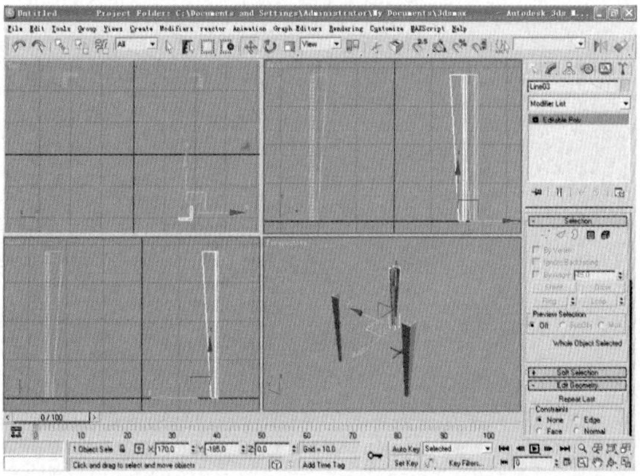

图3-16

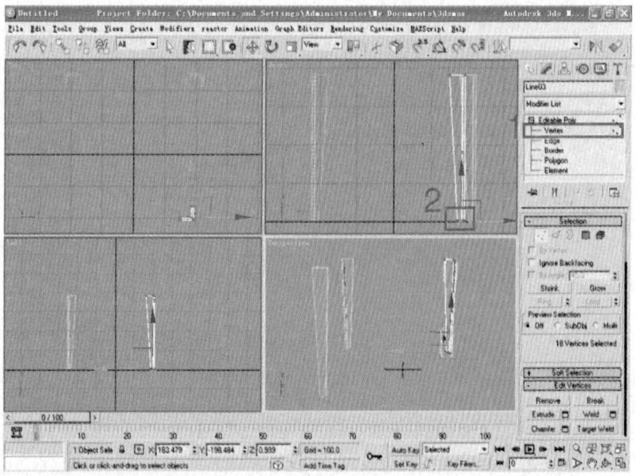

图3-17

| 17 | 在状态栏中按下按钮，将X轴后面的数值设置为20。选择的顶点将进行移动，如图3-18所示。

| 18 | 单击工具栏上的按钮，在弹出的“Mirror（镜像）”对话框中选择X轴，将Offset（偏移量）设置为-340，进行镜像复制后，效果如图3-19所示。

| 19 | 单击创建命令面板上的 Line （样条线）按钮，在Left（左）视图中拖动鼠标创建闭合样条线，这是餐椅坐垫的截面图形，如图3-20所示。

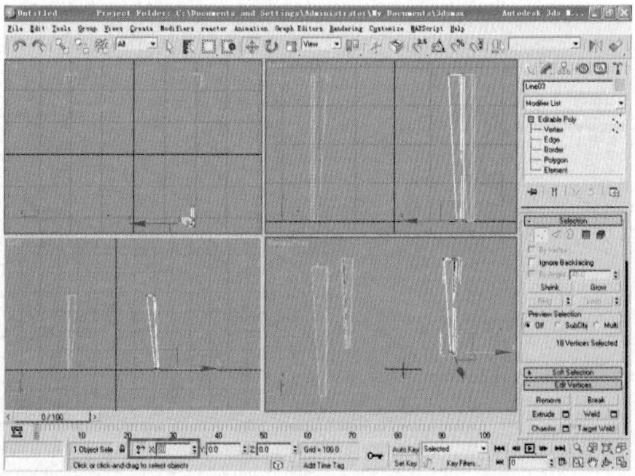

图3-18

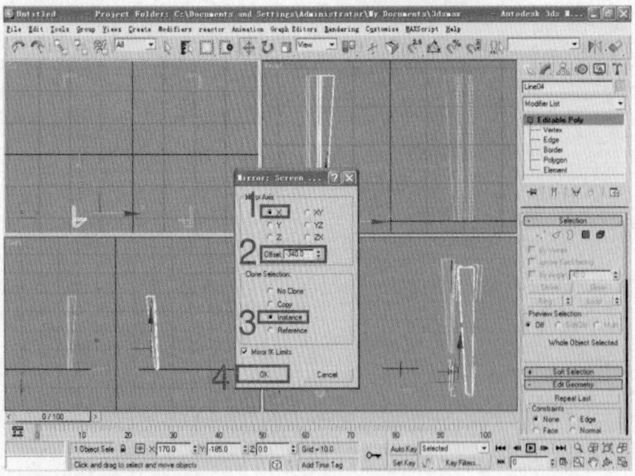

图3-19

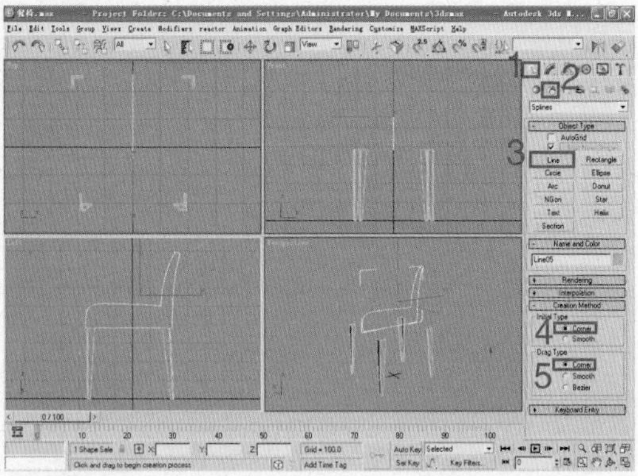

图3-20

| 20 | 单击按钮进入修改命令面板，在修改堆栈中单击【Line（样条线）】命令前的【+】展开其子层级，按住【Ctrl】键并在视图中进行加选，选择如图3-21所示的顶点。

| 21 | 在视图中单击鼠标右键，在弹出的快捷菜单中选择【Smooth（光滑）】命令，将选择顶点的类型进行转化，如图3-22所示。

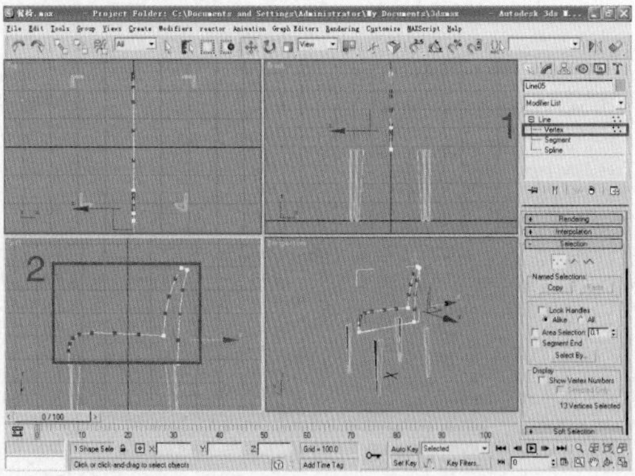

图3-21

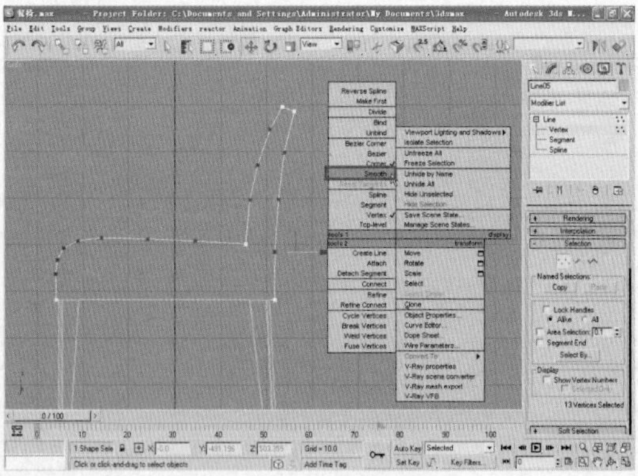

图3-22

| 22 | 接着再次按住【Ctrl】键并在视图中进行加选，选择如图3-23所示的顶点。

| 23 | 在修改命令面板上单击 Fillet 按钮并在视图中按住鼠标左键拖动鼠标，当数值为5时停止拖动，选择的顶点就进行了圆角处理，如图3-24所示。

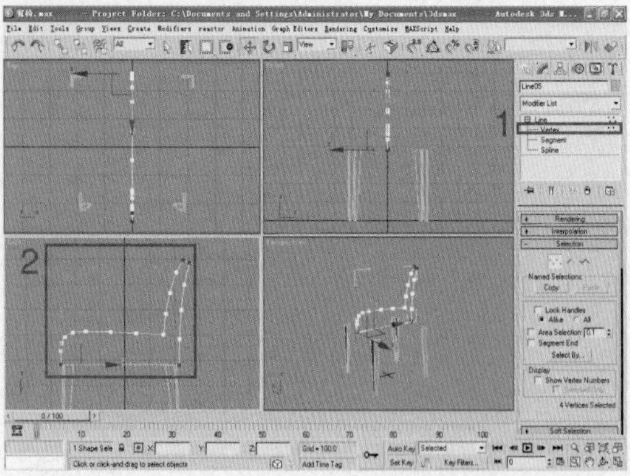

图3-23

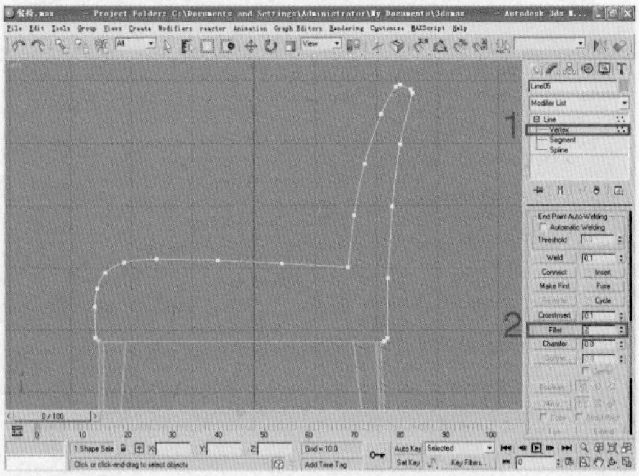

图3-24

| 24 | 当工具栏上的按钮处于激活状态时，同样在视图中选择如图3-25所示的顶点。

| 25 | 在修改命令面板上单击 Fillet 按钮并在视图中按住鼠标左键拖动鼠标，当数值为2.5时停止拖动，如图3-26所示。

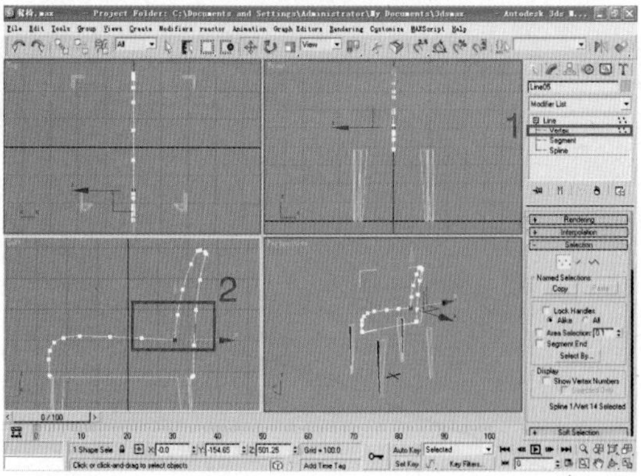

图3-25

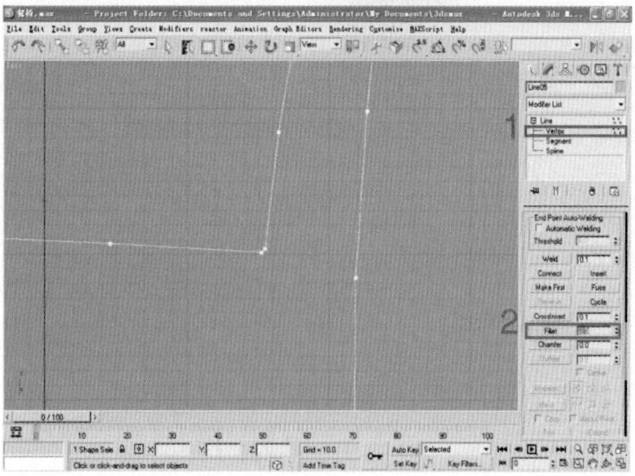

图3-26

| 26 | 退出【Line（样条线）】命令的Vertex（顶点）子层级。在修改命令列表中选择Bevel（倒角）命令添加给闭合样条线，将它转化为三维对象，如图3-27所示的设置参数。

| 27 | 在视图中选择倒角对象并单击鼠标右键，在弹出的快捷菜单中选择【Convert to Editable Poly（转换为可编辑多边形）】命令将它塌陷，如图3-28所示。

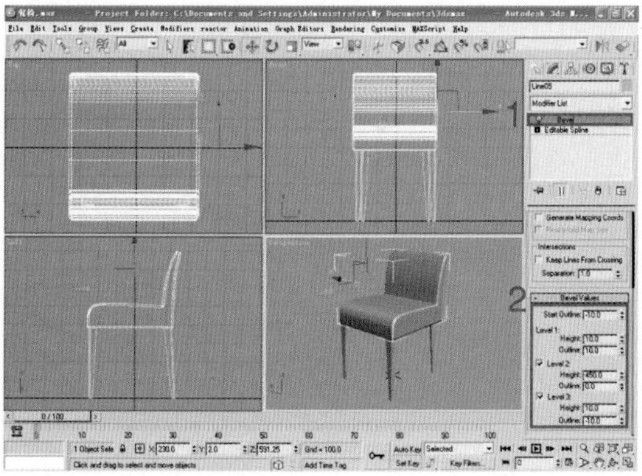

图3-27

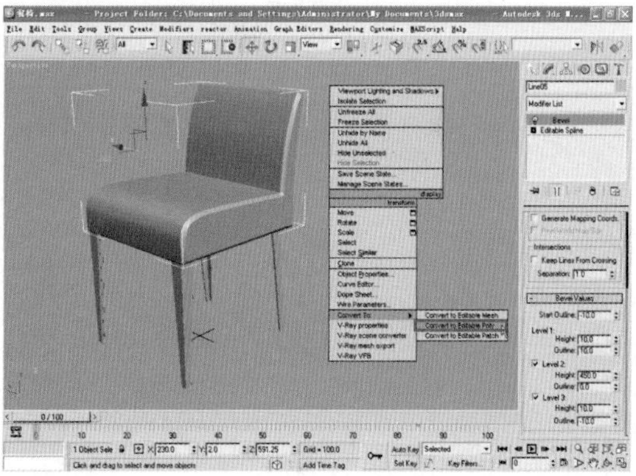

图3-28

| 28 | 单击按钮进入修改命令面板，在修改堆栈中进入【Editable Poly（可编辑多边形）】命令的Edge（边）子层级。按住【Ctrl】键并在视图中选择如图3-29所示的边对象。

| 29 | 单击修改命令面板上 Chamfer 后面的按钮，在弹出的“Chamfer Edges（倒边）”对话框中将“Chamfer Amount（倒角数量）”设置为3.5。将选择的边进行倒角处理，如图3-30所示。

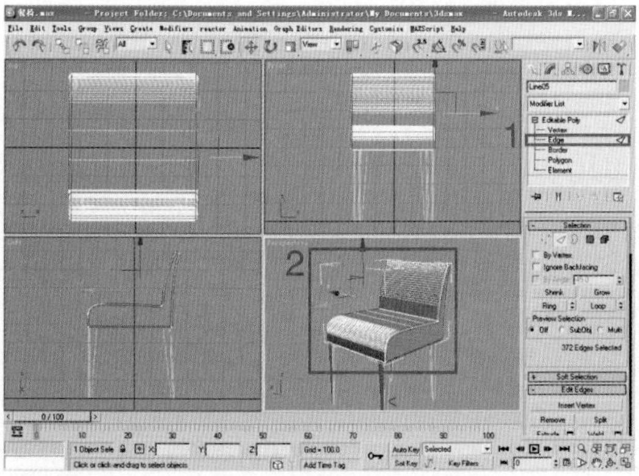

图3-29

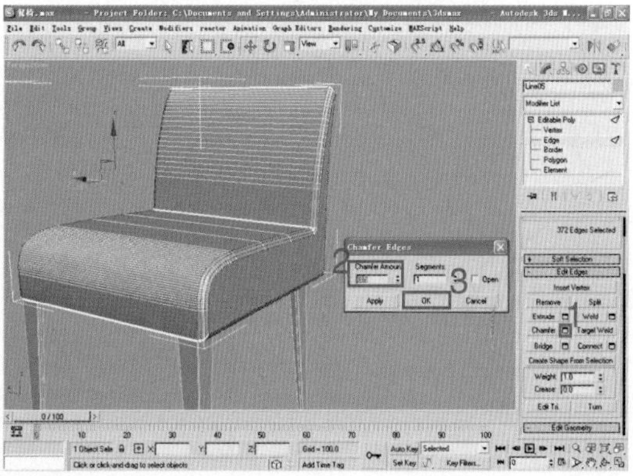

图3-30

| 30 | 单击工具栏上的按钮，在Top（顶）视图中进行框选，选择如图3-31所示的边。

| 31 | 单击修改命令面板上 Connect 后面的□按钮，在弹出的“Connect Edges（连接边）”对话框中将“Segments（分段数）”设置为5。在坐垫模型上增加5条新的边，如图3-32所示。

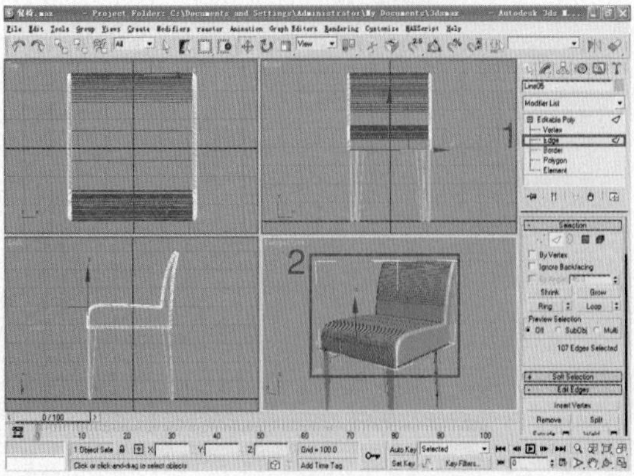

图3-31

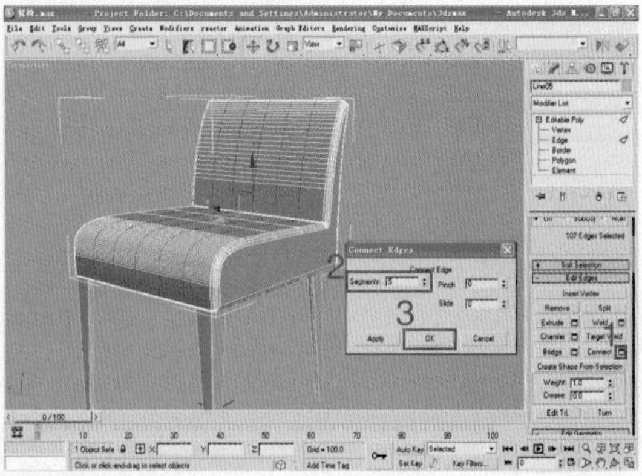

图3-32

| 32 | 此时坐垫模型表面不够光滑，因此在修改器列表中选择MeshSmooth（网格平滑）修改器添加给选择对象，坐垫将变得平滑，如图3-33所示。

| 33 | 接着在修改器列表中选择FFD 4×4×4修改器添加给选择对象，在修改堆栈中进入FFD 4×4×4修改器的Control Points（控制点）子层级，在视图中选择如图3-34所示的控制点。

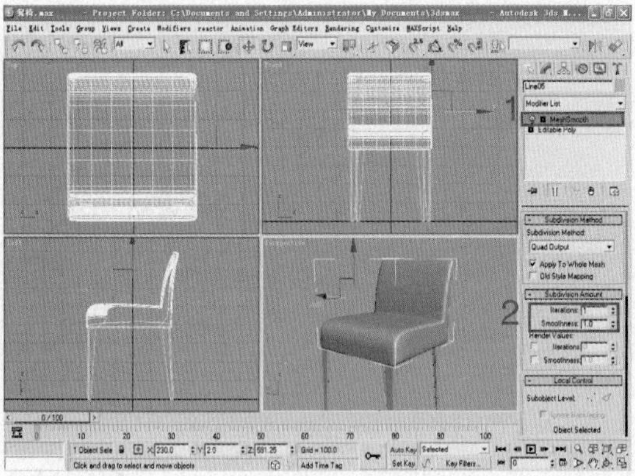

图3-33

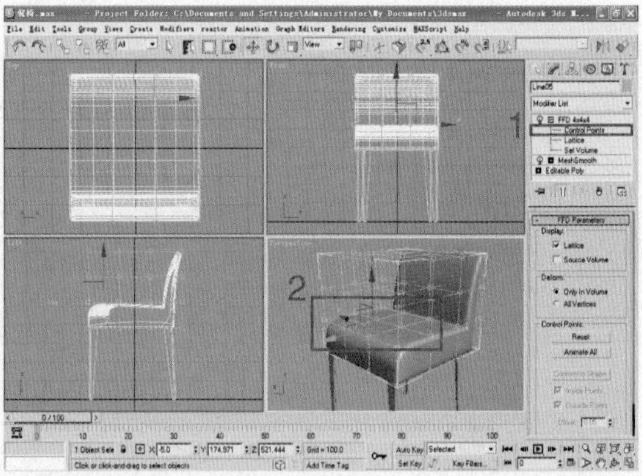

图3-34

| 34 | 在状态栏中按下⊡按钮，将Y轴后的数值设置为-50。选择的控制点将沿Y轴向下移动，如图3-35所示。

| 35 | 接着在视图中选择如图3-36所示的控制点。

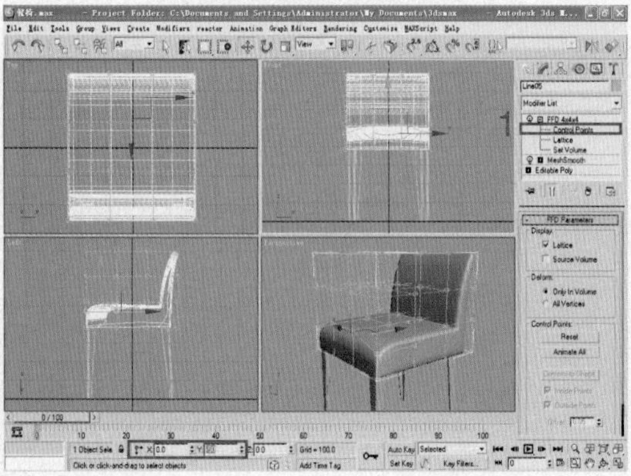

图3-35

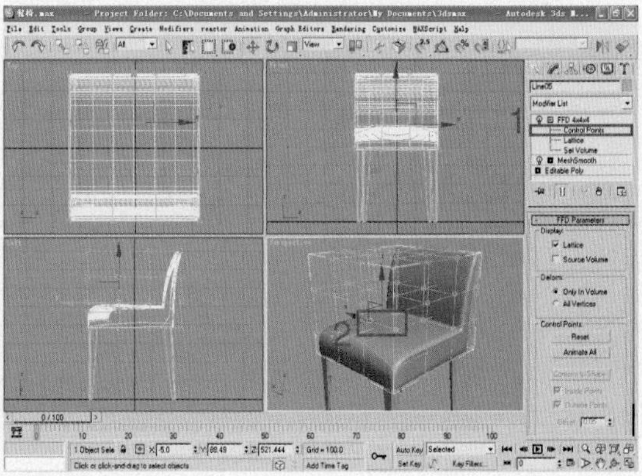

图3-36

| 36 | 在状态栏中按下⊡按钮，将Y轴后面的数值设置为100。选择的控制点将沿Y轴向上移动，坐垫的基本形状发生了变化，如图3-37所示。

| 37 | 接着在视图中选择如图3-38所示的餐椅靠垫上的控制点。

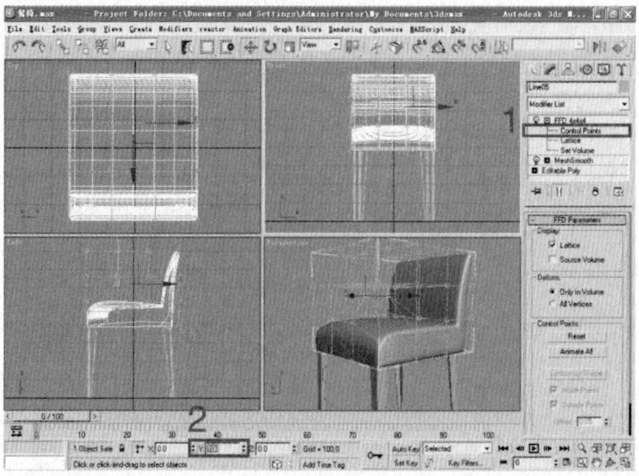
图3-37

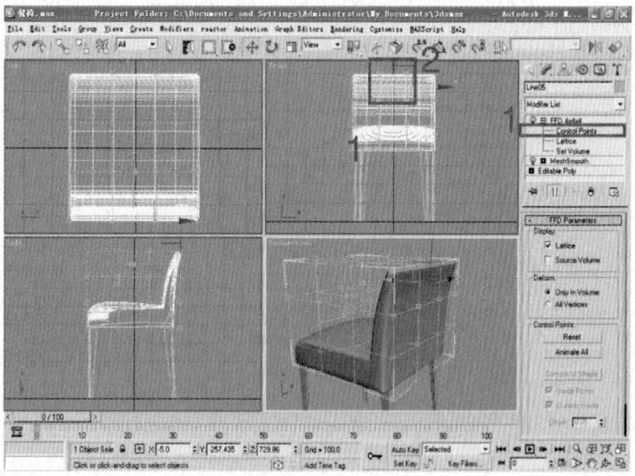
图3-38

| 38 | 在状态栏中按下⊡按钮，将X轴后面的数值设置为50。选择的控制点将沿X轴向右移动，靠垫的形状发生变化，如图3-39所示。

| 39 | 在修改器列表中选择FFD 2×2×2修改器添加给选择对象，在修改堆栈中进入FFD 2×2×2修改器的Control Points（控制点）子层级，在视图中选择如图3-40所示的两个控制点。

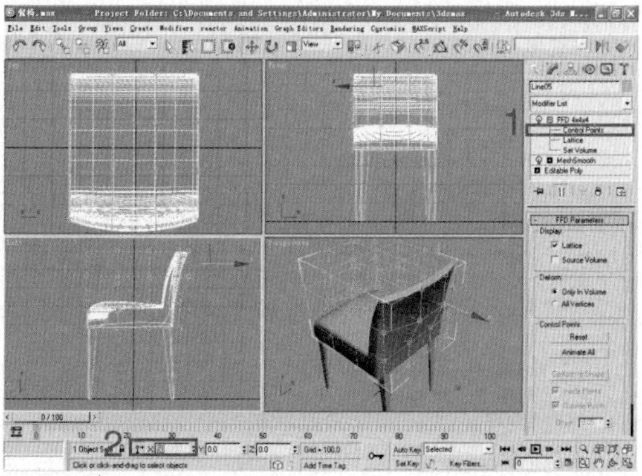
图3-39

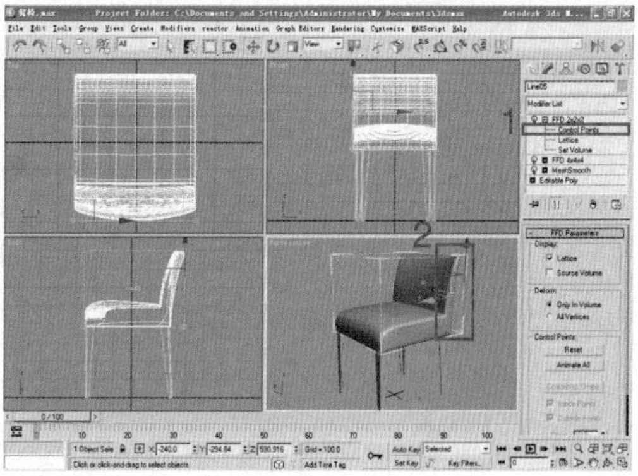
图3-40

| 40 | 在状态栏中按下⊡按钮，将X轴后的数值设置为50。选择的控制点将沿X轴向右移动，靠垫后部缩小，如图3-41所示。

| 41 | 接着在视图中选择如图3-42所示的两个控制点。

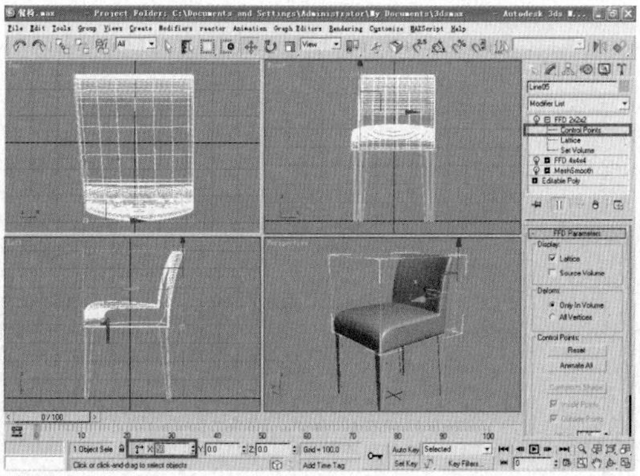
图3-41

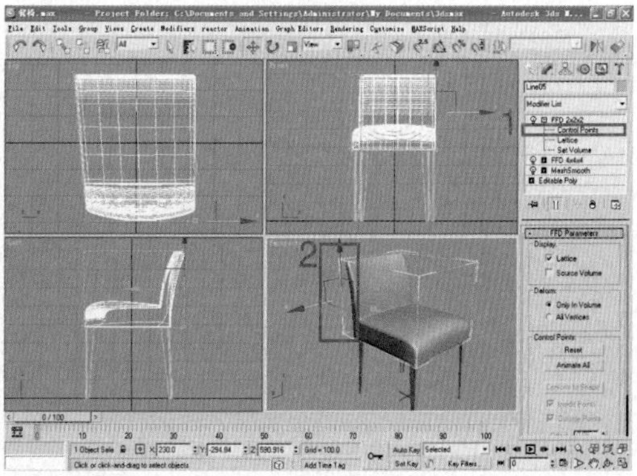
图3-42

| 42 | 在状态栏中按下按钮，将X轴后面的数值设置为-50。选择的控制点将沿X轴向左移动，靠垫后部缩小，如图3-43所示。

| 43 | 在修改器列表中选择FFD 4×4×4修改器添加给选择对象，在修改堆栈中进入FFD 4×4×4修改器的Control Points（控制点）子层级，在视图中选择如图3-44所示的两个控制点。

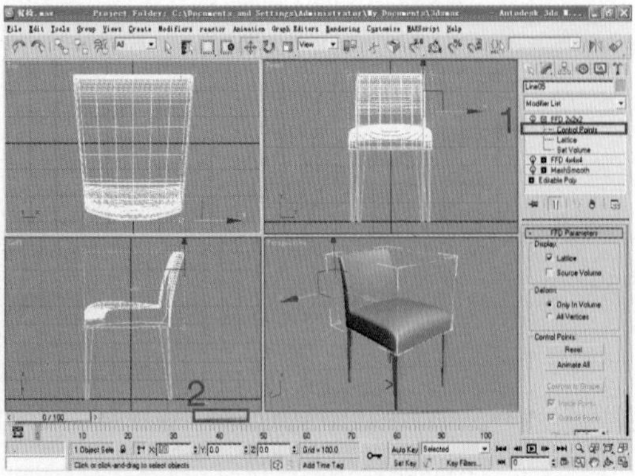

图3-43

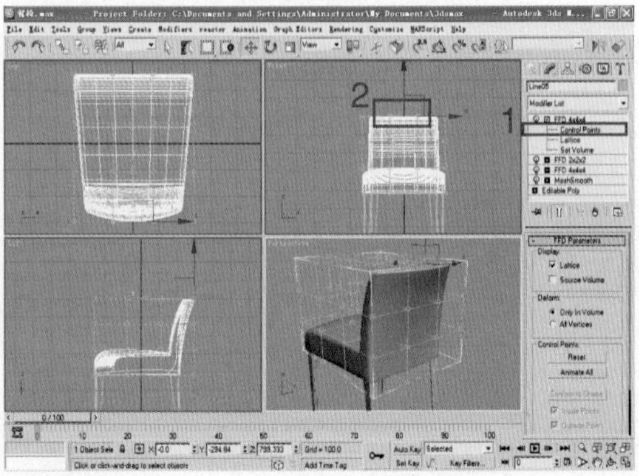

图3-44

| 44 | 在状态栏中按下按钮，将Y轴后面的数值设置为-25。选择的控制点将沿Y轴向下移动，如图3-45所示。

| 45 | 在修改器列表中选择FFD 2×2×2修改器添加给选择对象，在修改堆栈中进入FFD 2×2×2修改器的Control Points（控制点）子层级，在视图中选择如图3-46所示的两个控制点。

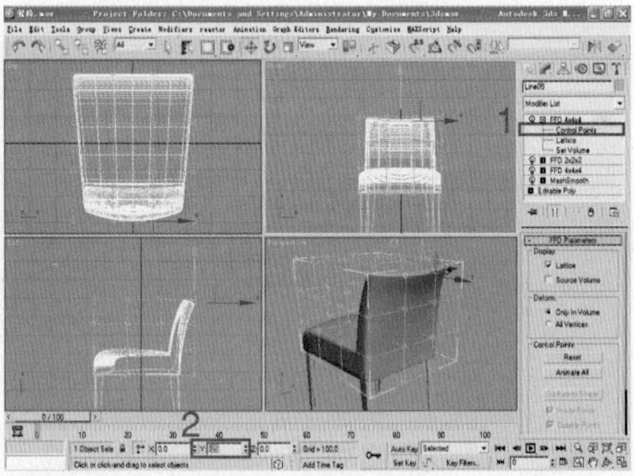

图3-45

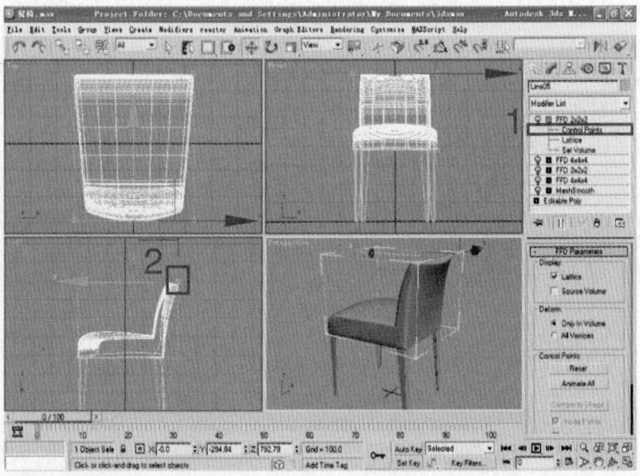

图3-46

| 46 | 在状态栏中按下按钮，将X轴后面的数值设置为-25。选择的控制点将沿X轴向左移动，如图3-47所示。

| 47 | 完成的餐椅模型如图3-48所示。

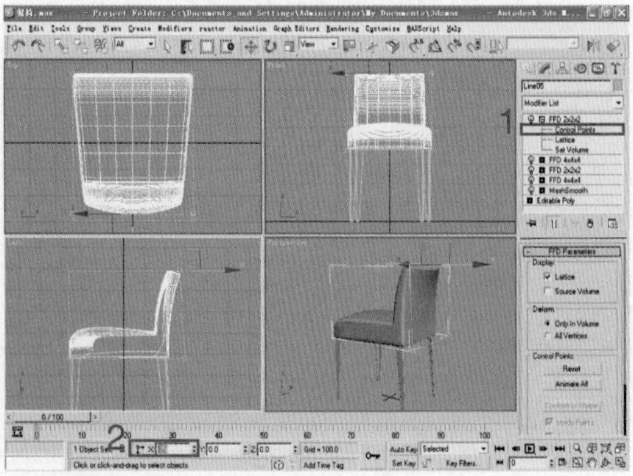

图3-47

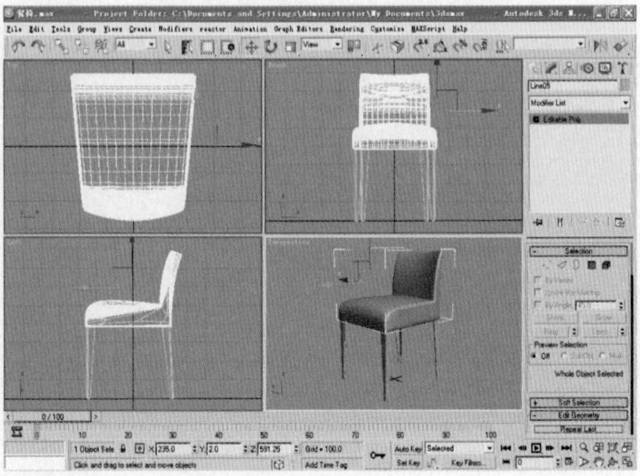
图3-48

3.2 餐厅家具的渲染

餐厅场景表现的是上午时分的氛围，因为太阳光线和天空光线都比较强，场景整体光线比较充足，因此餐桌上方的灯并未被开启。在渲染的时候为了节约渲染时间可以先渲染小的光子贴图，接着运用光子贴图渲染大图。

3.2.1 餐厅家具场景的灯光设置

| 1 | 在3ds Max 2008中打开“餐厅.max”文件，接着按下【M】键打开“Material Editor（材质编辑器）”。在“材质编辑器”中激活空白材质示例窗并将它转化为VRayMtl类型材质，将它命名为“素模”，并设置如图3-49所示的参数，单击工具栏上的按钮，在视图中选择所有对象，单击材质编辑器上的按钮，将“素模”材质赋予选择对象。

| 2 | 因为所有对象都被赋予“素模”材质，灯光就不能穿透玻璃，需要将场景中的玻璃对象隐藏。将摄影机视图切换为透视图，在视图中选择玻璃对象并单击鼠标右键，在弹出的快捷菜单中选择【Hide Selection（隐藏选择对象）】命令，如图3-50所示。

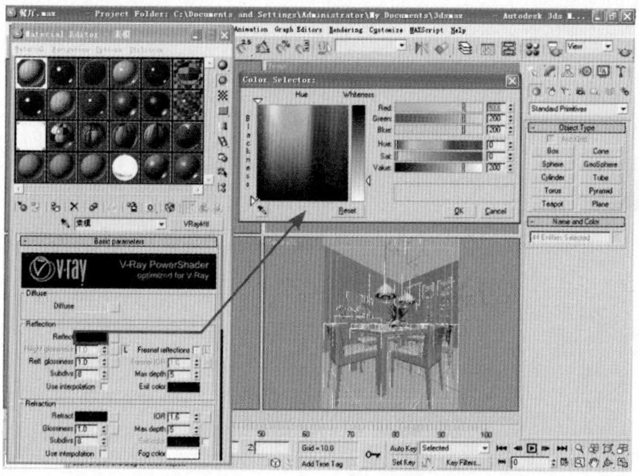
图3-49

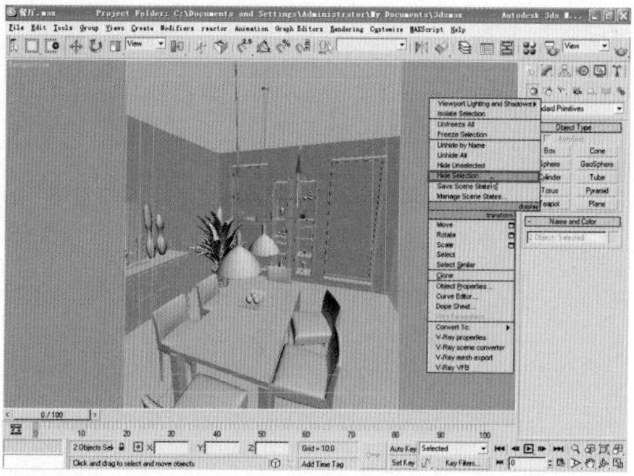
图3-50

| 3 | 当选择此命令后，选择对象将被隐藏，如图3-51所示，这样灯光才能不被遮挡，顺利进入室内。

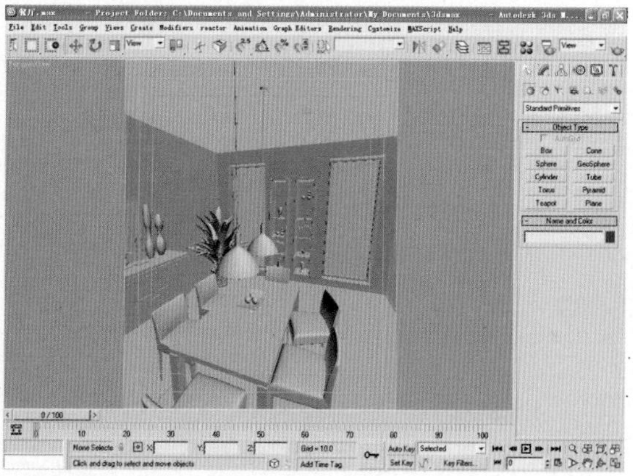
图3-51

指南针

当窗户玻璃的材质被设置为透明的时候，光线也能顺利进入室内。

| 4 | 接下来需要设置基本渲染参数，渲染观察灯光效果。单击工具栏上的按钮，首先指定渲染器类型，接着设置渲染图片的尺寸，如图3-52所示。

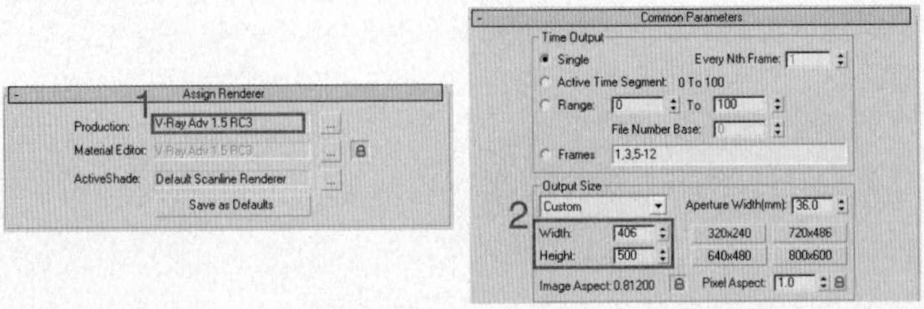

图3-52

| 5 | 设置“Frame buffer（帧缓冲区）”、“Global switches（全局开关）”、“Image sampler（图像采样器）”、“rQMC Sampler（rQMC采样器）”和“Color mapping（颜色映射）”卷展栏中的参数，如图3-53所示。

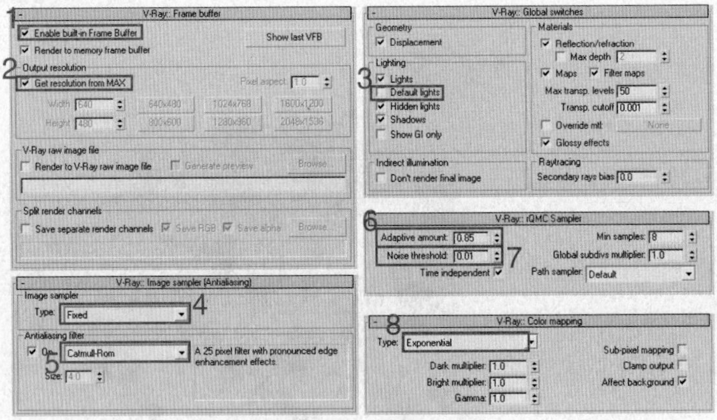

图3-53

| 6 | 在“Irradiance map（发光贴图）”、“Light cache（灯光缓存）”、“Indirect illumination（GI）（间接照明）”卷展栏中设置各项参数，如图3-54所示。

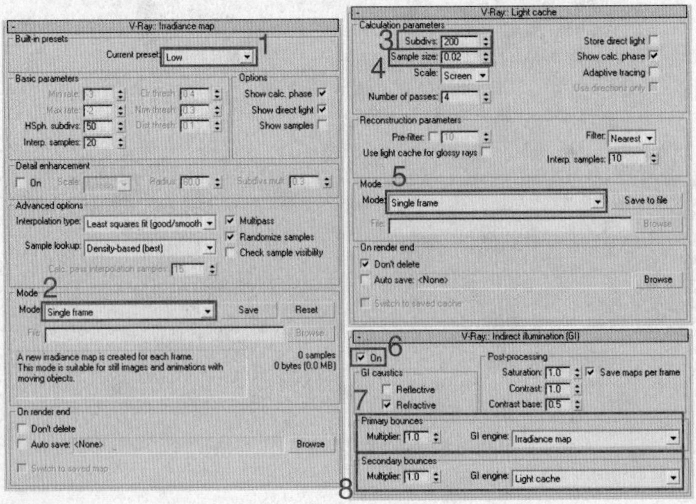

图3-54

| 7 | 单击VRay灯光创建命令面板上的 VRayLight 按钮，在Front（前）视图中创建如图3-55所示的VRayLight光源，用于模拟来自窗外的环境光。

| 8 | 接着单击工具栏上的按钮，在Front（前）视图将创建的VRayLight光源移动位置。在视图中选择VRayLight光源并单击按钮进入修改命令面板，将“Half-length（半长）”设置为2600，将“Half-Width（半宽）”设置为2000，如图3-56所示。

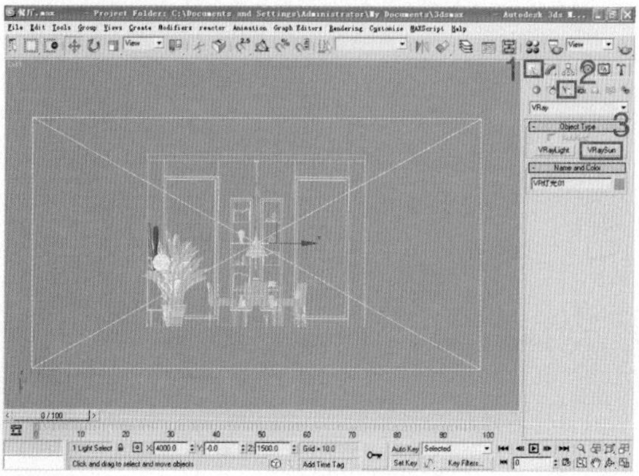

图3-55

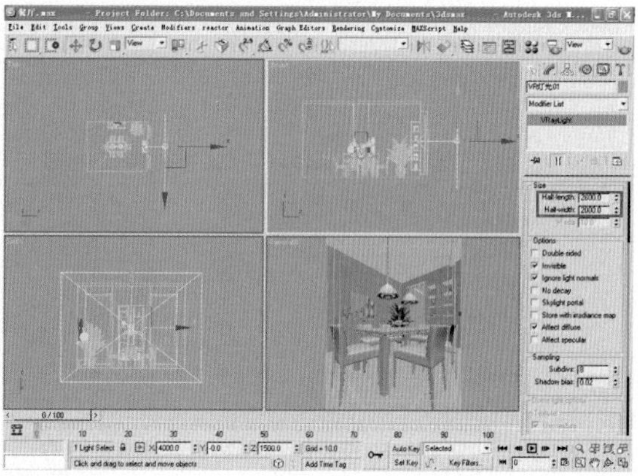

图3-56

| 9 | 在修改命令面板中将“Multiplier（强度）”设置为10.0，单击工具栏上的按钮进行渲染，如图3-57所示。渲染效果光线不足，场景偏暗。

| 10 | 在修改命令面板中将“Multiplier（强度）”设置为20，单击工具栏上的按钮进行渲染，如图3-58所示，场景亮度得到增强。

图3-57

图3-58

| 11 | 在修改命令面板中单击Color（颜色）后面的按钮，在弹出的“Color Selector（颜色选择器）”对话框中选择“Hue（色调）”为145、“Sat（饱和度）”为30，“Value（亮度）”为255。单击按钮进行渲染，效果如图3-59所示，场景光线偏蓝色。

| 12 | 接下来为场景创建光源。单击VRay灯光创建命令面板上的 VRaySun 按钮，在Top（顶）视图中拖动鼠标创建太阳光，创建的同时在弹出的对话框中单击 是(Y) 按钮，即在创建太阳光的同时创建天空光贴图，如图3-60所示。

图3-59

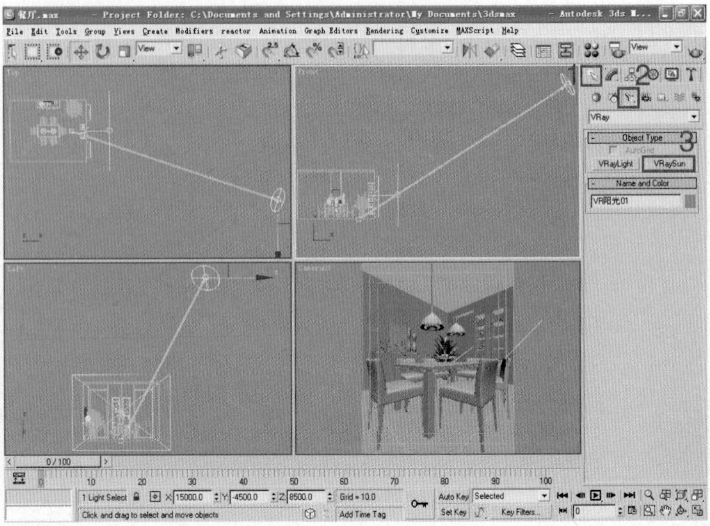
图3-60

| 13 | 打开“Environment and Effects（环境和效果）”对话框，取消选择“Use Map（使用贴图）”复选框，暂时不使用VRaySky贴图，如图3-61所示。

| 14 | 在视图中选择太阳光并单击按钮，在修改命令面板中将“turbidity（浊度）”设置为3.0，将“intensity multiplier（强度倍增）”设置为0.1。单击工具栏上的按钮，如图3-62所示，场景严重曝光，需要降低太阳光的强度。

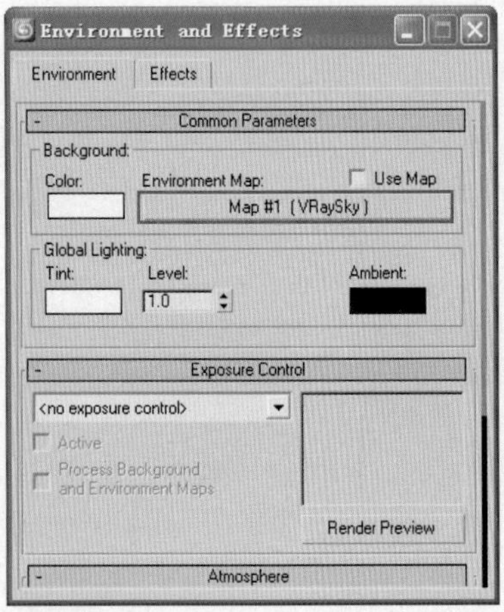

图3-61

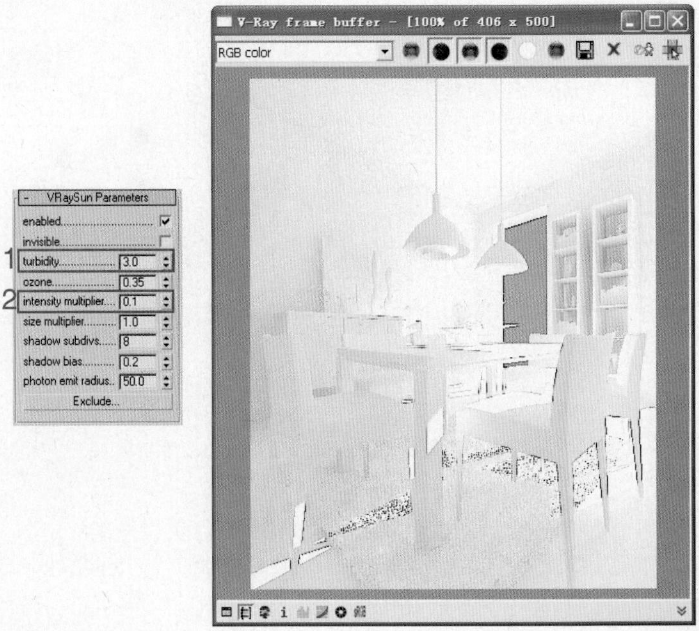

图3-62

| 15 | 在修改命令面板中将“turbidity（浊度）”设置为3.0。将“intensity multiplier（强度倍增）”设置为0.05。单击工具栏上的按钮，如图3-63所示，场景仍然有局部曝光，还需要降低太阳光的强度。

| 16 | 在修改命令面板中将“turbidity（浊度）”设置为3.0。将“intensity multiplier（强度倍增）”设置为0.035。单击工具栏上的按钮，如图3-64所示，地毯上有局部光线仍然过强。

图3-63

图3-64

| 17 | 在修改命令面板中将“turbidity（浊度）”设置为3.0。将“intensity multiplier（强度倍增）”设置为0.025。单击工具栏上的按钮，如图3-65所示。

| 18 | 在修改命令面板中将“turbidity（浊度）”设置为5.0，单击工具栏上的按钮，如图3-66所示，太阳光变暖。

图3-65

图3-66

| 19 | 在修改命令面板中将“turbidity（浊度）”设置为6.0，单击工具栏上的按钮，如图3-67所示，太阳光颜色更暖。

| 20 | 打开材质编辑器，将“Environment and Effects（环境和效果）”对话框中的“VRaySky（VR天光）”贴图拖动到材质编辑器上的空白材质球上，在弹出的“Instance（Copy）实例副本贴图”对话框中选择“Instance（实例）”选项。在“VRaySky（VR天光）”贴图的编辑面板上单击 None 按钮，接着在视图中选择开始创建的太阳光，使天光和太阳光关联，其他参数如图3-68所示进行设置。

图3-67

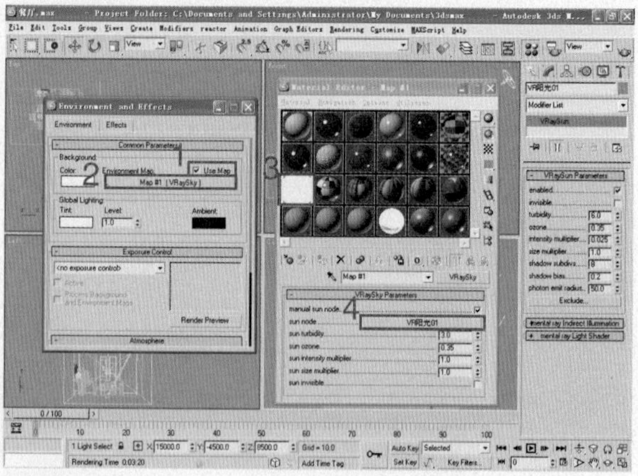

图3-68

| 21 | 在“VRaySky（VR天光）”贴图的编辑面板上将“sun intensity multiplier（太阳强度倍增器）”数值设置为0.04，渲染后如图3-69所示，窗户外的环境光颜色偏蓝。

图3-69

| 22 | 想改变窗外的环境光颜色，就需要修改VRaySky（VR天光）贴图的浊度。将“sun turbidity（阳光浊度）”设置为6.0，渲染后如图3-70所示，窗户外的环境光偏暖色。

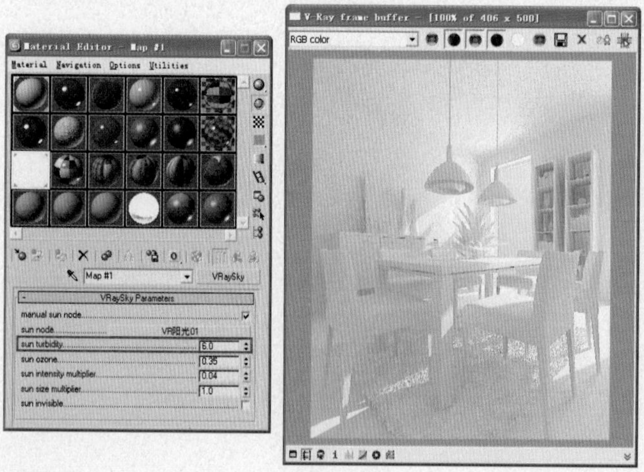

图3-70

| 23 | 单击VRay灯光创建命令面板上的 VRayLight 按钮，在Left（左）视图中拖动鼠标创建一盏VRayLight，用于模拟来自窗外的光线，如图3-71所示。

| 24 | 在视图中选择VRayLight光源并单击按钮进入修改命令面板，将“Half-length（半长）”设置为1800，将“Half-width（半宽）”设置为1300，如图3-72所示。

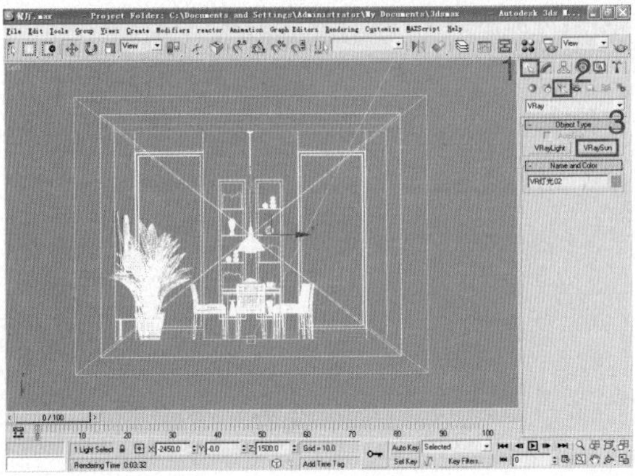

图3-71

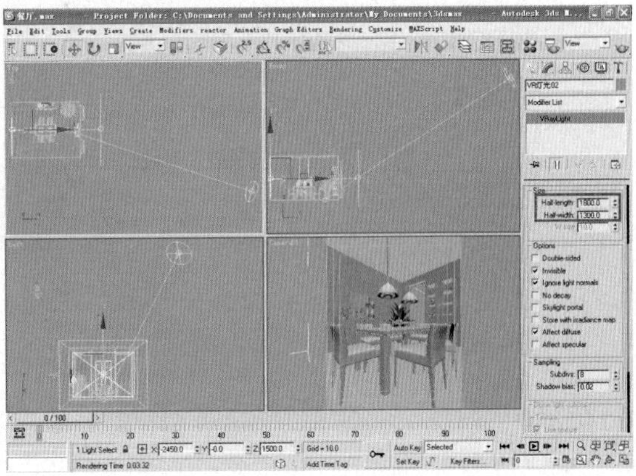

图3-72

| 25 | 在修改命令面板上将“Multiplier（强度）”设置为1，单击工具栏上的按钮，渲染后如图3-73所示，备餐柜处光线略偏暗。

| 26 | 在修改命令面板上将“Multiplier（强度）”设置为1.5，单击工具栏上的按钮，渲染后如图3-74所示，备餐柜处光线强度得到增强。

图3-73

图3-74

| 27 | 为了使光线偏暖色调，可以修改VRayLight光源的颜色来实现。在修改命令面板中单击Color（颜色）后的按钮，在弹出的“Color Selector（颜色选择器）”中设置“Hue（色调）”为25、“Sat（饱和度）”为15，“Value（亮度）”为255。单击按钮进行渲染，效果如图3-75所示，场景光线偏黄。

图3-75

3.2.2 餐厅家具的材质设置

| 1 | 激活空白材质示例窗并将它转化为VRayMtl类型材质，将它命名为“木纹-1”。单击工具栏上的按钮，在视图中选择备餐柜、餐桌、餐椅对象，如图3-76所示设置此材质的各项参数。单击材质编辑器上的按钮，将此材质赋予选择对象。

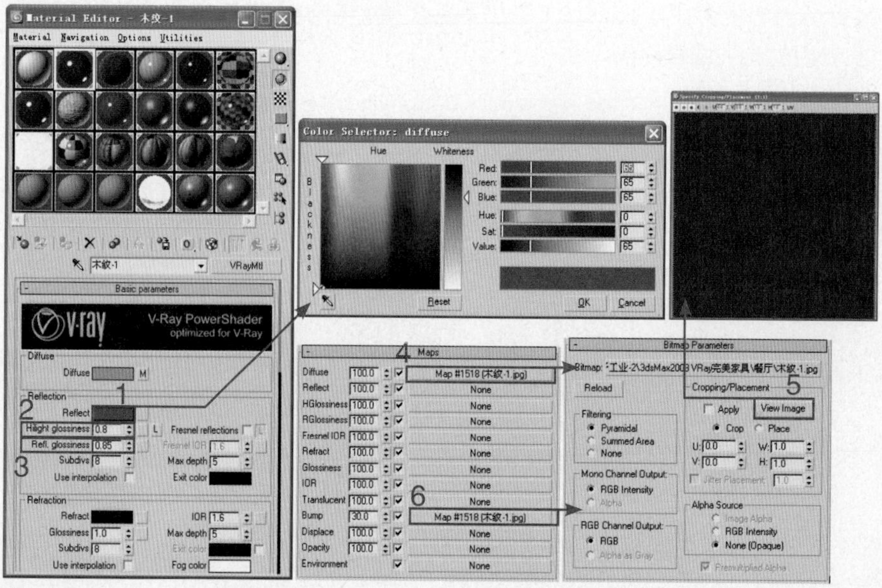

图3-76

| 2 | 选择“UVW Mapping（UVW贴图）”修改器添加给餐桌对象。在修改命令面板的“Parameters（参数）”卷展栏中选择“Box（长方体）”选项，将“Length（长度）”、“Width（宽度）”、“Height（高度）”都设置为750，如图3-77所示。

| 3 | 选择“UVW Mapping（UVW贴图）”修改器添加给备餐柜对象。在修改命令面板的“Parameters（参数）”卷展栏中选择“Box（长方体）”选项，将“Length（长度）”、“Width（宽度）”、“Height（高度）”都设置为750，如图3-78所示。

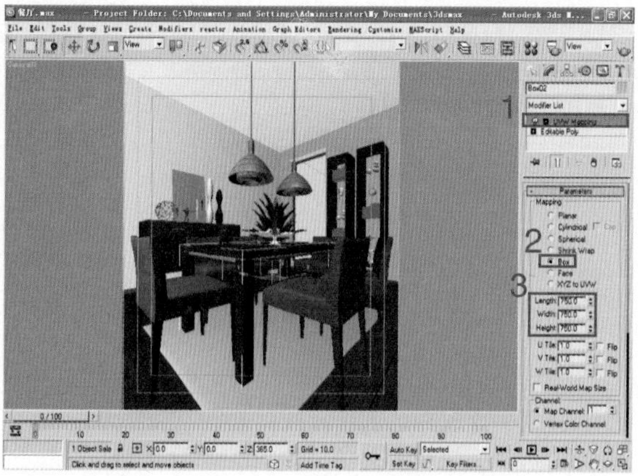

图3-77

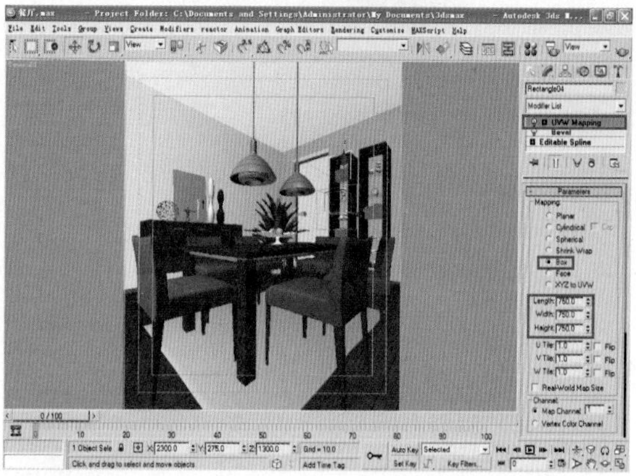

图3-78

丨4丨选择“UVW Mapping（UVW贴图）”修改器添加给餐椅对象。在修改命令面板的“Parameters（参数）”卷展栏中选择“Box（长方体）”选项，将“Length（长度）”、“Width（宽度）”、“Height（高度）”都设置为750，如图3-79所示。

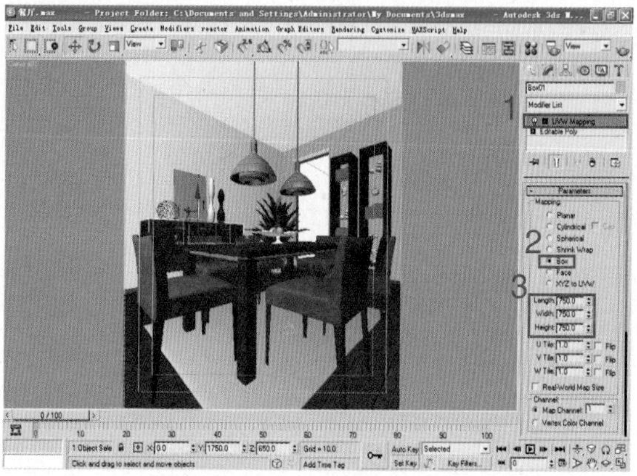

图3-79

丨5丨激活名称为“布纹-1”的材质示例窗，设置“Hue（色调）”为250、“Sat（饱和度）”为220，“Value（亮度）”为125的颜色作为漫射颜色，接着设置其他参数如图3-80所示。在“Self-Illumination（自发光）”通道中添加“Mask（遮罩）”贴图，在凹凸通道中都添加“布纹-Bump.jpg”文件。在视图中选择椅子坐垫对象，单击材质编辑器上的按钮，将此材质赋予选择对象。

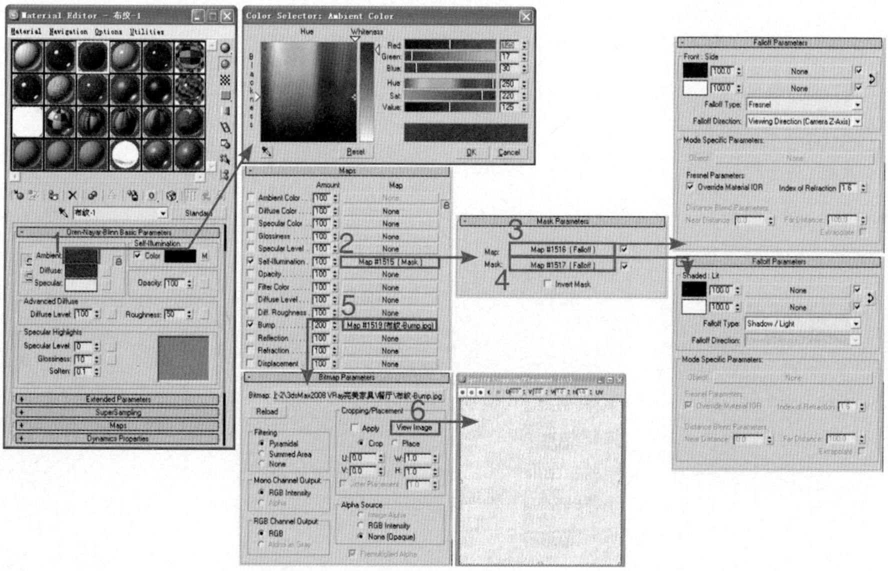

图3-80

| 6 | 选择"UVW Mapping（UVW贴图）"修改器添加给墙面对象。在修改命令面板的"Parameters（参数）"卷展栏中选择"Box（长方体）"选项，将"Length（长度）"、"Width（宽度）"、"Height（高度）"都设置为600，如图3-81所示。

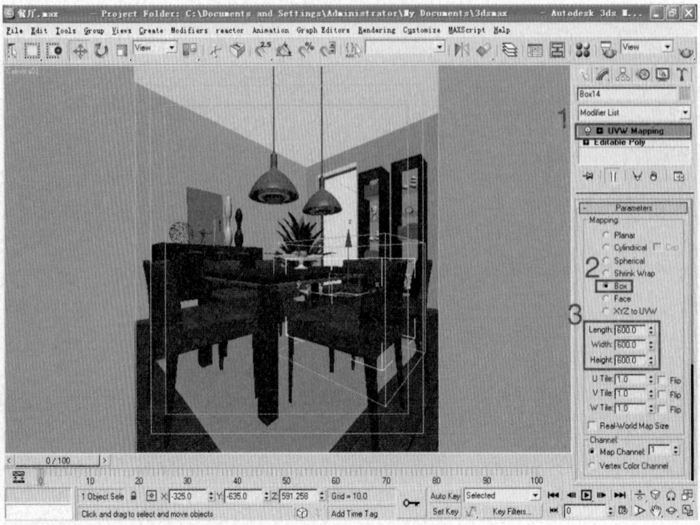

图3-81

| 7 | 在"材质编辑器"中激活空白材质示例窗并将它转化为VRayMtl类型材质，将它命名为"黑色陶瓷"。单击工具栏上的 按钮在视图中选择装饰品对象，如图3-82所示设置此材质的漫射和反射颜色。单击材质编辑器上的 按钮，将此材质赋予选择对象。

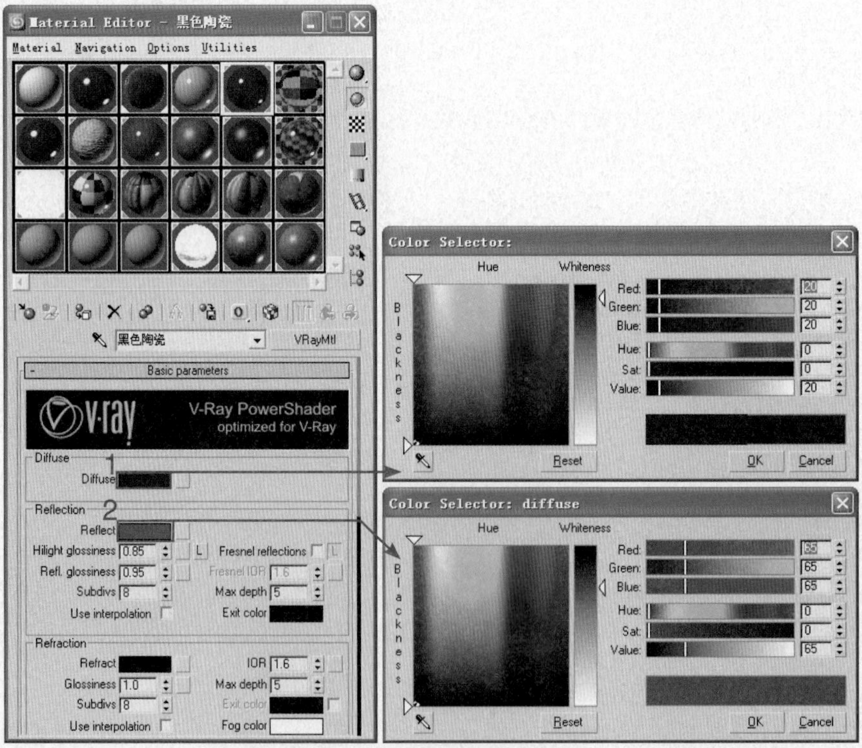

图3-82

| 8 | 激活空白材质示例窗并将它转化为VRayMtl类型材质，将它命名为“木地板”。单击工具栏上的按钮在视图中选择地板对象，如图3-83所示设置此材质的各项参数。单击材质编辑器上的按钮，将此材质赋予选择的地板对象。如图3-83所示设置此材质的各项参数。

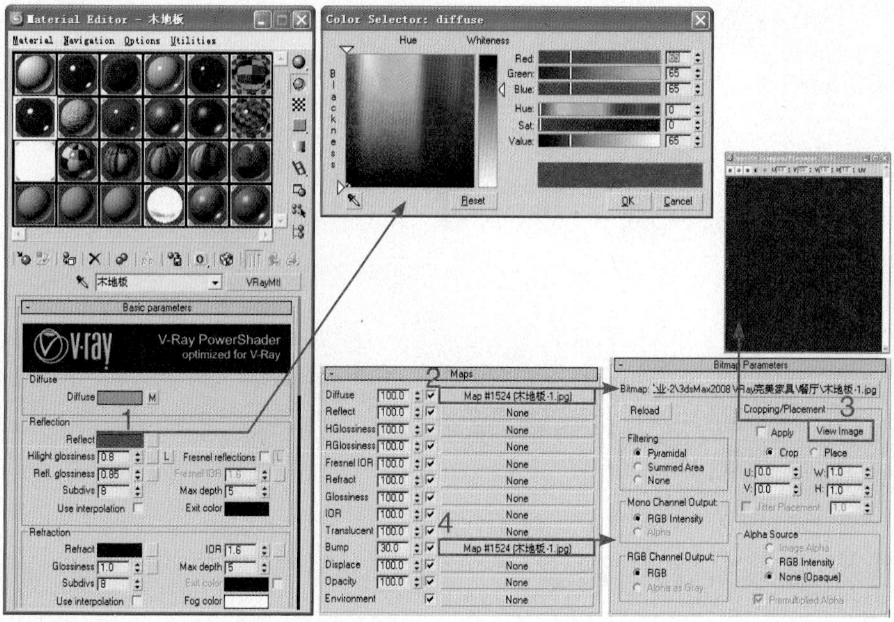

图3-83

| 9 | 选择“UVW Mapping（UVW贴图）”修改器添加给地板对象。在修改命令面板的“Parameters（参数）”卷展栏中选择“Box（长方体）”选项，将“Length（长度）”设置为1200、“Width（宽度）”设置为1200、“Height（高度）”设置为1，如图3-84所示。

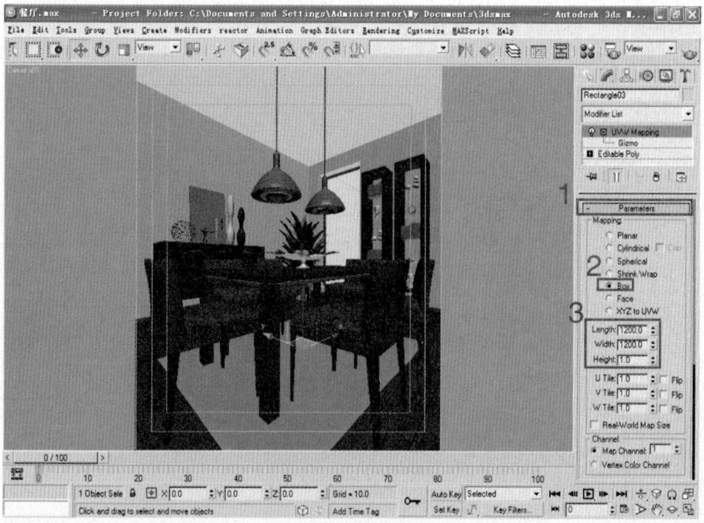

图3-84

| 10 | 在“材质编辑器”中激活空白材质示例窗并将它转化为VRayMtl类型材质，将它命名为“不锈钢”。单击工具栏上的按钮，在视图中选择装饰品对象，单击材质编辑器上的按钮，将此材质赋予选择对象，如图3-85所示。

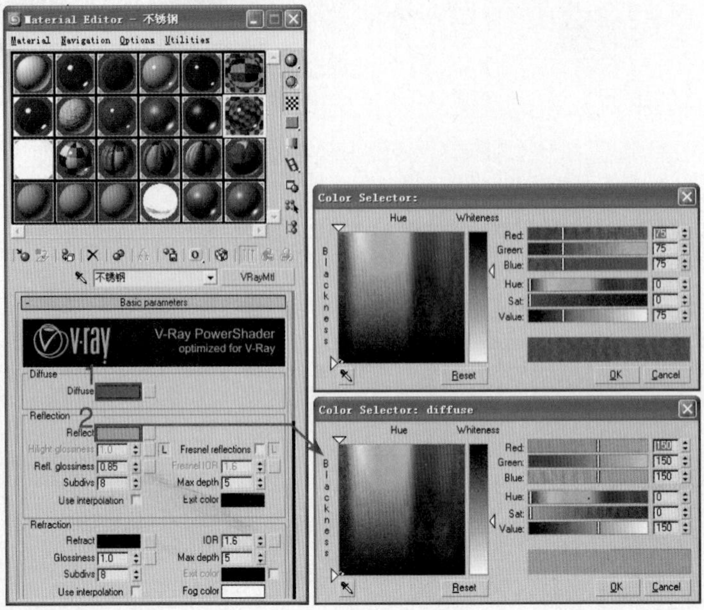

图3-85

3.2.3 餐厅家具的渲染设置

| 1 | 运用较低参数渲染光子贴图。将渲染图片的“Width（宽度）”设置为520，“Height（高度）”设置为640。展开“Irradiance map（发光贴图）”设置卷展栏，在“Current preset（当前预置）”中选择“Low（低）”选项。在“Mode（模式）”中选择“Single frame（单帧）”模式。单击 Save 按钮在弹出的对话框中为发光贴图命名并保存。然后在“On render end（渲染后）”选项组中选择“Don't delete（不删除）”和“Auto save（自动保存）”选项。接着单击 Browse 按钮，在弹出的对话框中为它指定路径，如图3-86所示。

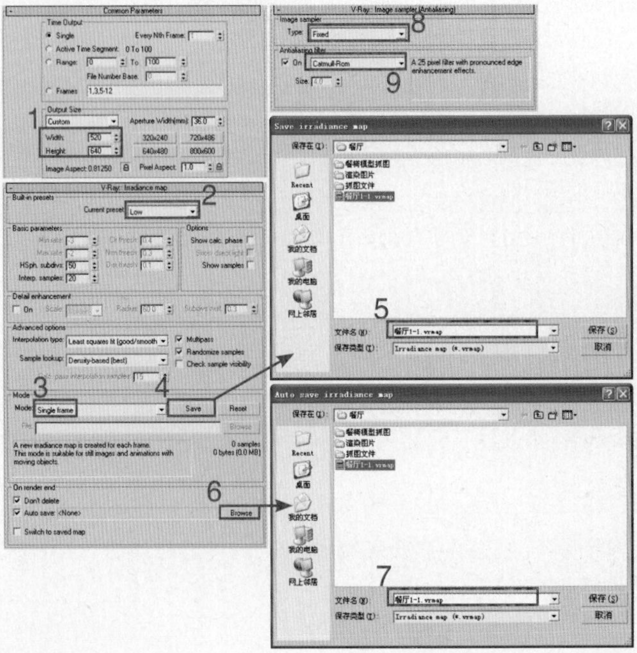

图3-86

|2| 将渲染图片的“Width（宽度）”设置为1950，“Height（高度）”设置为2400。展开“Image sampler（Antialiasing）（图像采样反锯齿）”卷展栏，选择“Adaptive QMC（自适应准蒙特卡洛采样器）”的采样方式和“Mitchell-Netravali”抗锯齿过滤器，如图3-87所示。

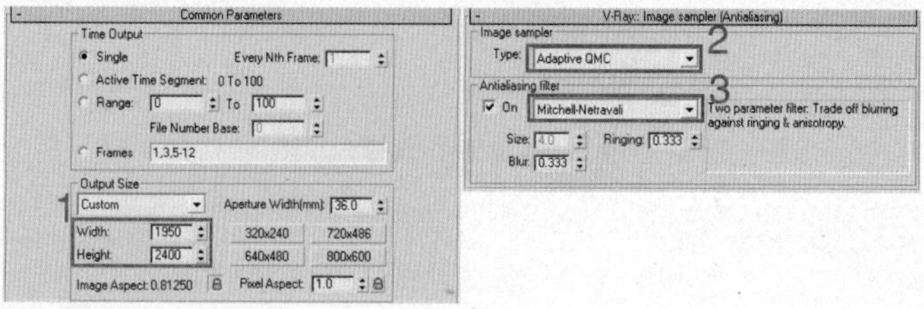

图3-87

|3| 当光子贴图渲染完成后设置高参数渲染正图。展开“Irradiance map（发光贴图）”卷展栏，在“Corrent preset（当前预置）”中选择“Hight（高）”品质选项。在“Mode（模式）”中选择“From file（从文件）”模式。展开“Light cache（灯光缓存）”卷展栏，将“Subdivs（细分值）”设置为1000，在“Mode（模式）”中选择“From file（从文件）”模式。展开“RQMC 采样器”卷展栏，将“Adaptive amount（适应数量）”设置为0.85，“Min samples（最小采样值）”设置为15，“Noise threshold（噪波阀值）”设置为0.002，如图3-88所示。

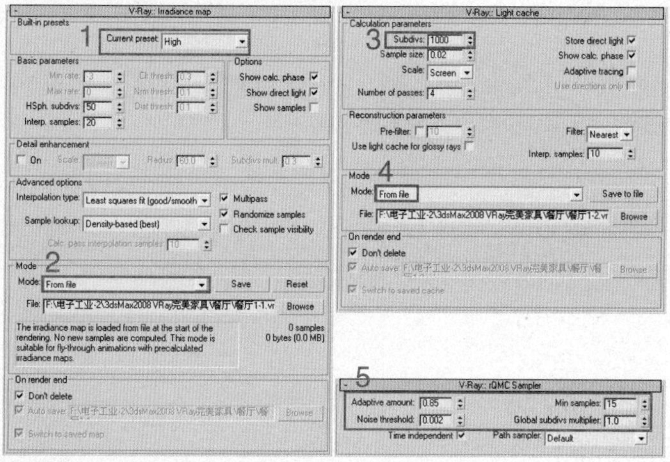

图3-88

|4| 单击按钮进行正图的渲染，渲染时是以块状的形式渲染的，如图3-89所示。当正图渲染完成后为它命名并进行保存。

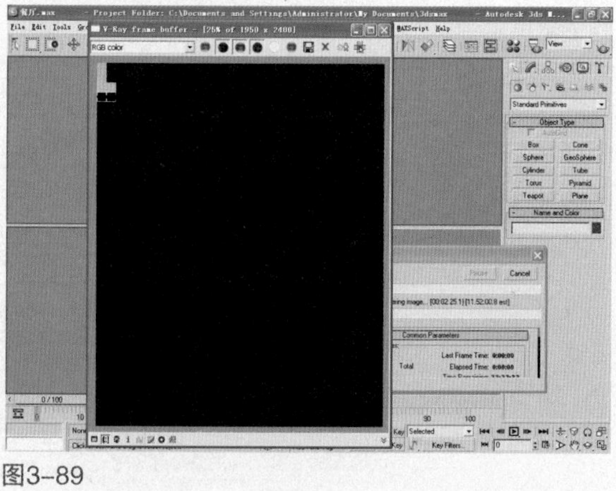

图3-89

3.2.4 进行后期处理

|1| 在Photoshop CS3中打开“餐厅.tga”，单击图层面板下方的按钮，在弹出的菜单上选择【色阶】命令创建色阶整图层，拖动“色阶”对话框中的滑块调整图片明暗，如图3-90所示。

|2| 单击图层面板下方的按钮，在弹出的菜单中选择【曲线】命令，创建曲线调整图层。在弹出的“曲线”对话框中拖动曲线，对画面局部明暗再次进行调整，如图3-91所示。

图3-90

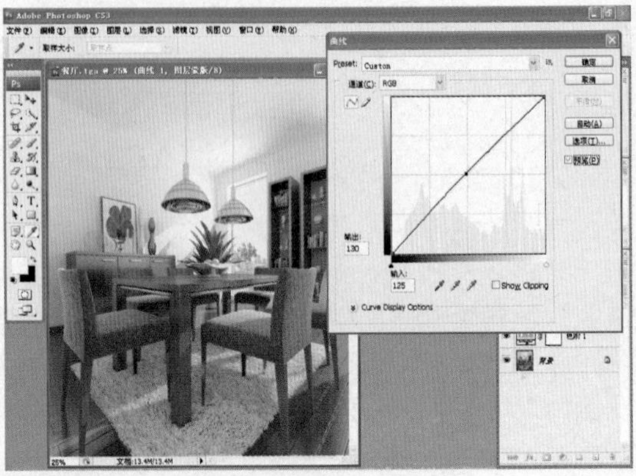

图3-91

|3| 单击图层面板下方的按钮，在弹出的菜单上选择【色彩平衡】命令，创建色彩平衡调整图层。在“色彩平衡”对话框中选择中间调选项并设置参数如图3-92所示。

|4| 在弹出的“色彩平衡”对话框中选择“高光”单选按钮并拖动滑块进行调节，如图3-93所示。

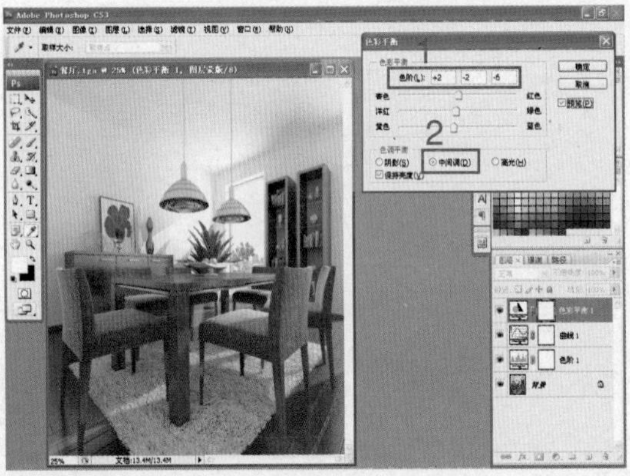

图3-92

图3-93

|5| 单击图层面板下的按钮，在弹出的菜单上选择【色相/饱和度】命令，创建色相/饱和度调整图层。在“色相/饱和度”对话框中将“色相”设置为5，“饱和度”设置为10，如图3-94所示。

|6| 单击图层面板下面的按钮，在弹出的菜单上选择【亮度/对比度】命令，创建“亮度/对比度”调整图层。在“亮度/对比度”对话框中将“亮度”和“对比度”都设置为5，如图3-95所示。

图3-94

| 7 | 对亮度/对比度参数进行设置后，图片的亮度和对比度都增强了，如图3-96所示。

图3-95

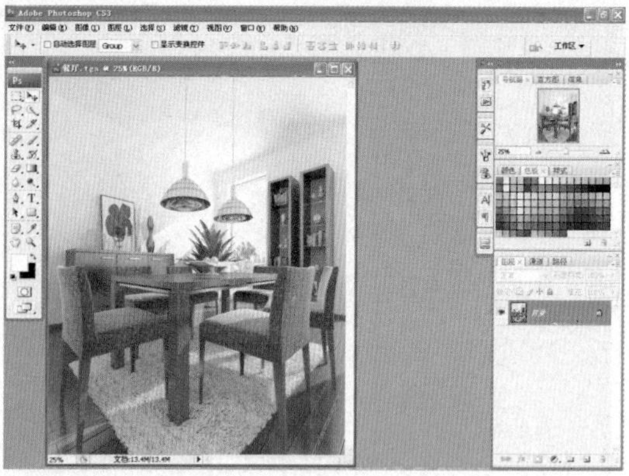
图3-96

| 8 | 选择【图像】→【模式】→【Lab颜色】命令，图片将失去颜色。进入通道面板。将Alpha1通道删除，如图3-97所示。

| 9 | 在通道面板中激活“明度”通道，选择【图像】→【调整】→【色阶】命令，在“色阶”对话框中设置如图3-98所示的参数。

图3-97

图3-98

| 10 | 在激活“明度”通道的前提下选择【滤镜】→【锐化】→【USM锐化】命令，在弹出的“USM锐化”对话框中将“数量”设置为60，如图3-99所示。

| 11 | 回到“图层”面板中，再次选择【滤镜】→【锐化】→【USM锐化】命令，在弹出的“USM锐化”对话框中将“数量”设置为20，如图3-100所示。

图3-99

图3-100

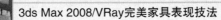

| 12 | 在Photoshop CS3中进行后期处理后的效果如图3-101所示。

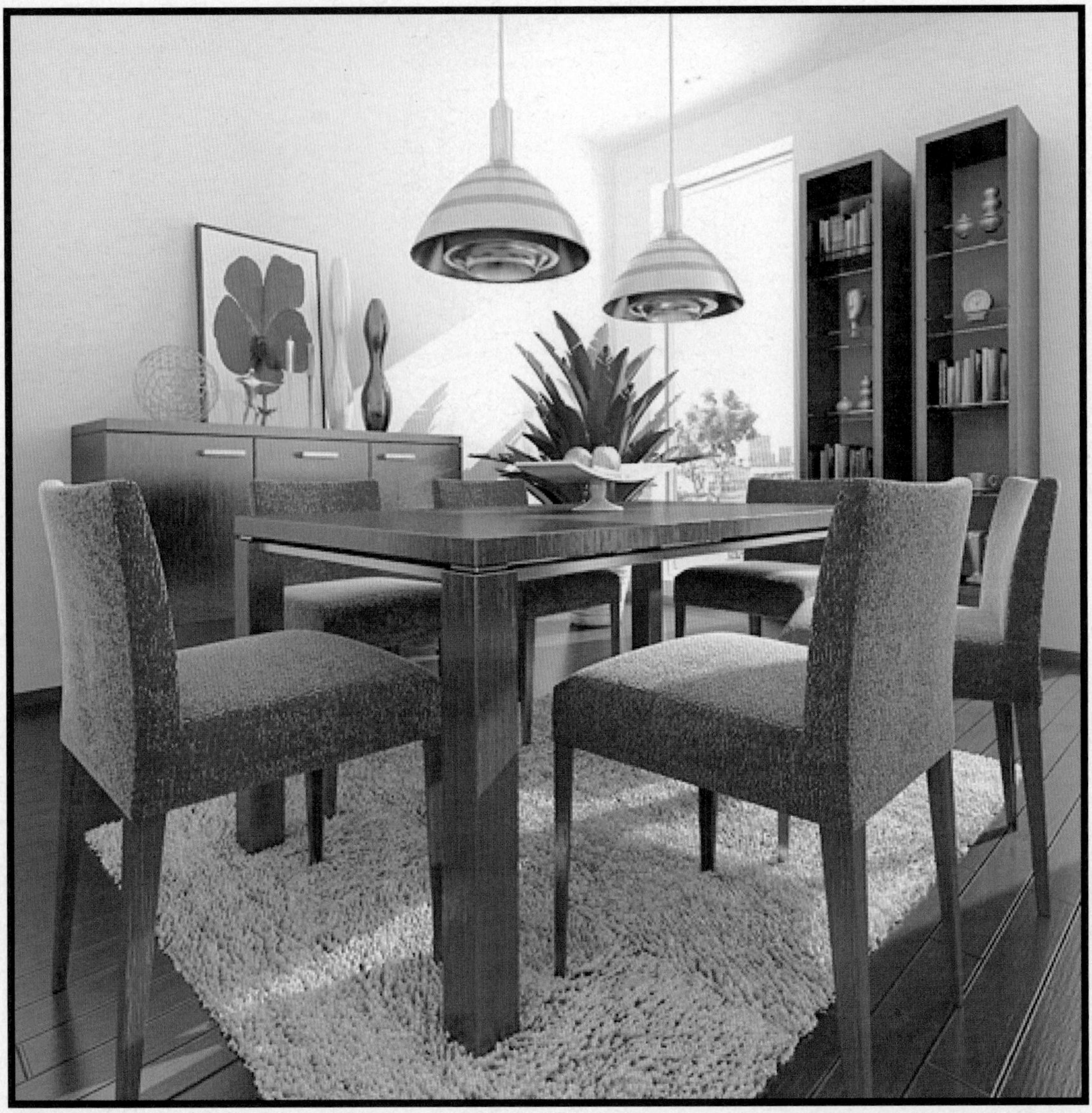

图3-101

第 4 章　卫生间家具

由于卫生间特殊的温度、湿度环境，在选择浴室家具时，防水防潮就成了关键。浴室家具在选材上基本以实木、防潮板、密度板为基材，以考究的表面处理工艺来抵挡温度、湿度和紫外线的侵袭，确保基材长期在卫生间内使用，不会开裂变形。落地式浴室柜直接坐落于地面，适合于干湿分离的、空间较充裕的卫生间使用。本节的重点在于浴缸模型的创建方法和阳光浴室的渲染。

4.1 浴缸的创建

创建浴缸模型的难点在于浴缸缸身，先创建浴缸缸身的截面图形，然后为它添加Lathe（车削）修改器旋转成型。接着将旋转对象塌陷成多边形对象，最后进入多边形对象的子层级对它进行编辑，效果如图4-1所示。

图4-1

4.1.1 浴缸的特点及适用空间

本章所介绍的浴缸吸取了来自欧洲传统风格的古典式浴缸的特点，尽可能具有时代感和古典美的统一，以满足人们生活水平的需要。它的表面为搪瓷，不易脏、易清洁、不易褪色、光泽持久。此浴缸适用于浴室空间。

4.1.2 浴缸的制作流程

| 1 | 当设置好系统单位后，单击 Line （样条线）按钮，在Left（左）视图中创建样条线，如图4-2所示。

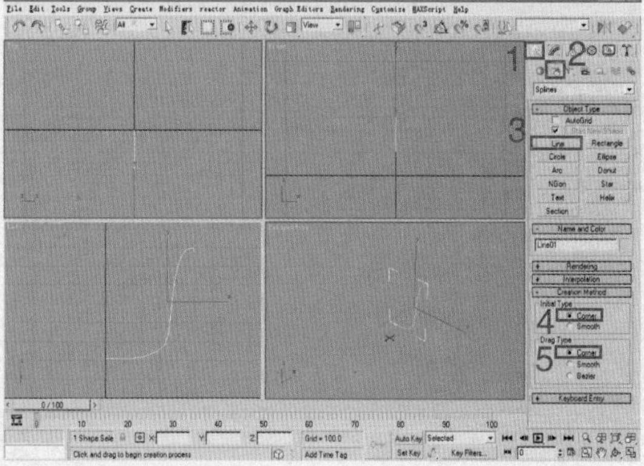

图4-2

|2| 单击按钮进入修改命令面板，在修改堆栈中单击【Line（样条线）】命令前的【+】展开其子层级，接着进入此修改器的Vertex（顶点）子层级，如图4-3所示。

|3| 在修改堆栈中进入【Line（样条线）】命令的Spline（样条线）子层级，如图4-4所示。

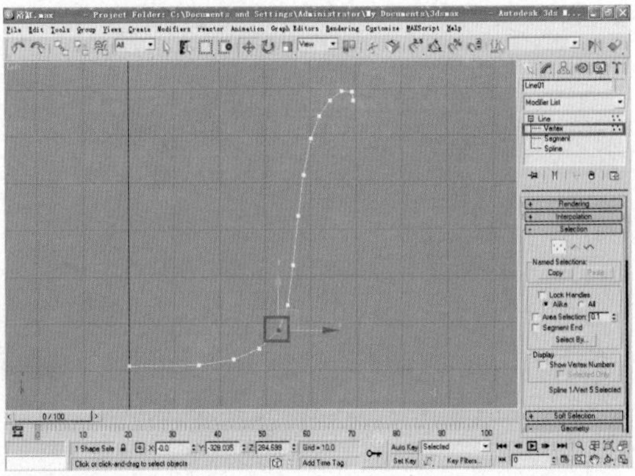

图4-3

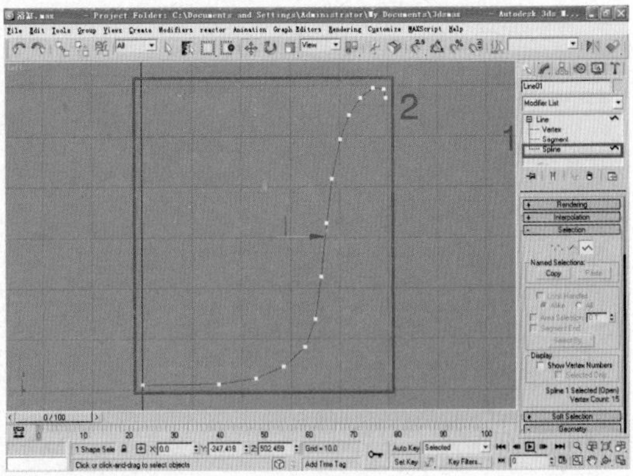

图4-4

|4| 在修改命令面板上单击 Outline 按钮并在视图中拖动鼠标，当数值为6时停止拖动，选择的样条线产生了新的轮廓，如图4-5所示。

|5| 在修改堆栈中进入【Line（样条线）】命令的Vertex（顶点）子层级，并在视图中选择如图4-6所示的顶点。

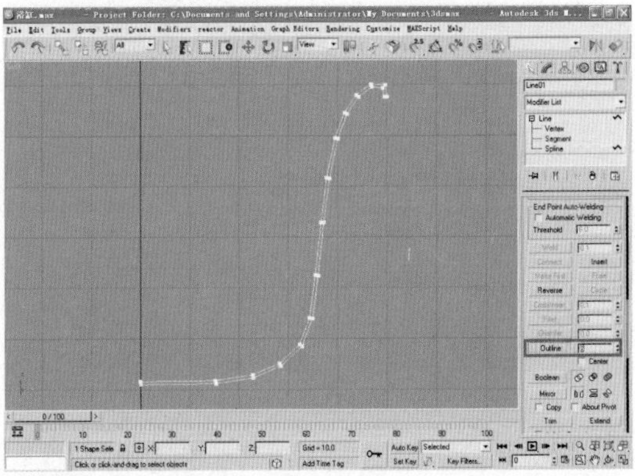

图4-5

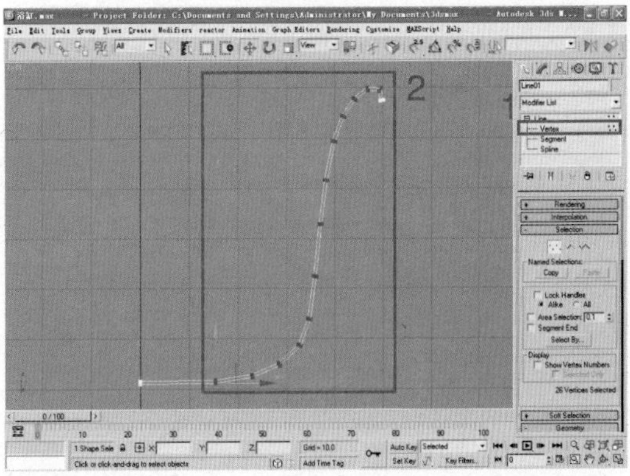

图4-6

|6| 在视图中单击鼠标右键，在弹出的快捷菜单中选择【Smooth（光滑）】命令转化顶点类型。此时，样条线变得更为平滑，如图4-7所示。

|7| 对视图进行缩放操作，放大显示样条线的起始端，在视图中选择如图4-8所示的顶点。

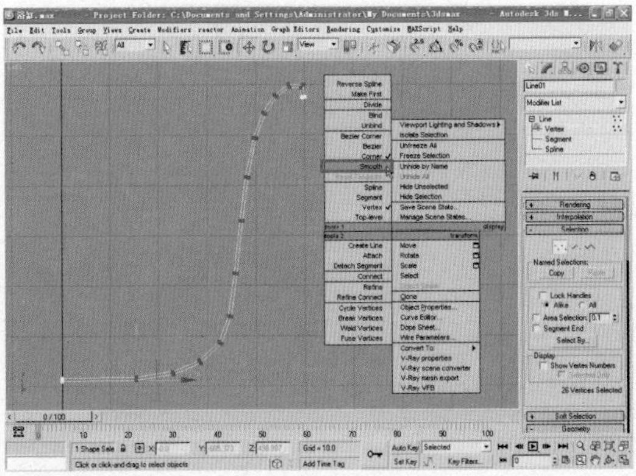

图4-7

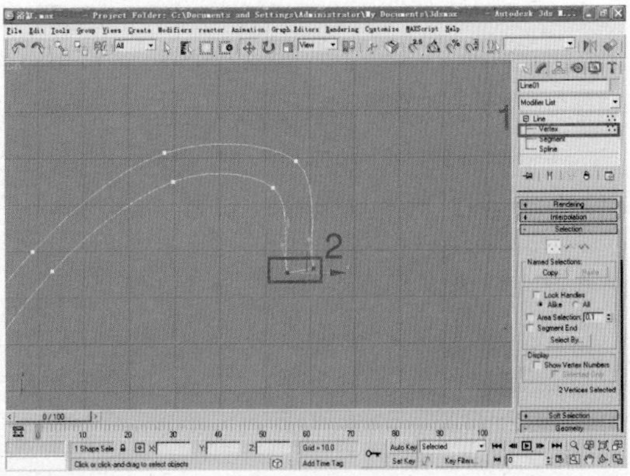

图4-8

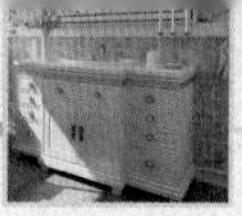

| 8 | 在修改命令面板上单击 Fillet 按钮并在视图中拖动鼠标，当数值为2.5时停止拖动，对选择的顶点进行圆角处理，如图4-9所示。

| 9 | 在修改堆栈中进入【Line（样条线）】命令的Segment（线段）子层级，并在视图中选择如图4-10所示的线段。

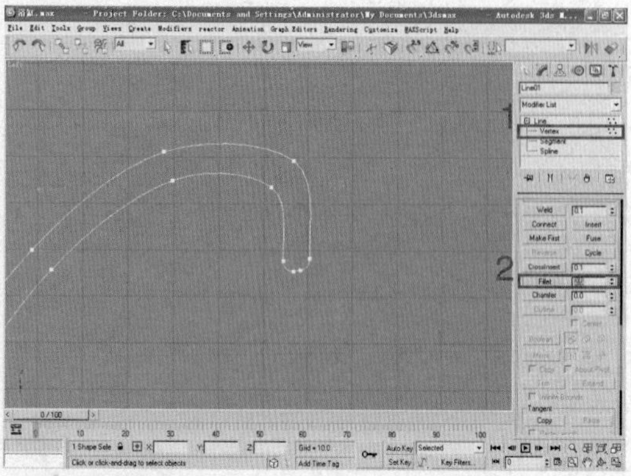

图4-9

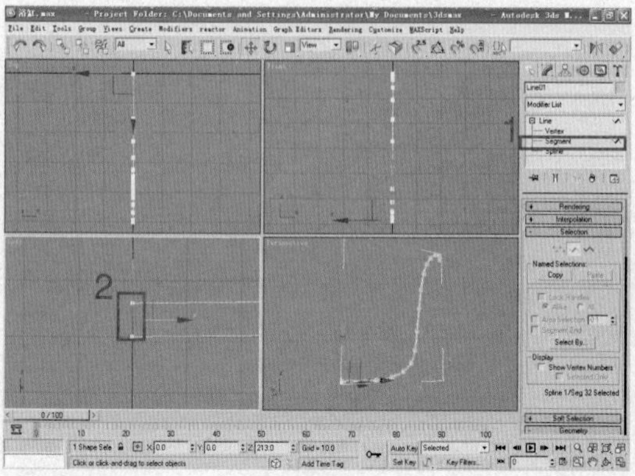

图4-10

指南针

单击视图右下侧的按钮可以切换激活视图。

| 10 | 在修改器列表中选择“Lathe（车削）”修改器添加给选择对象，并设置相应的参数，如图4-11所示。

| 11 | 在修改命令面板上单击 Min 按钮，车削对象发生变化，如图4-12所示。

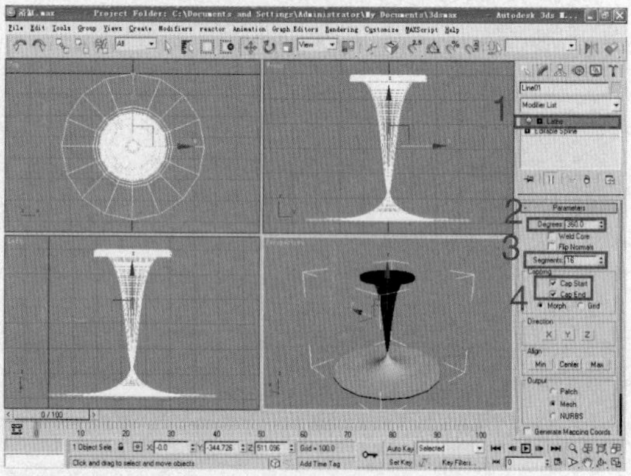

图4-11

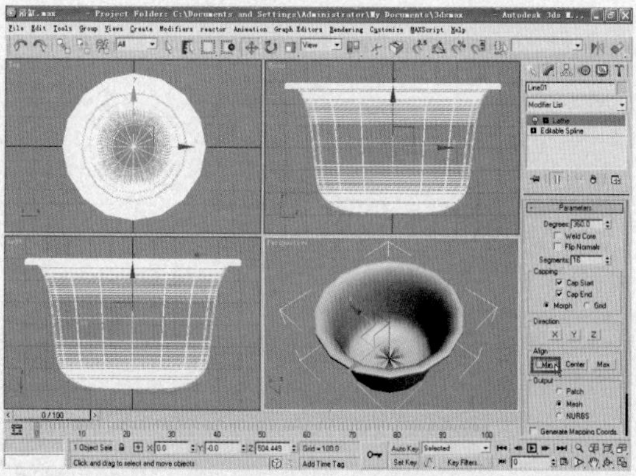

图4-12

| 12 | 此时车削对象表面不够光滑，是因为段数太少造成的。在修改命令面板中将“Segments（分段）”数值设置为38，使物体表面更光滑，如图4-13所示。

| 13 | 在视图中选择车削对象并单击鼠标右键，在弹出的快捷菜单中选择【Convert to Editable Poly（转换成可编辑多边形）】命令将它塌陷，如图4-14所示。

| 14 | 在修改堆栈中进入【Editable Poly（可编辑多边形）】命令的Vertex（顶点）子层级，在Perspective（透视）视图中选择如图4-15所示的顶点。

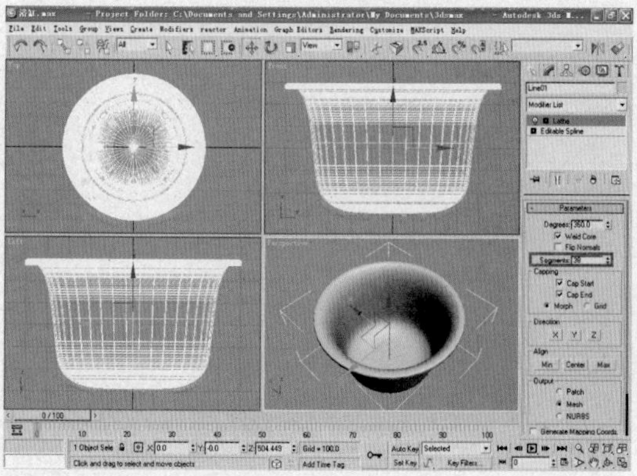

图4-13

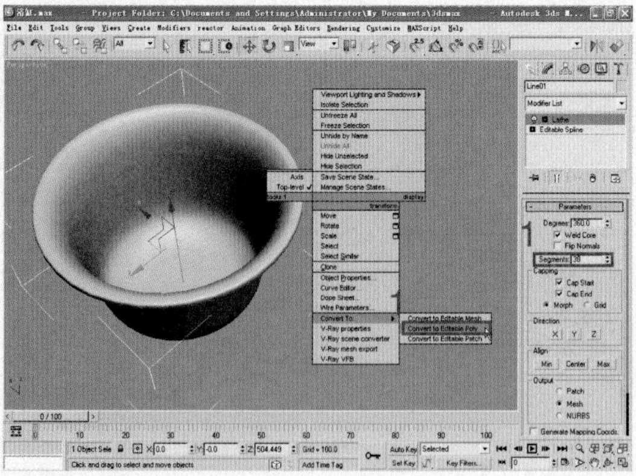

图4-14

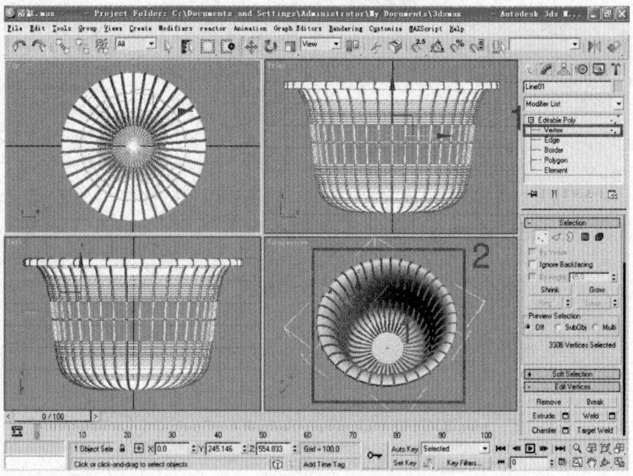

图4-15

| 15 | 在状态栏中按下按钮，将Y轴后面的数值设置为495。选择的顶点将沿Y轴向上移动，如图4-16所示。

| 16 | 在Top（顶）视图中选择如图4-17所示的顶点。

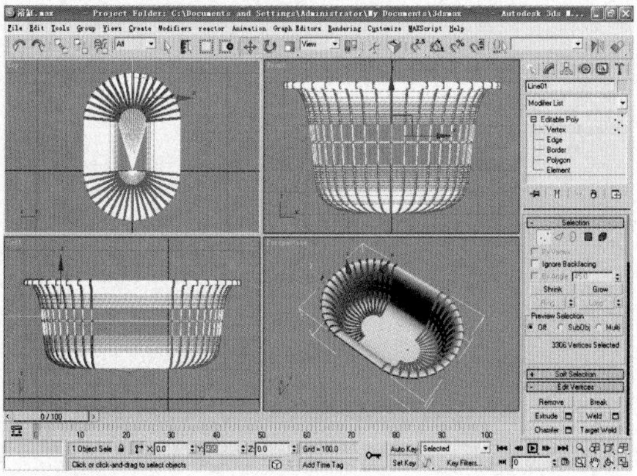

图4-16

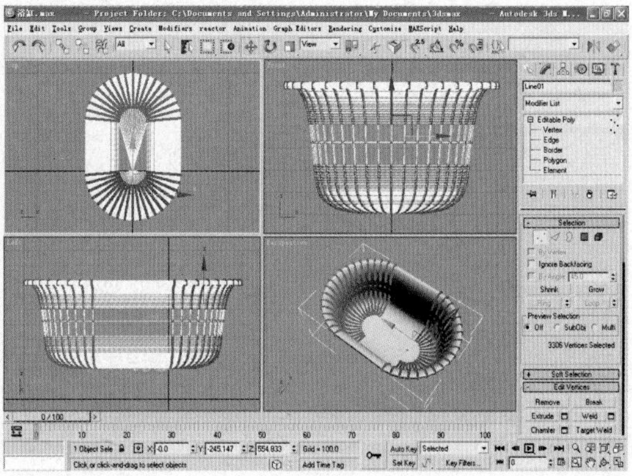

图4-17

| 17 | 在状态栏中按下按钮，将Y轴后的数值设置为-495。选择的顶点将沿Y轴向下移动，如图4-18所示。

| 18 | 退出【Editable Poly（可编辑多边形）】命令的Vertex（顶点）编辑状态，此时的浴缸如图4-19所示。

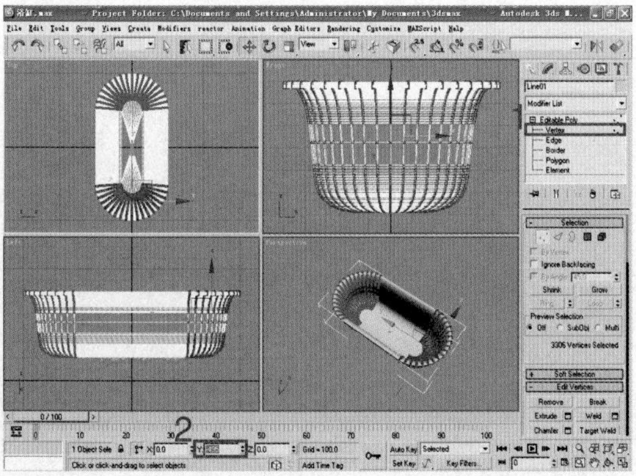

图4-18

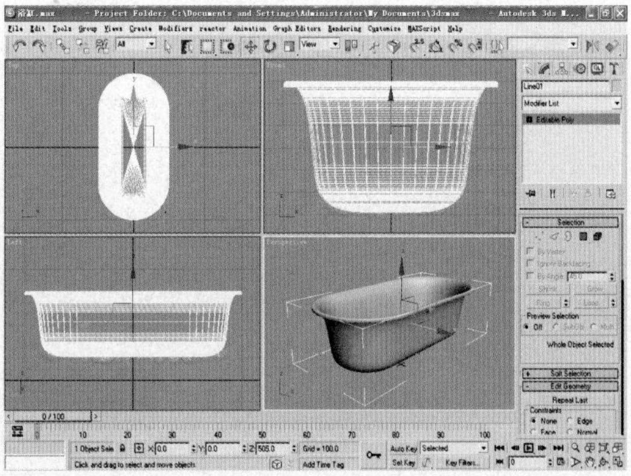

图4-19

| 19 | 单击 Line （样条线）按钮，在Front（前）视图中创建如图4-20所示的样条线。

| 20 | 单击 按钮进入修改命令面板，在修改堆栈中进入【Line（样条线）】命令的Vertex（顶点）子层级并选择如图4-21所示的顶点。在Front（前）视图中单击鼠标右键，在弹出的快捷菜单中选择【Smooth（光滑）】命令转化顶点类型。

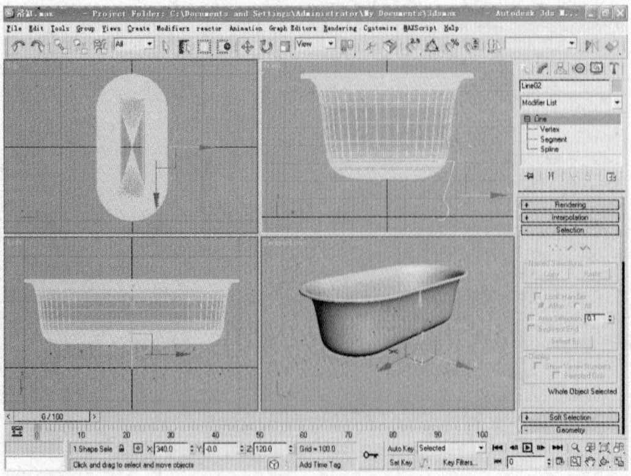

图4-20

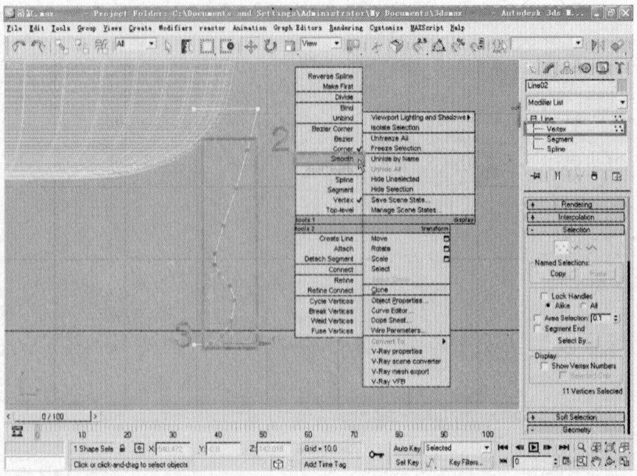

图4-21

| 21 | 在修改器列表中选择Lathe（车削）修改器添加给选择对象，如图4-22所示设置各项参数。

| 22 | 在修改器列表中选择FFD 4×4×4修改器添加给选择对象，在修改堆栈中进入FFD 4×4×4修改器的Control Points（控制点）子层级，在Front（前）视图中选择如图4-23所示的两排控制点。

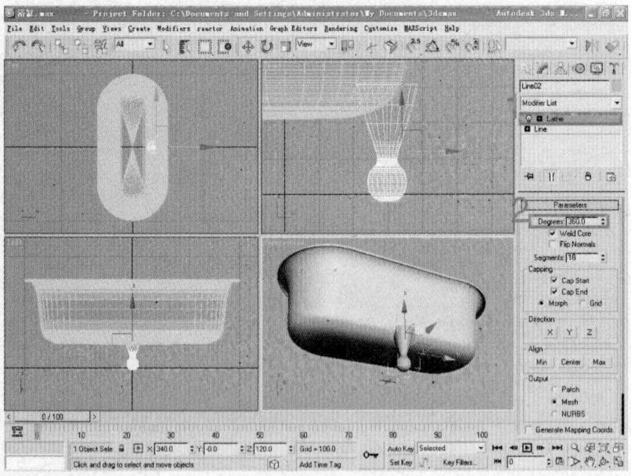

图4-22

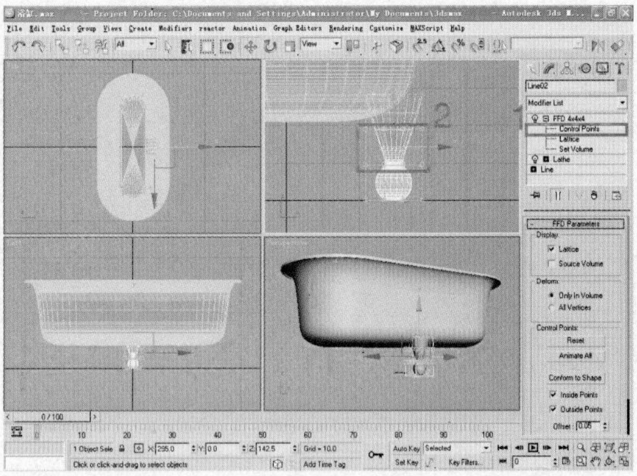

图4-23

| 23 | 在状态栏按下 按钮，将X轴后的数值设置为25。选择的顶点将沿X轴向右移动。浴缸脚略为弯曲，如图4-24所示。

| 24 | 单击工具栏上的 按钮和 按钮，在Front(前)视图中将浴缸脚旋转角度，如图4-25所示。

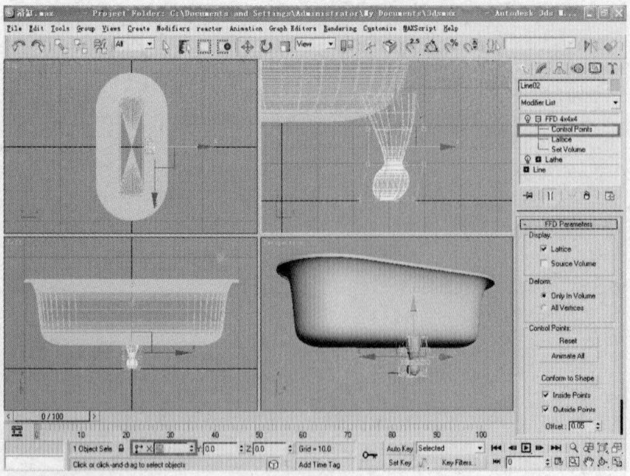

图4-24

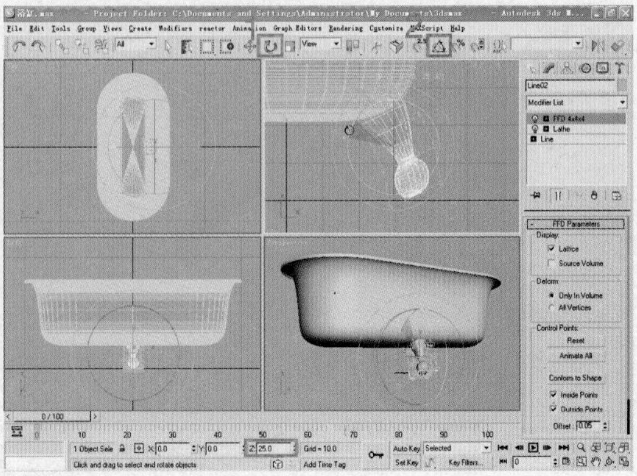

图4-25

| 25 | 单击工具栏上的按钮，在Top视图中将浴缸脚移动到如图4-26所示的位置。

| 26 | 按住【Shift】键同时用鼠标拖动将浴缸脚关联复制3个，如图4-27所示进行放置。

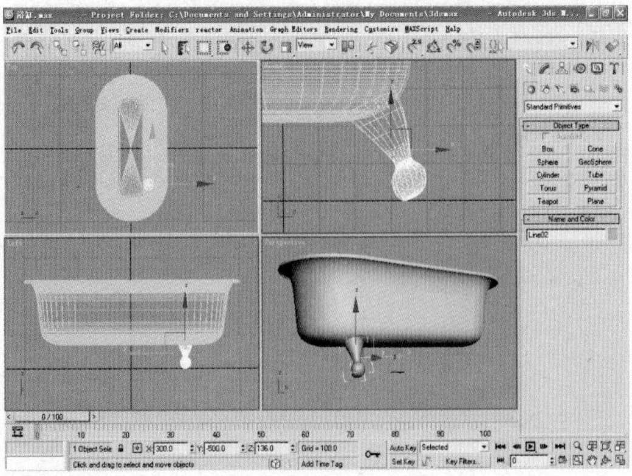
图4-26

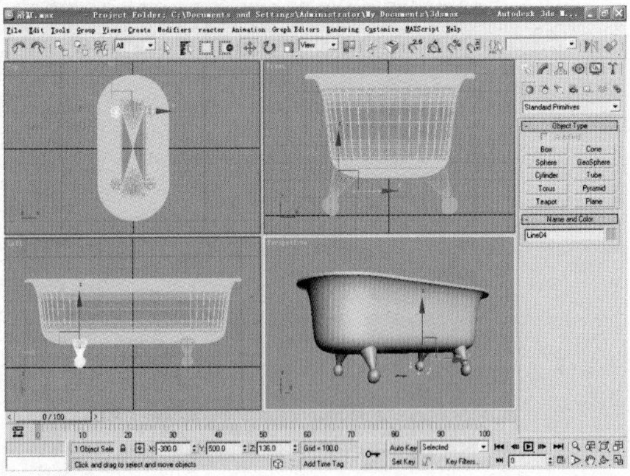
图4-27

| 27 | 在修改器列表中选择FFD 3×3×3修改器添加给浴缸缸身，在修改堆栈中进入FFD 3×3×3修改器的Control Points（控制点）子层级，在Front（前）视图中选择如图4-28所示的控制点。

| 28 | 在状态栏中按下按钮，将X轴后面的数值设置为150。选择的控制点将沿X轴向右移动，如图4-29所示。

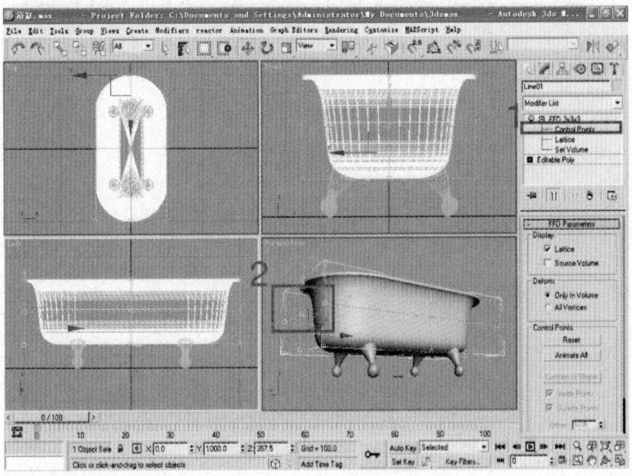
图4-28

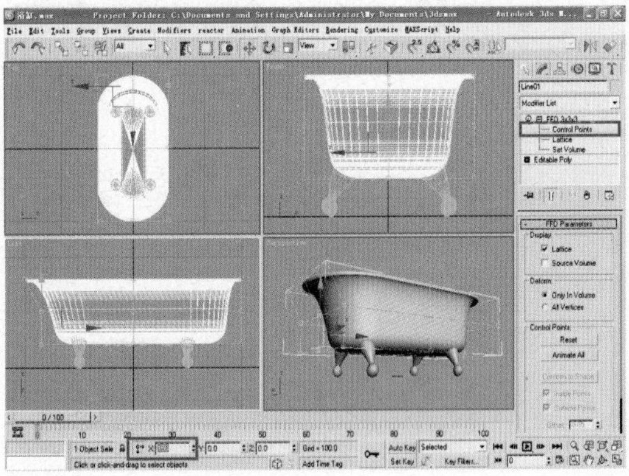
图4-29

| 29 | 在Front（前）视图中选择如图4-30所示的控制点。

| 30 | 在状态栏中按下按钮，将X轴后面的数值设置为-150。选择的控制点将沿X轴向左移动，如图4-31所示。

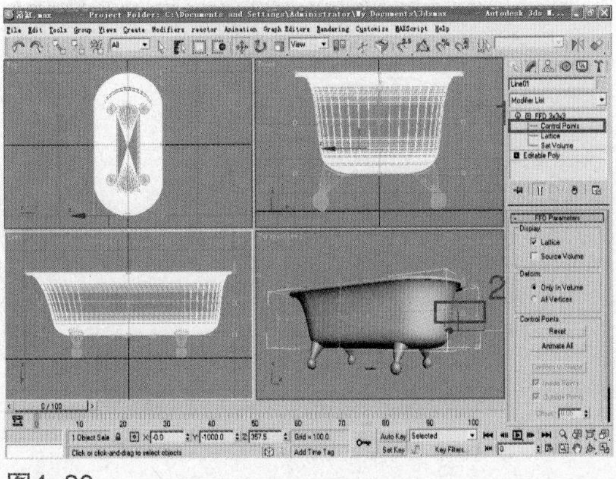
图4-30

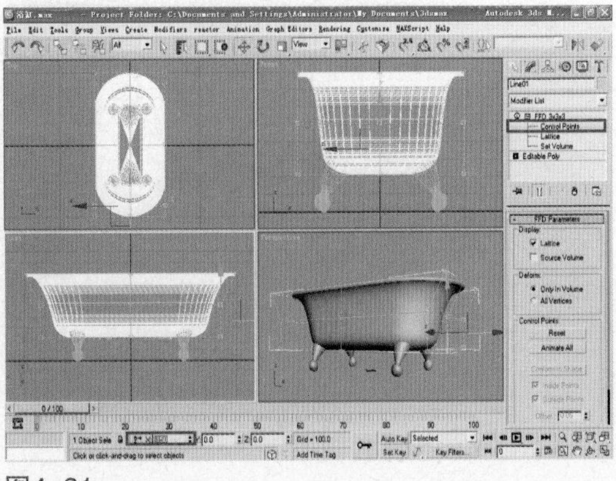
图4-31

|31|建立完成的浴缸模型如图4-32所示。

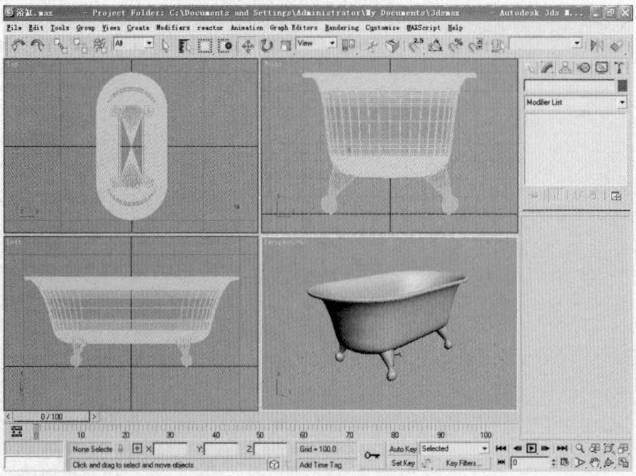

图4-32

4.2 卫生间家具的渲染

在3ds Max 2008中打开“卫生间.max”文件，此文件包含了其他制作完成的模型。在此场景中梳妆镜材质是难点，此材质的反射极高，又是无折射、非透明对象。场景的主光源是太阳光和天空光，来自户外的天空光具有蓝色的颜色倾向。

4.2.1 卫生间家具场景的灯光设置

|1|在3ds Max 2008中打开“卫生间.max”文件，接着按【M】键打开“Material Editor（材质编辑器）”。在“材质编辑器”中激活空白材质示例窗并将它转化为VRayMtl类型材质，将它命名为“素模”并设置如图4-33所示的参数。单击工具栏上的按钮，在视图中选择除窗户玻璃以外的所有对象，单击材质编辑器上的按钮，将“素模”材质赋予选择对象。

图4-33

|2| 因为所有对象都被赋予“素模”材质，灯光将不能穿透玻璃，需要将场景中的玻璃对象隐藏。将摄影机视图切换为透视图，在视图中选择玻璃对象并单击鼠标右键，在弹出的快捷菜单中选择【Hide Selection（隐藏选择对象）】命令，如图4-34所示。

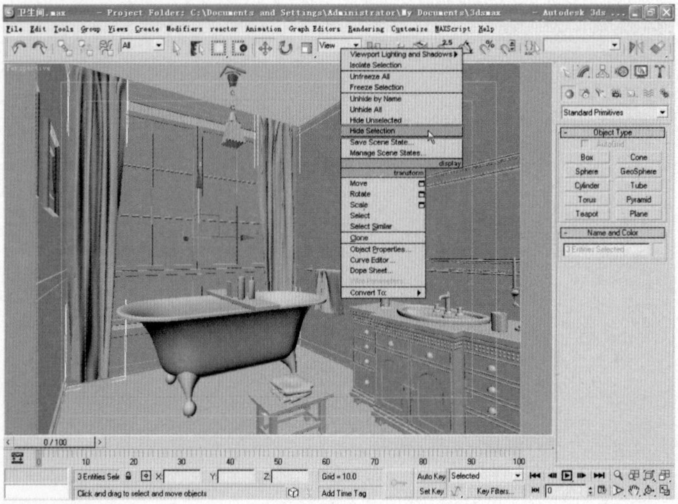

图4-34

|3| 当选择此选项后，选择对象将被隐藏，如图4-35所示，这样灯光就不被遮挡，顺利进入室内。

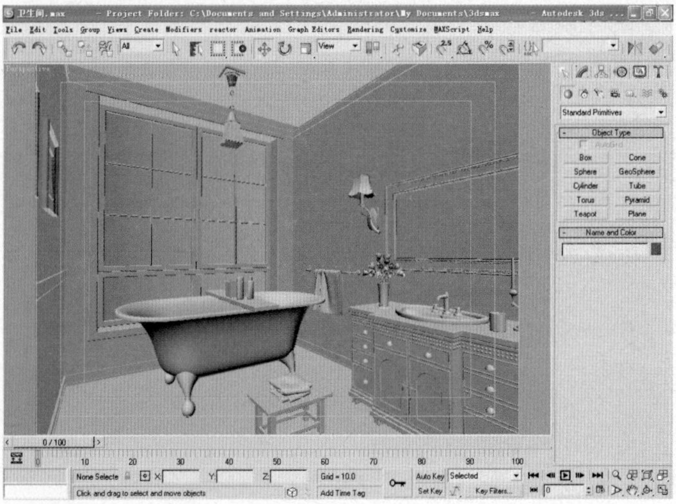

图4-35

|4| 接下来需要设置基本渲染参数，才能进行渲染观察灯光效果。单击工具栏上的按钮，首先指定渲染器类型，接着设置渲染图片的尺寸，如图4-36所示。

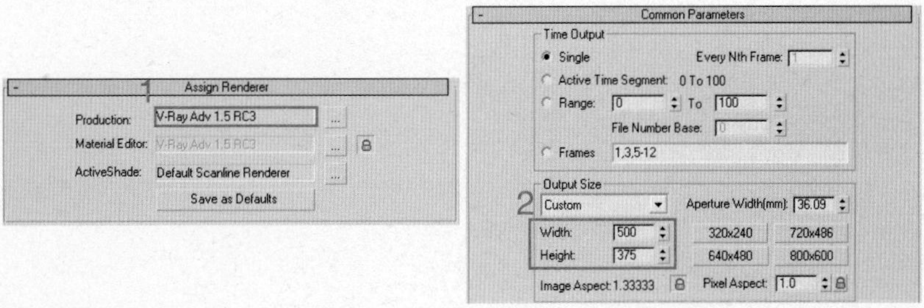

图4-36

| 5 | 设置“Global switches（全局开关）”、“Color mapping（颜色映射）”、“rQMC Sampler（rQMC采样器）”、“Image sampler（Antialiasing）（图像采样反锯齿）”和“Frame buffer（帧缓冲区）”卷展栏中的参数，如图4-37所示。

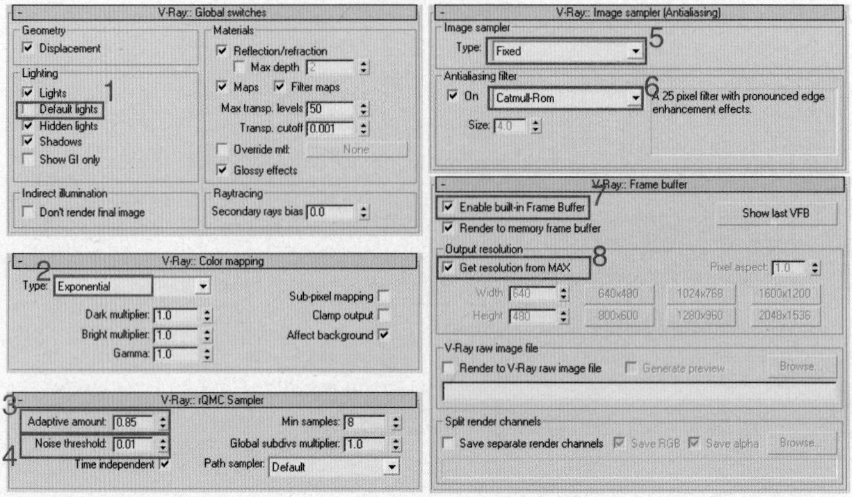

图4-37

| 6 | 最后打开间接照明，在“Irradiance map（发光贴图）”、“Indirect illumination（GI）间接照明”、“Light cache（灯光缓存）”卷展栏中设置如图4-38所示的各项参数。

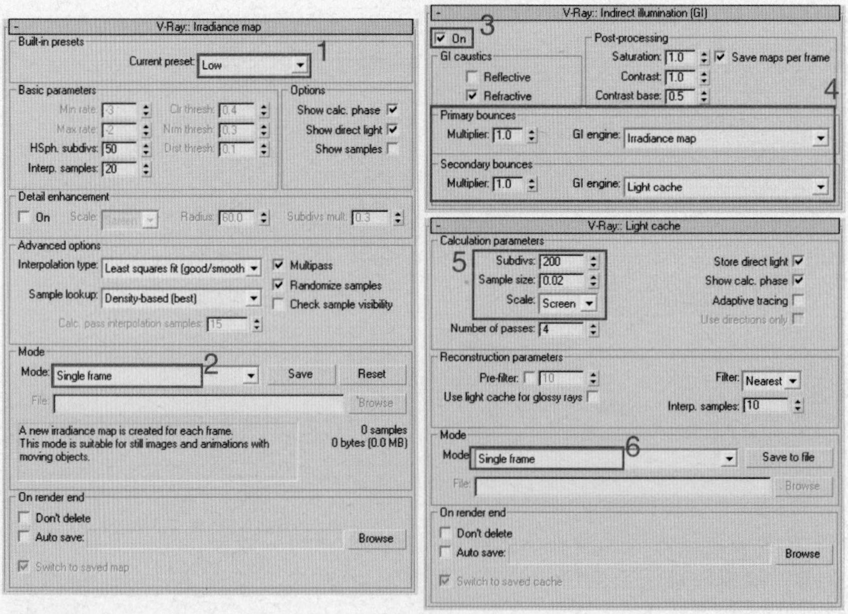

图4-38

| 7 | 单击VRay灯光创建命令面板上的 VRayLight 按钮，在Front（前）视图中创建如图4-39所示的VRayLight光源，用于模拟来自窗外的环境光。

| 8 | 单击工具栏上的按钮，在Left（左）视图中将创建的VRayLight光源旋转一定角度，如图4-40所示。

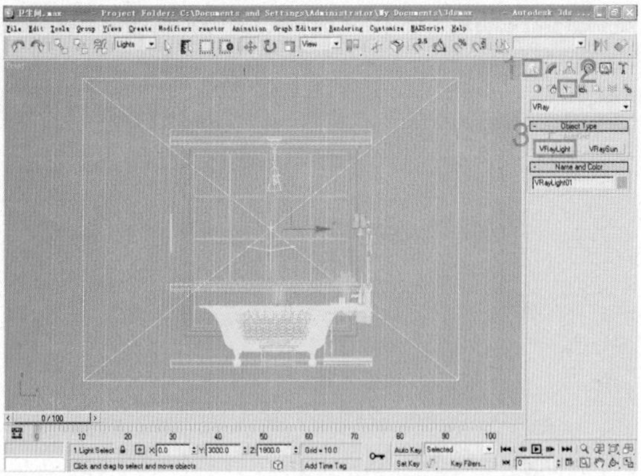

图4-39

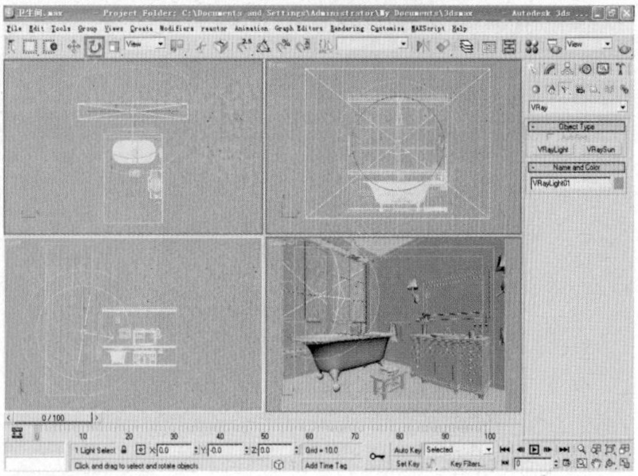

图4-40

| 9 | 在视图中选择VRayLight光源并单击按钮进入修改命令面板，将“Half-length（半长）”设置为2500，将“Half-width（半宽）”设置为2000，将“Multiplier（强度）”设置为3.0。单击工具栏上的按钮进行渲染，如图4-41所示，场景光线强度不够。

图4-41

| 10 | 在修改命令面板中将“Multiplier（强度）”设置为6.0，单击工具栏上的按钮进行渲染，如图4-42所示，场景光线强度得到增加。

图4-42

| 11 | 但场景仍然显得比较灰暗，在修改命令面板中将“Multiplier（强度）”设置为8.5，单击工具栏上的按钮进行渲染，如图4-43所示，场景亮度再次增强。

图4-43

| 12 | 在修改命令面板中单击Color（颜色）后的按钮，在弹出的“Color Selector（颜色选择器）”对话框中设置“Hue（色调）”为145、“Sat（饱和度）”为75，“Value（亮度）”255。单击按钮进行渲染，效果如图4-44所示，场景光线偏蓝色。

图4-44

| 13 | 接下来为场景创建光源。单击VRay灯光创建命令面板上的 VRaySun 按钮，在Top（顶）视图中拖动鼠标创建太阳光，创建的同时在弹出的对话框中单击 是(Y) 按钮，创建太阳光的同时创建天空光贴图，如图4-45所示。

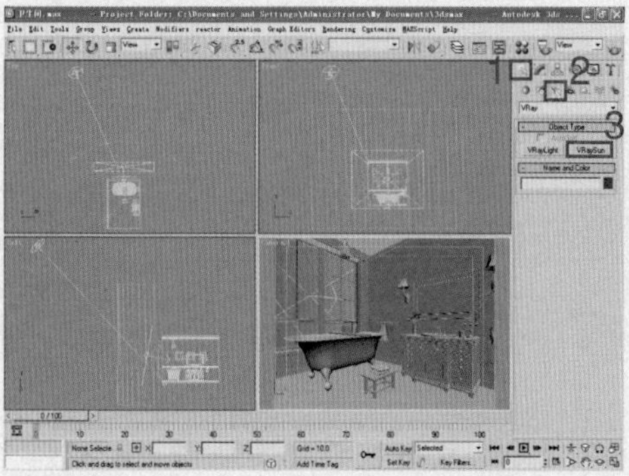

图4-45

| 14 | 打开“Environment and Effects（环境和效果）”对话框，取消选择“Use Map（使用贴图）”复选框，暂时不使用VRaySky贴图。在视图中选择太阳光并单击按钮，在修改命令面板

中将“Turbidity（浊度）”设置为3.0，将“intensity multiplier（强度倍增）”参数数值设置为0.1。单击工具栏上的按钮，如图4-46所示，场景严重曝光。

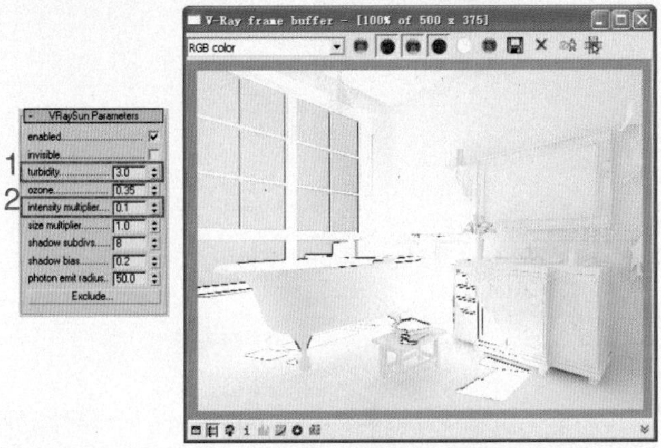

图4-46

| 15 | 在修改命令面板中将“intensity multiplier（强度倍增）”降低为0.05，单击工具栏上的按钮，渲染后如图4-47所示。场景太阳光的强度得到减弱，但是局部仍出现曝光现象。

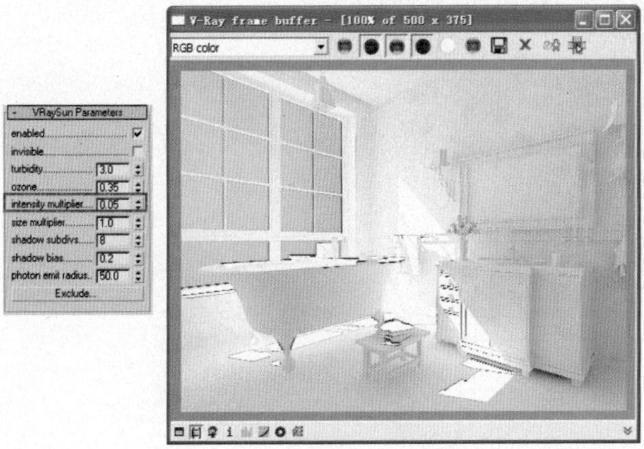

图4-47

| 16 | 在修改命令面板中将“intensity multiplier（强度倍增）”再次降低为0.025，单击工具栏上的按钮，渲染后如图4-48所示。场景太阳光的强度又得到减弱，曝光现象消失。

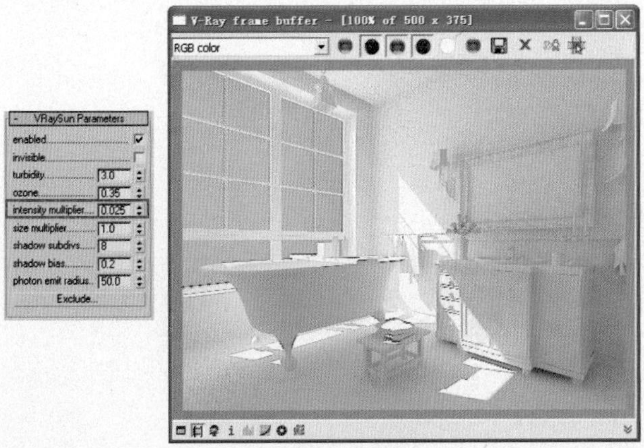

图4-48

| 17 | 为了使太阳光偏暖色调，在修改命令面板中将“turbidity（浊度）”设置为5.0，单击工具栏上的按钮，渲染后如图4-49所示，阳光倾向暖色强度不够。

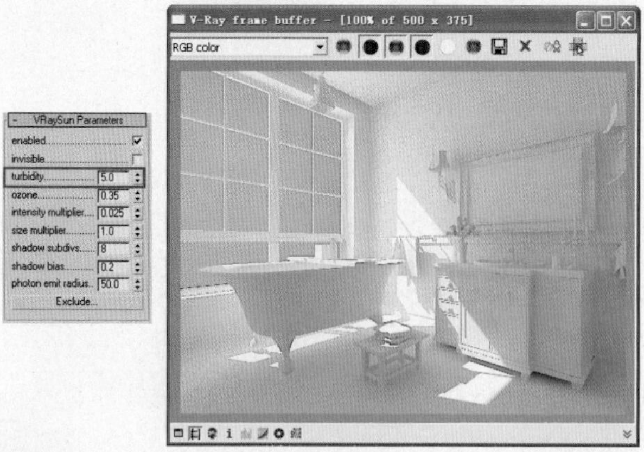

图4-49

| 18 | 在修改命令面板中将“turbidity（浊度）”设置为7.0，单击工具栏上的按钮，渲染后如图4-50所示，阳光暖色倾向更为明显。

图4-50

| 19 | 打开“材质编辑器”，将“Environment and Effects（环境和效果）”对话框中的“VRaySky（VR天光）”贴图拖动到材质编辑器的空白材质球上，在弹出的“Instance（Copy）（实例副本贴图）”对话框中选择“Instance（实例）”单选按钮。接着选择“Use Map（使用贴图）”复选框，使用VRaySky贴图。单击 None 按钮，接着在视图中拾取开始创建的太阳光，使天光和太阳光关联，如图4-51所示。

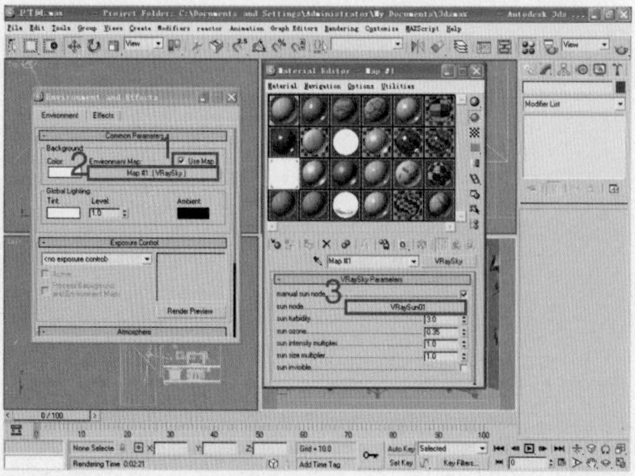
图4-51

| 20 | 在“VRaySky（VR天光）”贴图的编辑面板上，将“sun intensity multiplier（太阳强度倍增器）”数值设置为0.05，渲染后如图4-52所示，“VRaySky（VR天光）”贴图的强度略高。

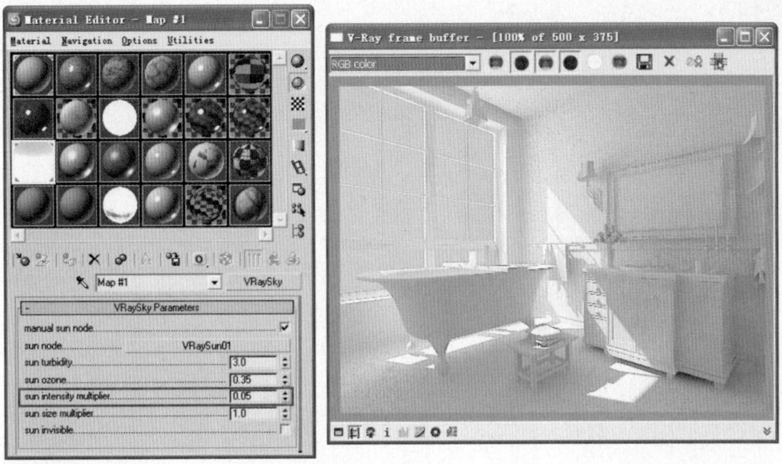

图4-52

| 21 | 将“sun intensity multiplier（太阳强度倍增器）”数值设置为0.035，渲染后如图4-53所示，“VRaySky（VR天光）”贴图的强度得到减弱。

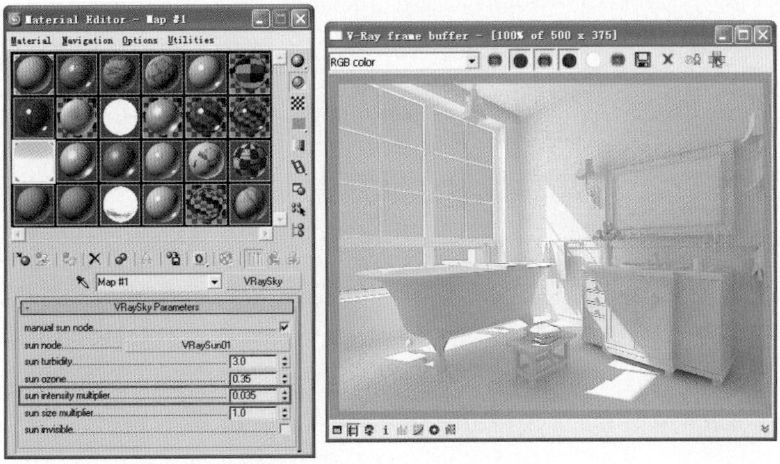

图4-53

| 22 | 将“sun turbidity（阳光浊度）”设置为7.0，单击工具栏上的按钮，渲染后如图4-54所示，室外环境光的颜色随之改变，此时偏暖。

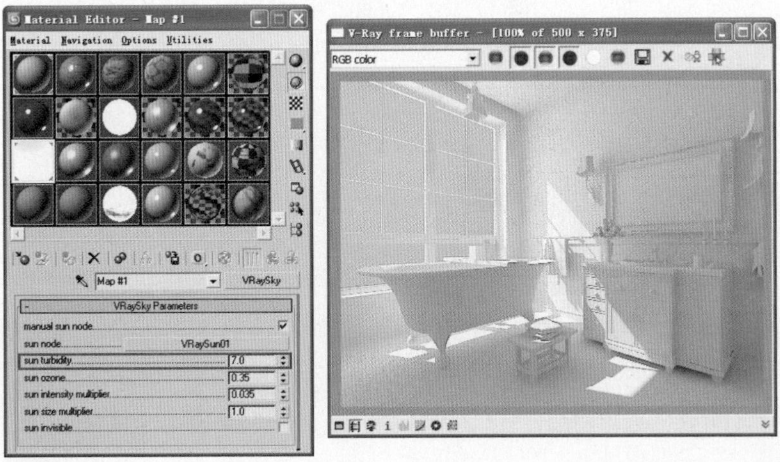

图4-54

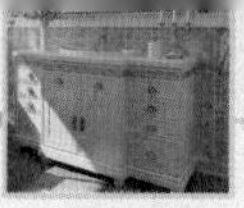

| 23 | 卫生间柜子处的光线偏暗，需要增加辅光。单击VRay灯光创建命令面板上的 VRayLight 按钮，在Front（前）视图中拖动鼠标创建一盏VRayLight光源，如图4-55所示。

| 24 | 选择VRayLight光源并单击按钮进入修改命令面板，将“Half-length（半长）”设置为1200，将“Half-width（半宽）”设置为1350，如图4-56所示。

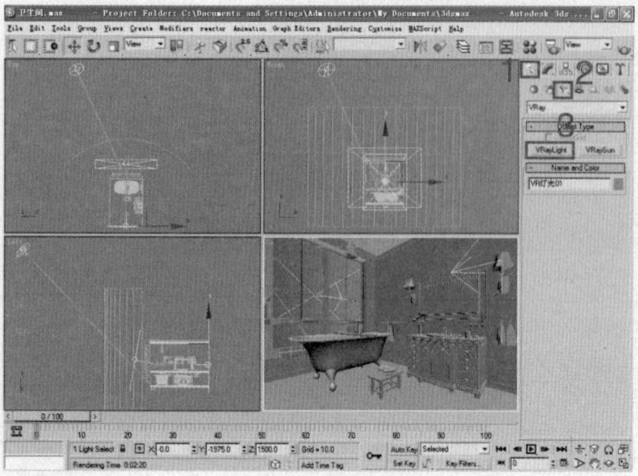

图4-55

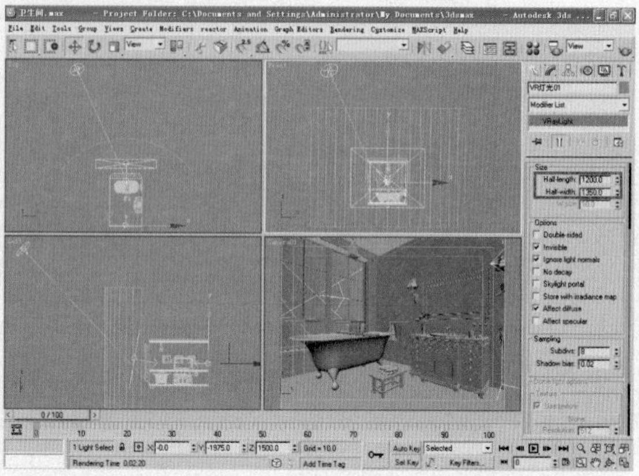

图4-56

| 25 | 在修改命令面板中将“Multiplier（强度）”设置为1，单击按钮进行渲染，效果如图4-57所示，柜子处的光线得到增强。

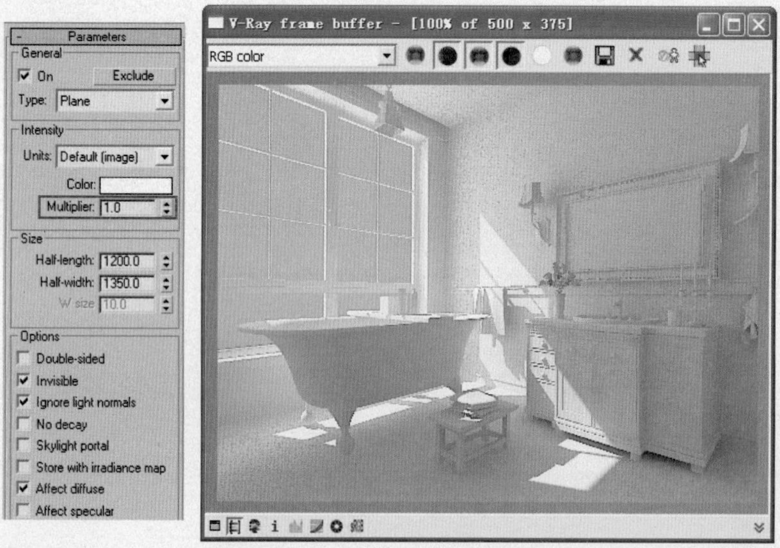

图4-57

4.2.2 卫生间家具的材质设置

| 1 | 在“材质编辑器”中激活空白材质示例窗并将它转化为VRayMtl类型材质，将它命名为“墙砖”，如图4-58所示设置此材质的参数。单击工具栏上的按钮在视图中选择墙体对象，单击材质编辑器上的按钮，将此材质赋予选择对象，展开“Maps（贴图）”卷展栏，在“Diffuse（漫射）”通道和“Bump（凹凸）”通道中都添加“墙砖-1.jpg”文件。

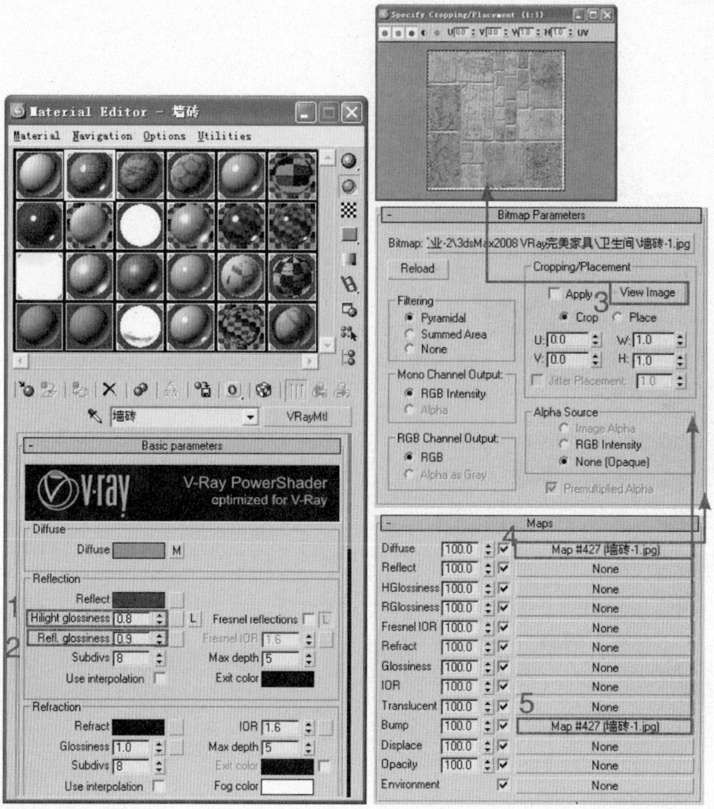

图4-58

|2| 选择“UVW Mapping（UVW贴图）”修改器添加给墙体对象，在修改命令面板的“Parameters（参数）”卷展栏中选择“Box（长方体）”单选按钮，将“Length（长度）”、“Width（宽度）”、“Height（高度）”都设置为200，如图4-59所示。

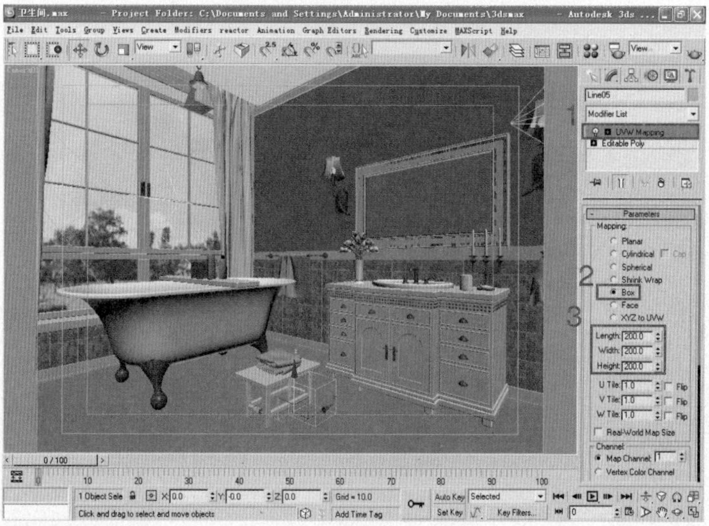

图4-59

|3| 激活名称为“墙纸-1”的VRayMtl类型材质，如图4-60所示设置此材质的参数。单击工具栏上的✥按钮在视图中选择墙体对象。单击材质编辑器上的按钮，将此材质赋予选择对象，在“Diffuse（漫射）”通道和“Bump（凹凸）”通道中都添加“墙纸-1.jpg”文件。

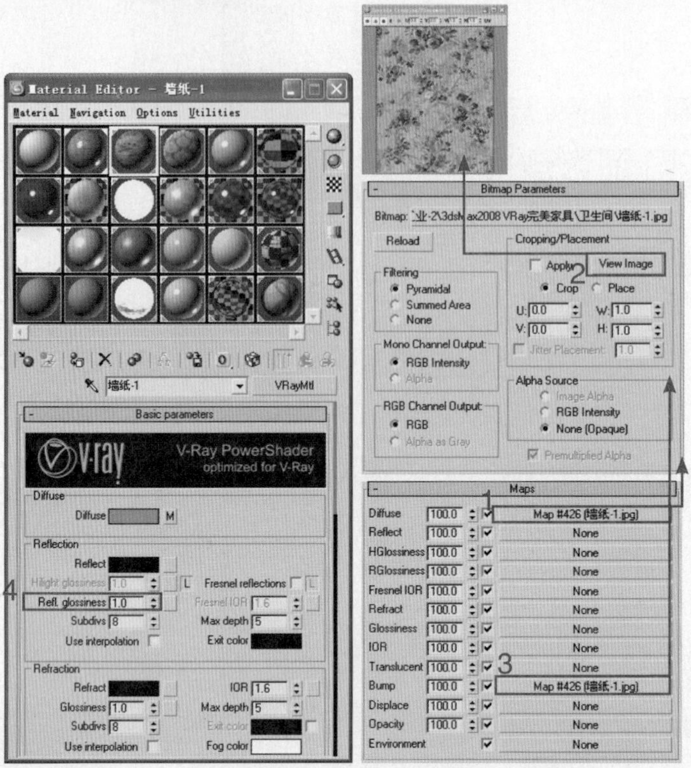

图4-60

| 4 | 选择“UVW Mapping（UVW贴图）”修改器添加给墙体对象，在修改命令面板的“Parameters（参数）”卷展栏中选择“Box（长方体）”单选按钮，将“Length（长度）”设置为750，将“Width（宽度）”设置为750，将“Height（高度）”设置为900，如图4-61所示。

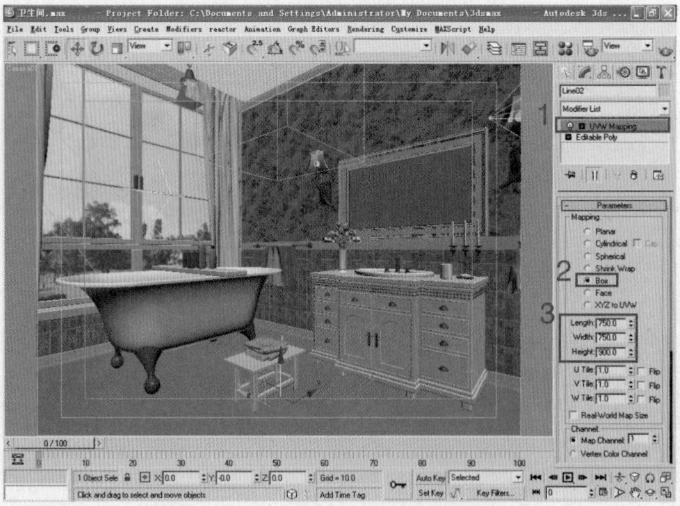

图4-61

| 5 | 激活名称为“布纹-1”的材质，如图4-62所示设置此材质的参数。单击工具栏上的按钮在视图中选择毛巾对象，单击材质编辑器上的按钮，将此材质赋予选择对象，如图4-62所示设置此材质的参数。在“Diffuse（漫射颜色）”通道中添加“布纹-1.jpg”文件，在“Self-Illumination（自发光）”通道中添加“Mask（遮罩）”贴图，在“Bump（凹凸）”通道中添加“布纹-Bump.jpg”文件。

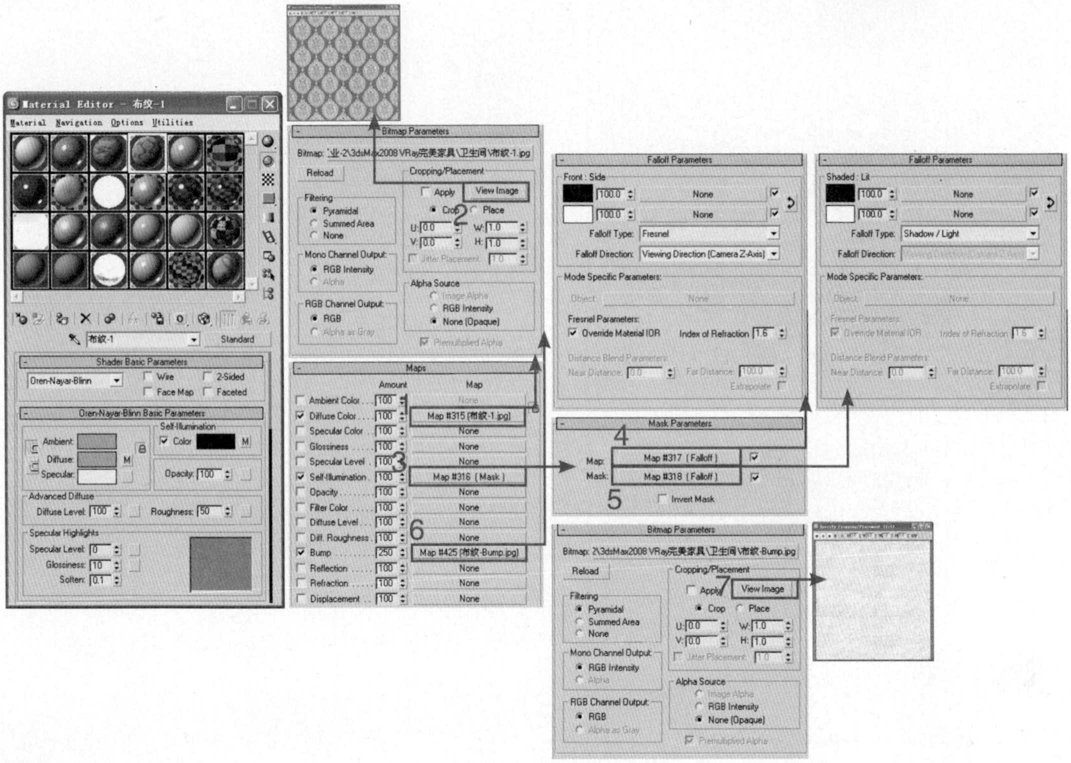

图4-62

|6| 选择“UVW Mapping（UVW贴图）”修改器添加给毛巾对象，在修改命令面板的“Parameters（参数）”卷展栏中选择“Planar（平面）”选项，将“Length（长度）”设置为400，将“Width（宽度）”设置为400，如图4-63所示。

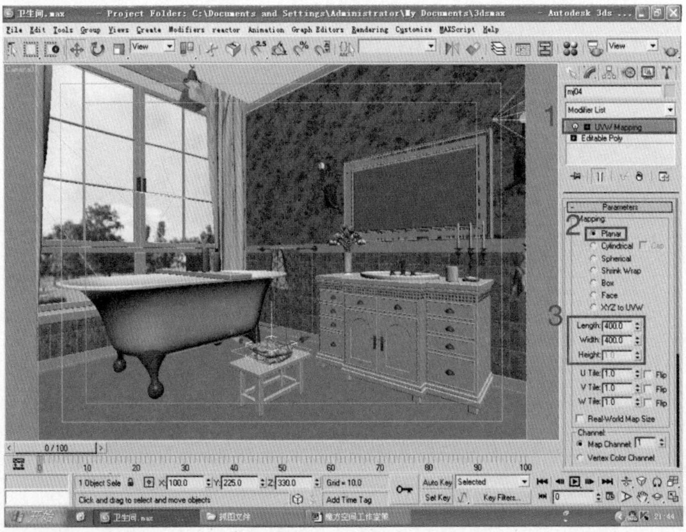

图4-63

|7| 激活名称为“地砖”VRayMtl类型材质，如图4-64所示设置此材质的参数，单击工具栏上的按钮，在视图中选择地板对象，单击材质编辑器上的按钮，将此材质赋予选择对象，如图4-64所示设置此材质的参数。展开“Maps（贴图）”卷展栏，在“Diffuse（漫射）”通道和“Bump（凹凸）”通道中都添加“地砖-1.jpg”文件。

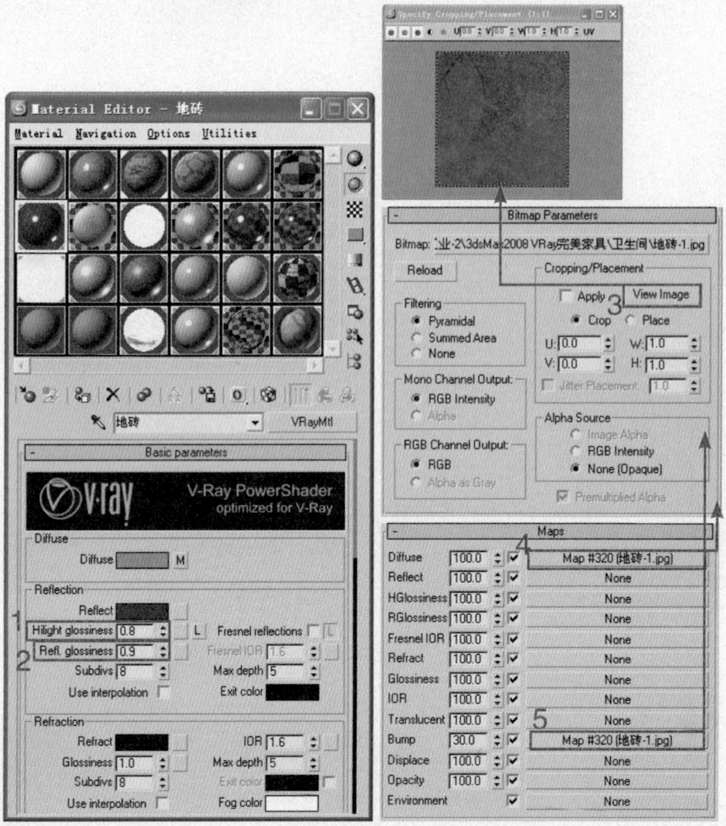

图4-64

| 8 | 选择“UVW Mapping（UVW贴图）”修改器添加给地板对象，在修改命令面板的“Parameters（参数）”卷展栏中选择“Box（长方体）”单选按钮，将“Length（长度）”设置为400，将“Width（宽度）”设置为400，“Height（高度）”设置为1，如图4-65所示。

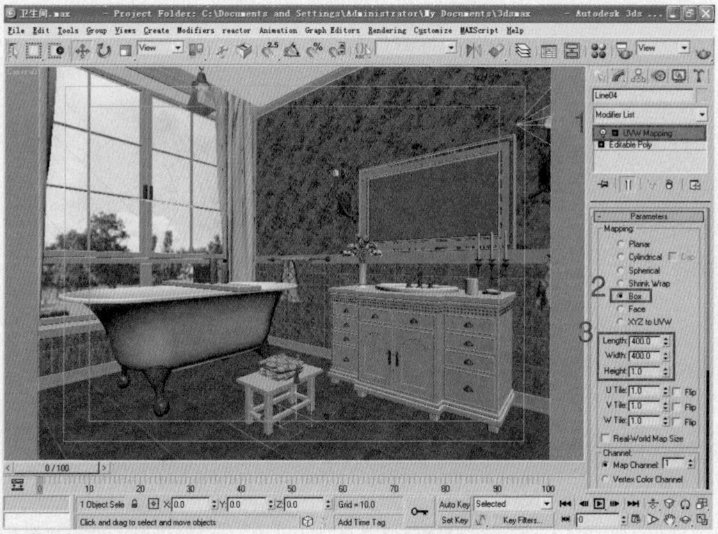

图4-65

| 9 | 激活名称为“窗帘纱布”的VRayMtl类型材质，如图4-66所示设置此材质的参数。单击工具栏上的按钮在视图中选择窗帘对象，单击材质编辑器上的按钮，将此材质赋予选择对象。

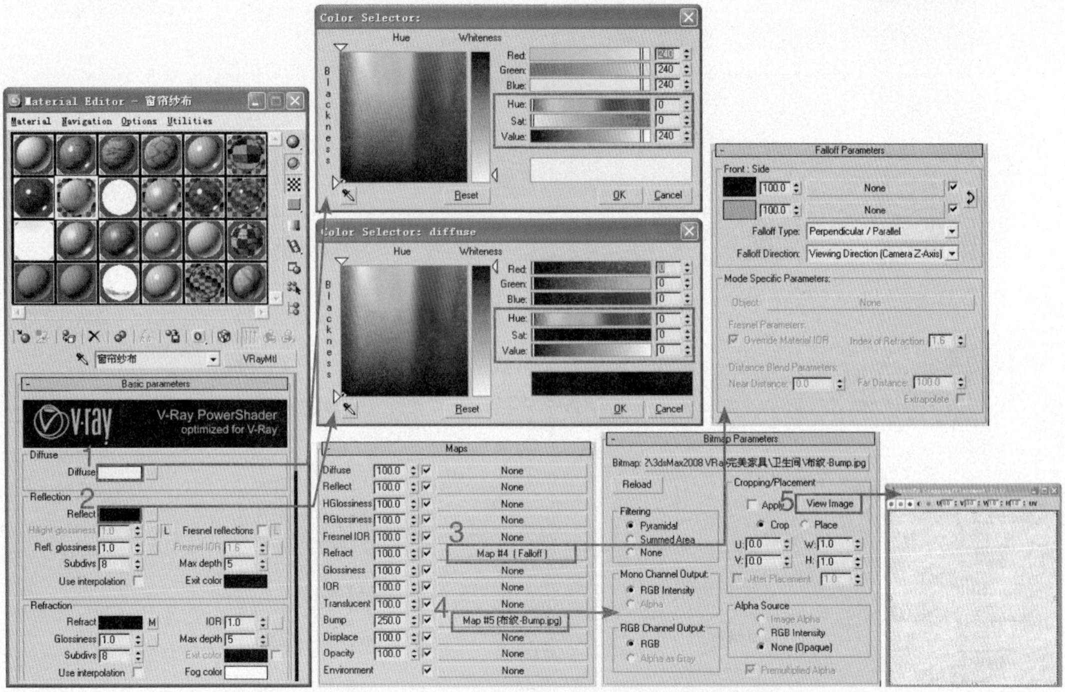

图4-66

| 10 | 选择“UVW Mapping（UVW贴图）”修改器添加给窗帘对象，在修改命令面板的“Parameters（参数）”卷展栏中选择“Box（长方体）”单选按钮，将“Length（长度）”、“Width（宽度）”、“Height（高度）”都设置为600，如图4-67所示。

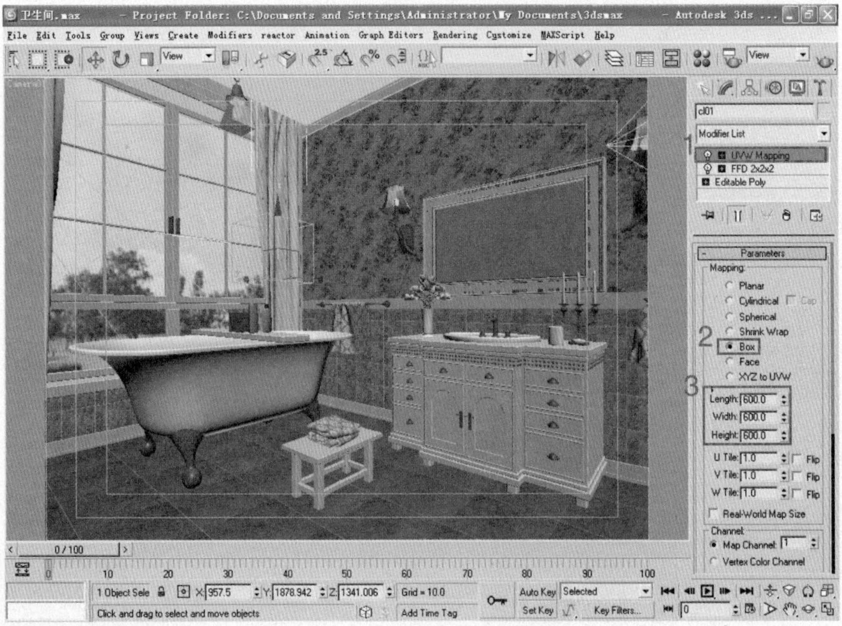

图4-67

| 11 | 激活名称为“灯罩”的VRayMtl类型材质，如图4-68所示设置此材质的Diffuse（漫射）、Reflect（反射）和Refract（折射）颜色。单击工具栏上的按钮在视图中选择灯罩对象，单击材质编辑器上的按钮，将此材质赋予选择对象。

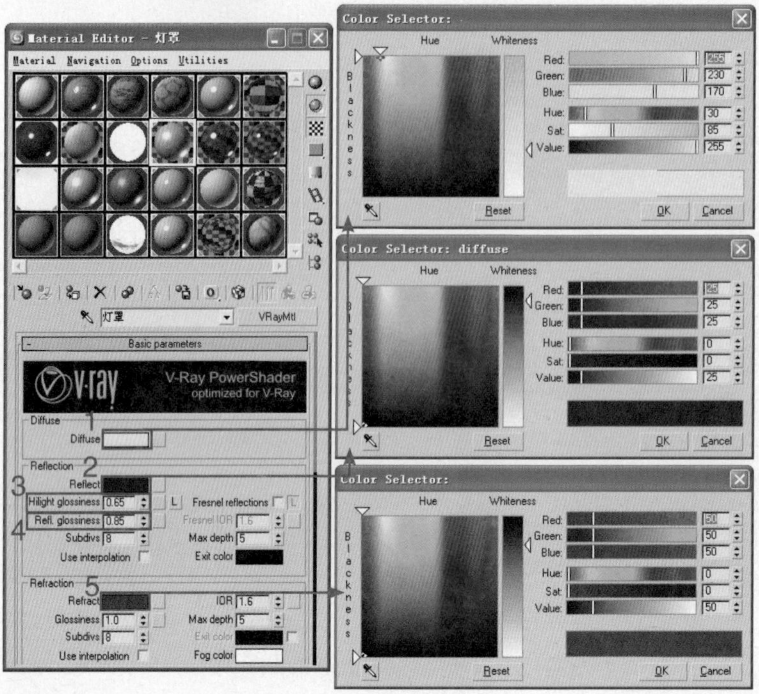

图4-68

｜12｜激活名称为“黄铜”的VRayMtl类型材质，如图4-69所示设置此材质的Diffuse（漫射）、Reflect（反射）颜色。单击工具栏上的✥按钮在视图中选择浴缸对象，单击材质编辑器上的按钮，将此材质赋予选择对象。

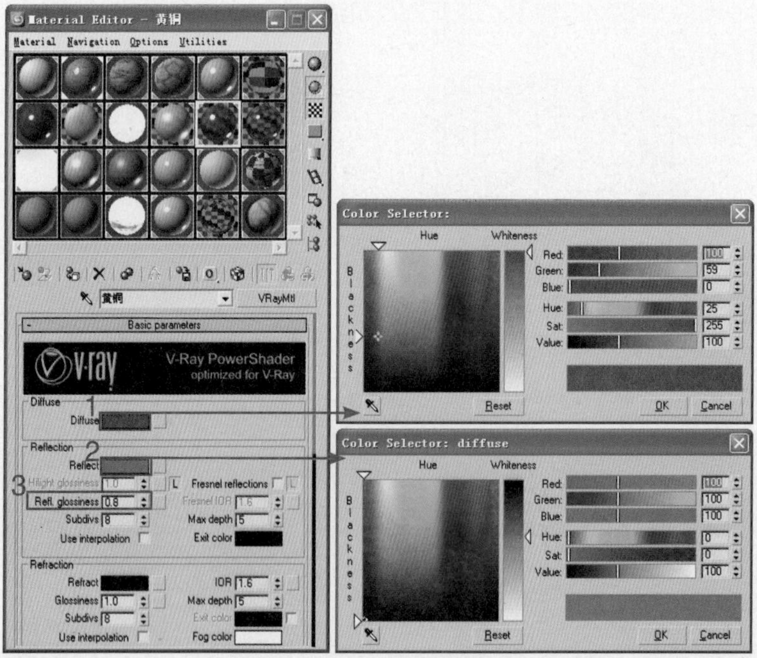

图4-69

｜13｜激活名称为“花”VRayMtl类型材质，如图4-70所示设置此材质的Diffuse（漫射）、Reflect（反射）颜色。单击工具栏上的✥按钮在视图中选择花朵对象，单击材质编辑器上的按钮，将此材质赋予选择对象。

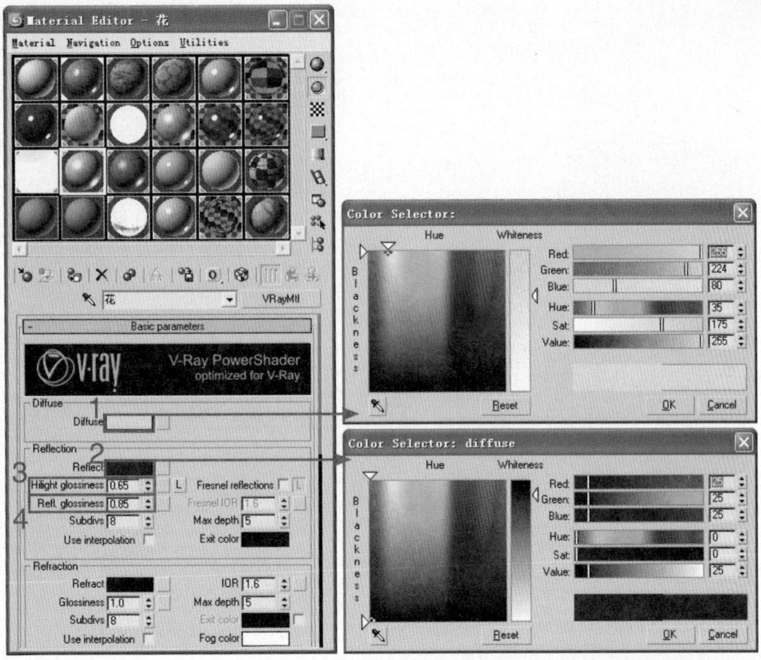

图4-70

| 14 | 激活名称为“陶瓷”VRayMtl类型材质，如图4-71所示设置此材质的Diffuse（漫射）、Reflect（反射）颜色。单击工具栏上的按钮在视图中选择浴缸对象，单击材质编辑器上的按钮，将此材质赋予选择对象。

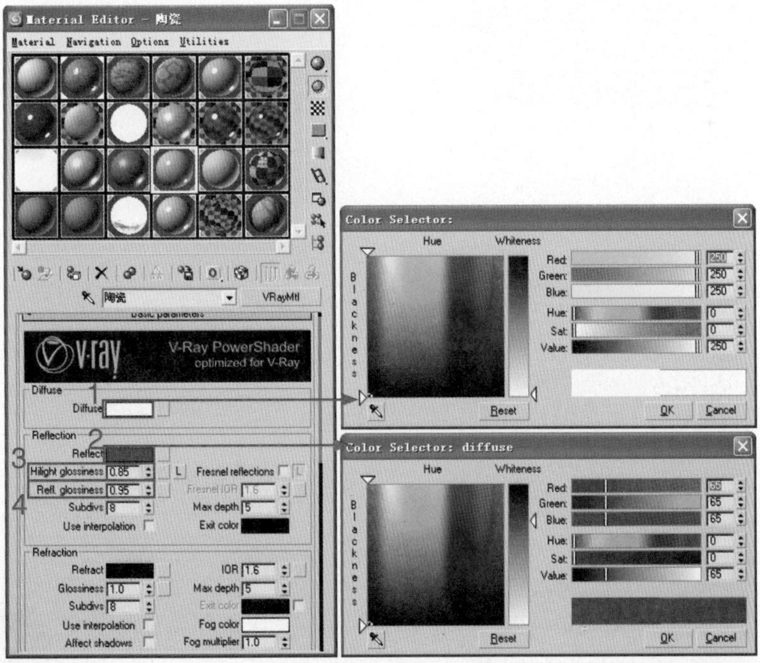

图4-71

| 15 | 开始制作洗发露材质，首先要为洗发露指定合适的ID号。在视图中选择洗发露对象并单击按钮进入修改命令面板，在修改命令面板上进入“Editable Poly（可编辑多边形）”的Polygon（多边形）子层级，在视图中选择如图4-72所示的多边形，在“Polygon Material IDs（多边形属性材质ID）”卷展栏中将“Set ID（设置ID）”后面的数值设置为1。

| 16 | 在视图中选择如图4-73所示的多边形，在“Polygon Material IDS（多边形属性）”卷展栏中将“Set ID（设置ID）”后面的数值设置为2。

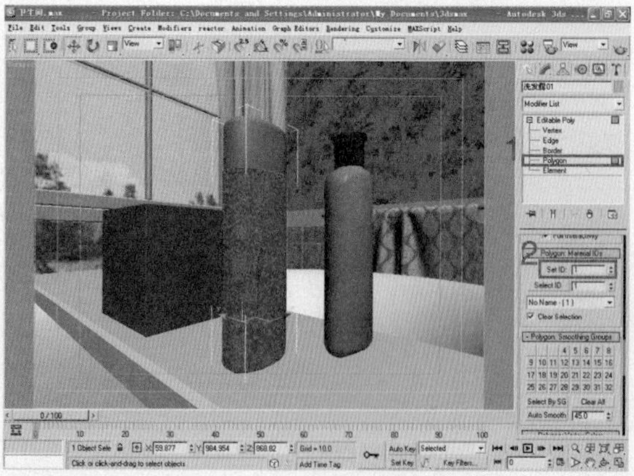
图4-72

图 4-73

| 17 | 在材质编辑器中激活名称为“音箱”的材质示例窗，这个材质被定义为Multi/Sub-Object（多维-子）材质，此材质拥有两个子材质，如图4-74所示。

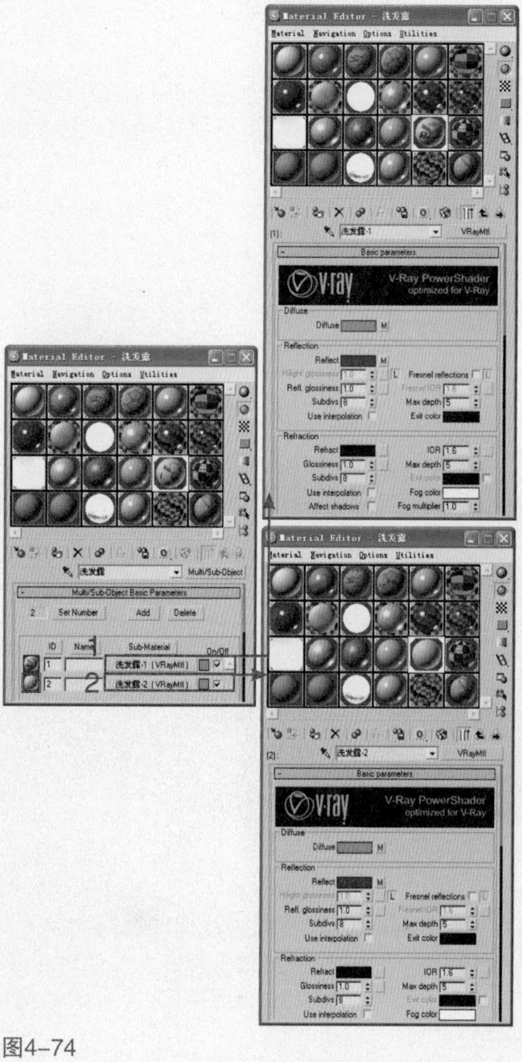
图4-74

| 18 | 在材质编辑器中单击“灯片 （VR灯光材质）”按钮进入ID号为1的子材质设置面板，如图4-75所示设置此材质。

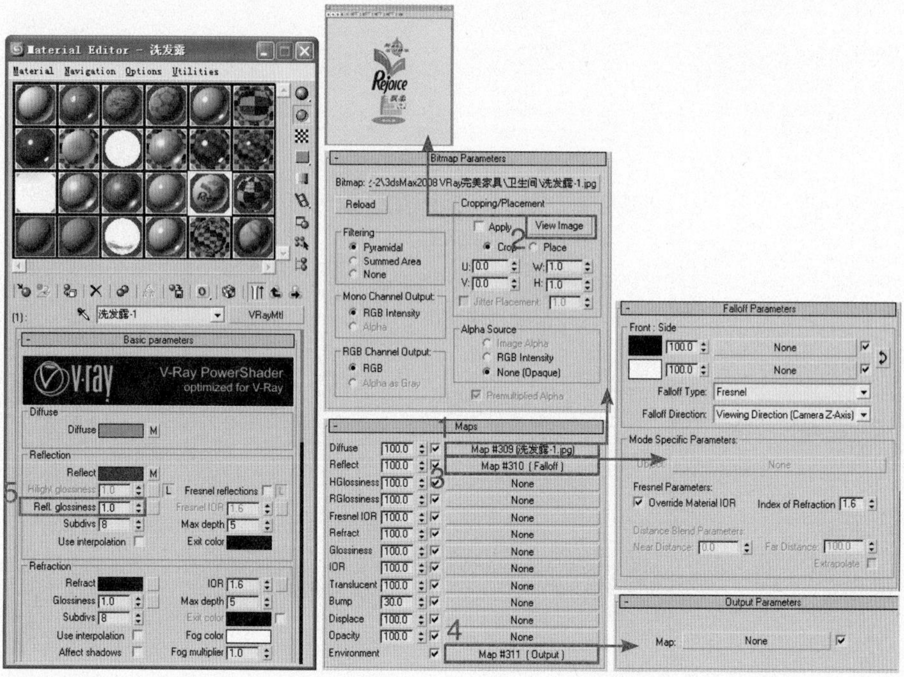

图4-75

| 19 | 在材质编辑器中单击“灯片 （VR灯光材质）”按钮进入ID号为2的子材质设置面板，如图4-76所示设置此材质。

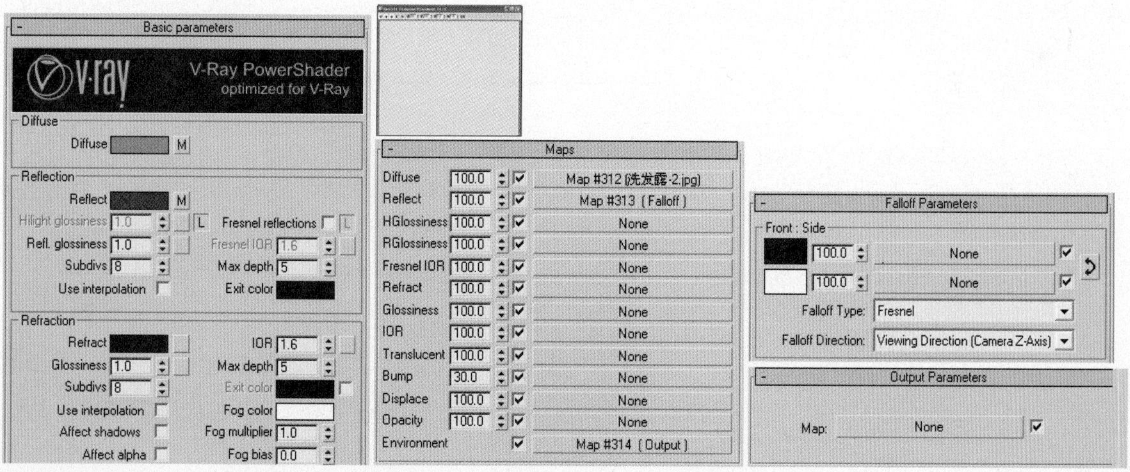

图4-76

4.2.3　卫生间家具的渲染设置

| 1 | 首先运用较低参数渲染光子贴图。将渲染图片的“Width（宽度）”设置为640，“Height（高度）”设置为480。展开“Irradiance map（发光贴图）”卷展栏，在“Current Preset（当前预置）”中选择“Low（低）”选项。在“Mode（模式）”中选择“Single frame（单帧）”模式。单

101

击 Save 按钮在弹出的对话框中为发光贴图命名并保存。然后在“On render end（渲染后）”选项组中选择“Don't delete（不删除）”和“Auto save（自动保存）”复选框。接着单击 Browse 按钮，在弹出的对话框中为它指定路径，如图4-77所示。

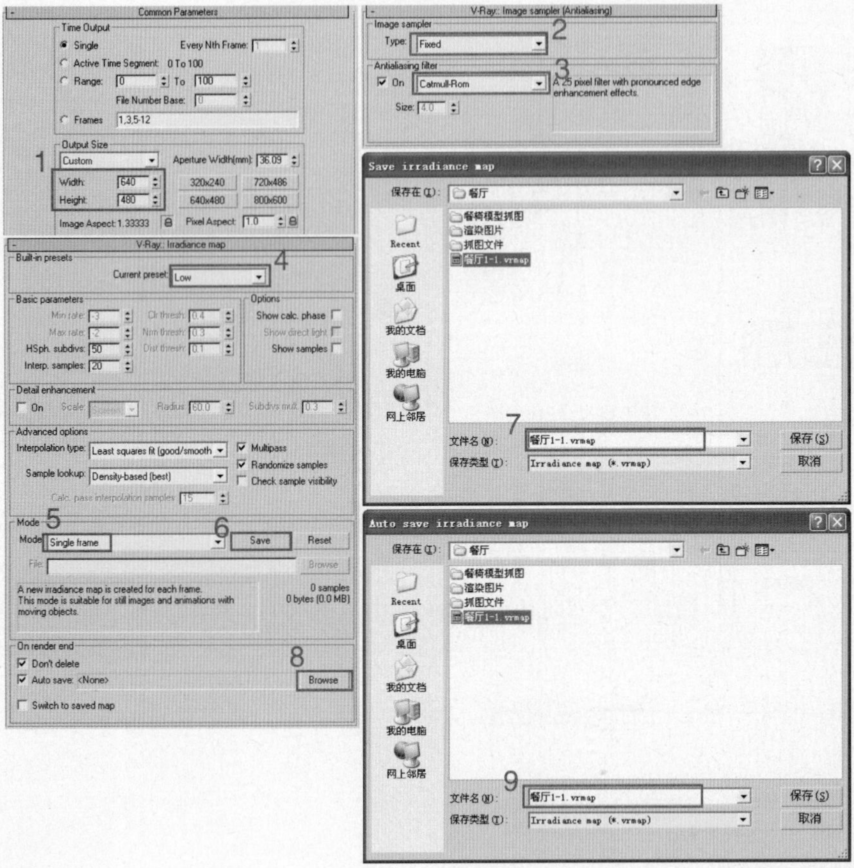

图4-77

|2|将渲染图片的“Width（宽度）”设置为2400，“Height（高度）”设置为1800。展开“Image sampler（Antialiasing）（图像采样反锯齿）”卷展栏，选择“Adaptive QMC（自适应准蒙特卡洛采样器）”的采样方式和“Mitchell-Netravali”抗锯齿过滤器，如图4-78所示。

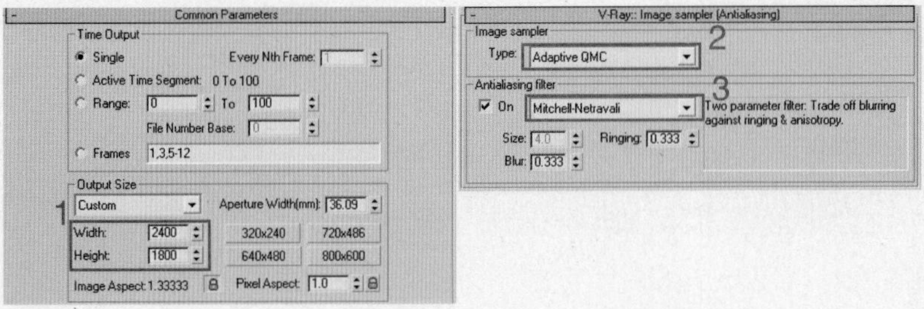

图4-78

|3|当光子贴图渲染完成后设置高参数渲染正图。展开“Irradiance map（发光贴图）”卷展栏，在“Mode（模式）”中选择“From file（从文件）”模式。在“Current preset（当前预设）”选项中选择“Hight（高）”选项。展开“Light cache（灯光缓存）”卷展栏，将“Subdivs（细分值）”设置为1200，在“Mode（模式）”中选择“From file（从文件）”模式。展开“rQMC 采样器”卷展栏，将“Adaptive amount（适应数量）”设置为0.85，“Min samples（最小采样值）”设置为15，“Noise threshold（噪波阀值）”设置为0.002，如图4-79所示。

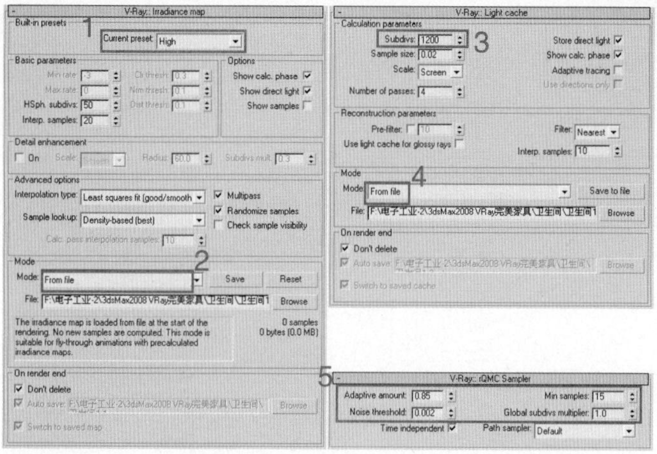

图4-79

|4| 进行最终渲染。单击 按钮进行正图的渲染，渲染时是以块状的形式渲染的，如图4-80所示。当正图渲染完成后为它命名并保存。

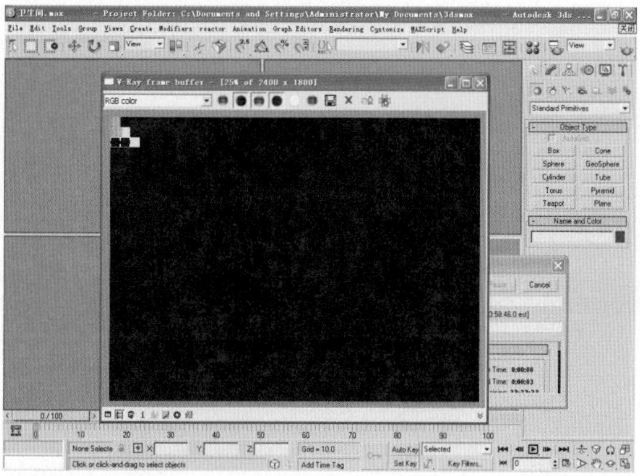

图4-80

4.2.4 进行后期处理

|1| 在Photoshop CS3中打开“卫生间.tga”，单击图层面板下方的 按钮，在弹出的菜单上选择【色阶】命令创建色阶调整图层，拖动“色阶”对话框中的滑块调整图片明暗，如图4-81所示。

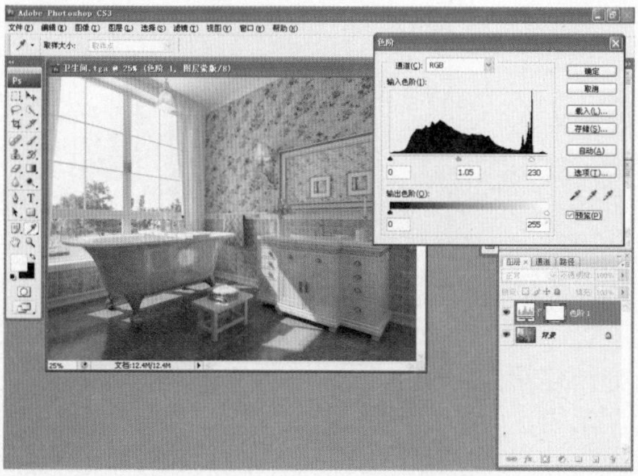

图4-81

|2| 单击图层面板下方的按钮，在弹出的菜单中选择【曲线】命令创建曲线调整图层。在弹出的“曲线”对话框中拖动曲线，对画面局部明暗进行调整，如图4-82所示。

|3| 单击图层面板下方的按钮，在弹出的菜单中选择【色彩平衡】命令，创建色彩平衡调整图层，如图4-83所示设置参数。

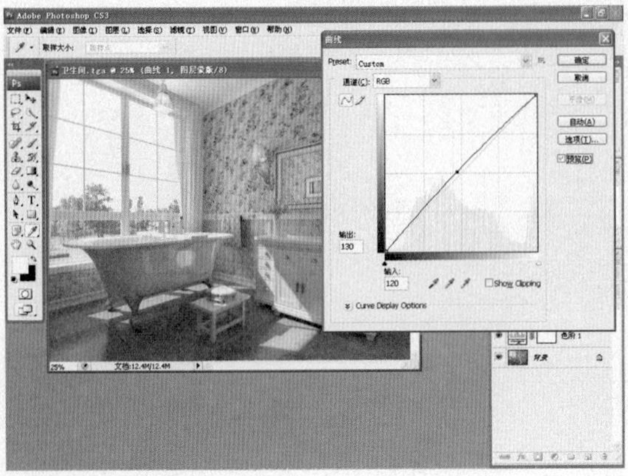

图4-82

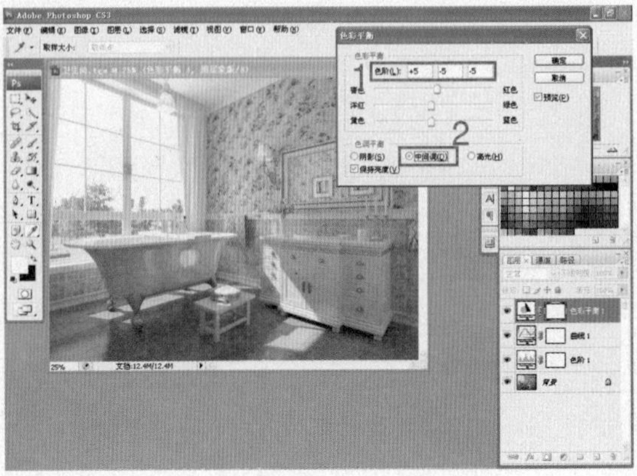

图4-83

|4| 在弹出的“色彩平衡”对话框中选择“高光”单选按钮，拖动滑块进行色彩平衡调节，如图4-84所示。

|5| 单击图层面板下面的按钮，在弹出的菜单中选择【色相/饱和度】命令，创建色相/饱和度调整图层。在“色相/饱和度”对话框中将“饱和度”设置为15，如图4-85所示。

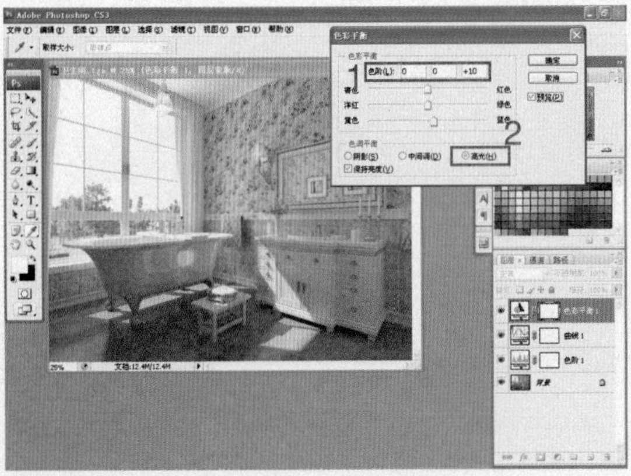

图4-84

图4-85

|6| 单击图层面板下面的按钮，在弹出的菜单中选择【亮度/对比度】命令，创建“亮度/对比度”调整图层。在“亮度/对比度”对话框中将“亮度”和“对比度”都设置为5，如图4-86所示。

|7| 单击图层面板上的曲线调整图层，再次打开“曲线”对话框，如图4-87所示。

|8| 在“曲线”对话框中单击鼠标创建新的调整点，接着拖动调整点对画面局部明暗再次进行调整，如图4-88所示。

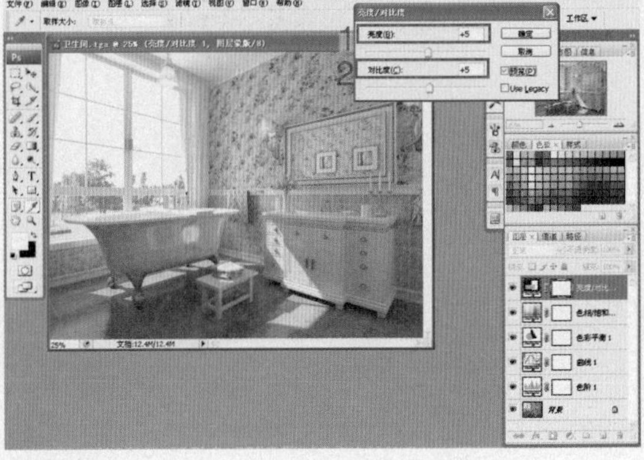

图4-86

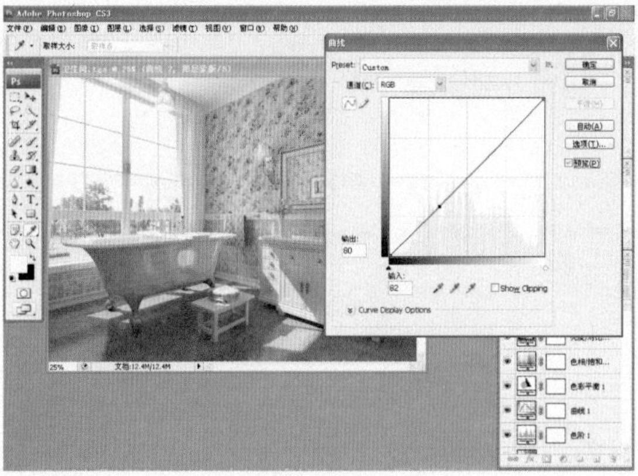
图4-87

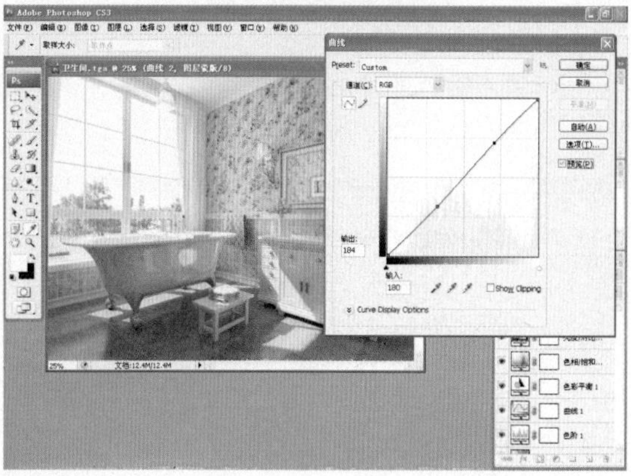
图4-88

| 9 | 当对图片进行调整后，图片亮度增加，如图4-89所示。

| 10 | 选择【图像】→【模式】→【Lab颜色】命令，图片将失去颜色。在图层面板上单击 通道 按钮进入通道面板。将Alpha1通道删除，如图4-90所示。

图4-89

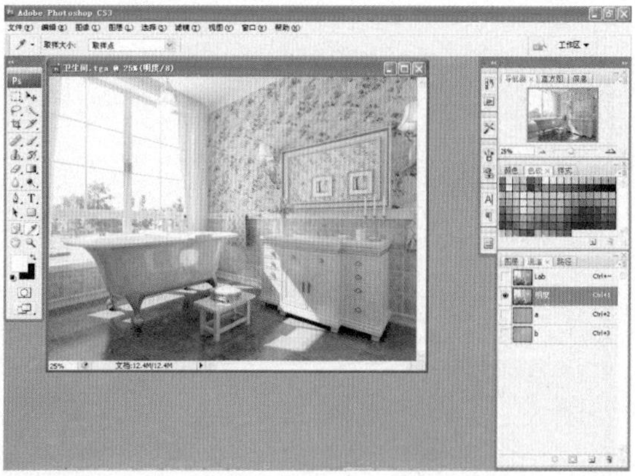
图4-90

| 11 | 在通道面板中激活“明度”通道，选择【图像】→【调整】→【色阶】命令，在“色阶”对话框中设置如图4-91所示的参数。

| 12 | 激活“明度”通道，选择【滤镜】→【锐化】→【USM锐化】命令，在弹出的“USM锐化”对话框中将“数量”设置为65，如图4-92所示。

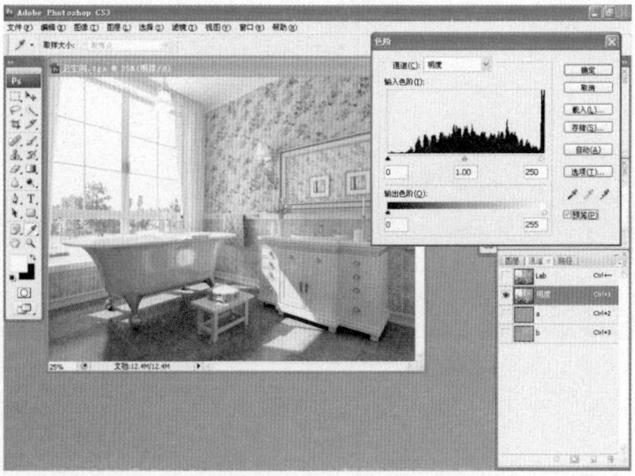
图4-91

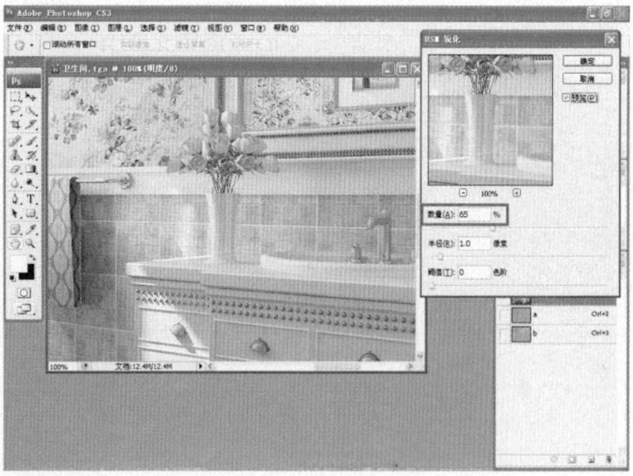
图4-92

| 13 | 当进行锐化处理后，物体边沿显得更为锐利，如图4-93所示。

| 14 | 回到图层面板中，再次选择【滤镜】→【锐化】→【USM锐化】命令，在弹出的“USM锐化”对话框中将“数量”设置为20，如图4-94所示。

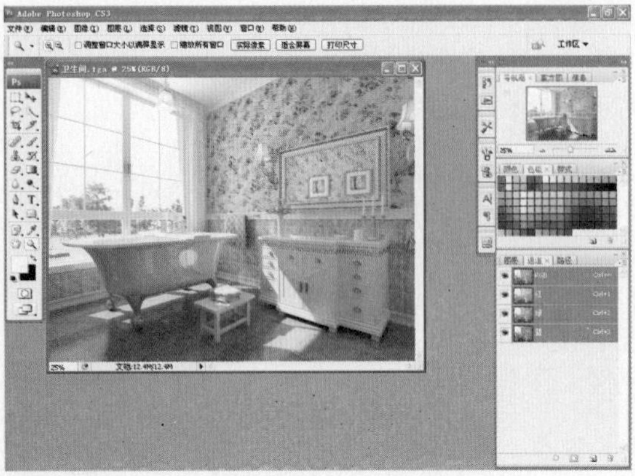
图4-93

图4-94

| 15 | 在Photoshop CS3中进行后期处理后的效果如图4-95所示。

图4-95

第 5 章　书房家具

书房通常具备书写、电脑操作、藏书和休息等功能，因此，书房中常用的家具是书架、写字台、电脑桌及座椅或沙发等。选购时尽可能配套,做到书房家具的造型、色彩一致。还必须考虑书房家具要适应人们的活动范围并符合人体健康美学的基本要求。本章的学习重点在于如何渲染具有两个窗口的书房场景，室外光线分别从两个不同方向的窗口进入室内。

5.1 书桌的创建

首先在场景中创建倒角长方体作为书桌柜身，接着制作书桌的抽屉。为了使抽屉显得更细腻可以对它的边沿进行倒边，使边沿显得更圆滑，最后制作书桌的桌面，先创建桌面的二维图形，接着对它进行倒角使其具有厚度。

5.1.1 书桌的特点及适用空间

书桌通常和书架进行组合，此类书桌一般与电脑合为一体，因此角度的选择很重要，特别是显示器的位置最好能放在正对键盘的位置。书桌的造型稳重端庄、做工细致、装饰考究。适用于书房或办公空间，效果如图5-1所示。

图5-1

5.1.2 书桌的制作流程

| 1 | 单击按钮进入创建命令面板，再单击按钮进入三维物体创建命令面板，接着单击 ChamferBox（倒角长方体）按钮，在Top（顶）视图中拖动鼠标创建倒角长方体，如图5-2所示。

| 2 | 单击按钮进入修改命令面板，在【Parameters（参数）】卷展栏中将“Length（长度）”设置为570，将“Width（宽度）”设置为850，将“Height（高度）”设置为670，“Filet（圆角）”设置为2，如图5-3所示。

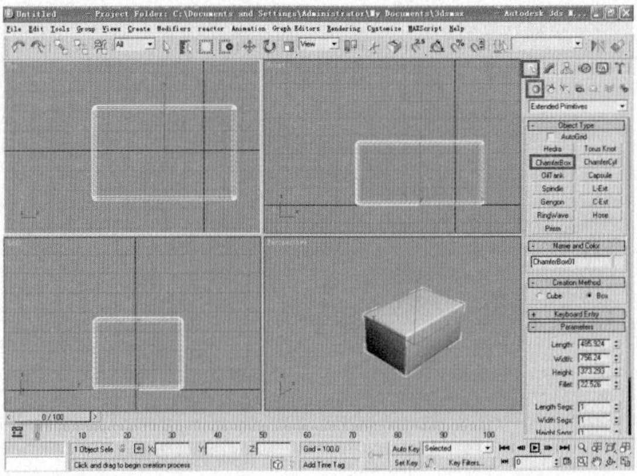

图5-2

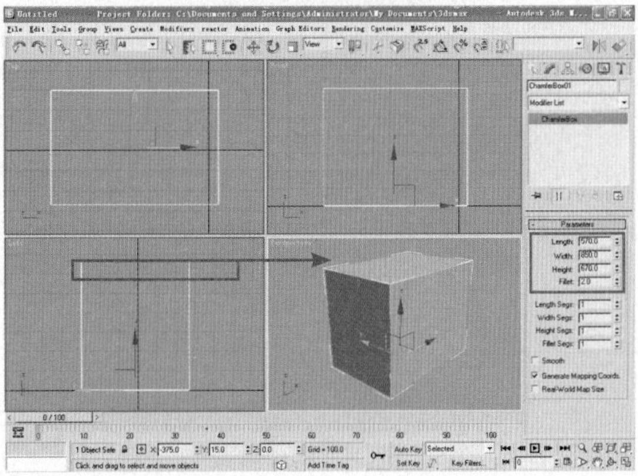

图5-3

| 3 | 在Front（前）视图中拖动鼠标创建长方体，如图5-4所示设置参数。

| 4 | 单击按钮进入创建命令面板，再单击按钮进入二维物体创建命令面板，接着单击Line（样条线）按钮，在Front（前）视图中拖动鼠标创建如图5-5所示的闭合样条线。

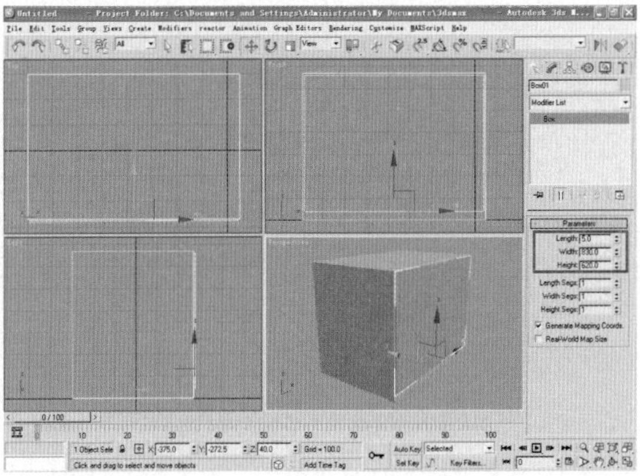

图5-4

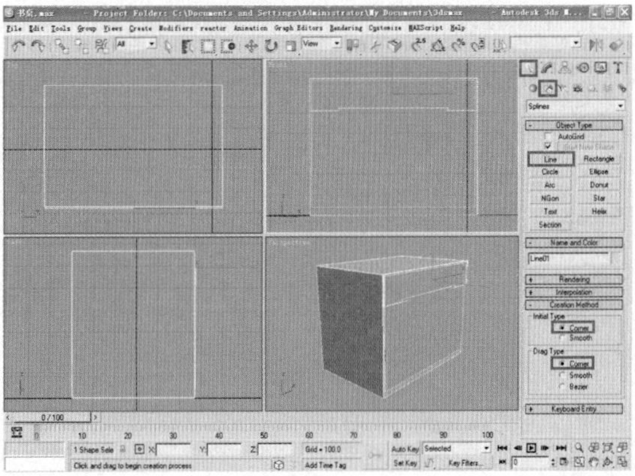

图5-5

| 5 | 单击工具栏上的按钮，将创建的闭合样条线镜像复制一个，如图5-6所示。

| 6 | 单击按钮进入创建命令面板，再单击按钮进入二维物体创建命令面板，接着单击Line（样条线）按钮，在Front（前）视图中拖动鼠标创建如图5-7所示的闭合样条线。

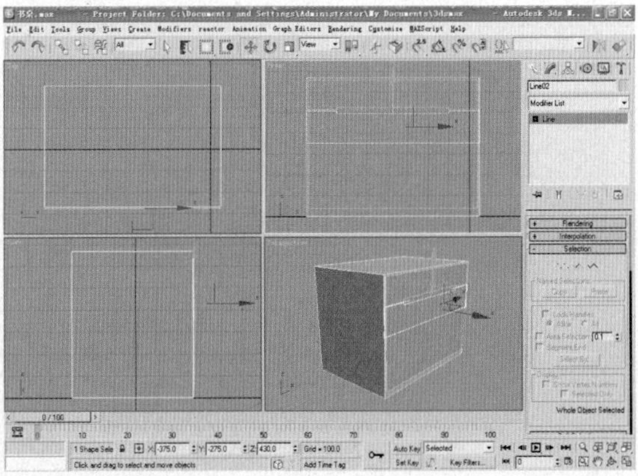

图5-6

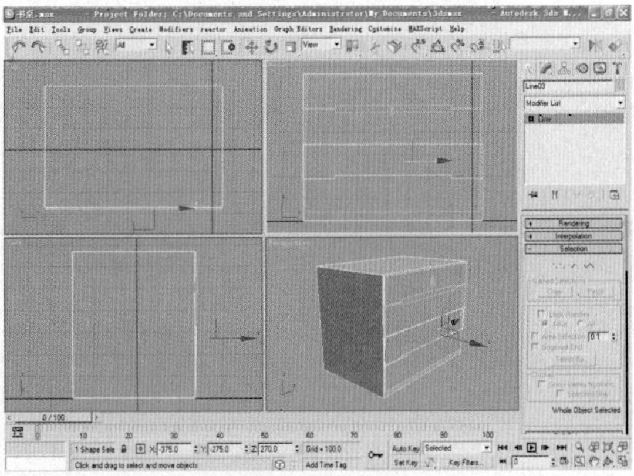

图5-7

| 7 | 单击工具栏上的按钮，将创建的闭合样条线镜像复制一个，如图5-8所示。

| 8 | 当镜像复制的闭合样条线处于选择状态时，在修改命令面板上单击 Attach 按钮，在视图中拾取其他三个闭合样条线并将它们结合，如图5-9所示。

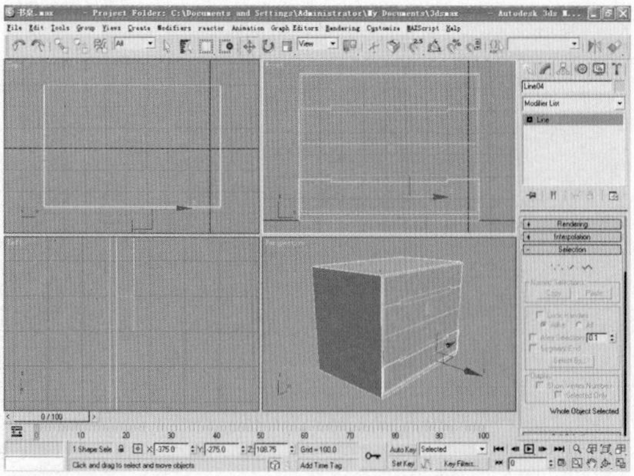

图5-8

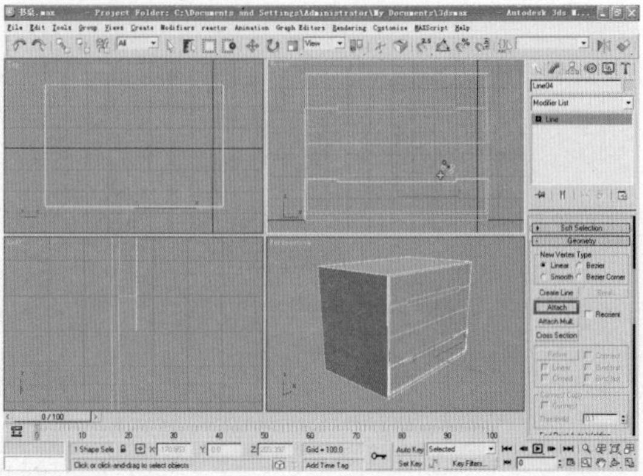

图5-9

| 9 | 当这4个闭合样条线结合在一起后的效果如图5-10所示。

| 10 | 单击 按钮进入修改命令面板，在修改器列表中选择Extrude（挤出）修改器，并将【Amount（数量）】设置为25，如图5-11所示。

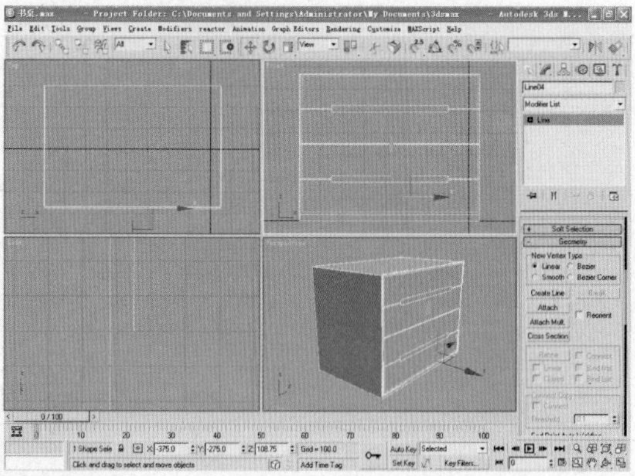

图5-10

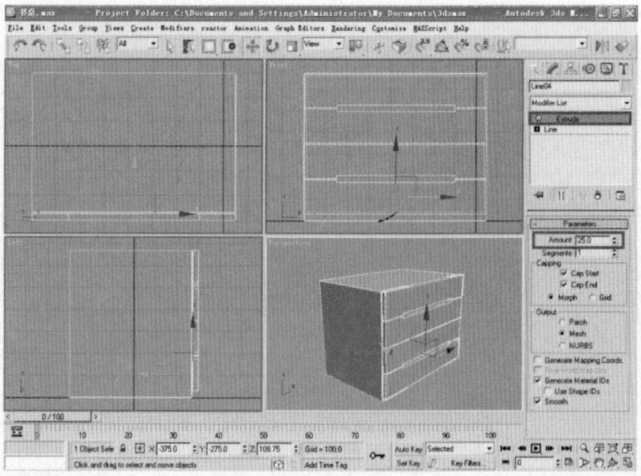

图5-11

| 11 | 在视图中选择挤压对象并单击鼠标右键，在弹出的快捷菜单中选择【Convert to Editable Poly（转换成可编辑多边形）】命令使它塌陷，如图5-12所示。

| 12 | 在修改堆栈中进入【Editable Poly（可编辑多边形）】命令的Edge（边）子层级，按住【Ctrl】键并在视图中选择如图5-13所示的边。

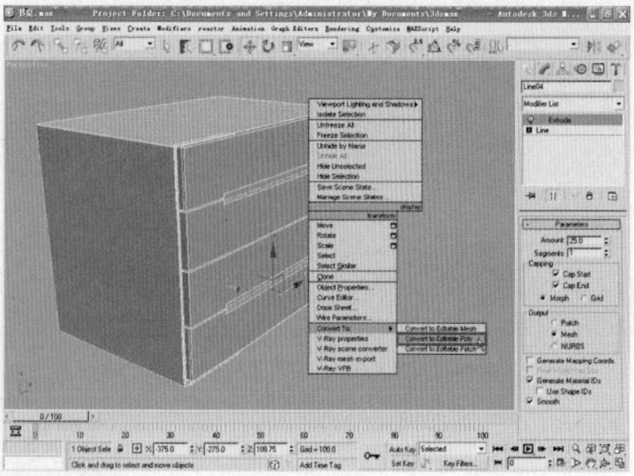

图5-12

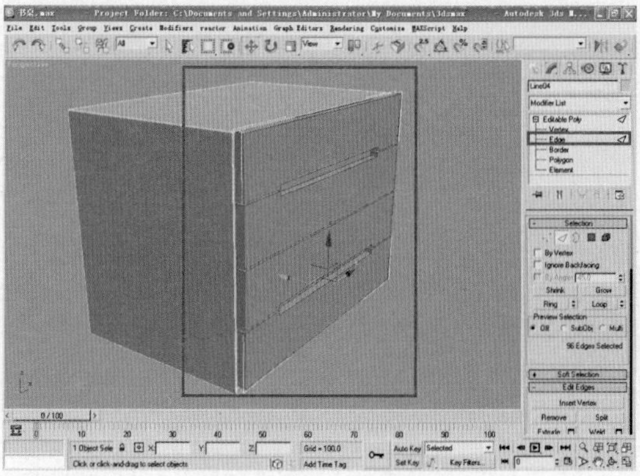

图5-13

丨13丨单击修改命令面板上 Chamfer 后面的□按钮，在弹出的“Chamfer Edge（倒边）”对话框中将“Chamfer Amount（倒角数量）”设置为2，如图5-14所示。选择的边将进行倒角处理。

丨14丨单击创建命令面板上的按钮，在Front（前）视图中拖动鼠标创建长方体，设置长方体的参数如图5-15所示。

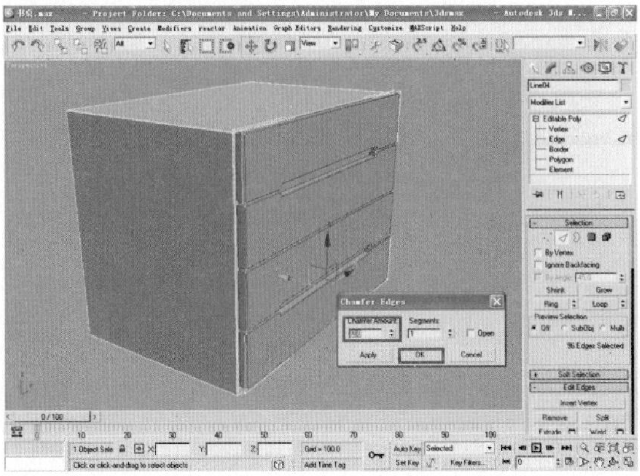

图5-14

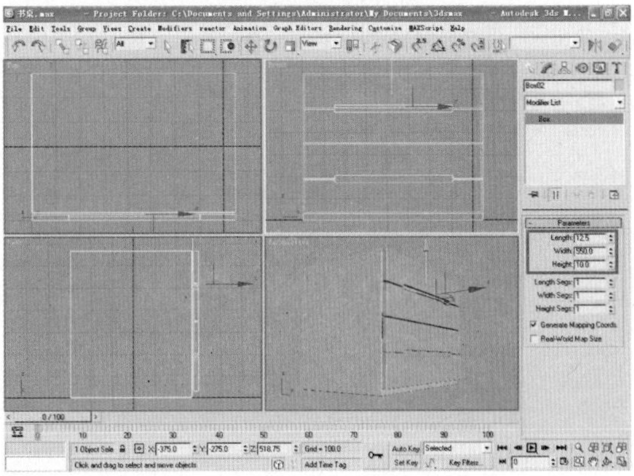

图5-15

丨15丨按住【Shift】键，在Front（前）视图中沿Y轴向下移动，在弹出的“Clone Options（克隆选项）”对话框中选择“对象”选项组中的“Instance（关联）”选项，将副本数设置为1。将创建的长方体关联复制一个，如图5-16所示。

丨16丨运用同样的方法创建抽屉处的另外两个长方体，如图5-17所示。

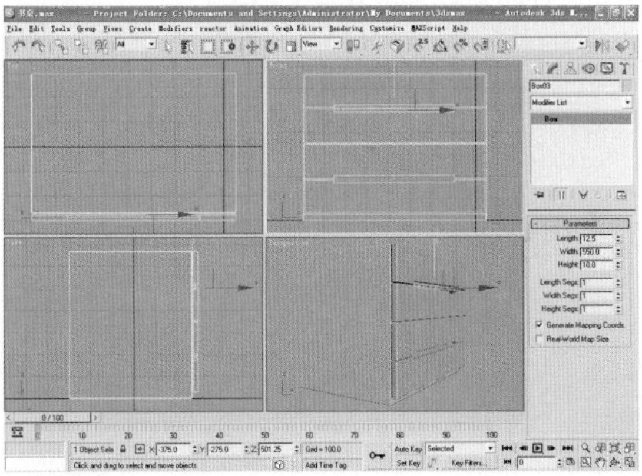

图5-16

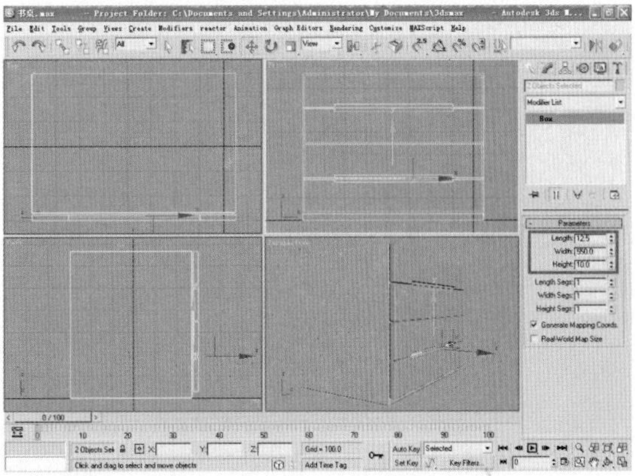

图5-17

丨17丨单击按钮进入创建命令面板，再单击按钮进入二维物体创建命令面板，接着单击 Rectangle （矩形）按钮，在Front（前）视图中拖动鼠标创建矩形线框，如图5-18所示。

丨18丨单击按钮进入修改命令面板，在修改器列表中选择“Edit Spline（编辑样条线）”修改器添加给矩形对象。在修改堆栈中单击【Edit Spline（编辑样条线）】命令前的【+】展开其子层级，接着进入此修改器的Segment（线段）子层级，在Front（前）视图中选择如图5-19所示的线段。

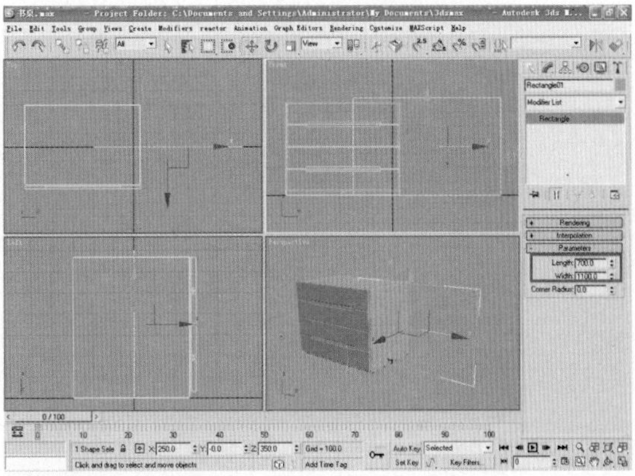

图5-18

| 19 | 在修改堆栈中单击“Edit Spline（编辑样条线）”进入此修改器的Spline（样条线）子层级，接着在视图中选择如图5-20所示的样条线。

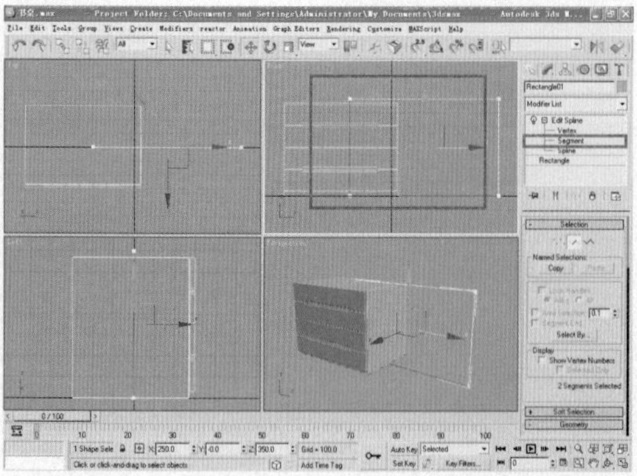

图5-19

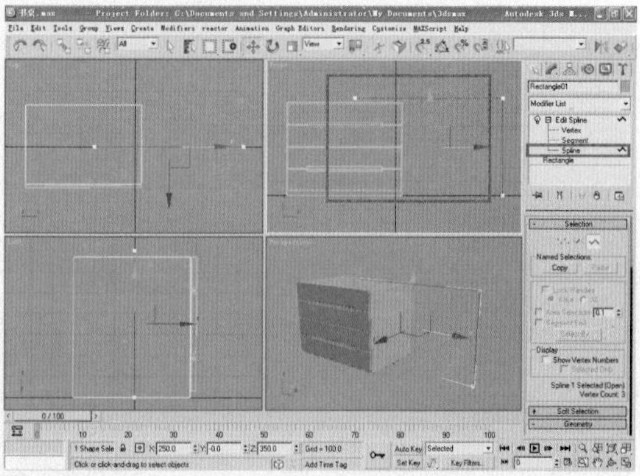

图5-20

| 20 | 在修改命令面板上单击 Outline （轮廓）按钮并在视图中拖动鼠标，当 Outline 数值框的数值为30时停止拖动，选择的样条线产生新的轮廓，如图5-21所示。

| 21 | 在修改堆栈中单击“Edit Spline（编辑样条线）”进入此修改器的“Vertex（顶点）”子层级，接着在视图中选择如图5-22所示的顶点并单击鼠标右键，在弹出的快捷菜单中选择【Corner（角点）】命令，转化顶点类型。

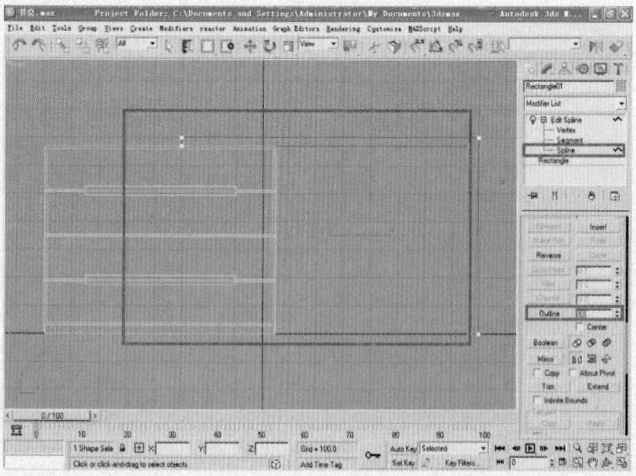

图5-21

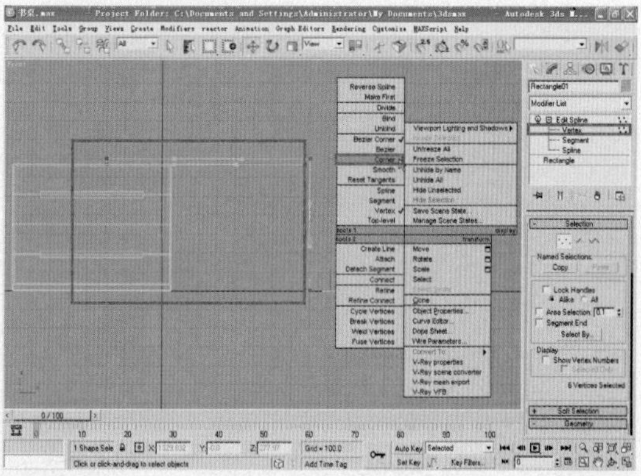

图5-22

| 22 | 退出“Edit Spline（编辑样条线）”修改器的“Vertex（顶点）”编辑状态，接着在修改器列表中选择“Bevel（倒角）”修改器添加给样条线对象，如图5-23所示设置参数。

| 23 | 创建完成的书桌模型如图5-24所示。

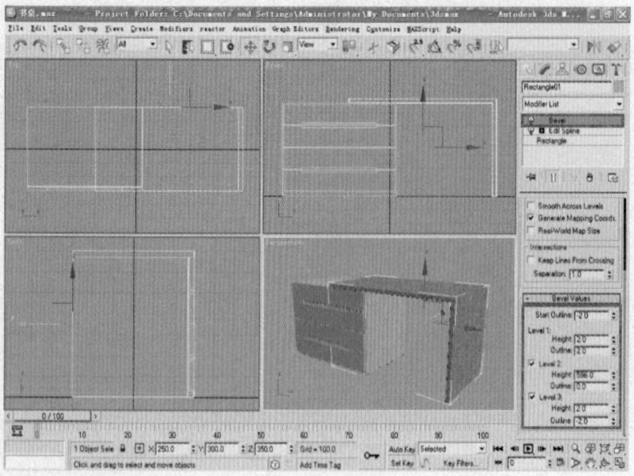

图5-23

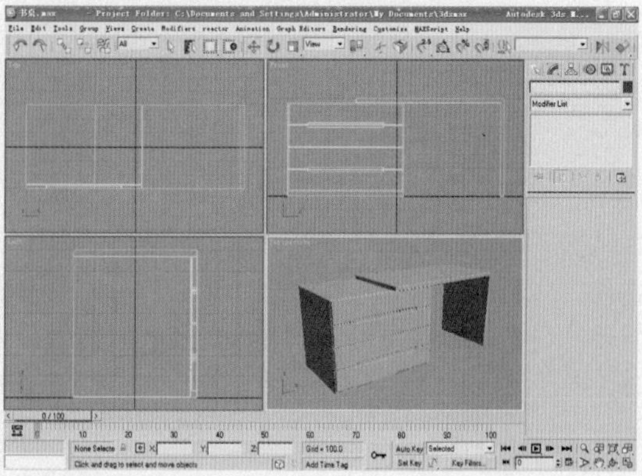

图5-24

5.2 书房家具的渲染

在对场景进行布光渲染前需要对场景光线的强弱进行分析，当设置了主光源后可以进行渲染测试，观察场景中哪里的光线偏弱，光线偏暗的部分可以在场景中设置辅灯增强亮度。

5.2.1 书房家具场景的灯光设置

| 1 | 打开“书房.max”场景文件，接着单击工具栏上的按钮，在材质编辑器中激活空白材质示例窗并转化为VRayMtl材质，将此材质命名为“素模”并设置它的漫射颜色。单击工具栏上的按钮，在视图中选择除窗户玻璃以外的所有对象，单击材质编辑器上的按钮，将“素模”材质赋予选择对象，如图5-25所示。

| 2 | 为了使户外光线能顺利进入室内，需要隐藏窗户玻璃对象。将视图切换到透视图，在视图中选择窗户玻璃对象并单击鼠标右键，在弹出的快捷菜单中选择【Hide Selection】命令，如图5-26所示。

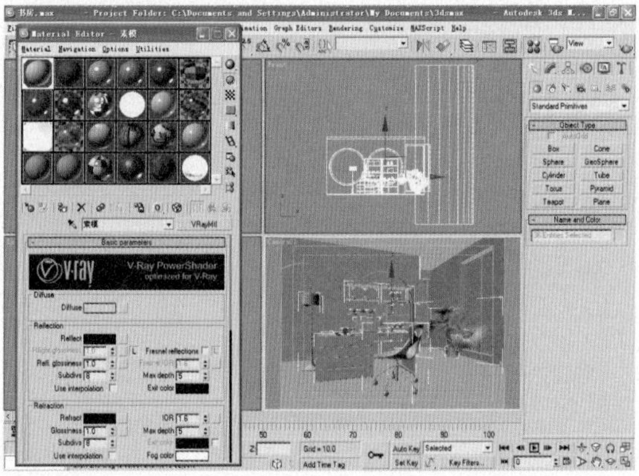

图5-25

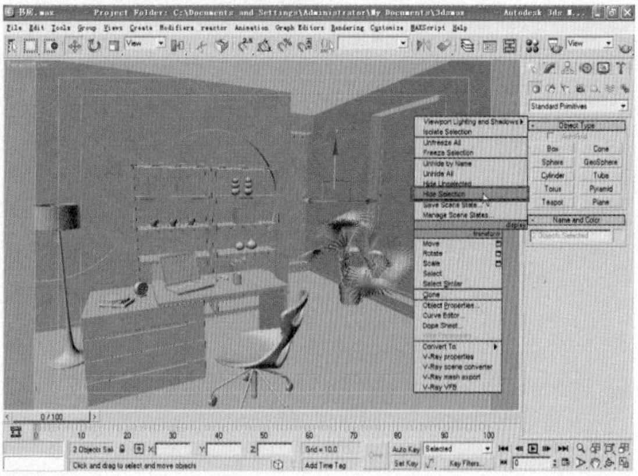

图5-26

| 3 | 单击工具栏上的按钮，首先指定渲染器类型，接着设置渲染图片的尺寸，如图5-27所示。

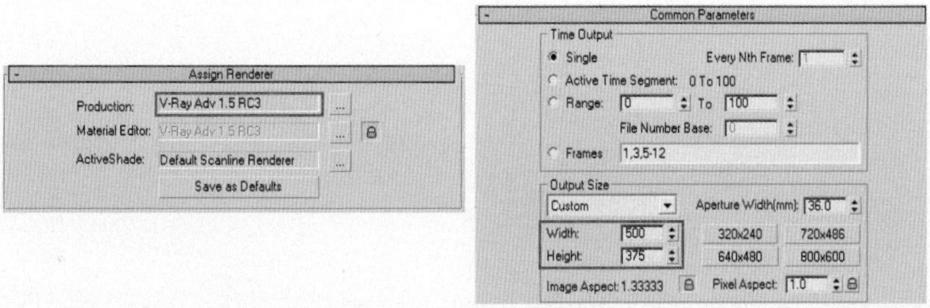

图5-27

| 4 | 设置“Global switches（全局开关）”、“Frame buffer（帧缓冲区）”、“rQMC Sampler（rQMC采样器）”、“Color mapping（颜色映射）”和“Image sampler（Antialiasing）（图像采样反锯齿）”卷展栏中的参数，如图5-28所示。

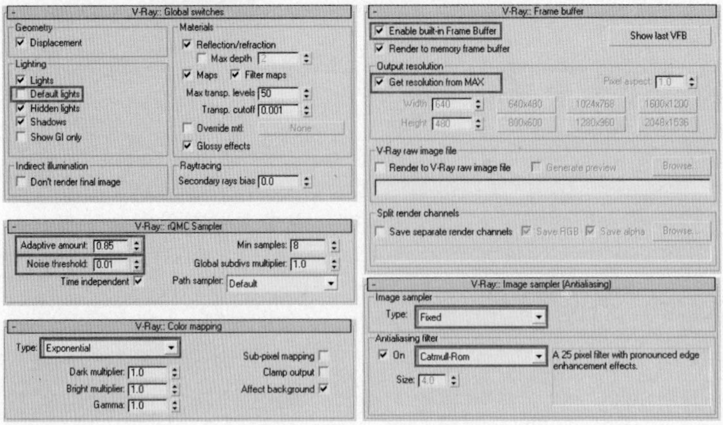

图5-28

|5|在“Irradiance map（发光贴图）”、“Indirect illumination（GI）间接照明”、“Light cache（灯光缓存）”卷展栏中设置如图5-29所示的各项参数。

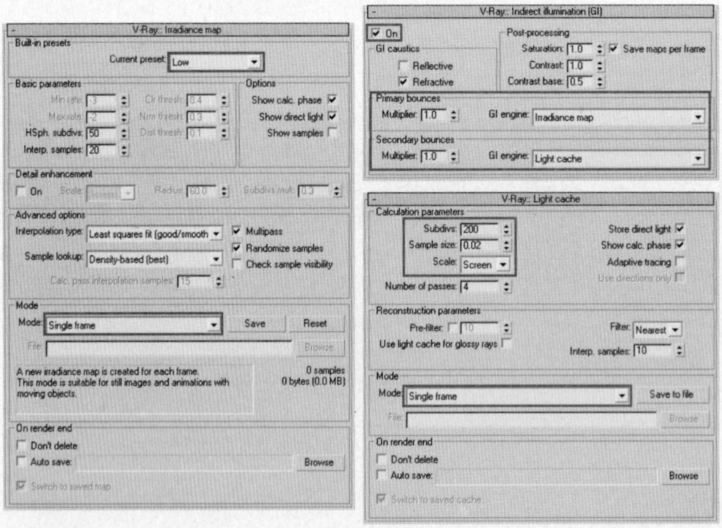

图5-29

|6|接下来为场景创建光源。单击VRay灯光创建命令面板上的 VRaySun 按钮，在Top（顶）视图中拖动鼠标创建太阳光，创建的同时在弹出的对话框中单击 是(Y) 按钮，即创建太阳光的同时创建天空光贴图，如图5-30所示。

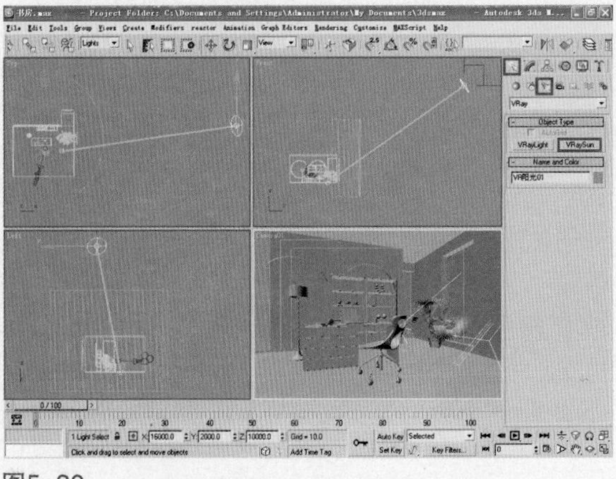

图5-30

| 7 | 为了更清楚地观测太阳光光源的效果，暂时关闭不使用VRaySky贴图。打开“Environment and Effects（环境和效果）”对话框，取消“Use Map（使用贴图）”复选框。选择太阳光并单击按钮，在修改命令面板中将“turbidity（浊度）”设置为3.0。通常默认的“intensity multiplier（强度倍增）”参数数值都偏高，这里将它设置为0.05。单击工具栏上的按钮，如图5-31所示。太阳光略偏强，渲染图片中光源投影过强。

图5-31

| 8 | 在修改命令面板中将“intensity multiplier（强度倍增）”设置为0.025，单击工具栏上的按钮，渲染后的效果如图5-32所示，太阳光的强度得到减弱。

图5-32

| 9 | 在修改命令面板中将“turbidity（浊度）”设置为6.0，单击工具栏上的按钮，渲染后的效果如图5-33所示，太阳光的颜色偏暖色。

图5-33

| 10 | 观察渲染图片可见，太阳光在地板上的投影边沿比较生硬。可通过修改尺寸倍增器的方法进行解决。在修改命令面板中将“size multiplier（尺寸倍增器）”设置为5.0，单击工具栏上的按钮，渲染后的效果如图5-34所示，太阳光投影的边沿变得柔和。

图5-34

| 11 | 当尺寸倍增器的数值越大，太阳光投影的边沿就越柔和。在修改命令面板中将【size multiplier（尺寸倍增器）】设置为8.0，单击工具栏上的按钮，渲染后的效果如图5-35所示。

图5-35

| 12 | 将“Environment and Effects（环境和效果）”对话框中的“VRaySky（VR天光）”贴图拖动到材质编辑器的空白材质球上，在弹出的“Instance（Copy）实例副本”对话框中选择“Instance（实例）”单选按钮。在“VRaySky（VR天光）”贴图的编辑面板上单击 None 按钮，接着在视图中选择开始创建的太阳光，使天光和太阳光关联，其他参数设置如图5-36所示。

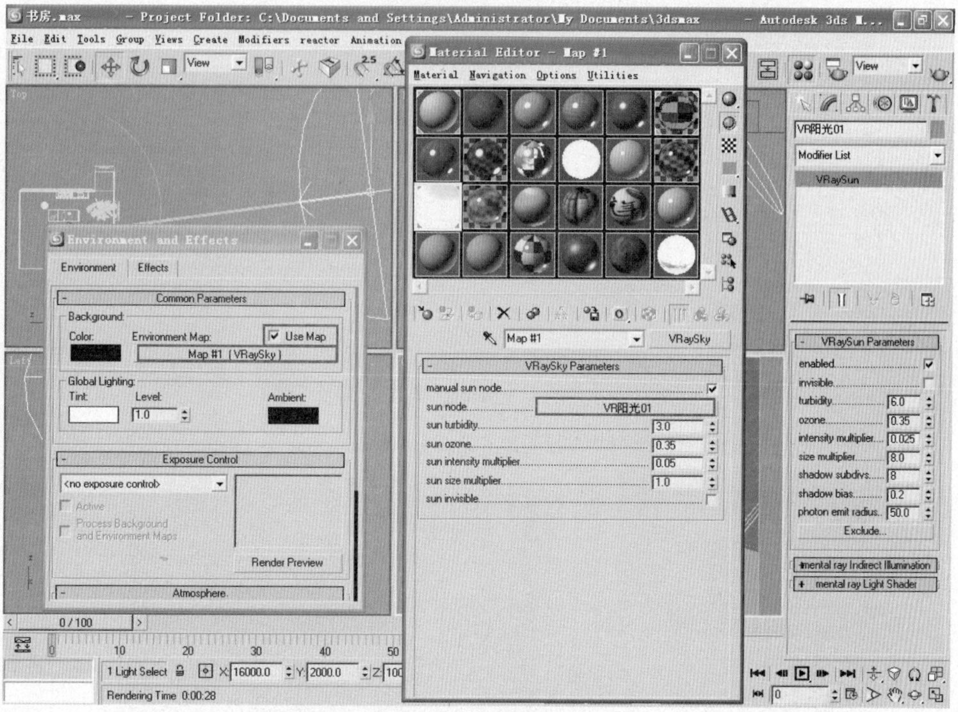

图5-36

| 13 | 单击工具栏上的 按钮，渲染后的效果如图5-37所示，窗外有环境光的颜色。

图5-37

| 14 | 户外环境光不要太强，因此可以将“VRaySky（VR天光）”贴图的强度降低，因此将“sun intensity multiplier（太阳强度倍增器）”数值设置为0.035，渲染后的效果如图5-38所示。

图5-38

| 15 | 在材质编辑器中将“sun turbidity（阳光浊度）”设置为6.0，单击工具栏上的按钮，渲染后的效果如图5-39所示，室外环境的颜色偏暖。

图5-39

| 16 | 单击VRay灯光创建命令面板上的 VRayLight 按钮，在Left（左）视图中创建如图5-40所示的VRayLight，用于模拟来自窗外的环境光。

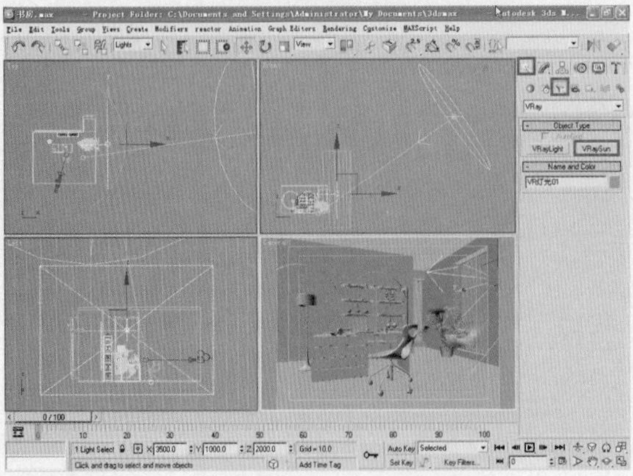

图5-40

| 17 | 在视图中选择VRayLight光源并单击按钮进入修改命令面板，将“Half-length（半长）”设置为3500，将“Half-width（半宽）”设置为2500，将“Multiplier（强度）”设置为5。单击工具栏上的按钮，如图5-41所示。

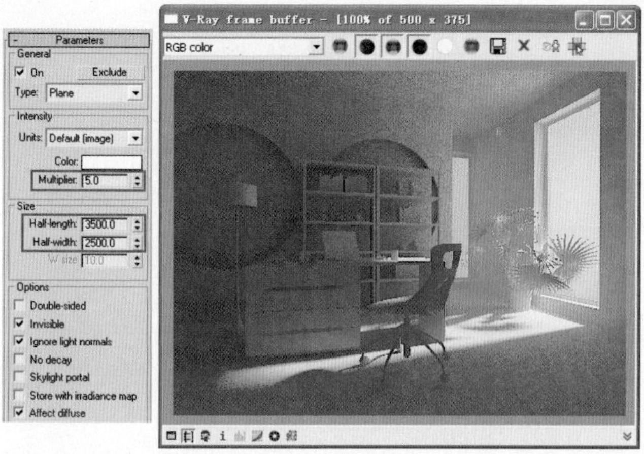

图5-41

| 18 | 此时场景总体还是偏暗，需要增加VRayLight光源的强度。在修改命令面板中将“Multiplier（强度）”设置为10。单击工具栏上的按钮，渲染后场景的光线得到增强，如图5-42所示。

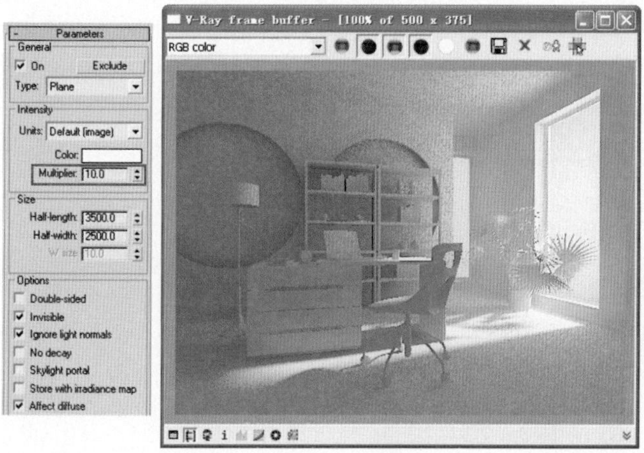

图5-42

| 19 | 场景左部的光线仍然显得弱了，需要再次增加VRayLight光源的强度。在修改命令面板中将“Multiplier（强度）”设置为14。单击工具栏上的按钮，渲染后的场景左部光线偏暗情况得到解决，如图5-43所示。

图5-43

| 20 | 在修改命令面板中单击Color（颜色）后的[ ]按钮，在弹出的“Color Selector（颜色选择器）”中设置“Hue（色调）”为145，“Sat（饱和度）”为25，“Value（亮度）”为255。单击按钮进行渲染，效果如图5-44所示，场景光线偏蓝色。

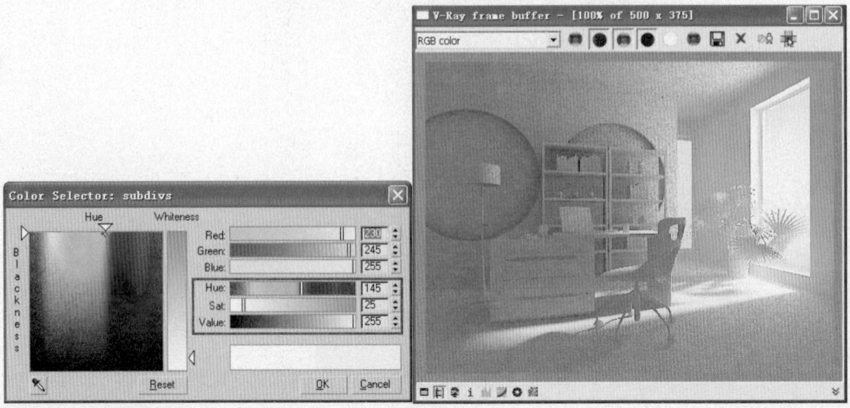

图5-44

| 21 | 此时书架后面墙壁的光线偏暗，因此需要添加一盏辅灯用于增加光线。单击VRay灯光创建命令面板上的 VRayLight 按钮，在Front（前）视图中拖动鼠标创建一盏VRayLight，如图5-45所示。

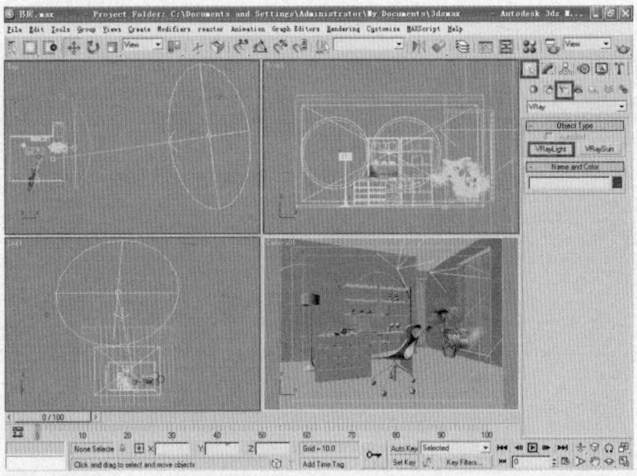

图5-45

| 22 | 在视图中选择VRayLight光源并单击按钮进入修改命令面板，将“Half-length（半长）”设置为2350，将“Half-width（半宽）”设置为1250，将“Multiplier（强度）”设置为1.5，如图5-46所示，书架后的墙壁被照亮。

图5-46

丨23丨室内光线偏暖色，在修改命令面板中单击Color（颜色）后的按钮，在弹出的“Color Selector（颜色选择器）”对话框中设置“Hue（色调）”为25，“Sat（饱和度）”为15，“Value（亮度）”为255。单击按钮进行渲染，效果如图5-47所示。

图5-47

丨24丨创建书架上的光源。单击VRay灯光创建命令面板上的 VRayLight 按钮，在Top（顶）视图中拖动鼠标创建一盏VRayLight，如图5-48所示。

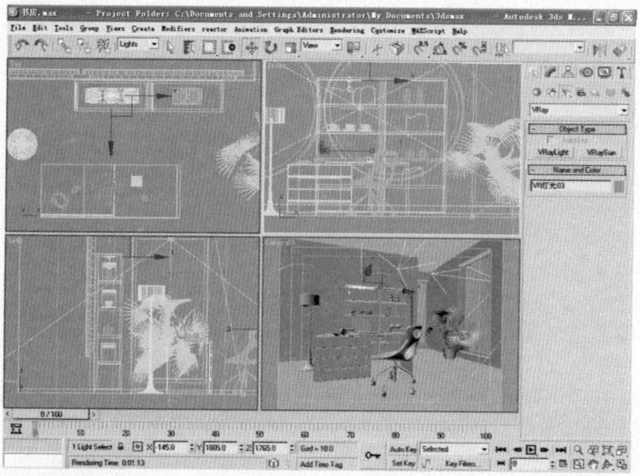
图5-48

丨25丨按住【Shift】键，在Front（前）视图中将此VRayLight光源关联复制9盏，如图5-49所示。

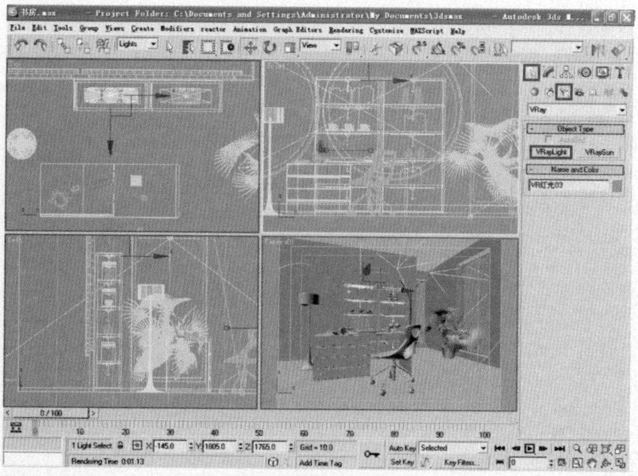
图5-49

|26|在视图中选择VRayLight光源并单击按钮进入修改命令面板，将“Half-length（半长）”设置为300，将“Half-width（半宽）”设置为75，将“Multiplier（强度）”设置为1。单击工具栏上的按钮，渲染后的效果如图5-50所示，书架处的光线仍然偏暗。

图5-50

|27|在修改命令面板中将“Multiplier（强度）”设置为2，单击工具栏上的按钮，渲染后的效果如图5-51所示，书架处的光线得到增强。

图5-51

|28|在修改命令面板中单击Color（颜色）后面的按钮，在弹出的“Color Selector（颜色选择器）”对话框中设置“Hue（色调）”为25，“Sat（饱和度）”为15，“Value（亮度）”为255。单击按钮进行渲染，效果如图5-52所示，书架处的光线偏暖色。

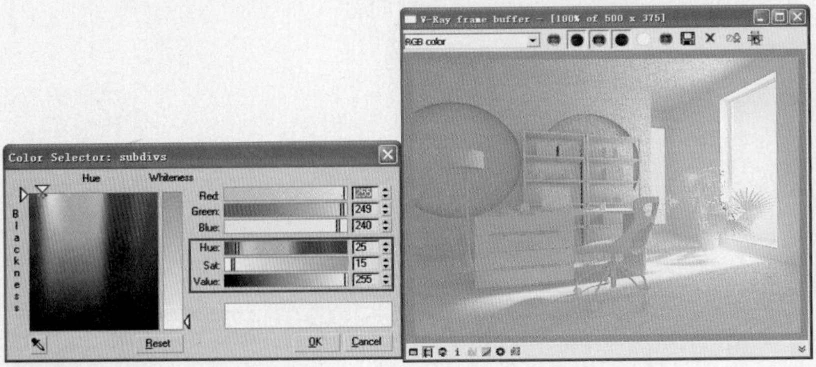

图5-52

5.2.2 书房家具的材质设置

| 1 | 在“材质编辑器”中激活空白材质示例窗并将它转化为VRayMtl类型材质，将它命名为“木纹-1”，如图5-53所示设置此材质的各项参数。单击工具栏上的按钮在视图中选择书架、电脑桌对象，单击材质编辑器上的按钮，将此材质赋予选择对象。如图5-52所示设置此材质的各项参数。

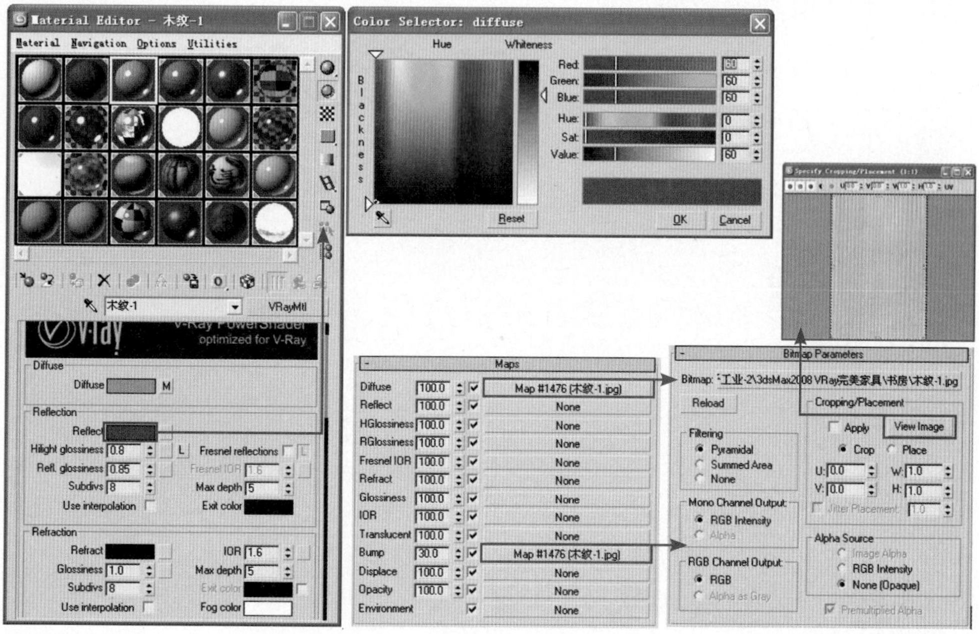

图5-53

| 2 | 选择“UVW Mapping（UVW贴图）”修改器添加给电脑桌对象，在修改命令面板的“Parameters（参数）”卷展栏中选择“Box（长方体）”单选按钮，将“Length（长度）”设置为750，“Width（宽度）”设置为750，“Height（高度）”设置为1000，如图5-54所示。

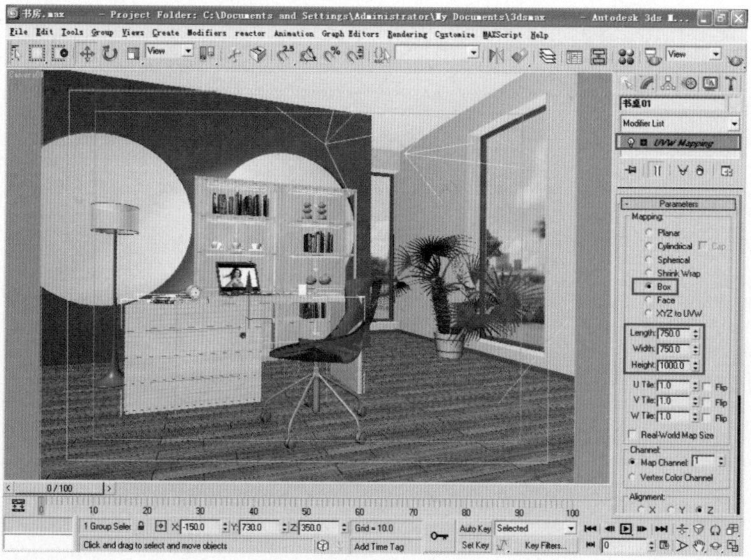

图5-54

|3| 选择“UVW Mapping（UVW贴图）”修改器添加给书架对象，在修改命令面板的“Parameters（参数）”卷展栏中选择“Box（长方体）”单选按钮，将“Length（长度）”设置为750，“Width（宽度）”设置为750，“Height（高度）”设置为1000，如图5-55所示。

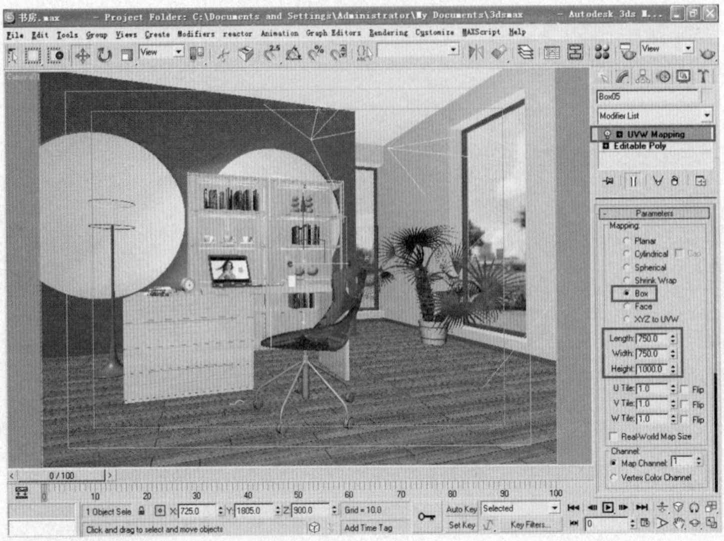

图5-55

|4| 激活名称为“木地板”的VRayMtl类型材质，如图5-56所示设置此材质的各项参数。单击工具栏上的按钮，在视图中选择地板对象，单击材质编辑器上的按钮，将此材质赋予选择对象。

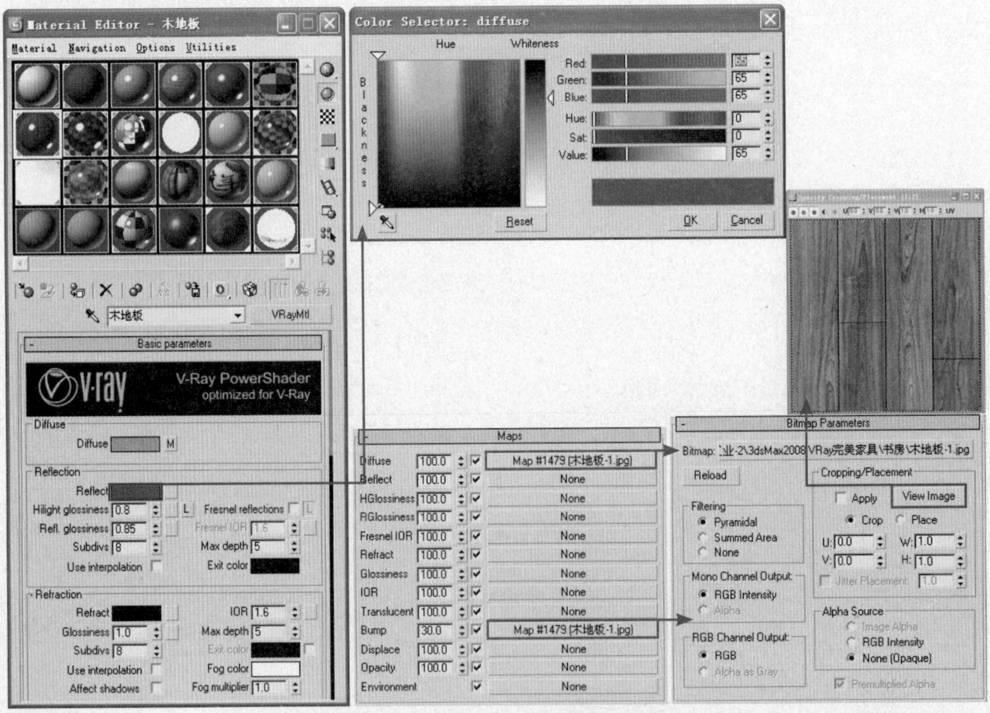

图5-56

|5| 选择“UVW Mapping（UVW贴图）”修改器添加给书架对象，在修改命令面板的“Parameters（参数）”卷展栏中选择“Box（长方体）”单选按钮，将“Length（长度）”设置为800，“Width（宽度）”设置为350，“Height（高度）”设置为1，如图5-57所示。

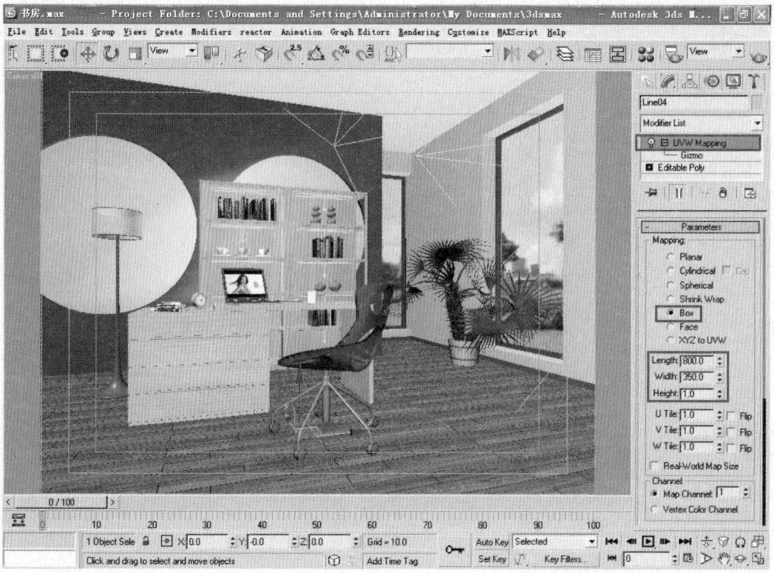

图5-57

| 6 | 激活名称为“红色半透明塑料”的VRayMtl类型材质，如图5-58所示设置此材质的漫射和反射颜色。单击工具栏上的按钮，在视图中选择椅子对象，单击材质编辑器上的按钮，将此材质赋予选择对象。

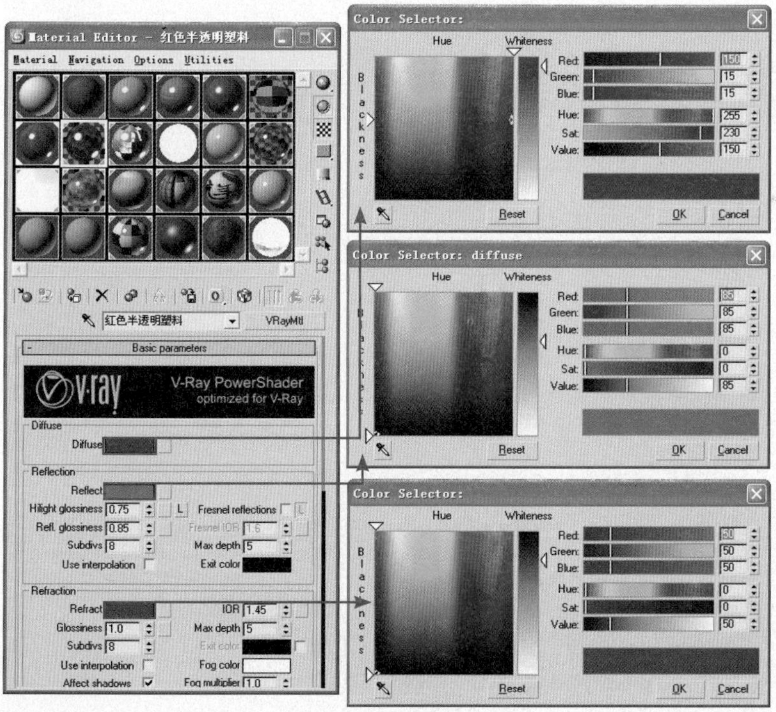

图5-58

| 7 | 在制作笔记本材质前，首先要为笔记本对象指定合适的ID号。在视图中选择闹钟对象并单击按钮进入修改命令面板，在修改命令面板中进入“Editable Poly（可编辑多边形）”的Polygon（多边形）子层级，在视图中选择如图5-59所示的多边形，在“Polygon Material IDs（多边形属性）”卷展栏中将“Set ID（设置ID）”后面的数值设置为1。

图5-59

| 8 | 在视图中选择如图5-60所示的多边形，在“Polygon Material IDs（多边形属性）”卷展栏中将“Set ID（设置ID）”后面的数值设置为2。

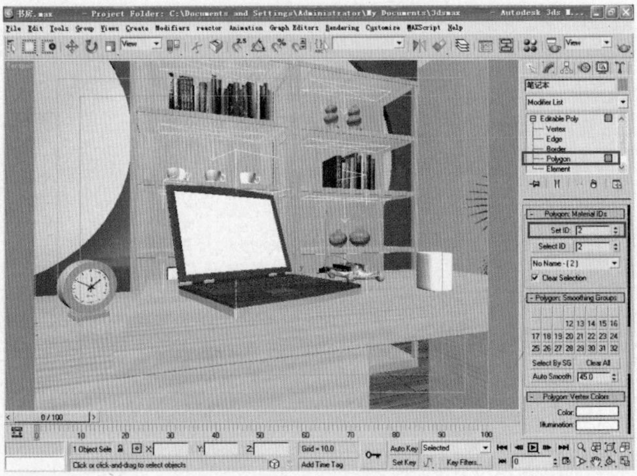

图5-60

| 9 | 在视图中选择如图5-61所示的多边形，在“Polygon Material IDs（多边形属性）”卷展栏中将“Set ID（设置ID）”后面的数值设置为3。

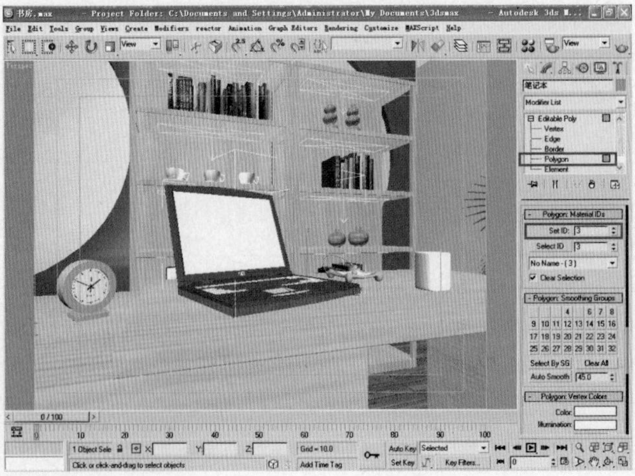

图5-61

| 10 | 在视图中选择如图5-62所示的多边形，在“Polygon Material IDs（多边形属性）”卷展栏中将“Set ID（设置ID）”后面的数值设置为4。

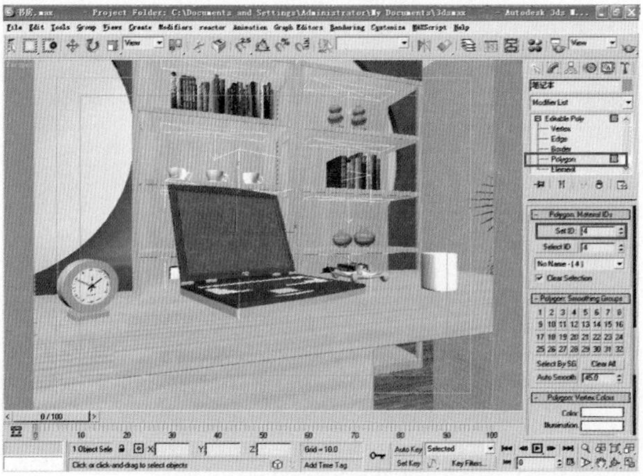

图5-62

| 11 | 在材质编辑器中激活名称为“笔记本”的材质示例窗，这个材质被定义为Multi/Sub-Object（多维-子）材质，此材质拥有4个子材质，如图5-63所示。

图5-63

| 12 | 在材质编辑器中单击灯片 （ VR灯光材质 ）按钮进入ID号为1的子材质设置面板，如图5-64所示设置漫射和反射颜色。

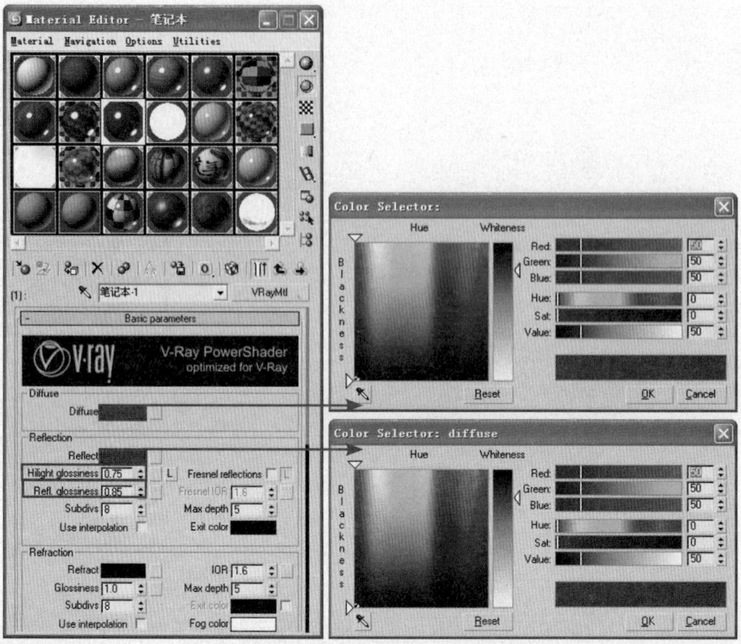

图5-64

| 13 | 设置完成后单击按钮回到上一层级，在材质编辑器中单击胆灯灰钢 （ VRayMtl ）按钮进入ID号为2的子材质设置面板。同样将此材质定义为“VRayMtl”类型材质，如图5-65所示设置此材质的漫射和反射颜色。

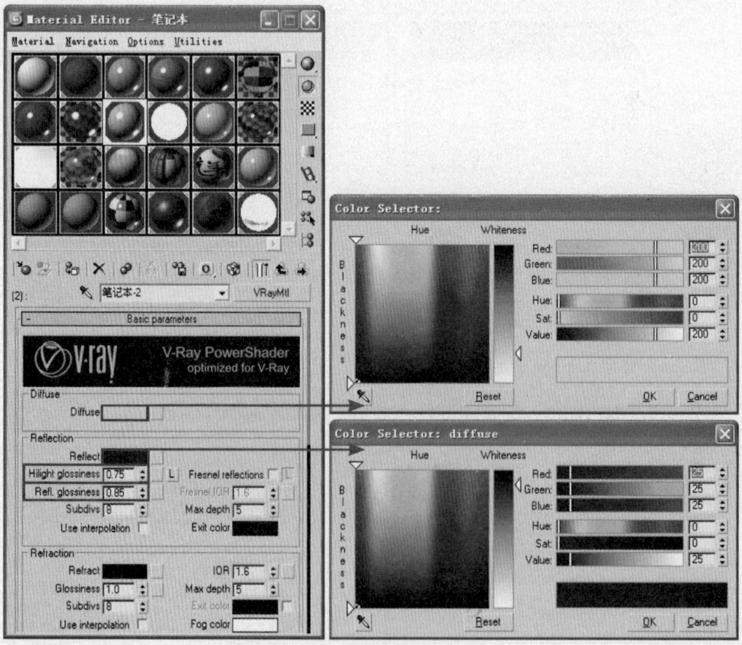

图5-65

| 14 | 设置完成后单击按钮回到上一层级，在材质编辑器中单击胆灯灰钢 （ VRayMtl ）按钮进入ID号为3的子材质设置面板。将此材质定义为“VRayMtl”类型材质，如图5-66所示设置此材质的漫射和反射颜色。

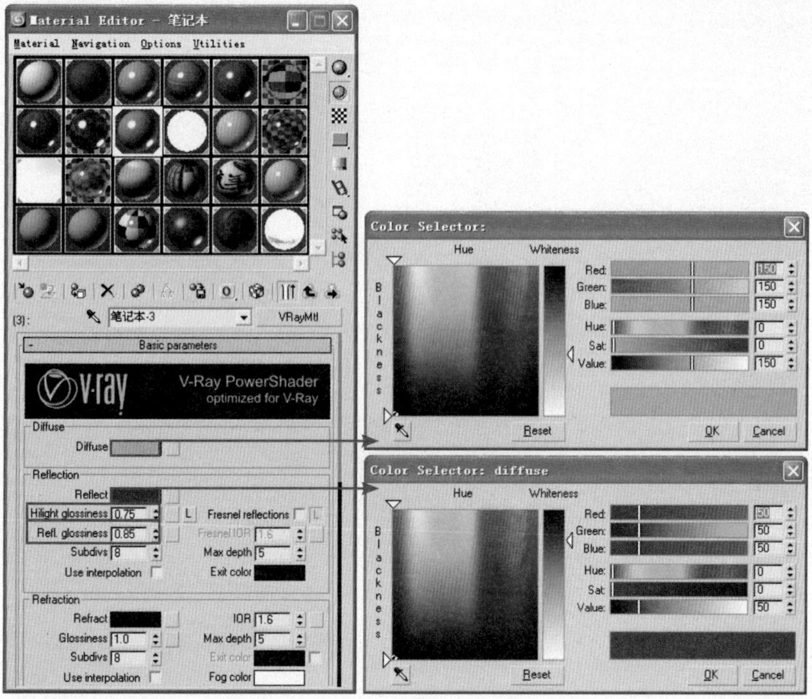

图5-66

| 15 | 设置完成后单击按钮回到上一层级，在材质编辑器中单击胆灯灰钢 (VRayMtl)按钮进入ID号为4的子材质设置面板。将此材质定义为VRayMtl类型材质，如图5-67所示设置此材质的参数。

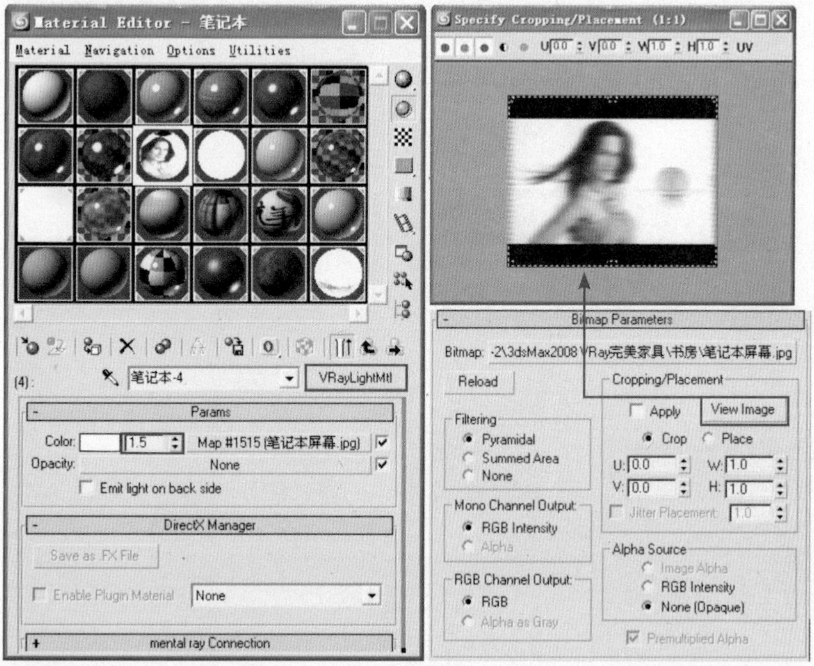

图5-67

| 16 | 在材质编辑器中激活空白材质示例窗并将它转化为VRayMtl类型材质，将它命名为“落地灯灯罩”。如图5-68所示设置此材质的Diffuse（漫射）、Reflect（反射）和Refract（折射）颜色。单击工具栏上的按钮，在视图中选择落地灯灯罩对象，单击材质编辑器上的按钮，将此材质赋予选择对象。

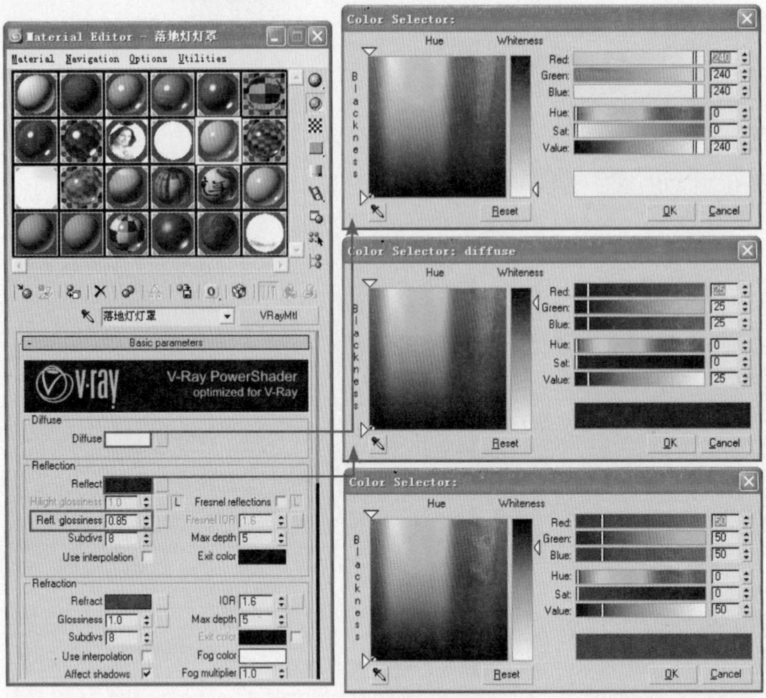

图5-68

| 17 | 在“材质编辑器”中激活空白材质示例窗并将它转化为VRayMtl类型材质，将它命名为“落地灯灯罩”。 如图5-69所示设置此材质的Diffuse（漫射）、Reflect（反射）和Refract（折射）颜色。单击工具栏上的 按钮，在视图中选择墙上的圆形玻璃对象，单击材质编辑器上的 按钮，将此材质赋予选择对象。

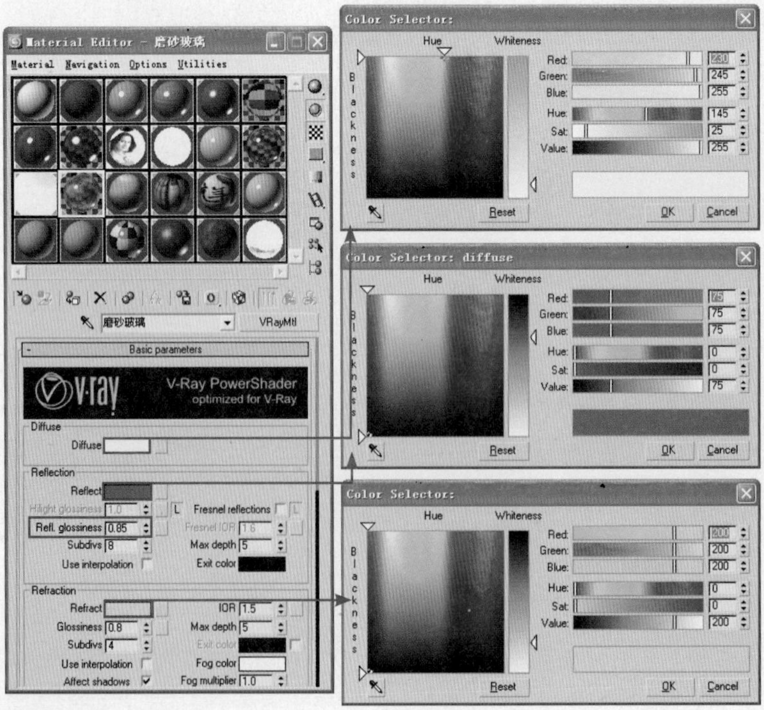

图5-69

｜18｜激活名称为“植物-2”的VRayMtl类型材质，展开“Maps（贴图）”卷展栏，在“Diffuse（漫射）”通道和“Bump（凹凸）”通道中都添加“植物-2.jpg”文件， 如图5-70所示。单击材质编辑器上的 按钮，将此材质赋予选择的植物枝杆对象。

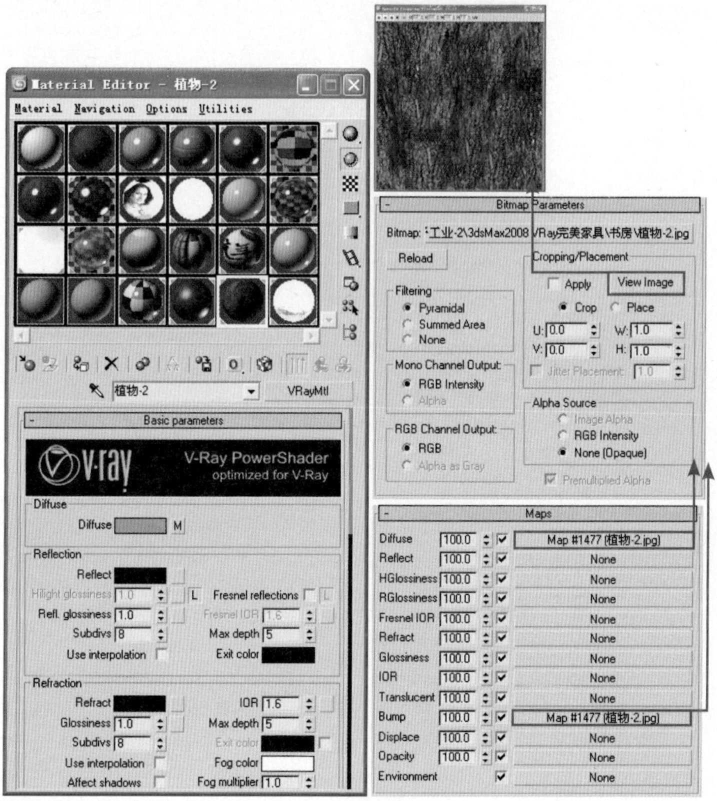

图5-70

｜19｜在材质编辑器中激活空白材质示例窗并将它转化为VRayMtl类型材质，将它命名为“白色灯片”，如图5-71所示设置此材质的各项参数。单击工具栏上的 按钮，在视图中选择灯泡对象，单击材质编辑器上的 按钮，将此材质赋予选择对象。

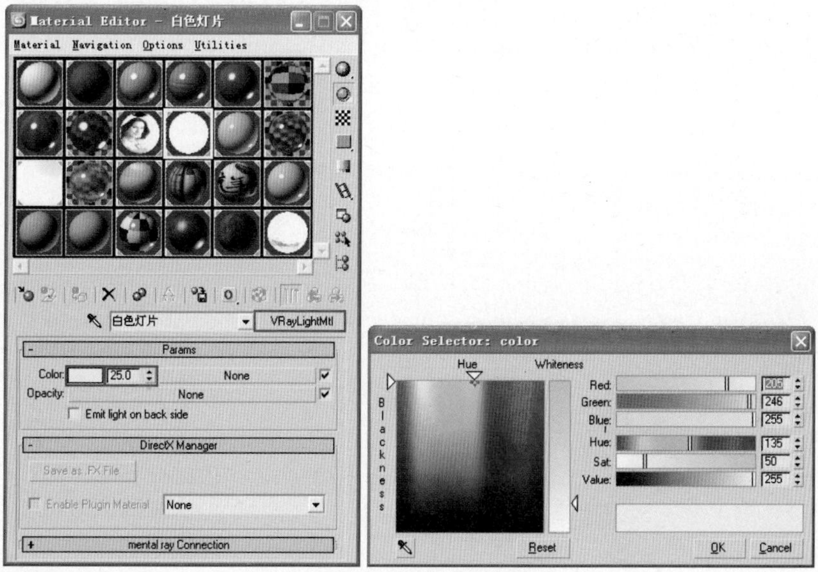

图5-71

5.2.3 书房家具的渲染设置

| 1 | 首先运用较低参数渲染光子贴图。将渲染图片的“Width（宽度）”设置为640，“Height（高度）”设置为480。展开“Irradiance map（发光贴图）”卷展栏，在“Current Preset（当前预置）”中选择“Low（低）”选项。在“Mode（模式）”中选择“Single frame（单帧）”选项。单击 Save 按钮在弹出的对话框中为发光贴图命名并保存。然后在“On render end（渲染后）”选项组中选择“Don't delete（不删除）”和“Auto save（自动保存）”复选框。接着单击 Browse 按钮，在弹出的对话框中为它指定路径，其他参数设置如图5-72所示。

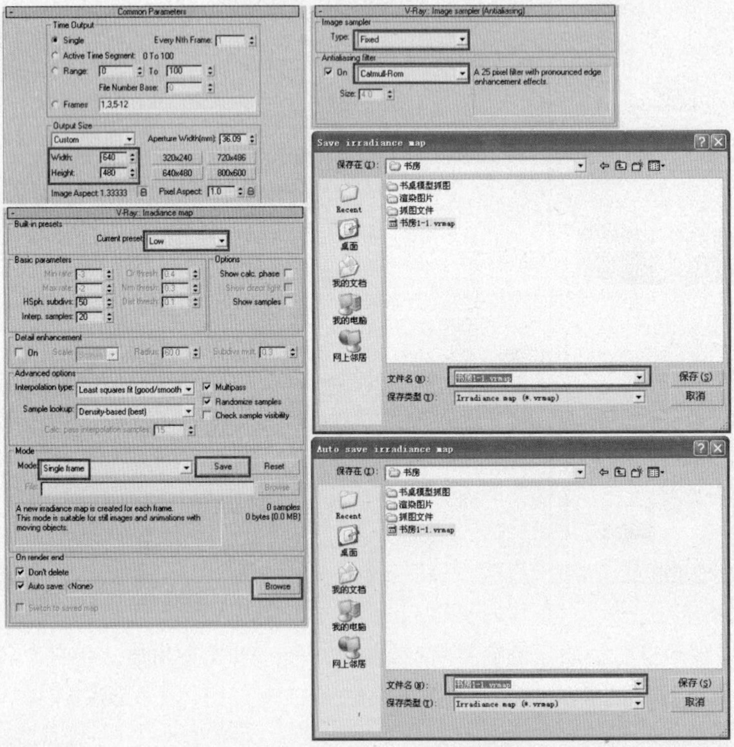

图5-72

| 2 | 将渲染图片的“Width（宽度）”设置为2400，“Height（高度）”设置为1800。展开“Image sampler（Antialiasing）（图像采样反锯齿）”卷展栏，选择“Adaptive QMC（自适应准蒙特卡洛采样器）”的采样方式和“Mitchell-Netravali”抗锯齿过滤器，如图5-73所示。

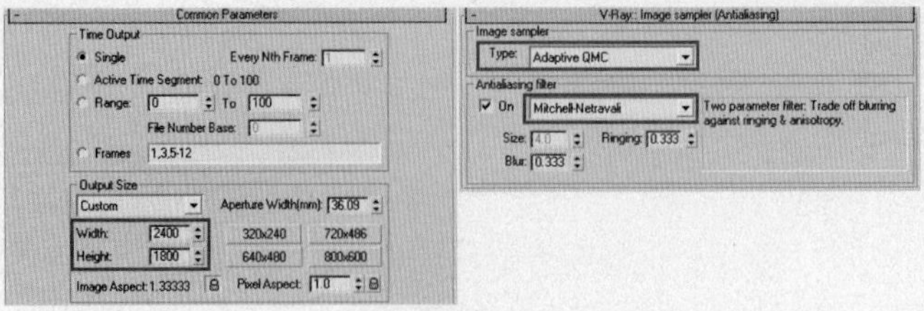

图5-73

| 3 | 当光子贴图渲染完成后设置高参数渲染正图。展开“Irradiance map（发光贴图）”卷展栏，在“Mode（模式）”中选择“From file（从文件）”模式。在“Current Preset（当前预设模式）”中选择“Hight（高）”选项。展开“Light cache（灯光缓存）”卷展栏，将“Subdivs（细分值）”设置为1000，在“Mode（模式）”中选择“Single frame（单帧）”选项。展开“rQMC

Sampler（rQMC采样器）”卷展栏，将“Adaptive amount（适应数量）”设置为0.85，“Min samples（最小采样值）”设置为15，“Noise threshold（噪波阀值）”设置为0.002，如图5-74所示。

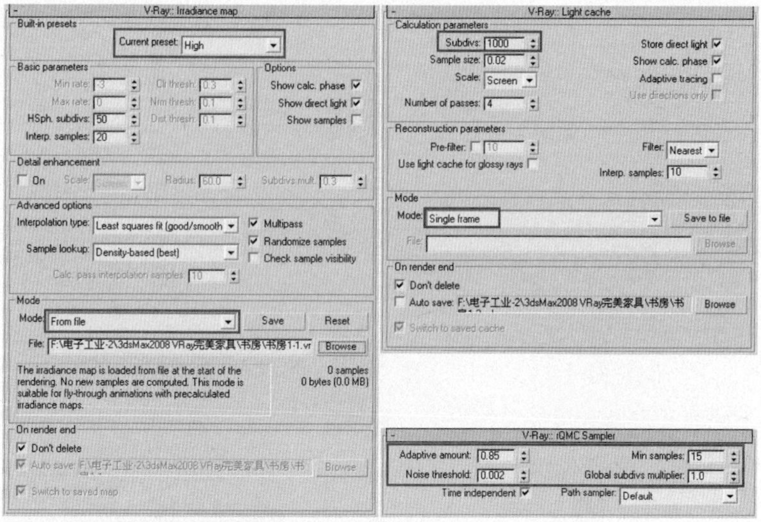

图5-74

| 4 | 单击按钮进行正图的渲染，渲染时是以块状的形式渲染的，如图5-75所示。

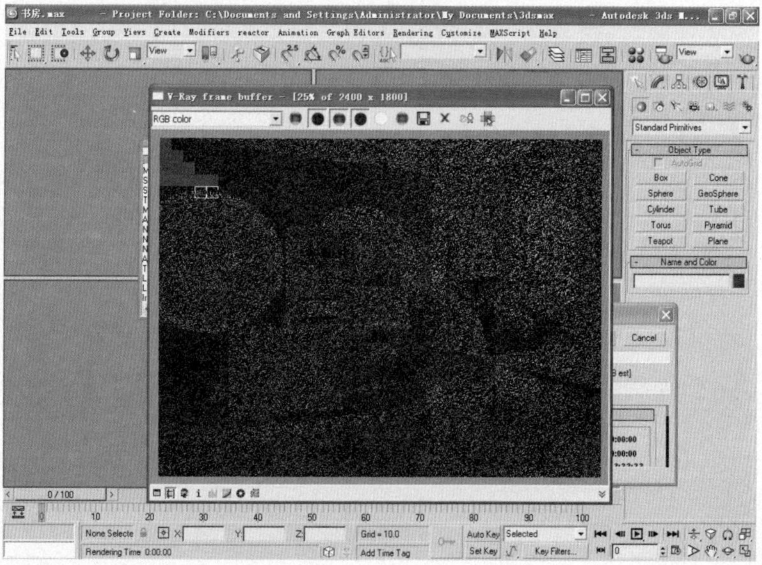

图5-75

5.2.4 进行后期处理

| 1 | 在Photoshop CS3中打开“书房.tga”，单击图层面板下方的按钮，在弹出的菜单上选择【色阶】命令创建色阶整图层，拖动“色阶”对话框中的滑块调整图片明暗，如图5-76所示。

| 2 | 单击图层面板下方的按钮，在弹出的菜单上选择【曲线】命令，创建曲线调整图层。在弹出的“曲线”对话框中拖动曲线，对画面局部明暗再次进行调整，如图5-77所示。

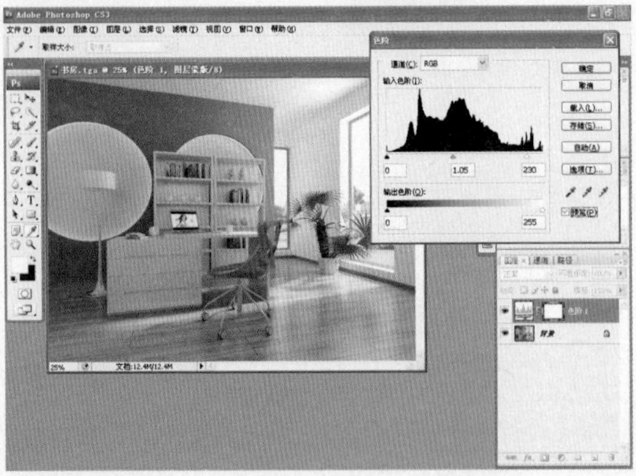

图5-76

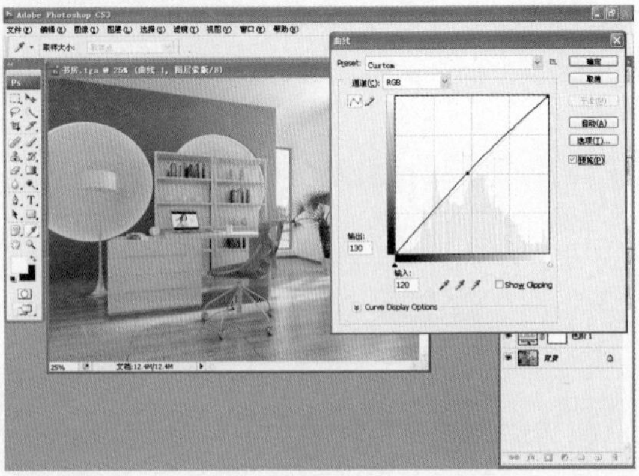

图5-77

丨3丨单击图层面板下面的 按钮，在弹出的菜单中选择【亮度/对比度】命令，创建亮度/对比度调整图层。在“亮度/对比度”对话框中将“亮度”和“对比度”都设置为5，如图5-78所示。

丨4丨激活图层面板上的曲线调整图层，重新打开“曲线”对话框，如图5-79所示。

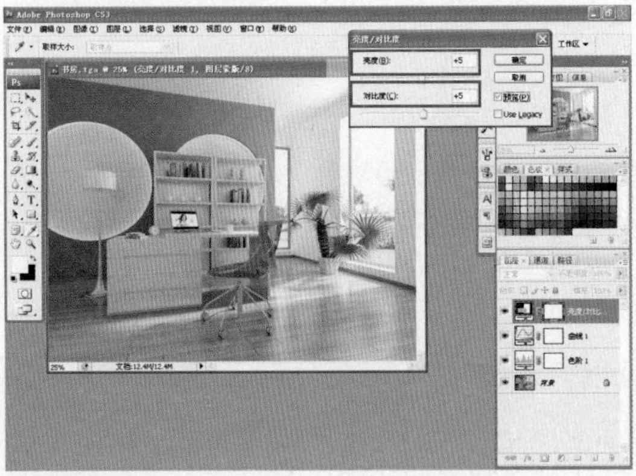

图5-78

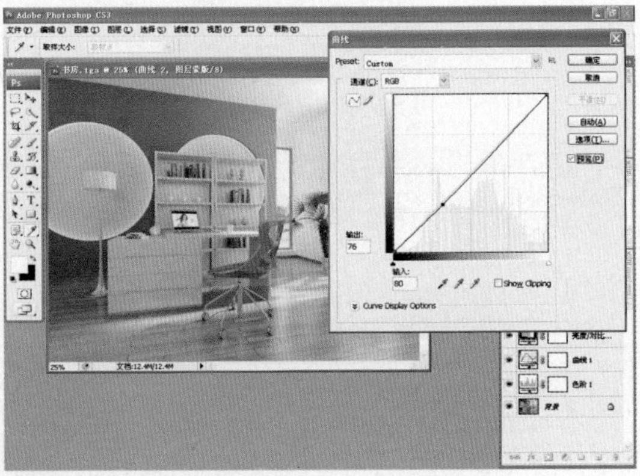

图5-79

丨5丨在“曲线”对话框中单击鼠标创建新的调整点，接着拖动调整点对画面局部明暗再次进行调整，如图5-80所示。

丨6丨单击图层面板下方的 按钮，在弹出的菜单中选择【色彩平衡】命令，创建色彩平衡调整图层，如图5-81所示设置参数。

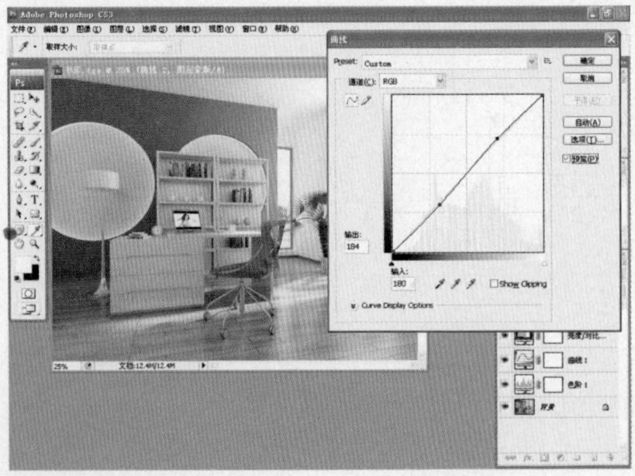

图5-80

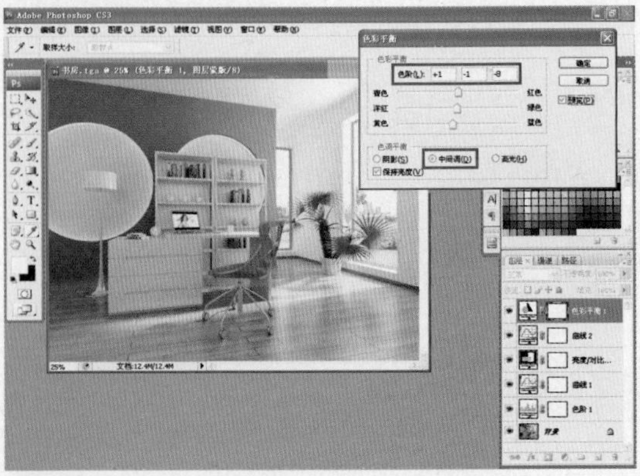

图5-81

丨7丨在弹出的“色彩平衡”对话框中选择“高光”单选按钮，并拖动滑块进行色彩平衡调节，如图5-82所示。

|8|单击图层面板下面的 按钮，在弹出的菜单上选择【色相/饱和度】命令，创建色相/饱和度调整图层。在“色相/饱和度”对话框中将“饱和度”设置为8，如图5-83所示。

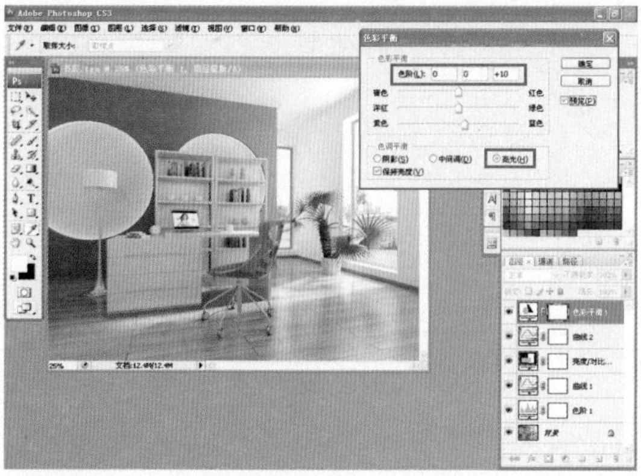
图5-82

图5-83

|9|对图片的饱和度进行调整后，图片颜色更为鲜艳和饱和，如图5-84所示。

|10|选择【图像】→【模式】→【Lab颜色】命令，图片将失去颜色。在图层面板上单击 通道 按钮进入通道面板。将Alpha1通道删除，如图5-85所示。

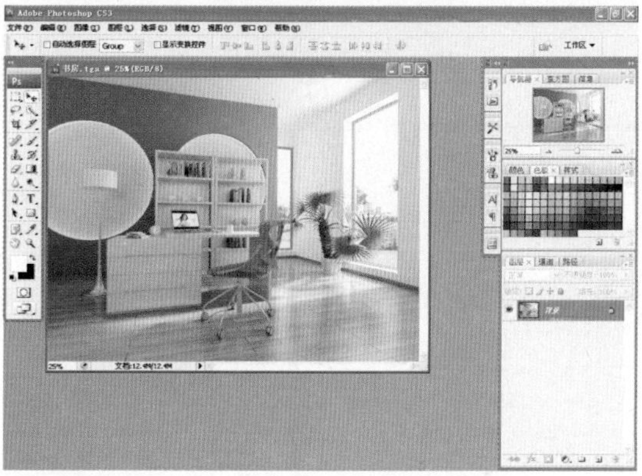
图5-84

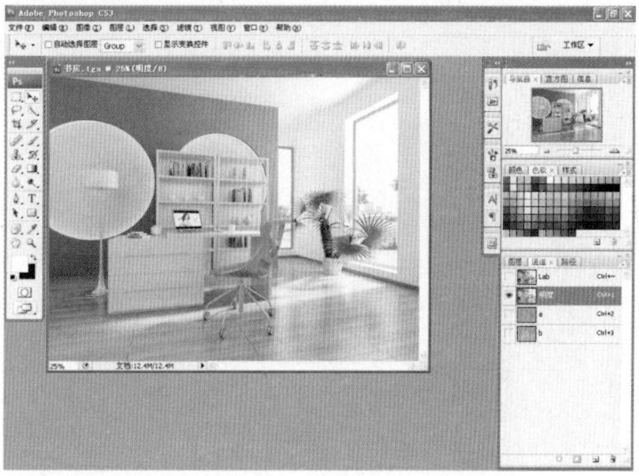
图5-85

|11|在通道面板中激活“明度”通道，选择【图像】→【调整】→【色阶】命令，在“色阶”对话框中设置如图5-86所示的参数。

|12|激活“明度”通道，选择【滤镜】→【锐化】→【USM锐化】命令，在弹出的“USM锐化”对话框中将“数量”设置为65，如图5-87所示。

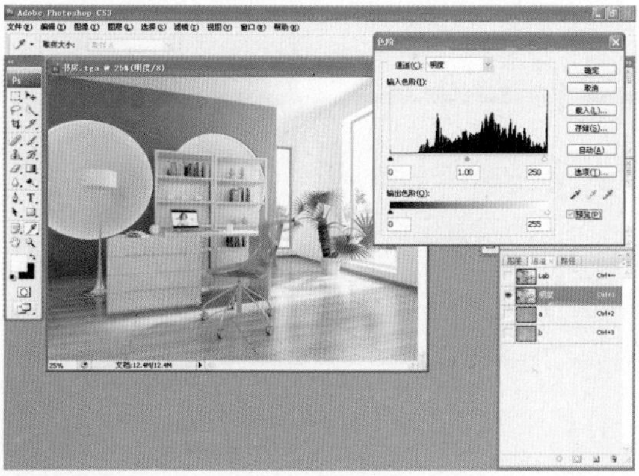
图5-86

图5-87

| 13 | 回到图层面板，发现锐化不够，再次选择【滤镜】→【锐化】→【USM锐化】命令，在弹出的“USM锐化”对话框中将“数量”设置为20，如图5-88所示。

图5-88

| 14 | 在Photoshop CS3中进行后期处理后的效果如图5-89所示。

图5-89

第6章　卧室家具

卧室是所有房间中最为私密的地方,然而也是最浪漫、最具个性的地方。随着家具的发展,越来越多设计新颖、材质多样的家具映入消费者的眼帘。卧室家具的选择应考虑到卧室的面积、形状、格局、人口数量及卧室的朝向的因素,然后根据实用的目的和全面的综合来选择家具的种类和款式。本章的学习重点是床模型的建立、绒毛地毯的材质表现和渲染窗户面积较大的场景。

6.1 床的创建

床模型的建立分为3部分进行，首先创建长方体作为床模型的基本形体，接着创建床靠的二维截面图形并为它添加Bevel（倒角）修改器，将倒角对象作为床靠，最后建立床垫对象，效果如果6-1所示。

图6-1

6.1.1 床的特点及适用空间

现在的床分床架和床褥两部分，床架的风格各异，材料也不尽相同，床可以与卧室家具风格配套，但舒适性是最主要的。本例所设计的床线条设计简洁明快、工艺精细、具有典雅的风采，适用于卧室空间。

6.1.2 床的制作流程

|1| 设置好系统单位后，单击按钮进入创建命令面板，再单击按钮进入三维物体创建命令面板，接着单击 Box （长方体）按钮，在Top（顶）视图中拖动鼠标创建如图6-2所示的长方体。

|2| 选择长方体对象并单击鼠标右键，在弹出的快捷菜单中选择【Convert to Editable Poly（转换成可编辑多边形）】命令使它塌陷，如图6-3所示。

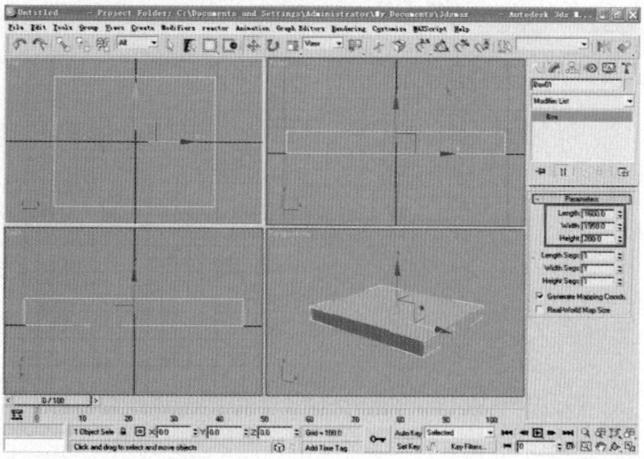

图6-2

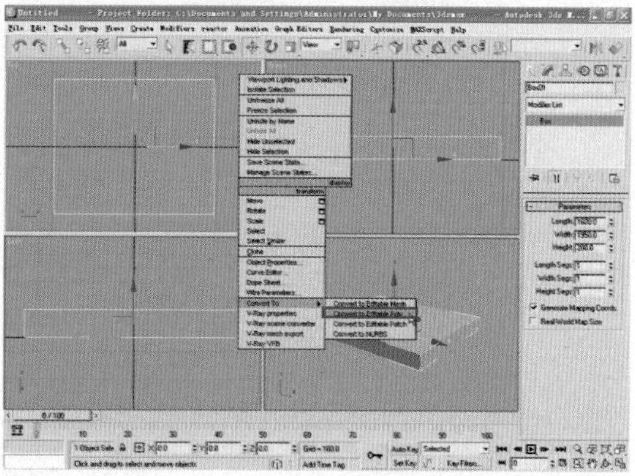

图6-3

| 3 | 单击按钮进入修改命令面板，在修改堆栈中进入【Editable Poly（可编辑多边形）】命令的Polygon（多边形）子层级，在视图中选择如图6-4所示的多边形。

| 4 | 单击修改命令面板上 Inset 后面的按钮，在弹出的“Inset Polygons（插入多边形）”对话框中将“Inset Amount（插入数量）”设置为50。将插入缩小的多边形，如图6-5所示。

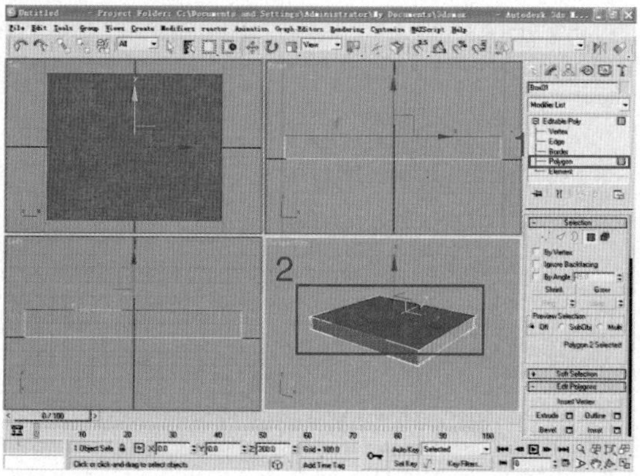

图6-4

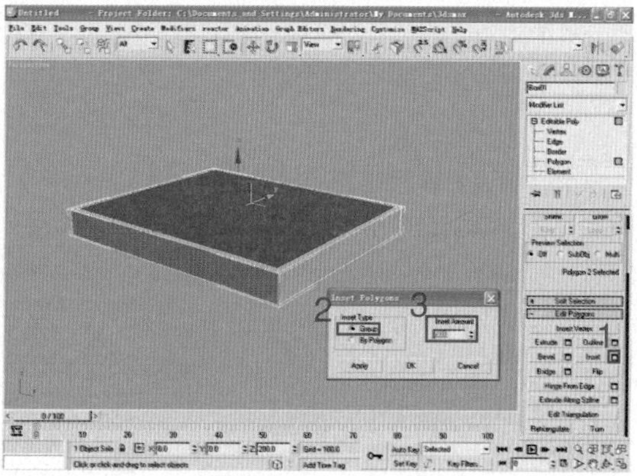

图6-5

| 5 | 单击修改命令面板上 Extrude 后面的按钮，在弹出的“Extrude Pdygons（挤出多边形）”对话框中将“Extrusion Height（挤出高度）”设置为-50。选择的多边形将反向挤出，如图6-6所示。

| 6 | 在修改堆栈中进入【Editable Poly（可编辑多边形）】命令的Edge（边）子层级，按住【Ctrl】键同时在视图中选择如图6-7所示的边。

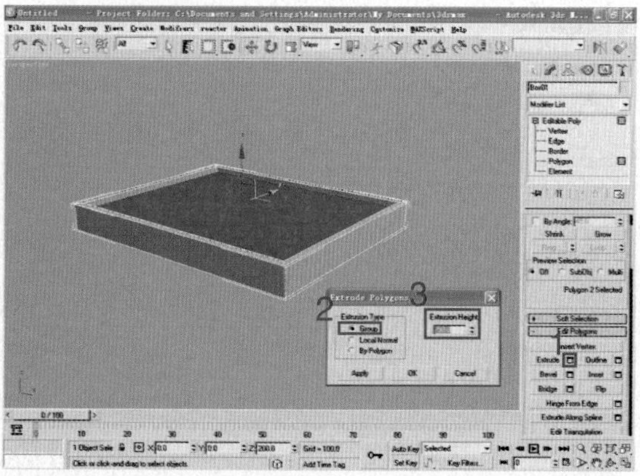

图6-6

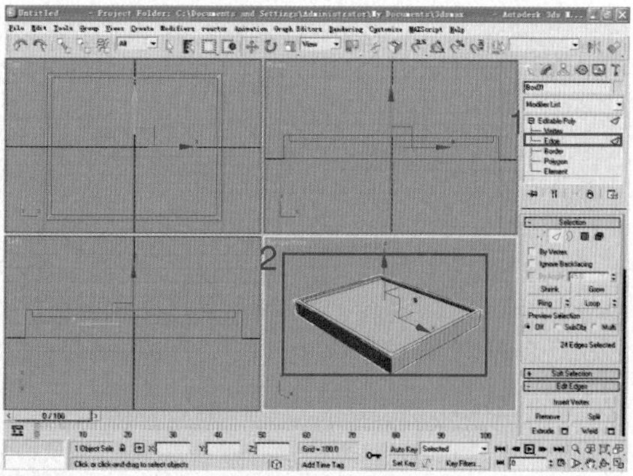

图6-7

| 7 | 单击修改命令面板上 Chamfer 后面的□按钮，在弹出的“Chamfer Edge（倒边）”对话框中将“Chamfer Amount（倒角数量）”设置为5。选择的边将进行倒角，如图6-8所示。

| 8 | 单击按钮进入创建命令面板，再单击按钮进入二维物体创建命令面板，接着单击 Line （样条线）按钮，在Top（顶）视图中拖动鼠标创建样条线，如图6-9所示。

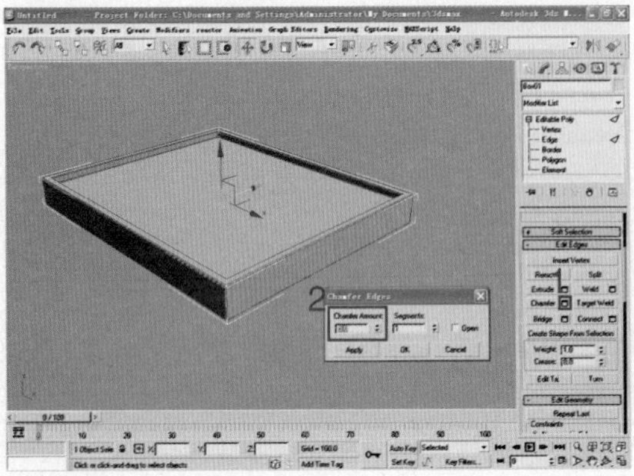

图6-8

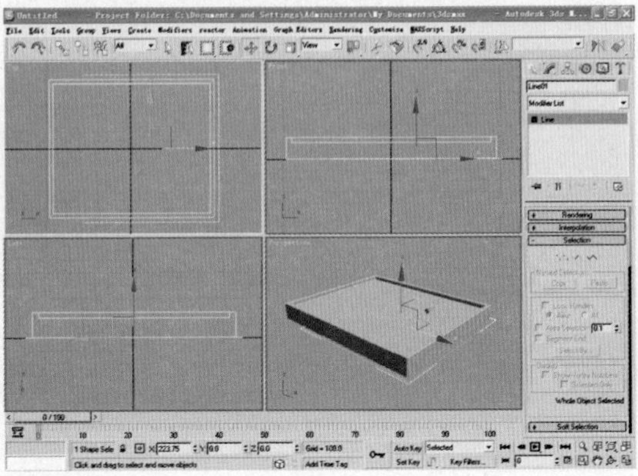

图6-9

| 9 | 单击按钮进入修改命令面板，在修改堆栈中单击【Line（样条线）】命令前的【+】展开其子层级，接着进入此修改器的Spline（样条线）子层级，在Top（顶）视图中选择如图6-10所示的样条线。

| 10 | 在修改命令面板上单击 Outline （轮廓）按钮并在视图中拖动鼠标，当 Outline 数值框中的数值为-100时停止拖动，将产生新的轮廓，如图6-11所示。

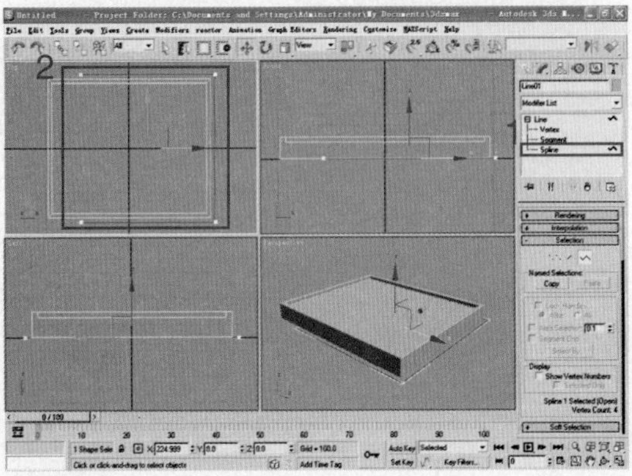

图6-10

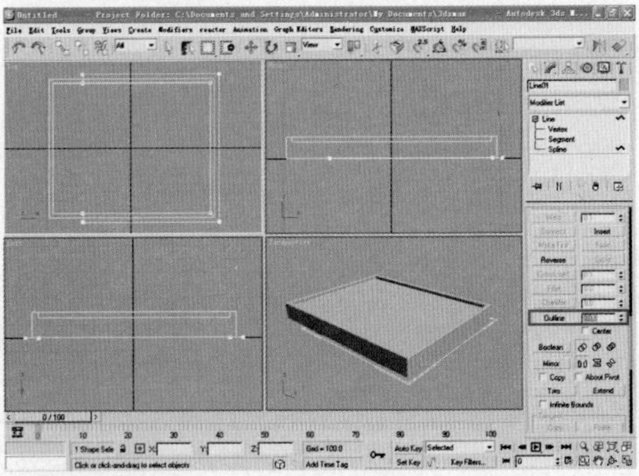

图6-11

| 11 | 按住【Ctrl】键并在视图中进行加选，选择如图6-12所示的顶点并单击鼠标右键，在弹出的快捷菜单中选择【Corner（角点）】命令，转化选择顶点的类型。

| 12 | 退出【Line（样条线）】命令的Vertex（顶点）子层级，单击按钮进入修改命令面板，在修改器列表中选择“Extrude（挤出）”修改器添加给样条线，如图6-13所示设置此修改器的参数，将样条线框挤出厚度。

| 13 | 在状态栏中将Z轴后的数值设置为150，挤出对象将沿Z轴向上移动，如图6-14所示。

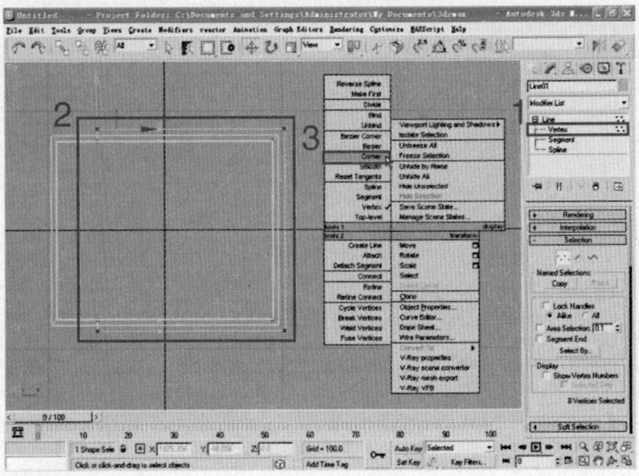

图6-12

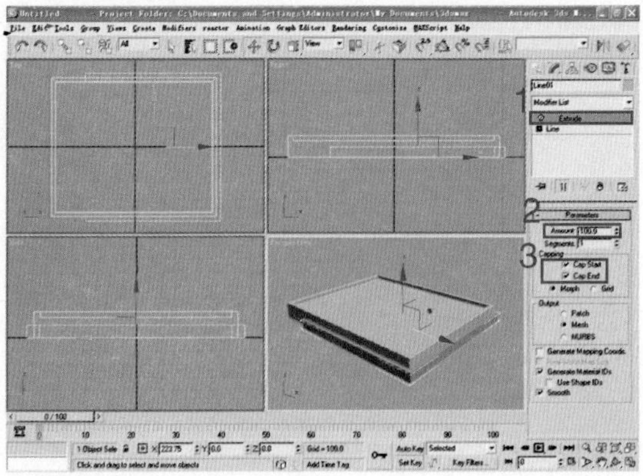

图6-13

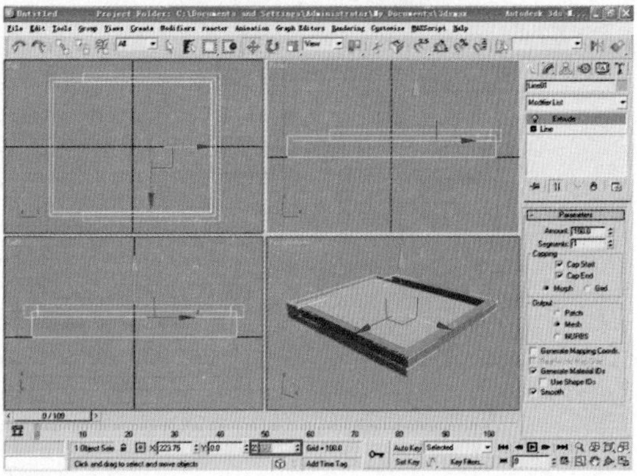

图6-14

| 14 | 选择挤出对象并单击鼠标右键，在弹出的快捷菜单中选择【Editable Poly（可编辑多边形）】命令使它塌陷。在修改堆栈中进入【Editable Poly（可编辑多边形）】命令的Edge（边）子层级，按住【Ctrl】键并在视图中选择如图6-15所示的边。

| 15 | 单击修改命令面板上 Chamfer 后面的按钮，在弹出的“Chamfer Edge（倒边）”对话框中将“Chamfer Amount（倒角数量）”设置为5。选择的边将进行倒角，如图6-16所示。

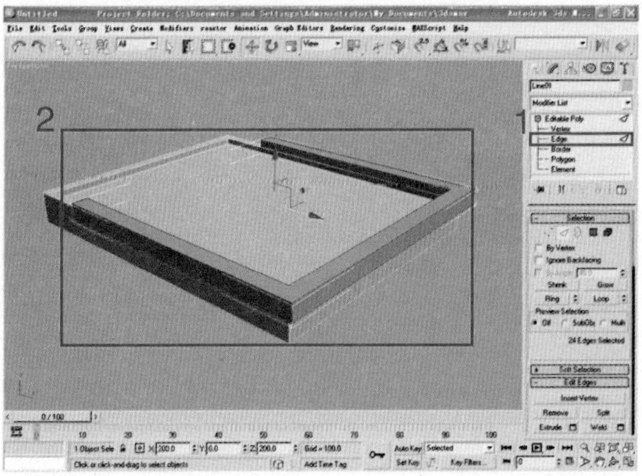

图6-15

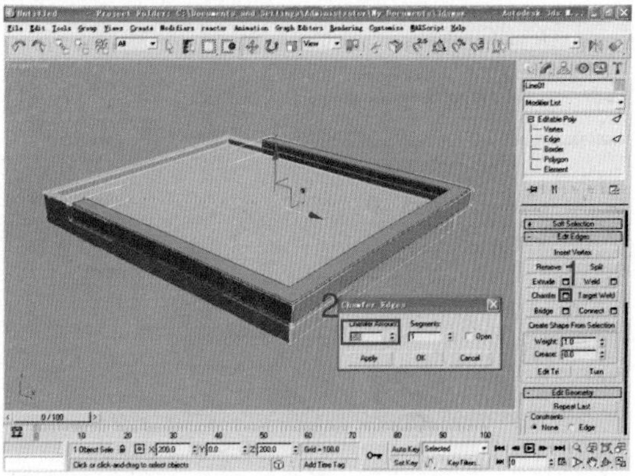

图6-16

| 16 | 单击按钮进入创建命令面板，再单击按钮进入二维物体创建命令面板，接着单击 Line （样条线）按钮，在Top（顶）视图中拖动鼠标，创建如图6-17所示的样条线。

| 17 | 单击按钮进入修改命令面板，在修改堆栈中单击【Line（样条线）】命令前的【+】展开其子层级，接着进入此修改器的Spline（样条线）子层级，在Front（前）视图中选择如图6-18所示的样条线。

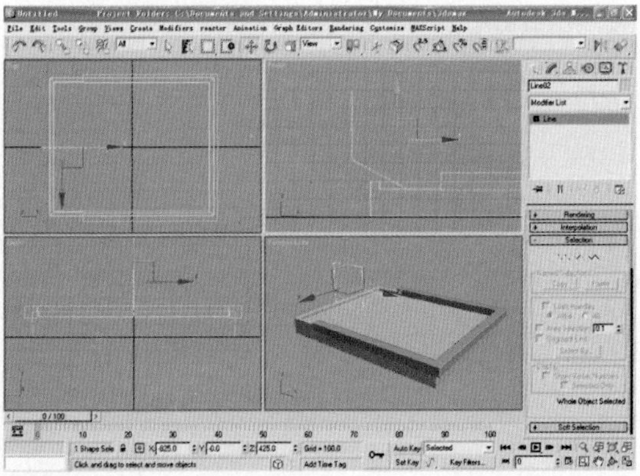

图6-17

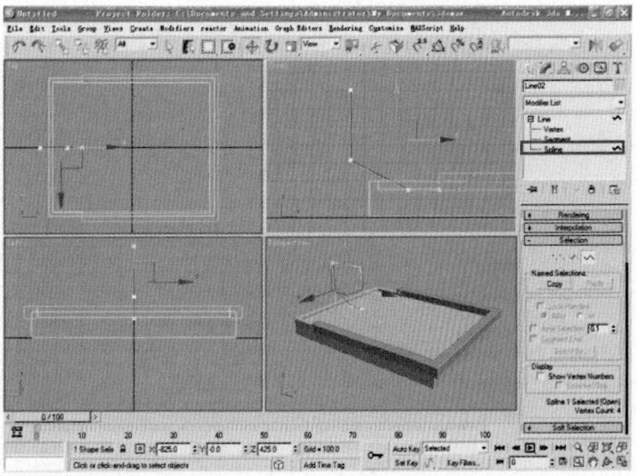

图6-18

| 18 | 在修改命令面板上单击 Outline （轮廓）按钮并在视图中拖动鼠标，当 Outline 数值框中的数值为-100时停止拖动，将产生新的轮廓，如图6-19所示。

| 19 | 按住【Ctrl】键并在视图中选择如图6-20所示的顶点并单击鼠标右键，在弹出的快捷菜单中选择【Corner（角点）】命令，转化选择顶点的类型。

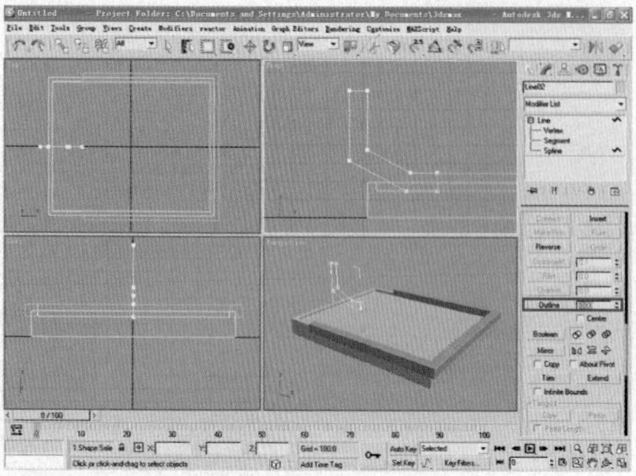

图6-19

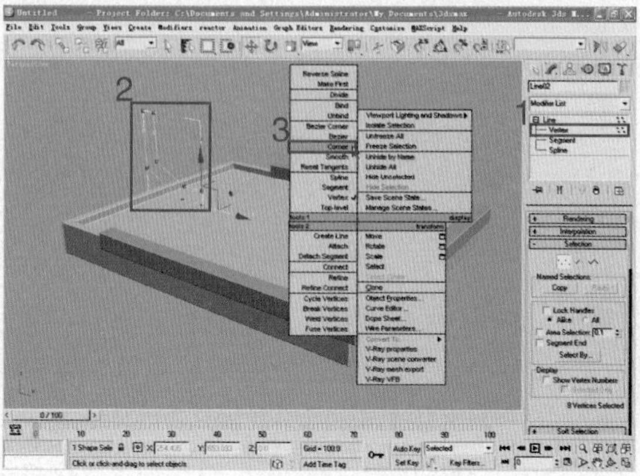

图6-20

| 20 | 同样按住【Ctrl】键并在视图中选择如图6-21所示的顶点。

| 21 | 在修改命令面板上单击 Fillet （圆角）按钮并在视图中拖动鼠标，当 Fillet 数值框中的数值为45时停止拖动，选择顶点将进行圆角处理，如图6-22所示。

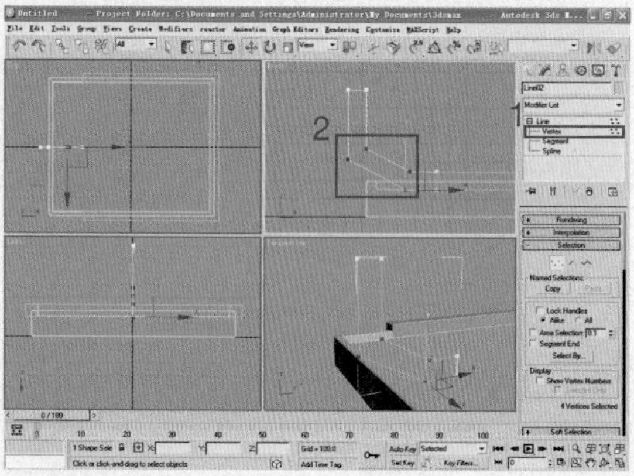

图6-21

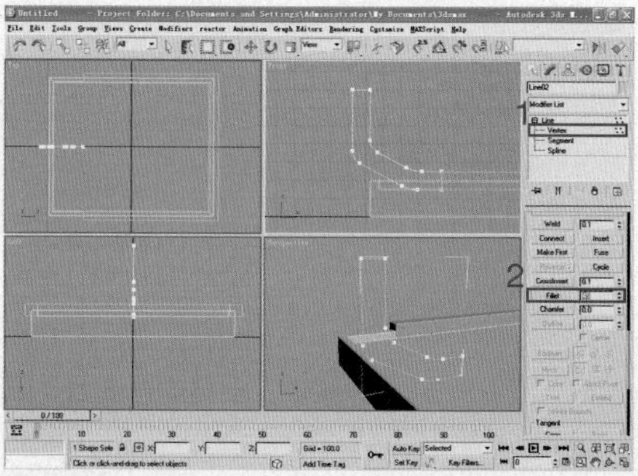

图6-22

| 22 | 按住【Ctrl】键并在视图中选择如图6-23所示的顶点。

| 23 | 在修改命令面板上单击 Chamfer （倒角）按钮并在视图中拖动鼠标，当 Chamfer 数值框的数值为5时停止拖动，选择顶点将进行倒角处理，如图6-24所示。

| 24 | 按住【Ctrl】键并在Front（前）视图中选择如图6-25所示的顶点，接着单击鼠标右键，在弹出的快捷菜单中选择【Corner（角点）】命令转换顶点的类型。

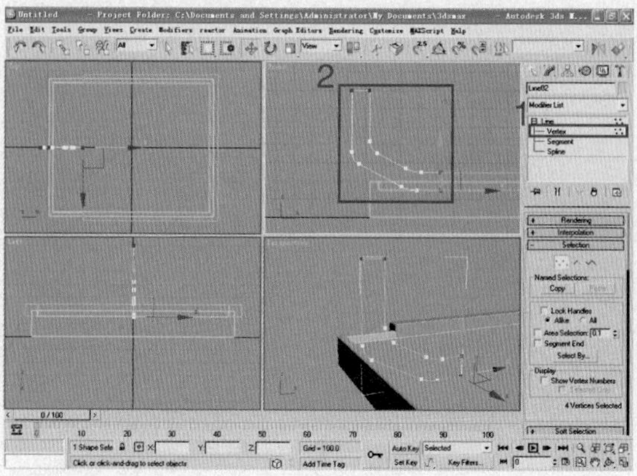

图6-23

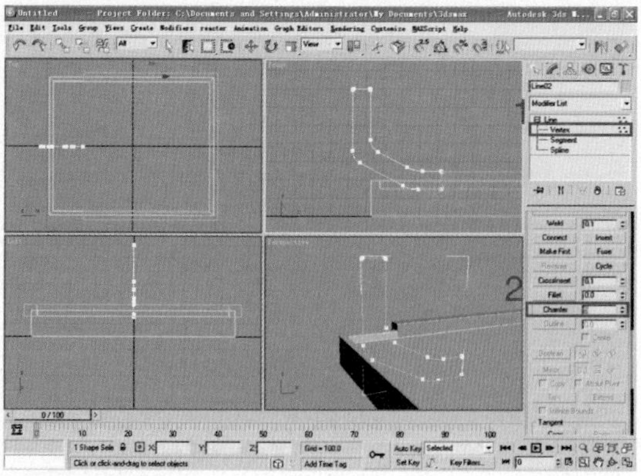

图6-24

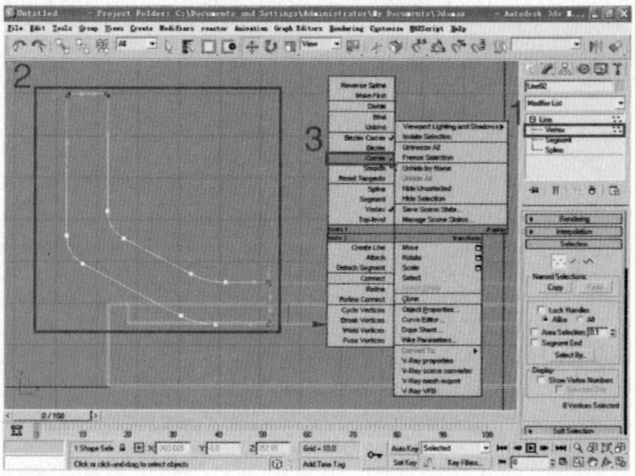

图6-25

| 25 | 退出【Line（样条线）】命令的Vertex（顶点）子层级，在修改器列表中选择Bevel（倒角）修改器添加给闭合样条线，如图6-26所示设置参数。

| 26 | 单击工具栏上的按钮，在Top（顶）视图将倒角对象移动到如图6-27所示的位置。

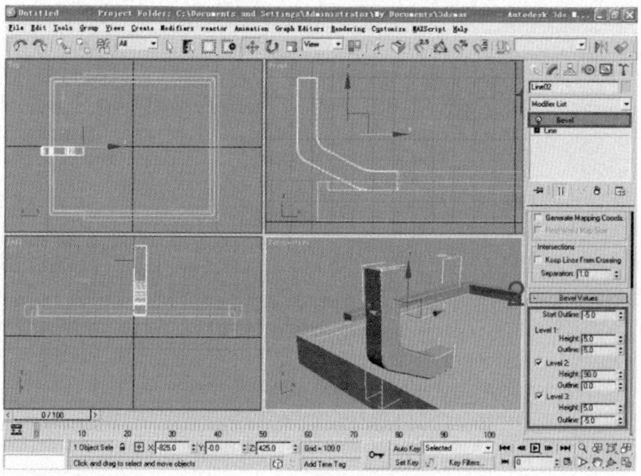

图6-26

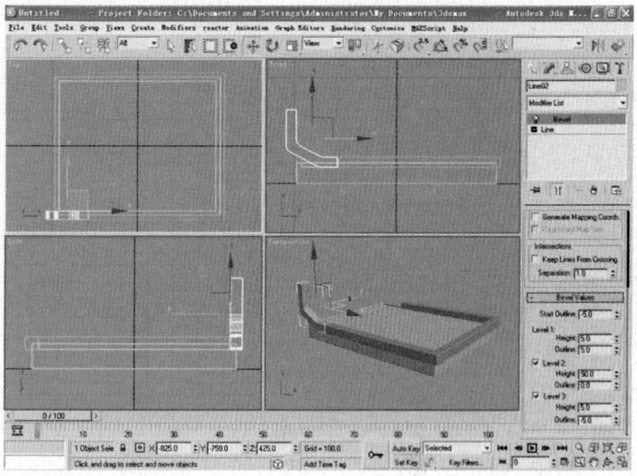

图6-27

| 27 | 接着单击工具栏上按钮，在弹出的“Mirror（镜像）”对话框中设置如图6-28所示的参数，镜像复制一个倒角对象。

| 28 | 按住【Shift】键在Top（顶）视图中沿Y轴向上移动，在弹出的“Clone Option（克隆选项）”对话框中选择“对象”选项组中的“Copy（复制）”单选按钮，将副本数设置为1。将选择对象复制一个，如图6-29所示。

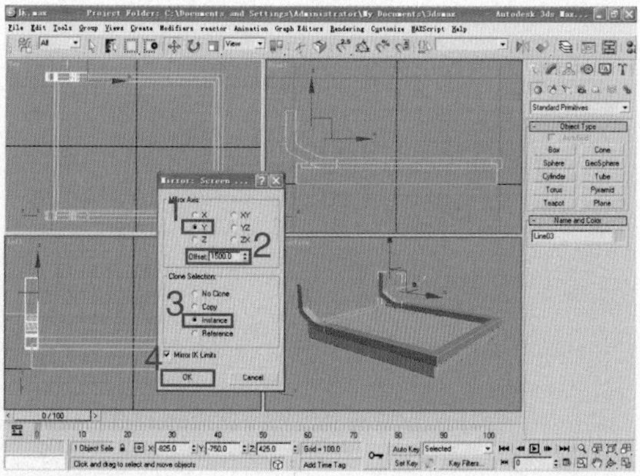

图6-28

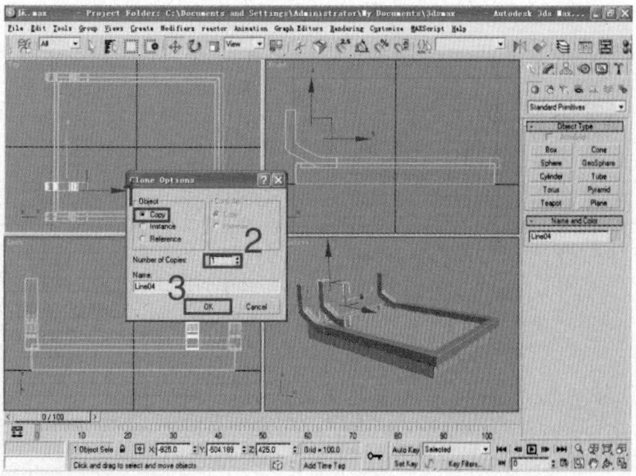

图6-29

丨29丨选择复制对象并单击按钮进入修改命令面板，在修改堆栈中进入【Line（样条线）】命令的【Vertex（顶点）】子层级，单击 Refine 按钮，在如图6-30所示的位置单击，创建新的顶点。

丨30丨接着在如图6-31所示的位置单击，创建新的顶点。

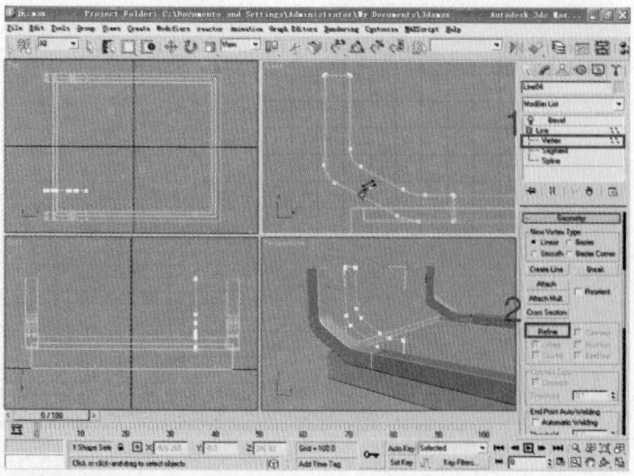

图6-30

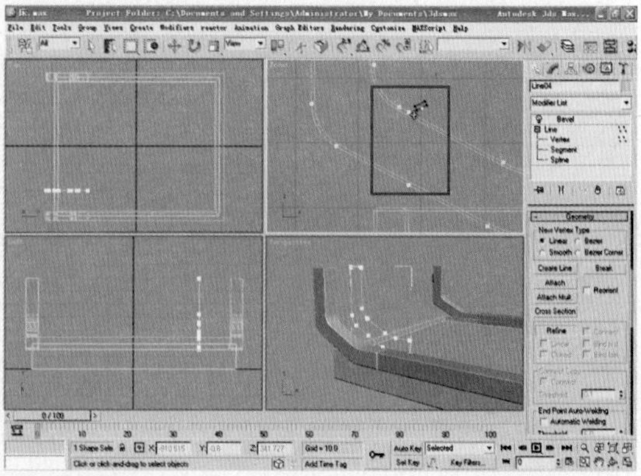
图6-31

丨31丨单击工具栏上的按钮，在Front（前）视图中选择如图6-32所示的顶点并单击鼠标右键，在弹出的快捷菜单中选择【Corner（角点）】命令。

丨32丨按住【Ctrl】键并在Front（前）视图中选择如图6-33所示的顶点，接着按下【Delete】键将选择的顶点删除。

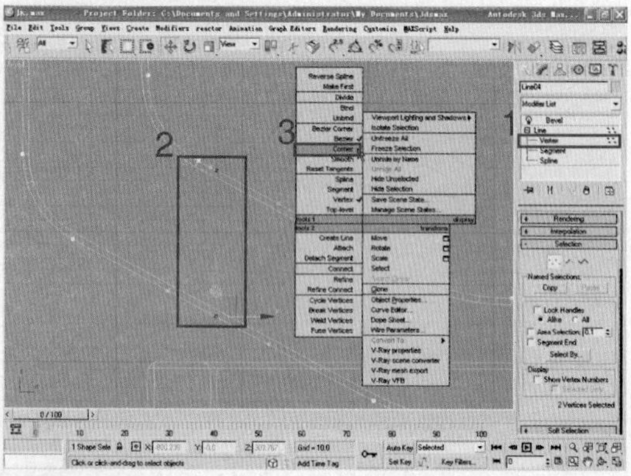

图6-32

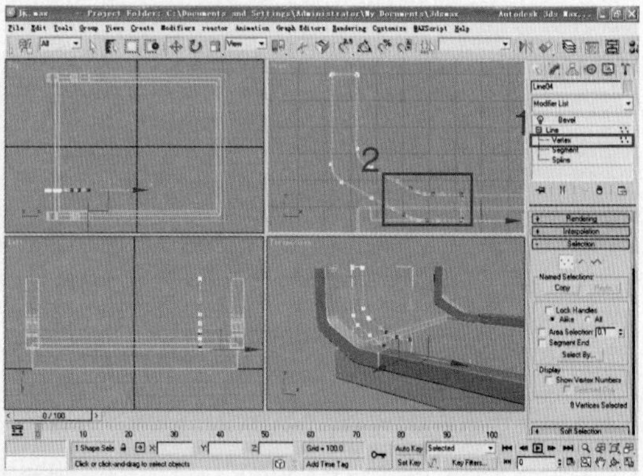

图6-33

丨33丨当顶点删除后，样条线的形状如图6-34所示。

丨34丨在修改器列表中选择Bevel（倒角）修改器添加给闭合样条线，如图6-35所示设置各项参数。

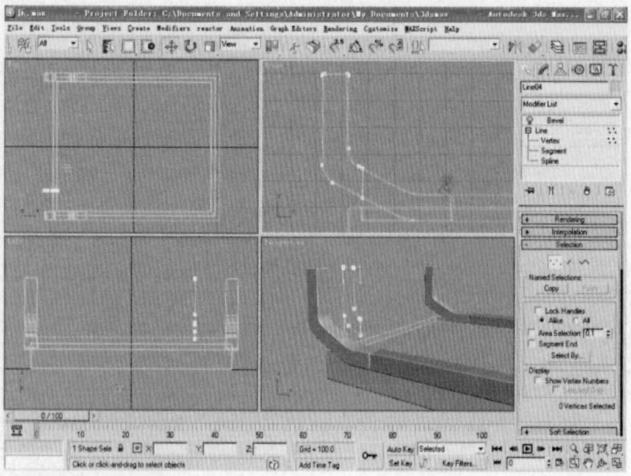
图6-34

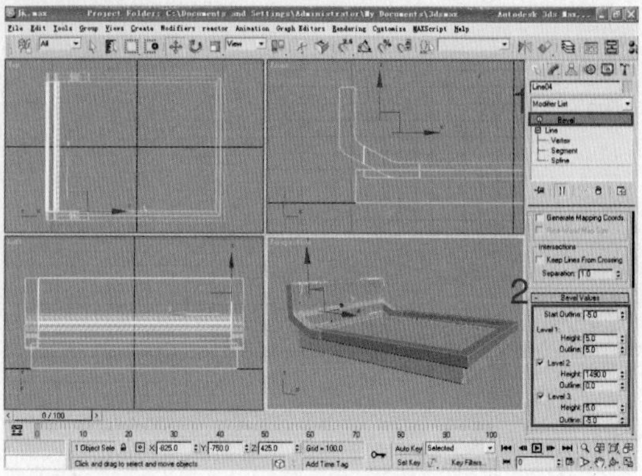

图6-35

| 35 | 单击按钮进入创建命令面板，再单击按钮进入三维物体创建命令面板，接着单击ChamferBox（倒角长方体）按钮，在Top（顶）视图中拖动鼠标创建倒角长方体，设置如图6-36所示的参数。

| 36 | 床模型创建完成后如图6-37所示。

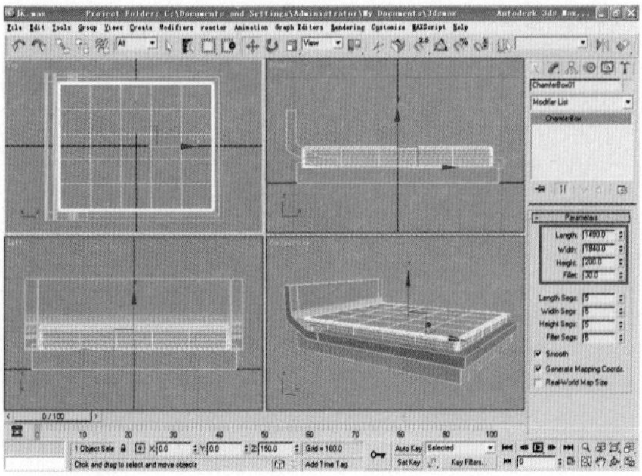

图6-36

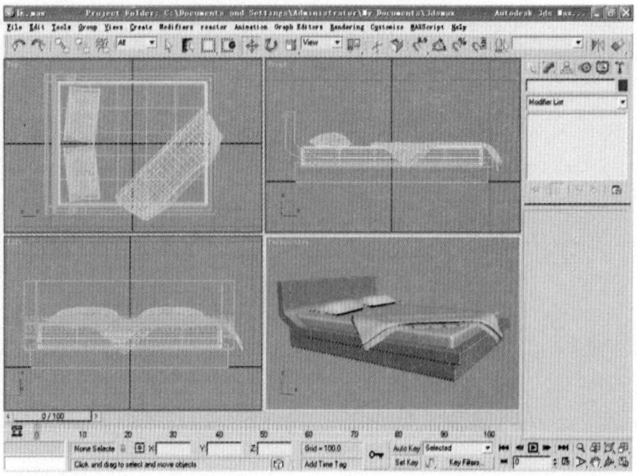

图6-37

6.2 卧室家具的渲染

这个卧室场景的窗户面积比较大，这就意味着能有更多的阳光能够进入室内，因此需要注意控制太阳光的强度。如果太阳光的强度过高将会出现曝光现象，而太阳光的强度过低，整个场景又会显得灰暗。

6.2.1 卧室家具场景的灯光设置

| 1 | 打开“卧室.max”场景文件，接着单击工具栏上的按钮，在材质编辑器中激活空白材质示例窗并转化为VRayMtl材质，将此材质命名为“素模”。单击工具栏上的按钮，在视图中选择除窗户玻璃以外的所有对象，单击材质编辑器上的按钮，将“素模”材质赋予选择对象，如图6-38所示。

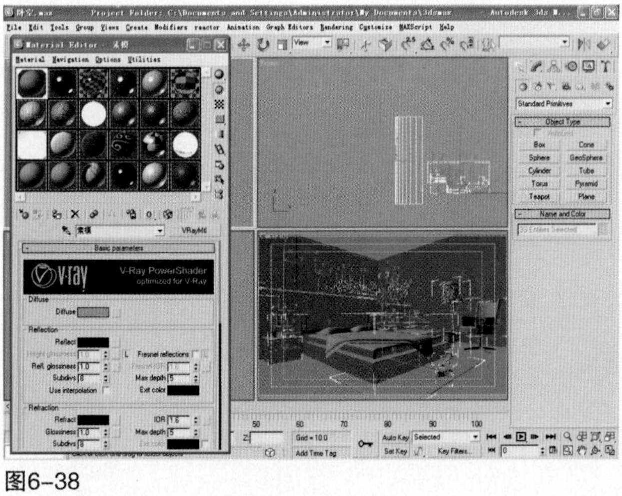

图6-38

| 2 | 单击材质编辑器上Diffuse（漫射）后面的按钮，在弹出的“Color Selector（颜色选择器）”对话框中设置“Hue（色调）”为0，“Sat（饱和度）”设置为0，“Value（亮度）”设置为200，颜色作为物体固有颜色，如图6-39所示。

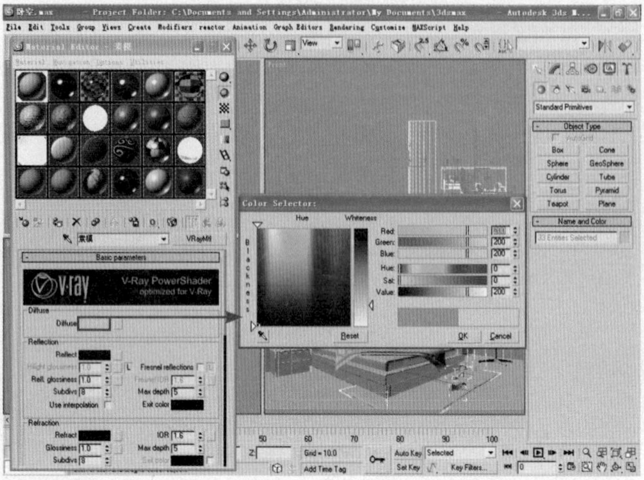

图6-39

| 3 | 激活“窗户玻璃”材质并将它转化为VRayMtl类型材质。单击Reflect（反射）后面的按钮，在弹出的“Color Selector（颜色选择器）”对话框中选择“Hue（色调）”为0，“Sat（饱和度）”为0，“Value（亮度）”为255的颜色。展开“Maps（贴图）”卷展栏，单击Reflect（反射）后面的 None 按钮，在弹出的“Material/Map Browser（材质/贴图浏览器）”中选择“Falloff（衰减）”贴图并单击 确定 按钮，接着设置“Falloff（衰减）”贴图的参数，如图6-40所示。

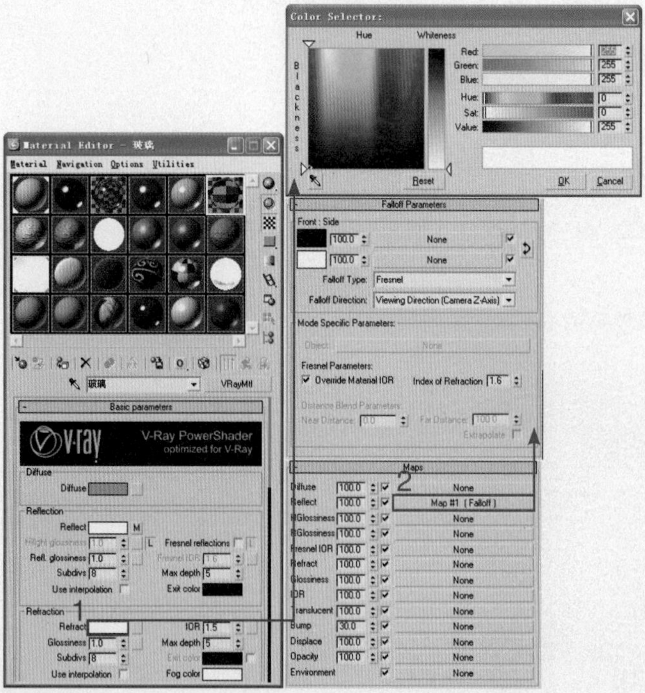

图6-40

| 4 | 单击工具栏上的按钮，在视图中选择窗户玻璃对象，单击材质编辑器上的按钮，将“窗户玻璃”材质赋予选择对象，如图6-41所示。

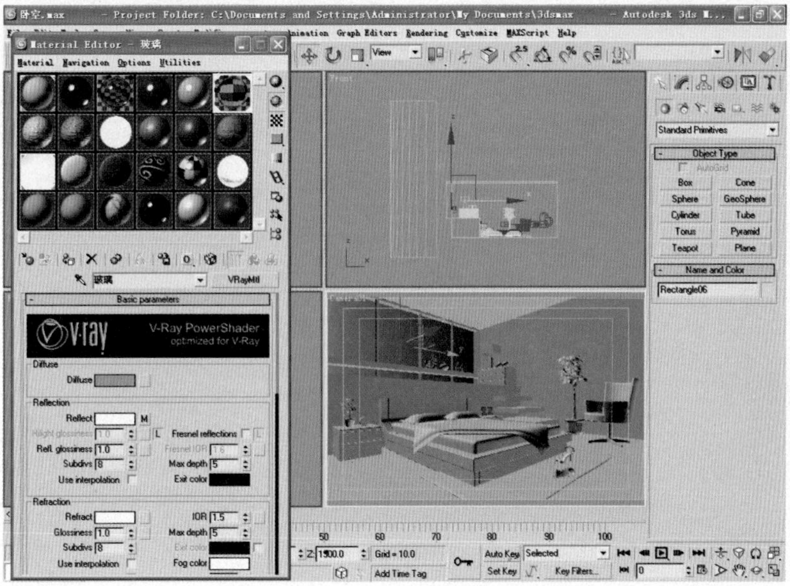

图6-41

| 5 | 只有渲染后才能观察到灯光效果，因此需要在渲染面板中设置基本参数来观察灯光渲染效果。单击工具栏上的按钮，首先在“Assign Render”卷展栏指定渲染器类型，接着设置渲染图片的尺寸，最后设置“Frame buffer（帧缓冲区）”和“Global switches（全局开关）”卷展栏中的参数，在“Image sampler（Antialiasing）（图像采样反锯齿）”卷展栏中选择“Fixed（固定）”采样器和“Catmull-Rom（抗锯齿）”过滤器，如图6-42所示。

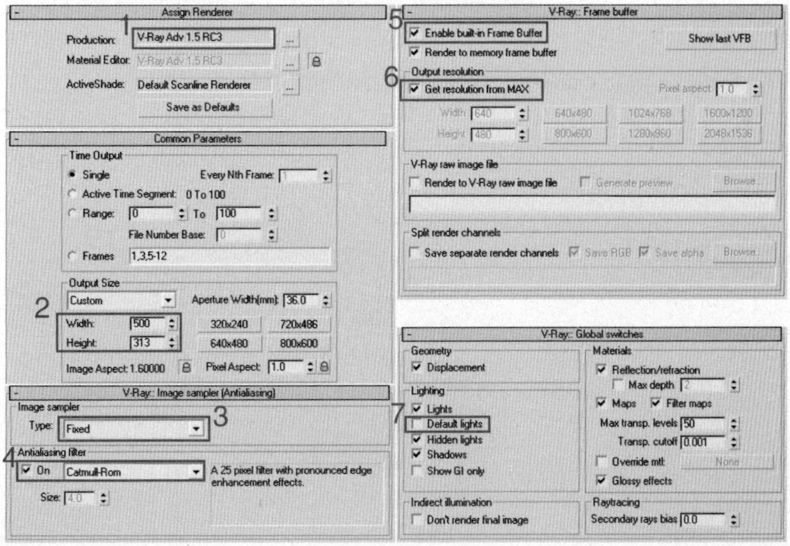

图6-42

| 6 | 在“Indirect illumination（GI）（间接照明）”卷展栏中，选择“ON（开）”复选框，将“Primary bounces（首次反弹）”倍增器设置为1，“GI engine（全局光引擎）”选择“Irradiance map（发光贴图）”选项；将“Secondary bounces（二次反弹）”倍增器设置为1，“GI engine（全局光引擎）”选择“Light cache（灯光缓冲）”选项。展开“Irradiance map（发光贴图）”卷展栏，在“Current preset（当前预置）”中选择“Low（低）”选项。在“Mode（模式）”中选择“Single frame（单帧）”模式。展开“Light cache（灯光缓存）”卷展栏，将“Subdivs

（细分值）”设置为200，“Sample size（采样大小）”设置为0.02。在“Mode（模式）”中选择“Single frame（单帧）”模式。展开“rQMC Sampler（rQMC采样编辑器）”卷展栏，将“Adaptibe amount（适应数量）”设置为0.85，将“Noise threshold（噪波阈值）”设置为0.01。展开“Color mapping（颜色映射）”卷展栏，选择“Exponential（指数）”曝光方式，如图6-43所示。

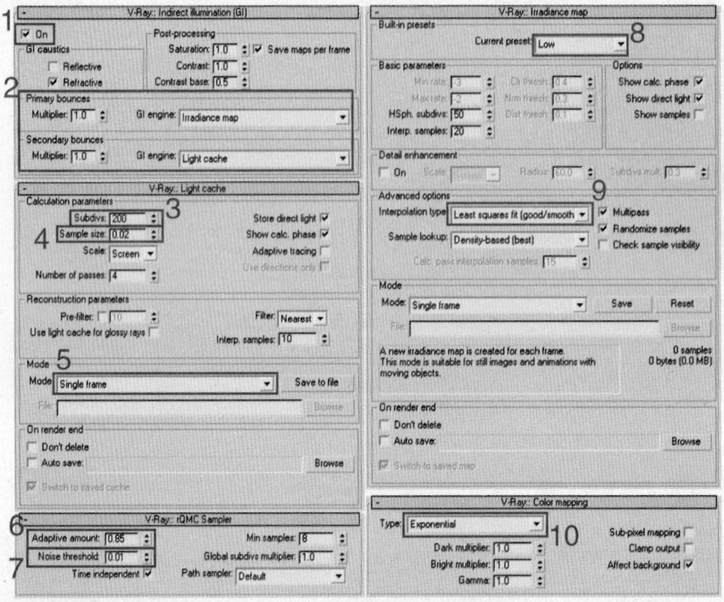

图6-43

|7| 当基本的渲染参数设置完成后，就准备为场景创建灯光。单击VRay灯光创建命令面板上的 VRaySun 按钮，如图6-44所示。

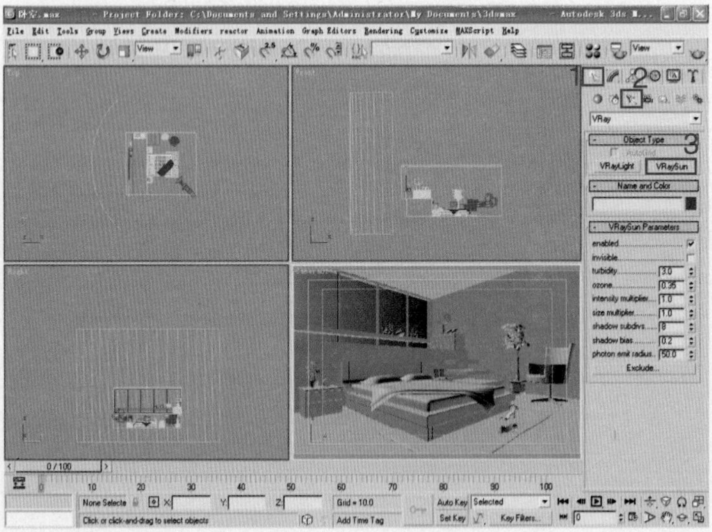

图6-44

|8| 在Top（顶）视图中拖动鼠标创建太阳光，创建的同时在弹出的对话框中单击 是(Y) 按钮，创建太阳光的同时创建天空光贴图，如图6-45所示。

|9| 选择【Render（渲染）】→【Environment（环境）】命令，弹出“Environment and Effects（环境和效果）”对话框，可见“（Background）背景”选项组中生成了【VRaySky】贴图，而且还选择了“Use Map（使用贴图）”复选框，如图6-46所示。

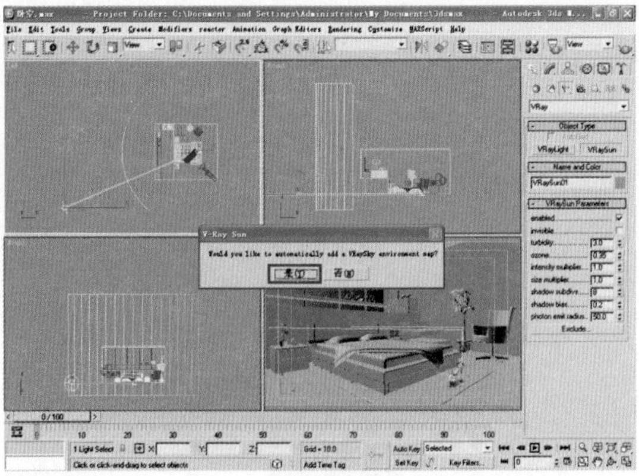

图6-45

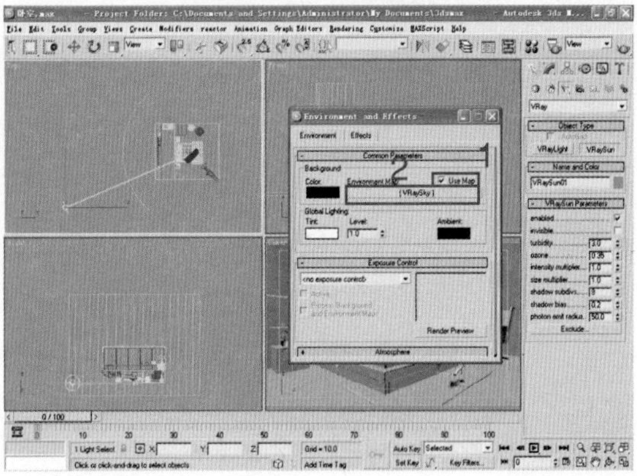

图6-46

| 10 | 为了更清楚地观测太阳光光源的效果，可以暂时不使用VRaySky贴图。在弹出的“Environment and Effects（环境和效果）”对话框中取消选择“Use Map（使用贴图）”复选框，如图6-47所示。

| 11 | 在工具栏上单击按钮，在视图中选择太阳光对象，将它移动到如图6-48所示的位置。

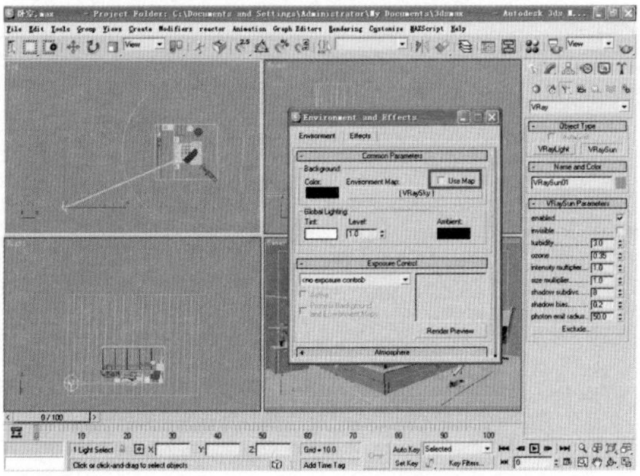

图6-47

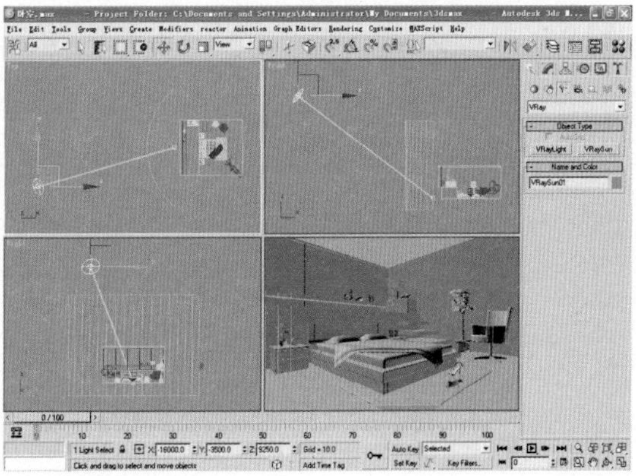

图6-48

| 12 | 在视图中选择太阳光并单击按钮，在修改命令面板中将“turbidity（浊度）”设置为3.0。通常默认的“intensity multiplier（强度倍增）”参数数值都偏高，这里将它设置为0.6。单击工具栏上的按钮，渲染后的效果如图6-49所示，太阳光光线太强，场景严重曝光。

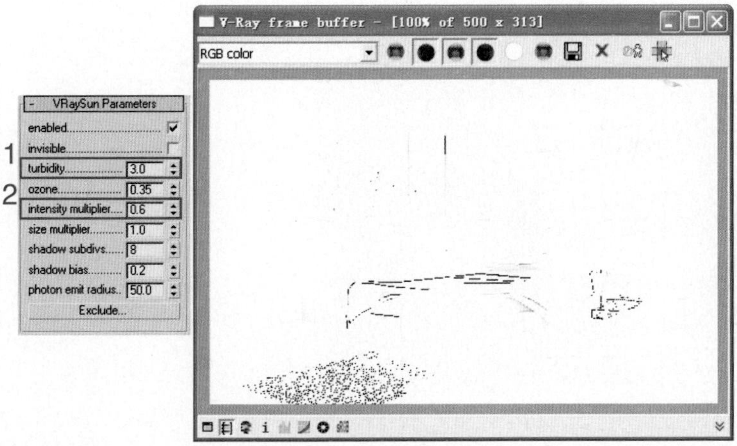

图6-49

| 13 | 场景光线太强，还需要降低太阳光的强度。在修改命令面板中将“intensity multiplier（强度倍增）”设置为0.3，单击工具栏上的按钮，渲染后的效果如图6-50所示，场景仍然强烈曝光。

图6-50

| 14 | 因此还需要再次降低太阳光的强度。在修改命令面板中将“intensity multiplier（强度倍增）”设置为0.03，单击工具栏上的按钮，渲染后的效果如图6-51所示，场景的曝光现象得到解决。

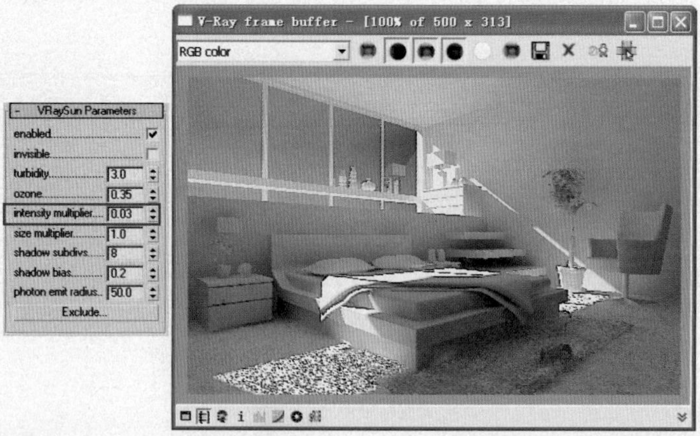

图6-51

| 15 | 为了调整场景光线的颜色倾向，可以在修改命令面板中将“turbidity（浊度）”设置为5.0。单击工具栏上的按钮，渲染后的效果如图6-52所示，场景颜色偏暖。

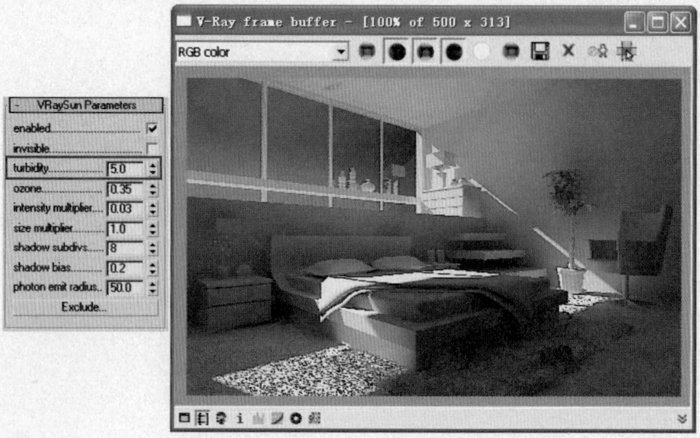

图6-52

| 16 | 在修改命令面板中将“turbidity（浊度）”设置为6.0。单击工具栏上的按钮，渲染后的效果如图6-53所示，场景颜色比上一步更为偏暖。

图6-53

| 17 | 为了使太阳光线更柔和，在修改命令面板中将“size multiplier（尺寸倍增器）”设置为2。单击工具栏上的按钮，渲染后的效果如图6-54所示，太阳光线的边缘更为柔和。

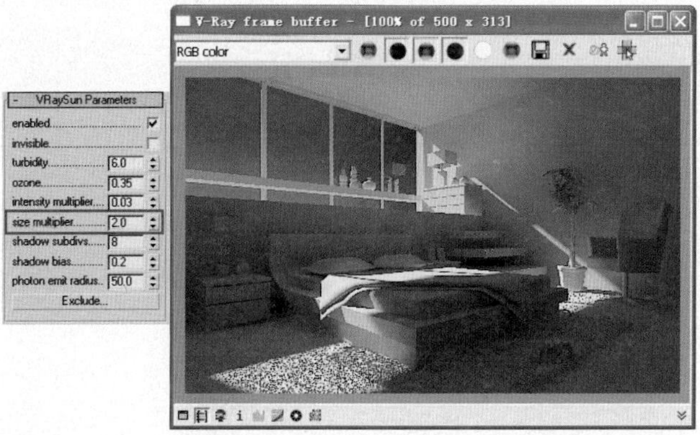

图6-54

| 18 | 打开“材质编辑器”，将“Environment and Effects（环境和效果）”对话框中的“VRaySky（VR天光）”贴图拖动到材质编辑器的空白材质球上，在弹出的“Instance（Copy）（实例副本贴图）”对话框中选择“Instance（实例）”单选按钮，这样“VRaySky（VR天光）”贴图将在材质编辑器中显示，如图6-55所示，可以对此贴图进行编辑。

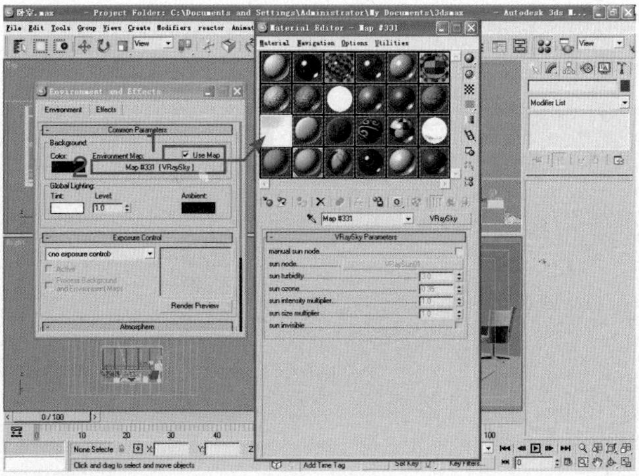

图6-55

| 19 | 在“VRaySky（VR天光）”贴图的编辑面板上单击 None 按钮，在视图中拾取开始创建的太阳光，使天光和太阳光关联，如图6-56所示。

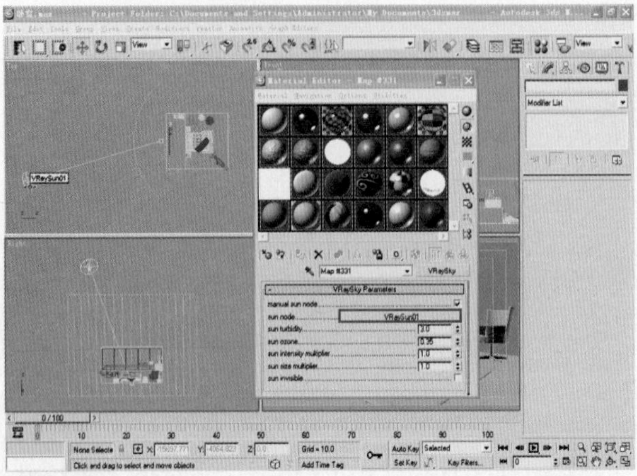

图6-56

| 20 | 在材质编辑器中激活天空光贴图，对它的参数进行设置。通常默认的“sun intensity multiplier（太阳强度倍增器）”数值都偏大，因此将它设置为0.35，将“sun turbidity（阳光浊度）”设置为3.0，渲染后的效果如图6-57所示，窗户外的环境色呈蓝色。

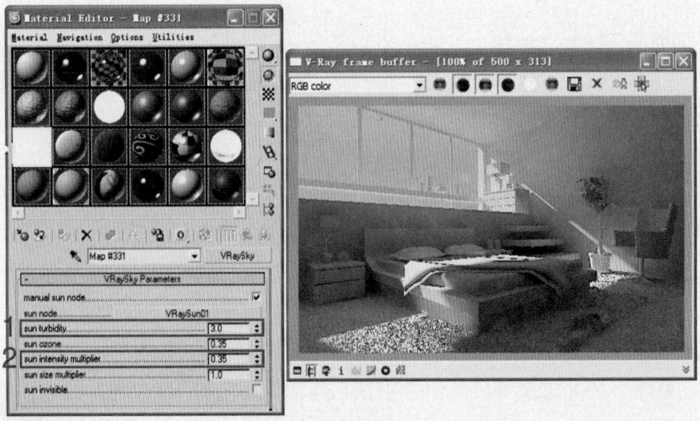

图6-57

| 21 | 可见需要将“VRaySky（VR天光）”贴图的强度降低，因此将“sun intensity multiplier（太阳强度倍增器）”数值设置为0.035，渲染后的效果如图6-58所示。

图6-58

| 22 | 将“sun turbidity（阳光浊度）”设置为6.0，单击工具栏上的按钮，渲染后的效果如图6-59所示，室外环境的颜色倾向有所改变。

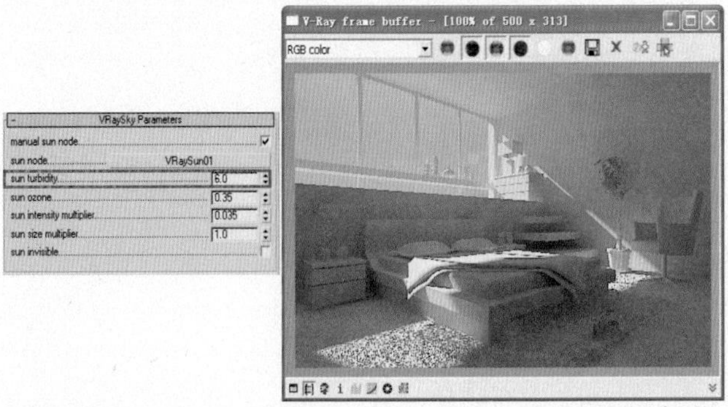

图6-59

| 23 | 单击VRay灯光创建命令面板上的 VRayLight 按钮，如图6-60所示。

| 24 | 在Right（右）视图中拖动鼠标创建一盏VRayLight，如图6-61所示，用于模拟来自窗外的环境光。

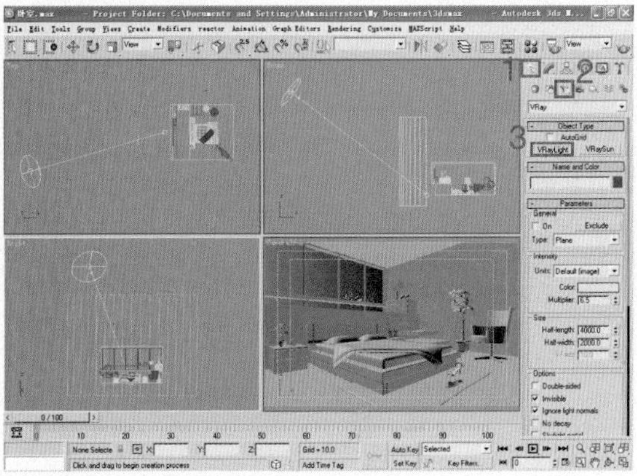
图6-60

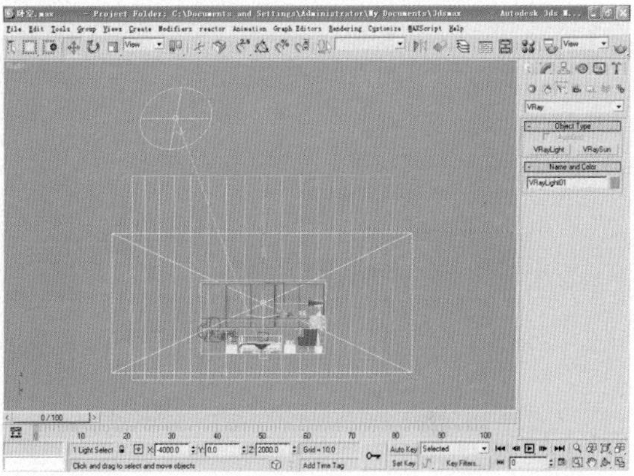
图6-61

| 25 | 单击工具栏上的按钮，在Front（前）视图中将刚才创建的VRayLight光源旋转角度，如图6-62所示。

| 26 | 在视图中选择VRayLight光源并单击按钮进入修改命令面板，将“Half-length（半长）”设置为4000，将“Half-width（半宽）”设置为2000，如图6-63所示。

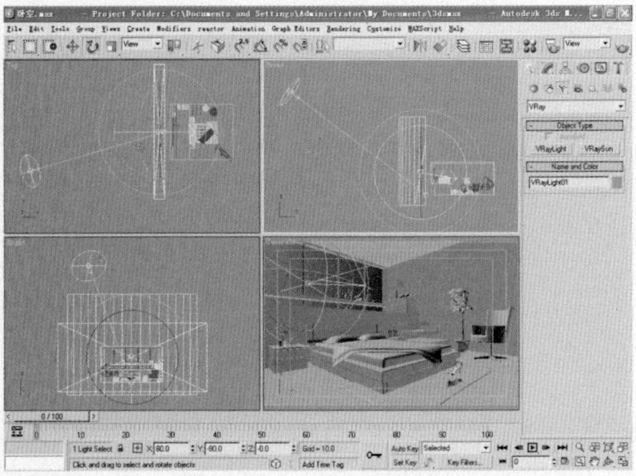
图6-62

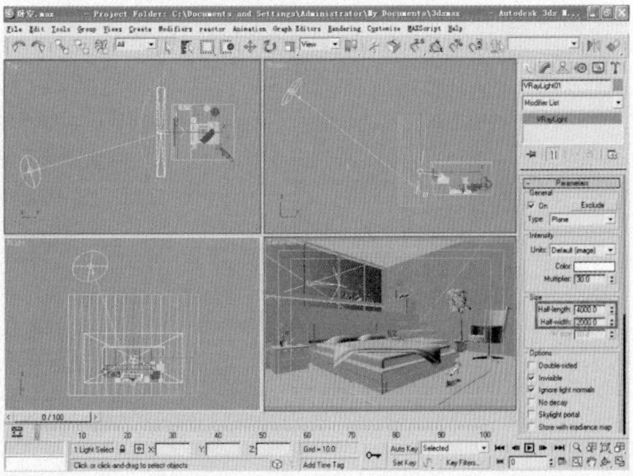
图6-63

|27|接着在修改命令面板中将“Multiplier（强度）”设置为2。单击工具栏上的按钮，渲染后的效果如图6-64所示，场景的亮度得到增强。

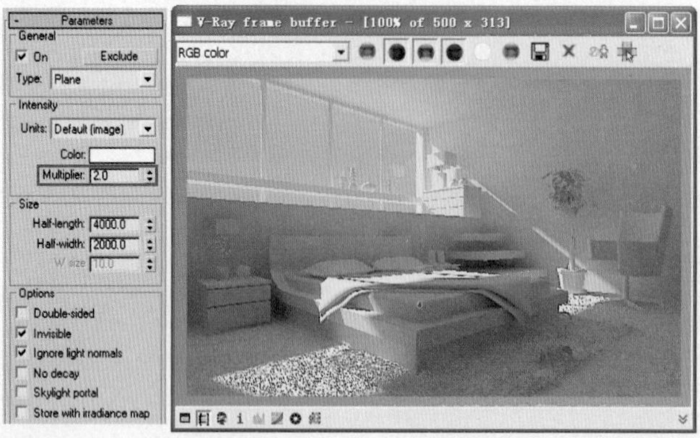

图6-64

|28|虽然场景亮度得到增强，但是仍然不够，需要再次增加VRayLight光源的强度。在修改命令面板中将“Multiplier（强度）”设置为6.5，单击工具栏上的按钮，渲染后的效果如图6-65所示。

图6-65

|29|在修改命令面板上单击Color（颜色）后面的按钮，在弹出的“Color Selector（颜色选择器）”对话框中设置“Hue（色调）”为145，“Sat（饱和度）”为70，“Value（亮度）”为255，单击按钮进行渲染，效果如图6-66所示，场景光线的颜色倾向得到改变。

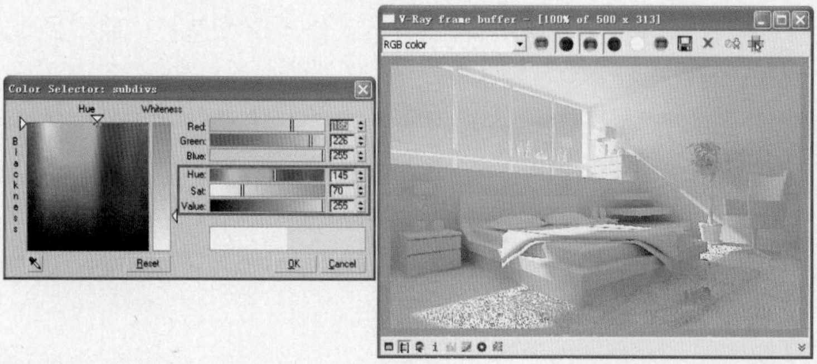

图6-66

6.2.2 卧室家具的材质设置

|1|在“材质编辑器”中激活空白材质示例窗并将它转化为VRayMtl类型材质，将它命名为

“白色乳胶漆”。如图6-67所示设置此材质的漫射和反射颜色。单击工具栏上的按钮，在视图中选择墙体对象，单击材质编辑器上的按钮，将此材质赋予选择对象。

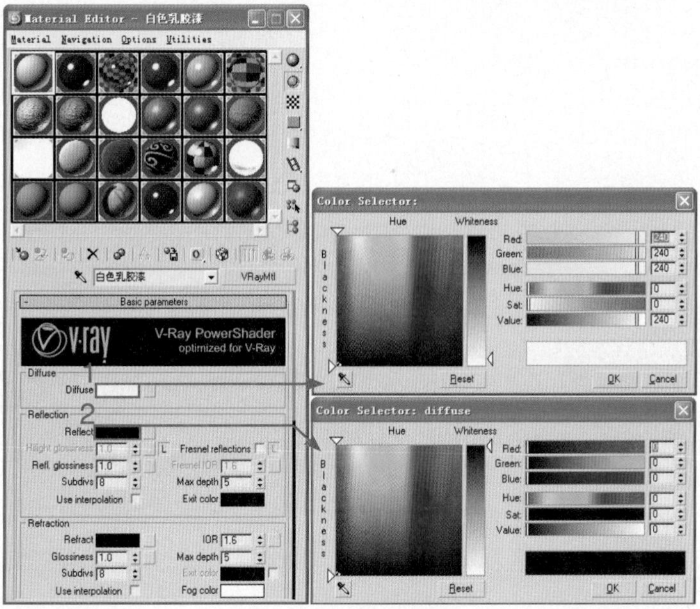

图6-67

| 2 | 激活空白材质示例窗并转化为VRayMtl类型材质，将它命名为“木纹-1”。单击Diffuse（漫射）后面的按钮，在弹出的“Color Selector（颜色选择器）”对话框中选择“Hue（色调）”为0，“Sat（饱和度）”为0，“Value（亮度）”为20的颜色作为物体固有颜色。单击Reflect（反射）后面的按钮，在弹出的“Color Selector（颜色选择器）”对话框中选择“Hue（色调）”为0，“Sat（饱和度）”为0，“Value（亮度）”为50的颜色。在“Bump（凹凸）”通道中添加“木纹-Bump.jpg”文件，如图6-68所示。单击材质编辑器上的按钮，将此材质赋予选择的床、床头柜、柜子对象。

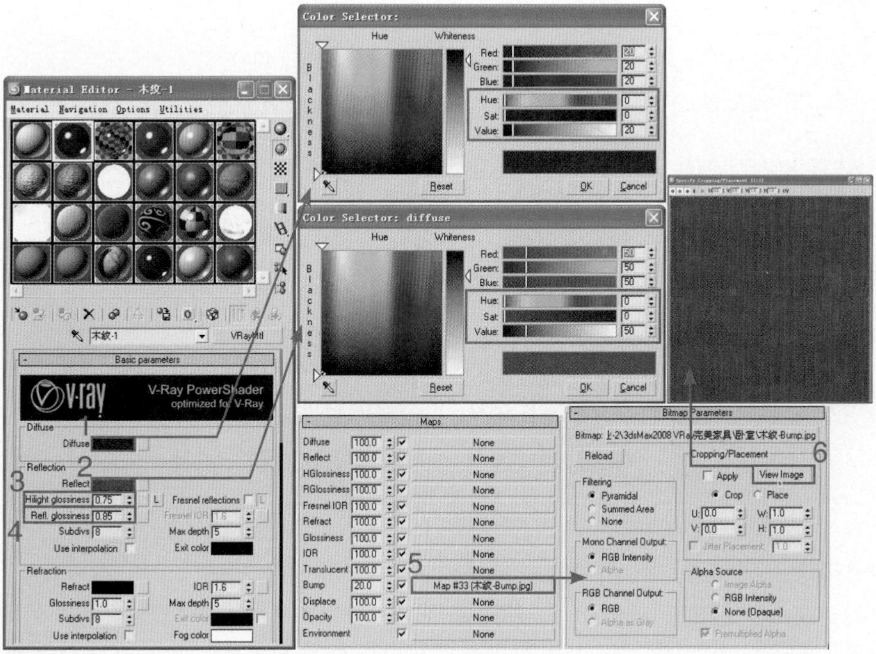

图6-68

| 3 | 选择“UVW Mapping（UVW贴图）”修改器添加给柜子和床头柜对象。在修改命令面板的“Parameters（参数）”卷展栏中选择“Box（长方体）”单选按钮，将“Length（长度）”设置为500，将“Width（宽度）”设置为500，将“Height（高度）”设置为1000，如图6-69所示。

| 4 | 选择“UVW Mapping（UVW贴图）”修改器添加给床对象。在修改命令面板的“Parameters（参数）”卷展栏中选择“Box（长方体）”单选按钮，将“Length（长度）”设置为1000，将“Width（宽度）”设置为500，将“Height（高度）”设置为1000，如图6-70所示。

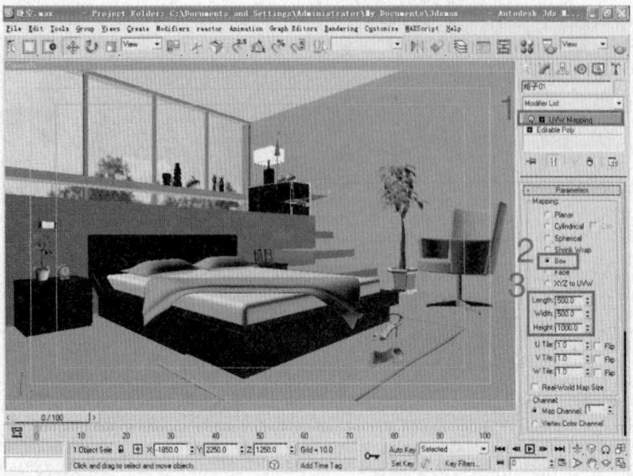

图6-69

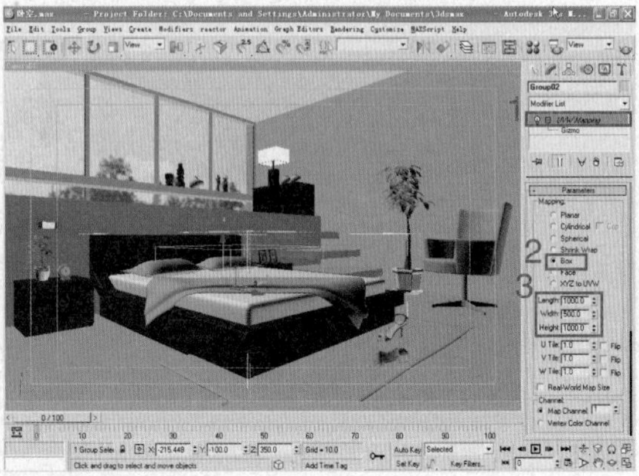

图6-70

| 5 | 在材质编辑器中激活空白材质示例窗并将它转化为VRayMtl类型材质，将它命名为“红色瓷漆”。如图6-71所示设置此材质的漫射和反射颜色。单击工具栏上的按钮，在视图中选择台阶对象，单击材质编辑器上的按钮，将此材质赋予选择对象。

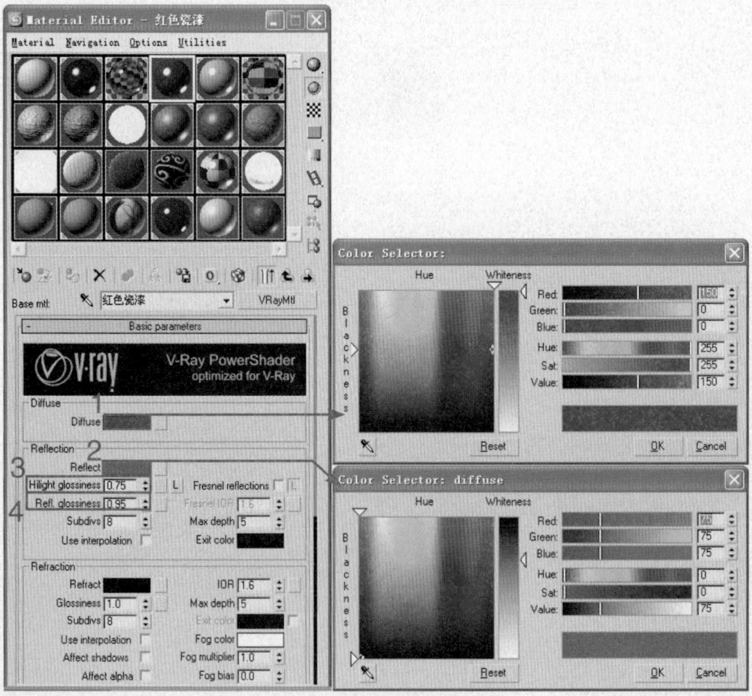

图6-71

| 6 | 激活名称为“地毯-1”的材质示例窗，设置参数如图6-72所示，在“Diffuse（漫射）”通道中添加“地毯-1.jpg”文件，在“Bump（凹凸）”通道中添加“地毯-Bump.jpg”文件。单击工具栏上的按钮，在视图中选择地毯对象，单击材质编辑器上的按钮，将此材质赋予选择对象。

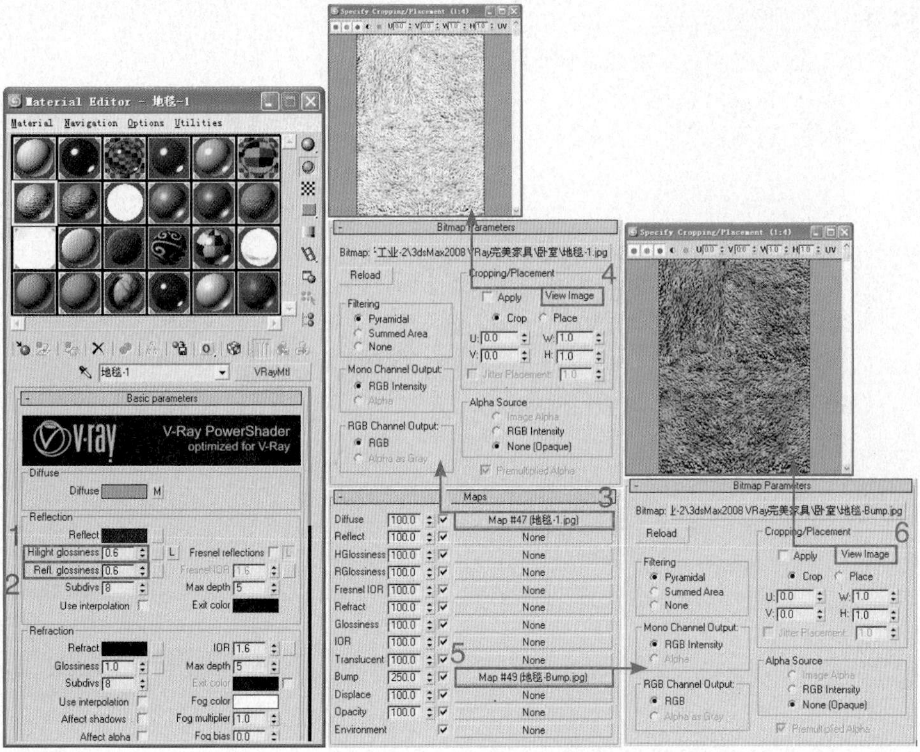

图6-72

| 7 | 选择“UVW Mapping（UVW贴图）”修改器添加给柜子和床头柜对象。在修改命令面板中的“Parameters（参数）”卷展栏中选择“Box（长方体）”单选按钮，将“Length（长度）”设置为650，将“Width（宽度）”设置为650，将“Height（高度）”设置为1，如图6-73所示。

| 8 | 为了使地毯具有绒毛效果更真实，需要选择“VRayDisplacementMMod（VRay置换贴图）”修改器添加给地毯对象。在修改命令面板中的“Parameters（参数）”卷展栏中选择“3D Mapping（三维贴图）”单选按钮，在“Texmap”选项组中添加“地毯-Bump.jpg”文件，将“Amount（数量）”设置为10，如图6-74所示。

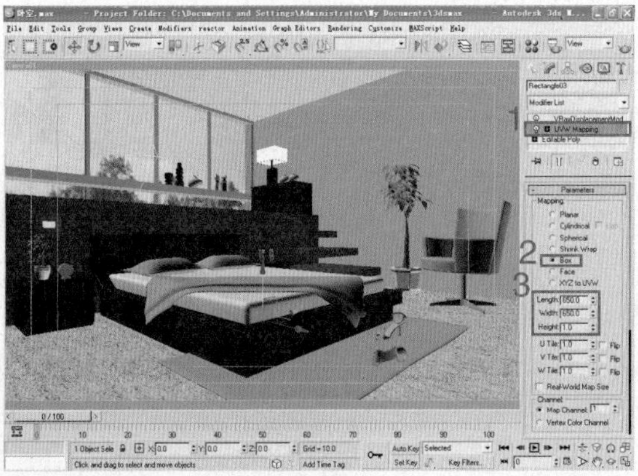

图6-73

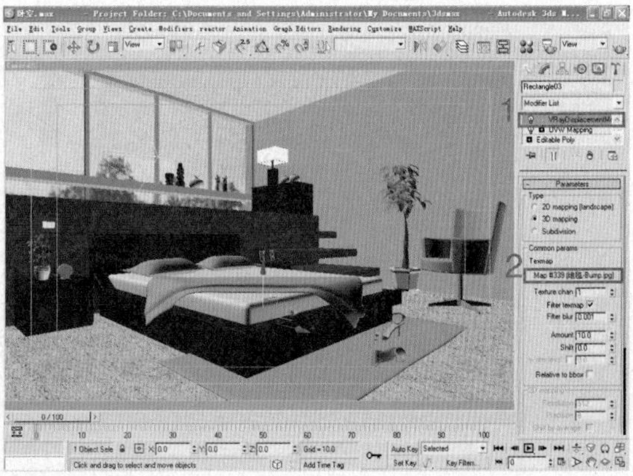

图6-74

| 9 | 激活名称为“布纹-1”的材质示例窗，设置参数如图6-75所示，在“Self-Illumination（自发光）”通道中添加“Mask（遮罩）”贴图，在“Bump（凹凸）”通道中添加“布纹-Bump.jpg”文件。单击工具栏上的✥按钮，在视图中选择床垫对象，单击材质编辑器上的按钮，将此材质赋予选择对象。

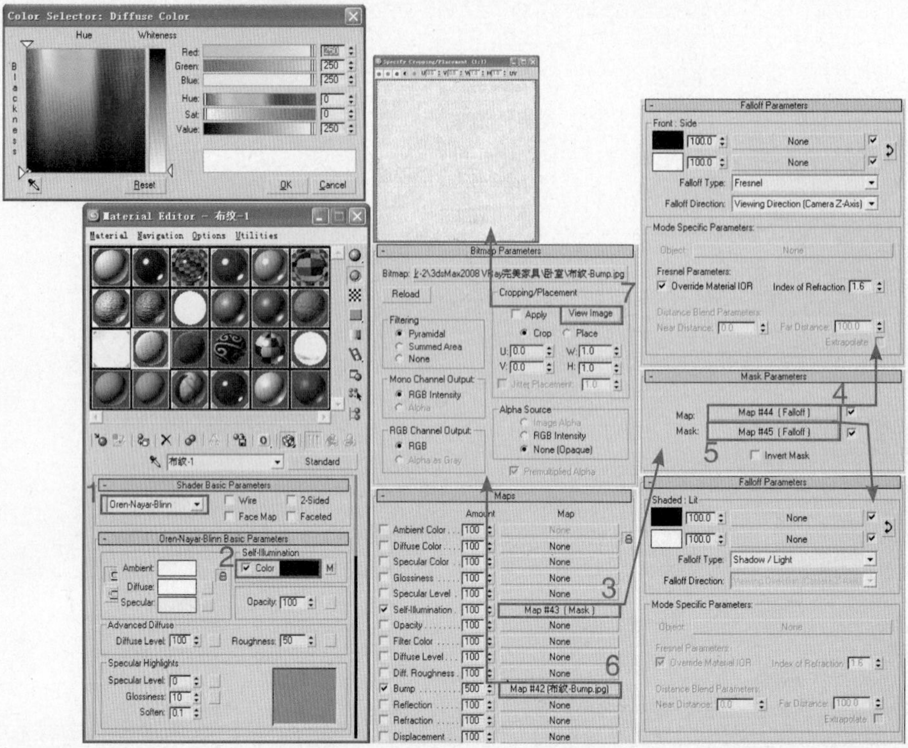

图6–75

| 10 | 选择“UVW Mapping（UVW贴图）”修改器添加给床垫对象。在修改命令面板的“Parameters（参数）”卷展栏中选择“Box（长方体）”单选按钮，将“Length（长度）”、“Width（宽度）”和“Height（高度）”都设置为500，如图6–76所示。

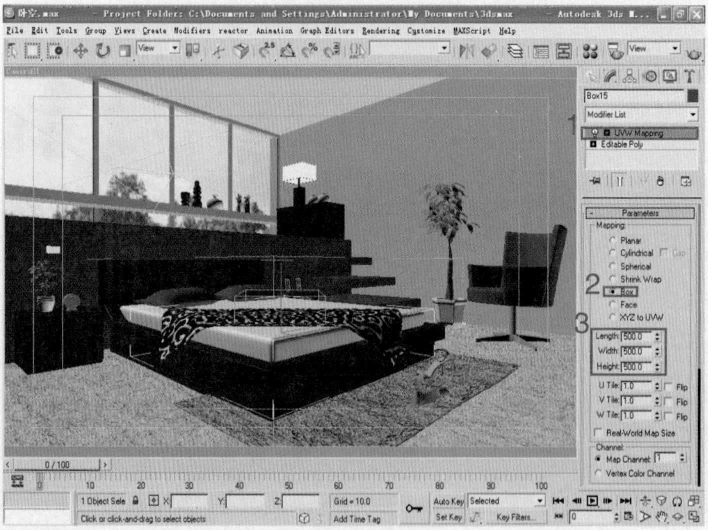

图6–76

| 11 | 接下来制作闹钟材质，首先要为闹钟对象指定合适的ID号。在视图中选择闹钟对象并单击按钮进入修改命令面板，在修改堆栈中进入【Editable Poly（可编辑多边形）】命令的Polygon（多边形）子层级，在视图中选择如图6–77所示的多边形，在“Polygon Material ID（多边形属性）”卷展栏中将“Set ID（设置ID）”后面的数值设置为1。

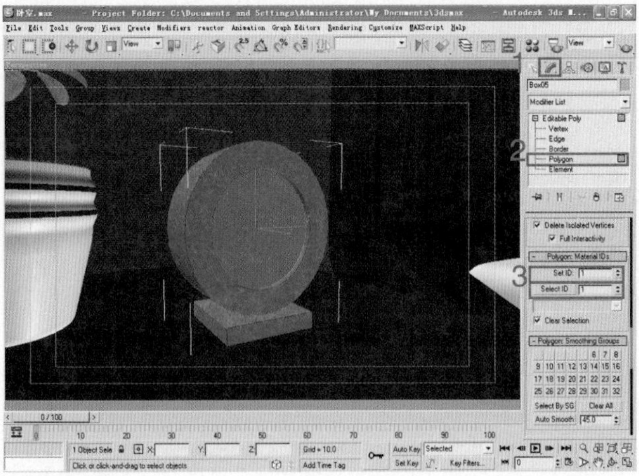

图6-77

| 12 | 在视图中选择如图6-78所示的多边形，在“Polygon Material ID（多边形属性）”卷展栏中将“Set ID（设置ID）”后面的数值设置为2。

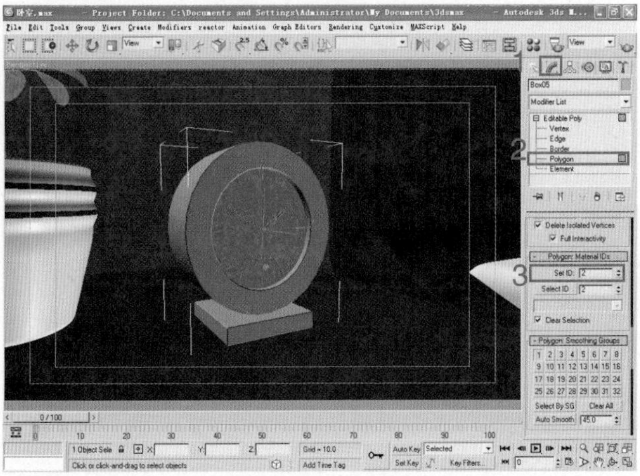

图6-78

| 13 | 在视图中选择如图6-79所示的多边形，在“Polygon Material ID（多边形属性）”卷展栏中将“Set ID（设置ID）”后面的数值设置为3。

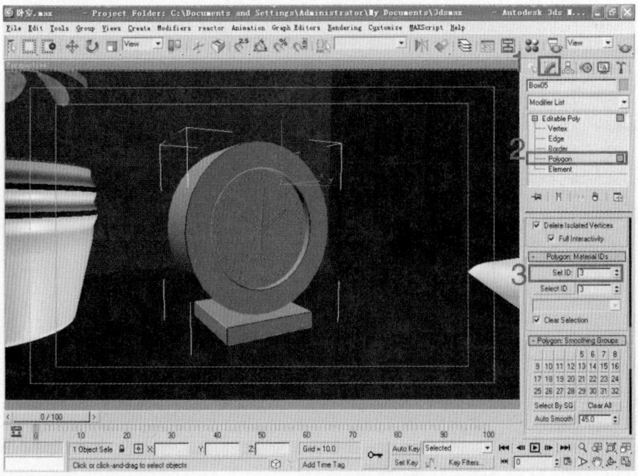

图6-79

| 14 | 在材质编辑器中激活名称为“闹钟”的材质示例窗，这个材质被定义为Multi/Sub-Object（多维-子）材质，此材质拥有三个子材质，如图6-80所示。

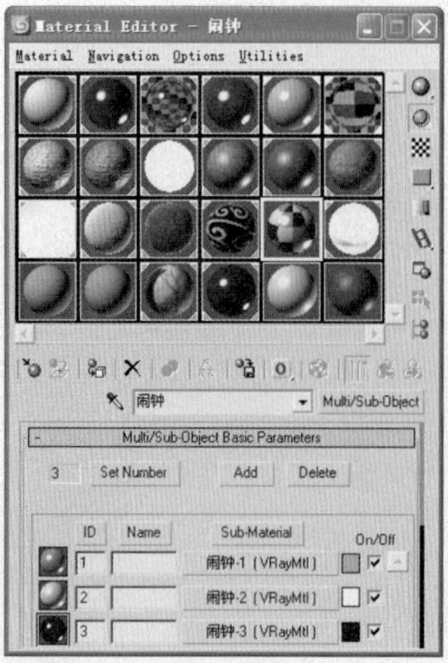

图6-80

| 15 | 在材质编辑器中单击灯片 （VR灯光材质）按钮进入ID号为1的子材质设置面板，如图6-81所示设置漫射和反射颜色，选择“Hue（色调）”为145，“Sat（饱和度）”为20，“Value（亮度）”为150的颜色作为物体漫射颜色。选择“Hue（色调）”为0，“Sat（饱和度）”为0，“Value（亮度）”为75的颜色作为反射颜色。

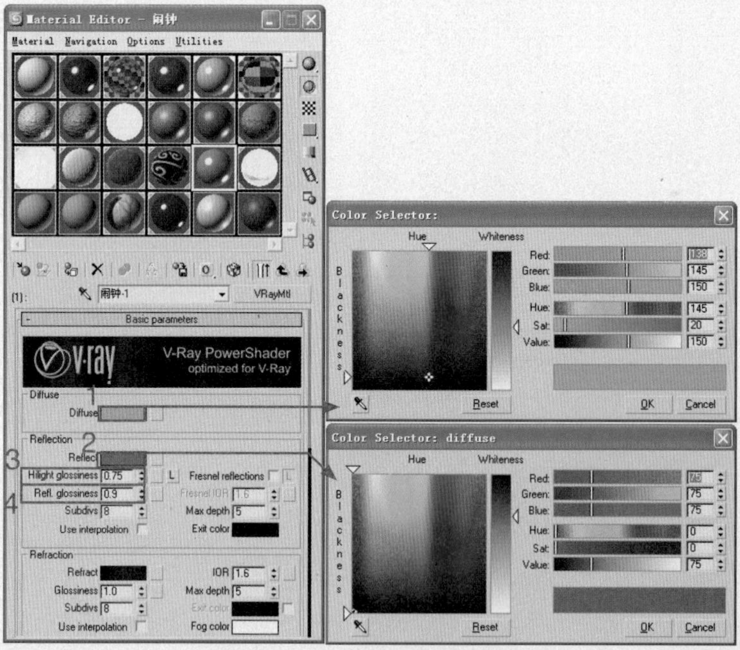

图6-81

| 16 | 设置完成后单击按钮回到上一级，在材质编辑器中单击胆灯灰钢 （VRayMtl）按钮进入ID号为2的子材质设置面板。这个子材质被定义为VRayMtl类型材质，如图6-82所示进行参数设置。选择“Hue（色调）”为0，“Sat（饱和度）”为0，“Value（亮度）”为250的颜色作为物体漫射颜色。选择“Hue（色调）”为0，“Sat（饱和度）”为0，“Value（亮度）”为30的颜色作为反射颜色。

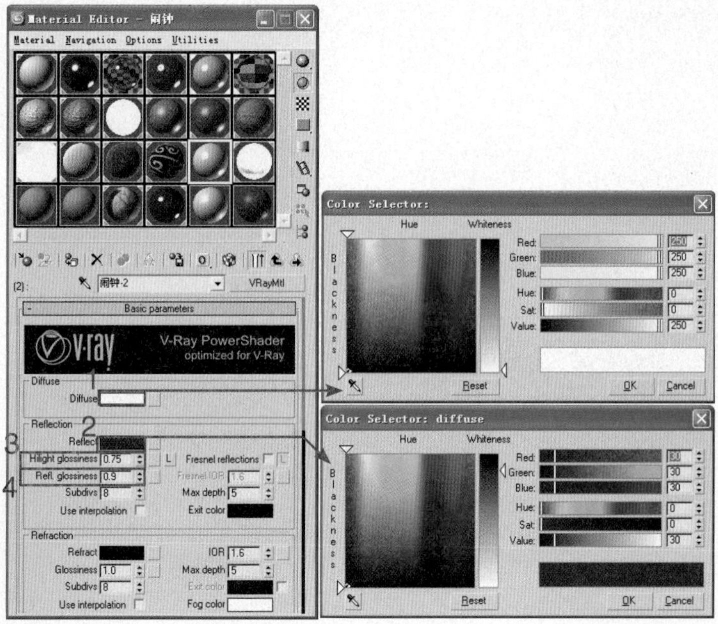

图6-82

|17|设置完成后单击按钮回到上一级，在材质编辑器中单击胆灯灰钢 （VRayMtl）按钮进入ID号为3的子材质设置面板。这个子材质被定义为VRayMtl类型材质，如图6-83所示进行参数设置。选择“Hue（色调）”为0、“Sat（饱和度）”为0、“Value（亮度）”为15的颜色作为物体漫射颜色。选择“Hue（色调）”为0、“Sat（饱和度）”为0、“Value（亮度）”为25的颜色作为反射颜色。

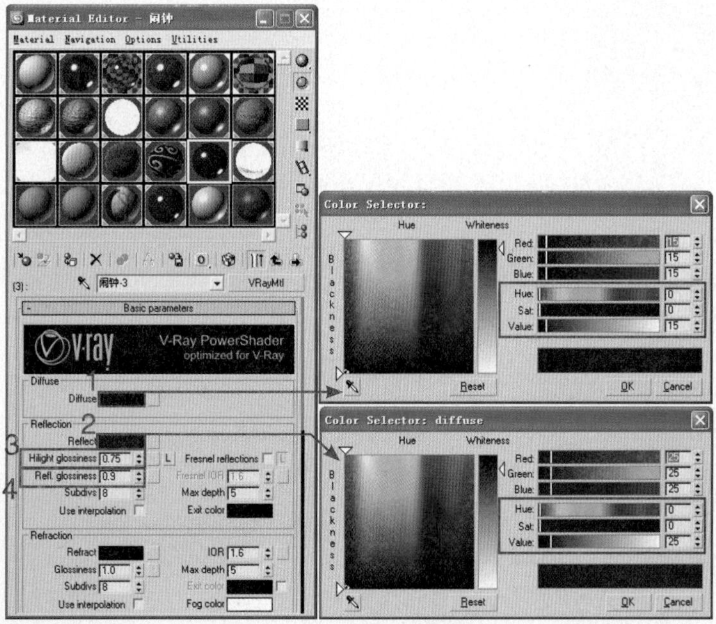

图6-83

|18|激活名称为“鞋-1”的材质示例窗，设置参数如图6-84所示，选择“Hue（色调）”为140、“Sat（饱和度）”为15、“Value（亮度）”为240的颜色作为物体漫射颜色。选择“Hue（色调）”为0、“Sat（饱和度）”为0、“Value（亮度）”为15的颜色作为反射颜色。单击工具栏上的按钮，在视图中选择鞋对象，单击材质编辑器上的按钮，将此材质赋予选择对象。

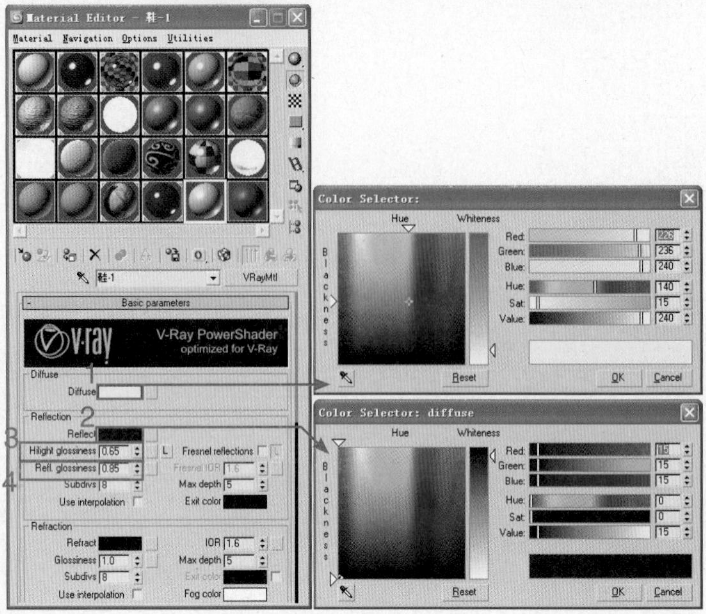

图6-84

| 19 | 激活名称为“鞋-2”的材质示例窗，设置参数如图6-85所示，选择“Hue（色调）”为255、“Sat（饱和度）”为220、“Value（亮度）”为175的颜色作为物体漫射颜色。选择“Hue（色调）”为0、“Sat（饱和度）”为0、【Value（亮度）】为15的颜色作为反射颜色。单击工具栏上的 按钮，在视图中选择鞋对象，单击材质编辑器上的 按钮，将此材质赋予选择对象。

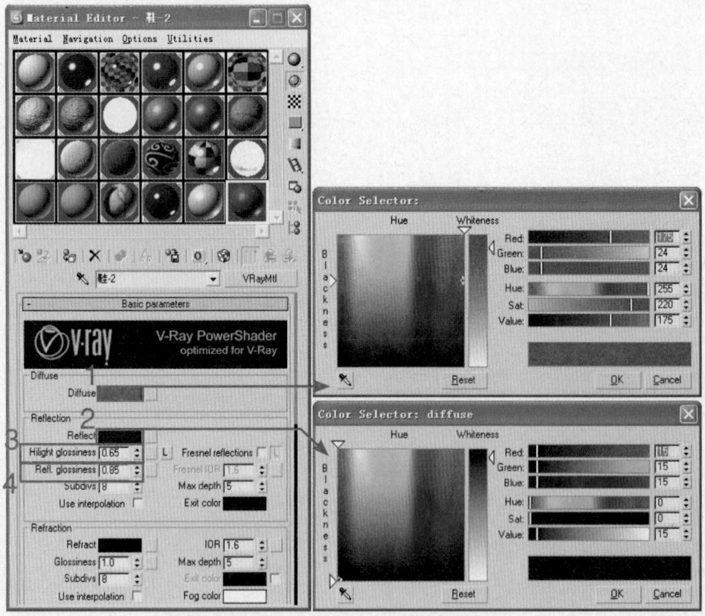

图6-85

6.2.3 卧室家具的渲染设置

| 1 | 首先运用较低参数渲染光子贴图。设置渲染图片的尺寸，在“Irradiance map（发光贴图）”卷展栏中选择“Low（低）”选项和“Single frame（单帧）”模式，接着勾选“Don't delete

（不删除）”和“Auto save（自动保存）”选项。单击 Save 按钮在开启的对话框中为发光贴图命名并保存。然后在“On render end（渲染后）”选项组中选择“Don't delete（不删除）”和“Auto save（自动保存）”复选框。接着单击 Browse 按钮，在开启的对话框中为它指定路径，如图6–86所示。

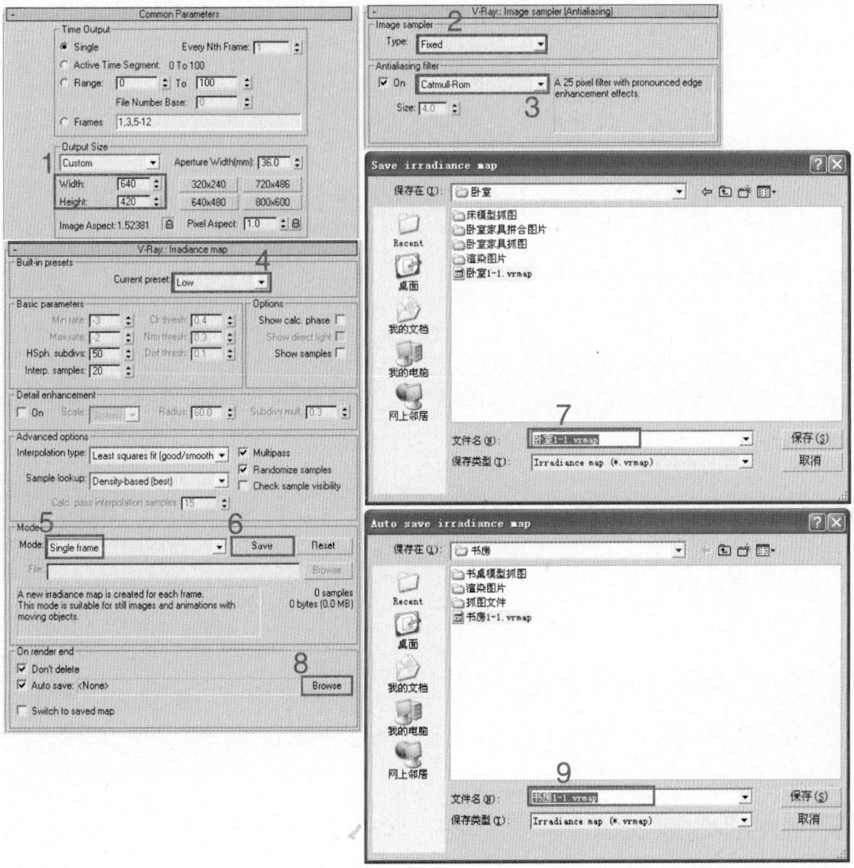

图6–86

| 2 | 将渲染图片的“Width（宽度）”设置为2400，“Height（高度）”设置为1575。展开“Image sampler（Antialiasing）（图像采样反锯齿）”卷展栏，选择“Adaptive QMC（自适应准蒙特卡洛）”的采样方式和“Mitchell–Netravali”抗锯齿过滤器，如图6–87所示。

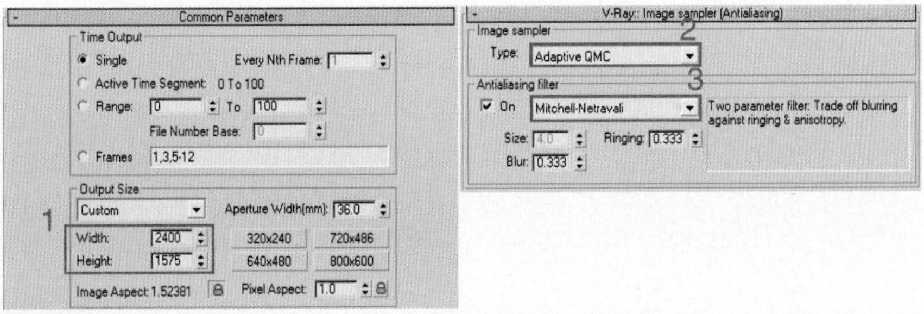

图6–87

| 3 | 当光子贴图渲染完成后，设置高参数渲染正图。展开“Irradiance map（发光贴图）”卷展栏，在“Mode（模式）”中选择“From file（从文件）”模式。在“Current preset（当前预置）”中选择“Hight（高）”选项。展开“Light cache（灯光缓存）”卷展栏，将“Subdivs（细分值）”设置为1000，在“Mode（模式）”中选择“Single frame（单帧）”模式。展开“rQMC

采样器”卷展栏，将“Adaptive amount（适应数量）”设置为0.85，“Min samples（最小采样值）”设置为15，“Noise threshold（噪波阀值）”设置为0.002，如图6-88所示。

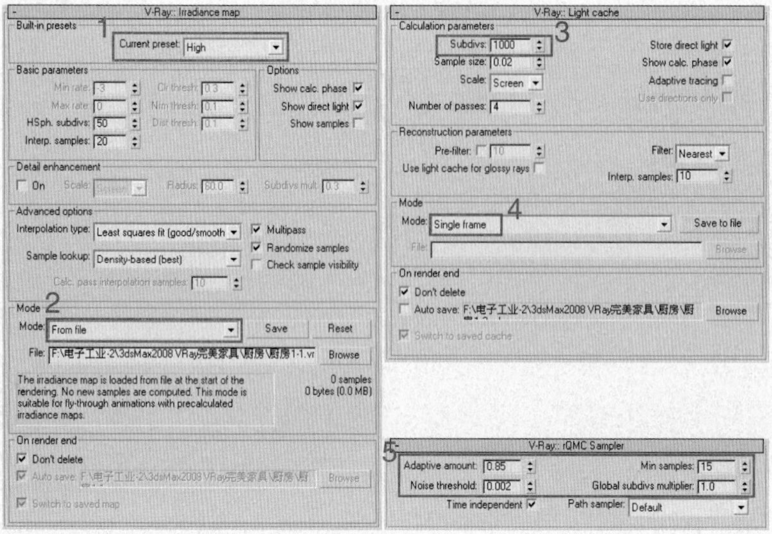

图6-88

|4|进行最终渲染。单击按钮进行正图的渲染，渲染时是以块状的形式进行渲染的。

6.2.4 进行后期处理

|1|在Photoshop CS3中打开“卧室.tga”，单击图层面板下方的按钮，在弹出的菜单中选择“色阶”命令创建色阶整图层，拖动“色阶”对话框中的滑块调整图片明暗，如图6-89所示。

|2|单击图层面板下方的按钮，在弹出的菜单上选择【亮度/对比度】命令，创建亮度/对比度调整图层。在“亮度/对比度”对话框中将“亮度”和“对比度”都设置为5，如图6-90所示。

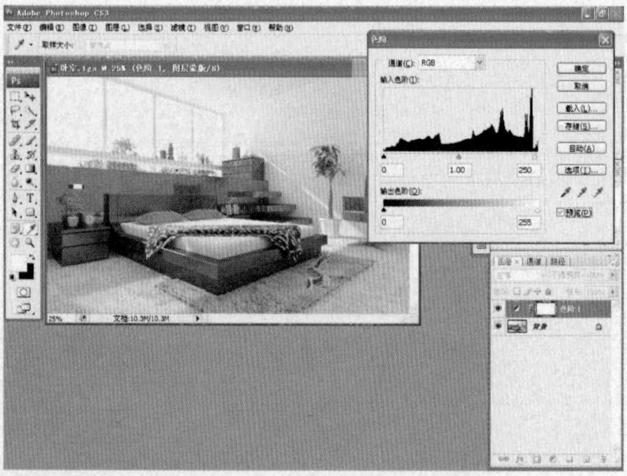

图6-89

图6-90

|3|单击图层面板下方的按钮，在弹出的菜单中选择“曲线”命令，创建曲线调整图层。在弹出的“曲线”对话框中拖动曲线，对画面局部明暗再次进行调整，如图6-91所示。

|4|在“曲线”对话框中单击鼠标创建新的调整点，接着拖动调整点对画面局部明暗再次进行调整，如图6-92所示。

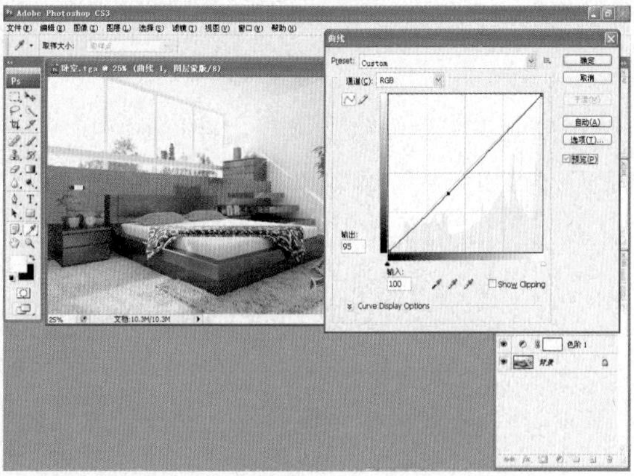

图6-91

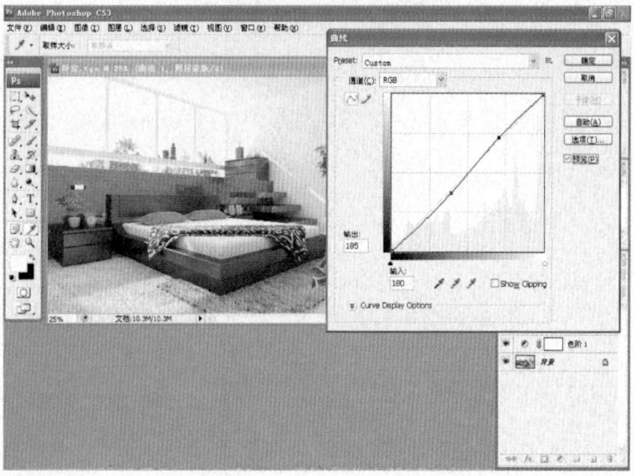

图6-92

| 5 | 单击图层面板下方的◐.按钮，在弹出的菜单中选择【色彩平衡】命令，创建色彩平衡调整图层。在“色彩平衡”对话框中选择“中间调”单选按钮，设置如图6-93所示的参数。

| 6 | 在“色彩平衡”对话框中分别选择“高光”单选按钮并拖动滑块进行调节，如图6-94所示。

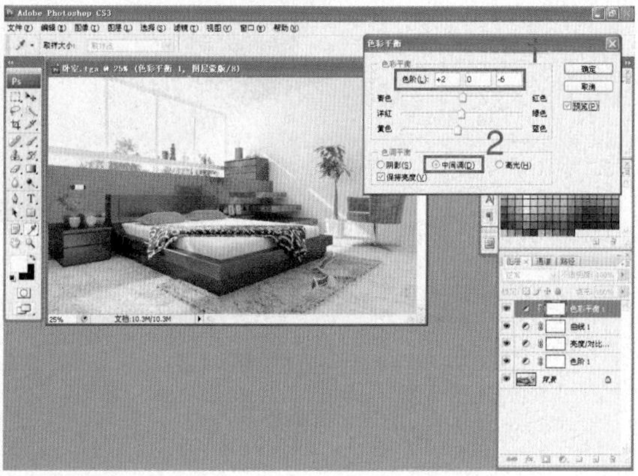

图6-93

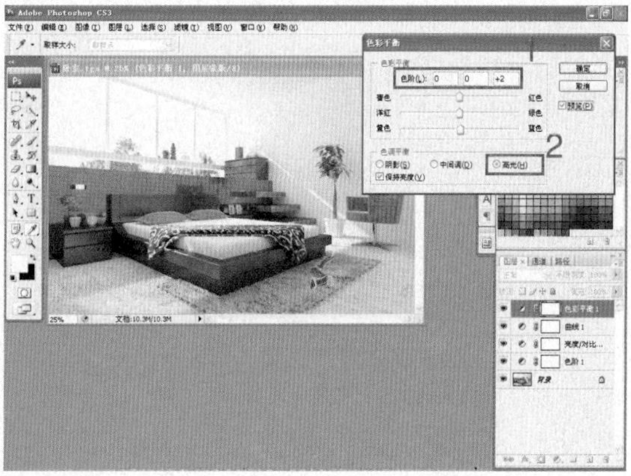

图6-94

| 7 | 单击图层面板下方的◐.按钮，在弹出的菜单上选择【色相/饱和度】命令，创建“色相/饱和度”调整图层。在“色相/饱和度”对话框中将“色相”设置为2，“饱和度”设置为6，如图6-95所示。

| 8 | 当对色相/饱和度参数进行设置后，图片的饱和度得到增强，如图6-96所示。

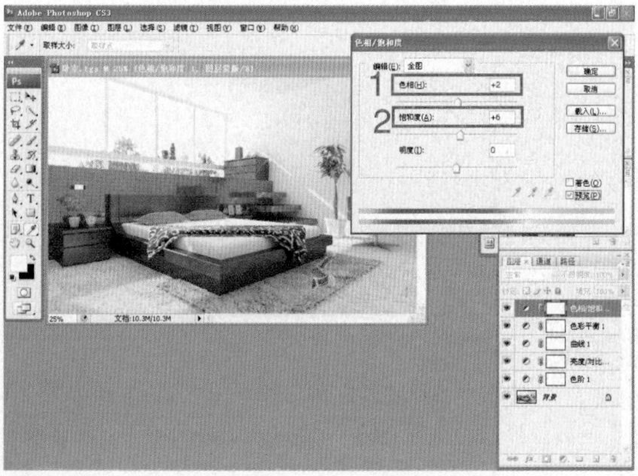

图6-95

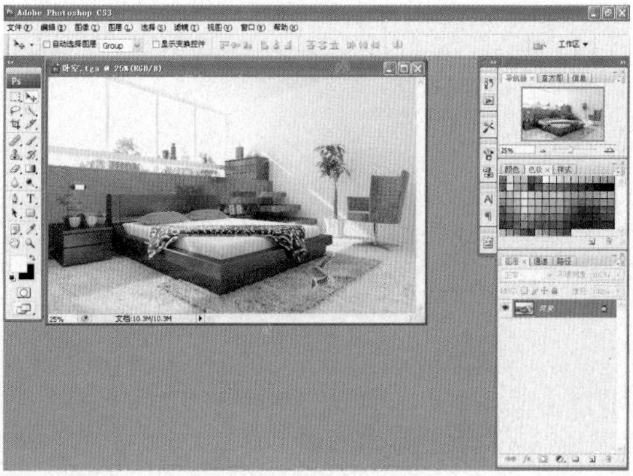

图6-96

| 9 | 选择【图像】→【模式】→【Lab颜色】命令，图片将失去颜色。进入通道面板。将Alpha1通道删除，如图6-97所示。

| 10 | 在通道面板中激活“明度”通道，选择【图像】→【调整】→【色阶】命令，在“色阶”对话框中设置如图6-98所示的参数。

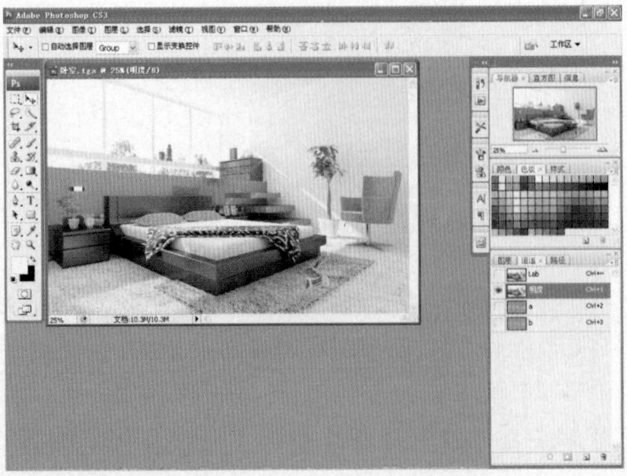

图6-97

图6-98

| 11 | 激活“明度”通道，选择【滤镜】→【锐化】→【USM锐化】命令，在弹出的“USM锐化”对话框中将“数量”设置为65，如图6-99所示。

| 12 | 回到图层面板，再次选择【滤镜】→【锐化】→【USM锐化】命令，在弹出的“USM锐化”对话框中将“数量”设置为20，如图6-100所示。

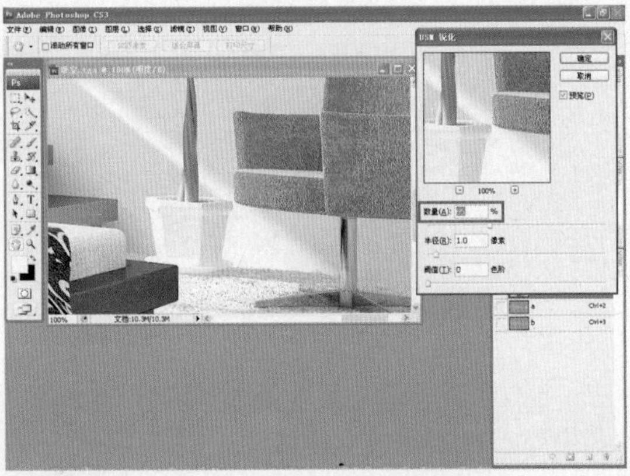

图6-99

图6-100

| 13 | 在Photoshop CS3中进行后期处理后的效果如图6-101所示。

图6-101

第 7 章　厨房家具

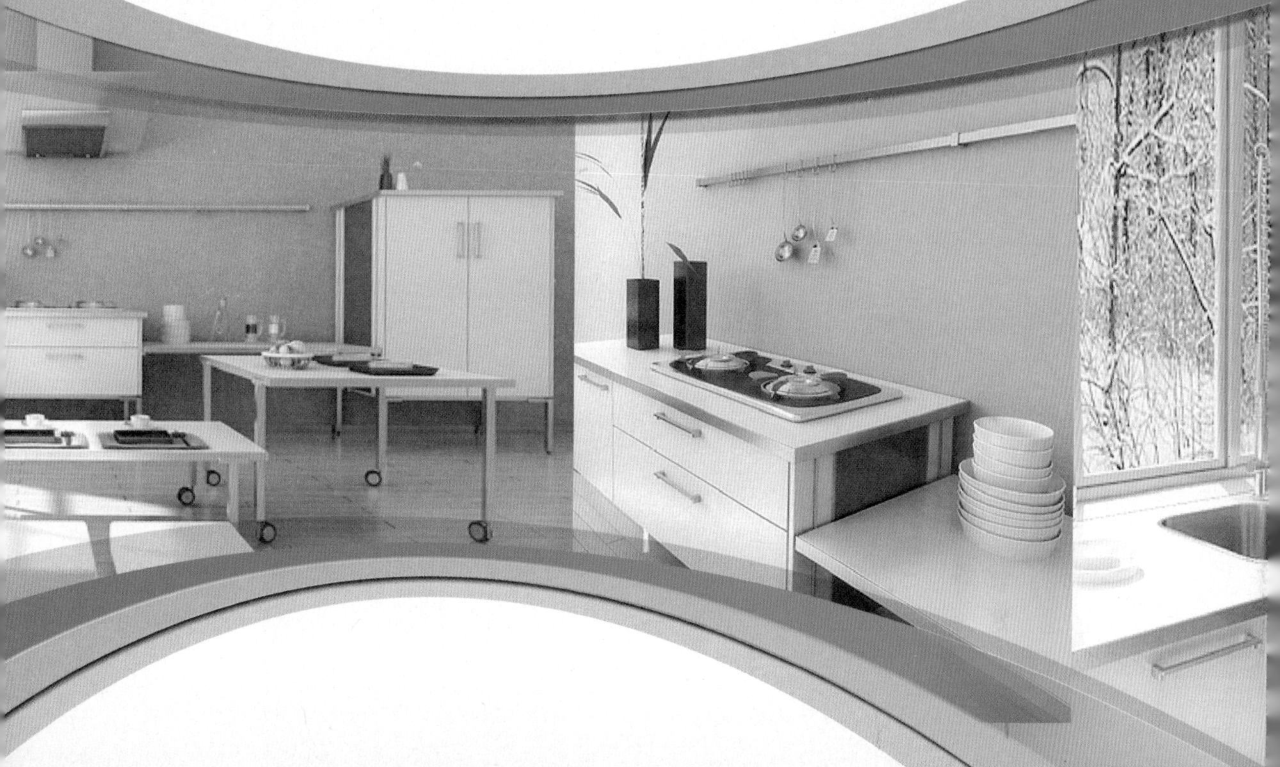

选择厨房家具时除了要看厨房新的布局是否与整个房间相适应，还应该充分考虑在厨房中的洗刷、料理、烹饪、储藏物品这四大基本功能。操作台的宽度、高度，以及吊柜的进深、高度等因素，以保证人体在厨房中活动的方便性和实用性。另外，色彩也是重点考虑的内容，对厨房家具的色彩要求能够表现出干净、刺激食欲和能够使人愉悦的特征。本章的学习重点在于活动茶几模型的制作和雪后阳光场景的表现。

7.1 活动茶几的创建

活动茶几模型的创建分为两部分，首先创建茶几模型的活动桌脚，接着创建桌面。在建立活动桌脚时使用了多边形建模方法，然后进入其顶点和边层级进行编辑。接着用二维线条创建桌面的外轮廓并添加挤出修改器，使它具有厚度，如图7-1所示。

图7-1

7.1.1 活动茶几的特点及适用空间

活动茶几具有结构简单、美观大方、干净卫生、造价低廉的优点，精细的做工、优质的材料、独特的360° 万向轮设计，可以让家居生活更随意、更方便。适合于家庭或公共场所使用。

7.1.2 活动茶几的制作流程

|1| 当设置好系统单位后，单击按钮进入创建命令面板，再单击按钮进入二维物体创建命令面板，接着单击 Box （长方体）按钮，在Top（顶）视图中拖动鼠标创建如图7-2所示的长方体。

|2| 单击按钮进入修改命令面板，在修改命令面板的“Parameter（参数）”卷展栏中设置长方体的各项参数，如图7-3所示。

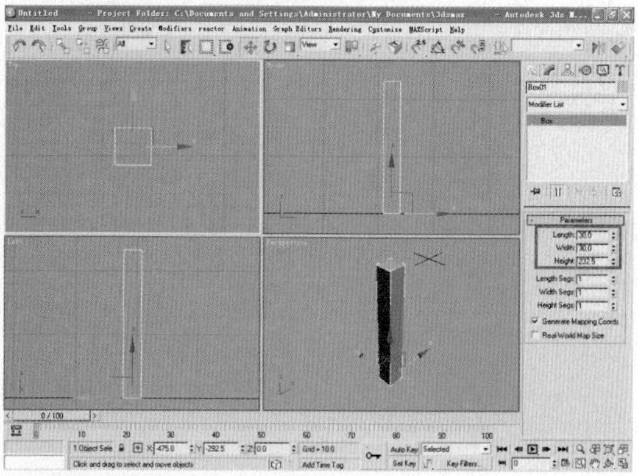

图7-2

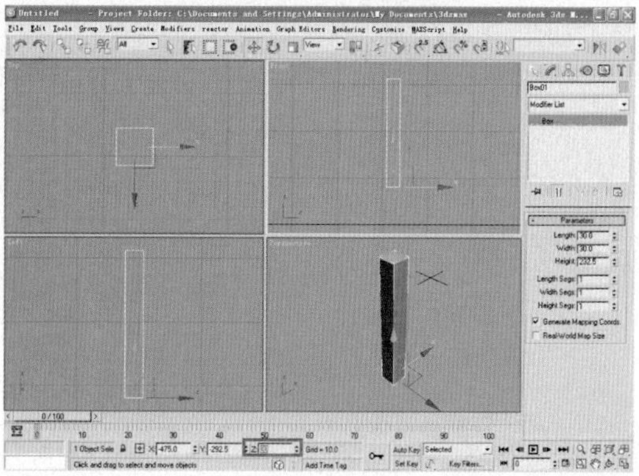

图7-3

|3|在视图中选择挤压对象并单击鼠标右键，在弹出的快捷菜单中选择【Convert to Editable Poly（转换成可编辑多边形）】命令使它塌陷，如图7-4所示。

|4|单击按钮进入修改命令面板，在修改堆栈中进入【Editable Poly（可编辑多边形）】命令的Edge（边）子层级，在视图中选择如图7-5所示的边。

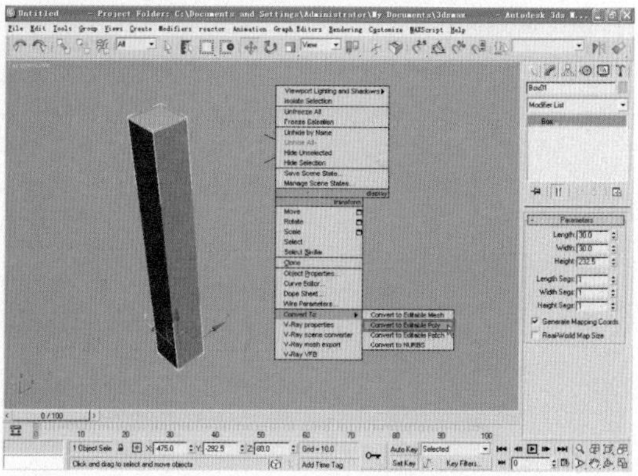

图7-4

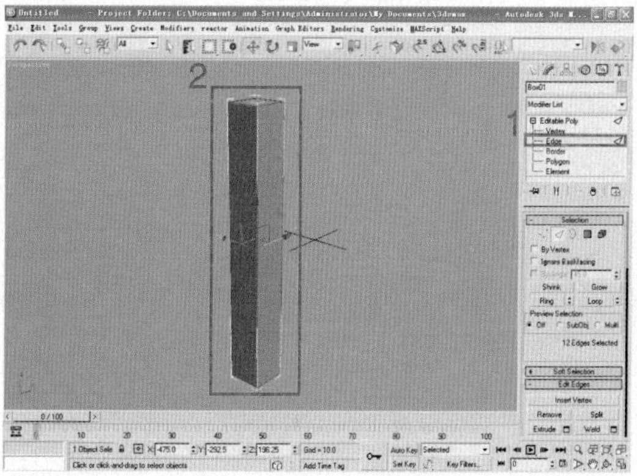

图7-5

|5|单击修改命令面板上 Chamfer 后面的按钮，在弹出的“Chamfer Edges（倒边）”对话框中将“Chamfer Amount（倒角数量）”设置为1。选择的边将进行倒角处理，如图7-6所示。

|6|单击按钮进入创建命令面板，再单击按钮进入二维物体创建命令面板，接着单击 Line （样条线）按钮，在Left（左）视图中拖动鼠标创建如图7-7所示的闭合样条线。

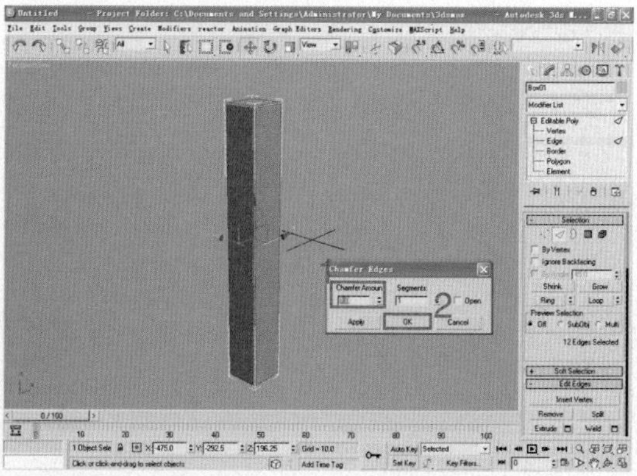

图7-6

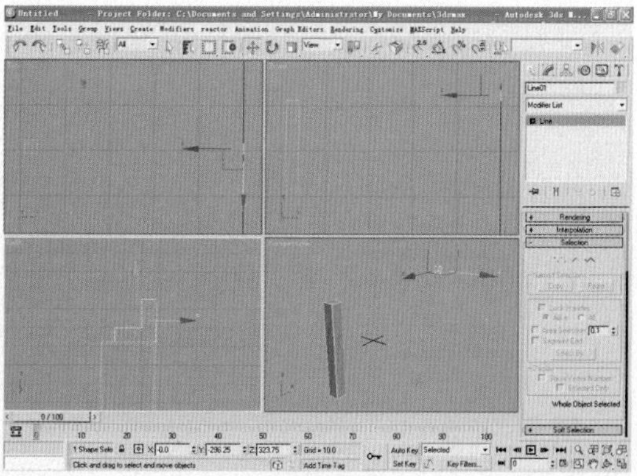

图7-7

|7|单击按钮进入修改命令面板，在修改器列表中选择“Extrude（挤出）”修改器添加给样条线，将此修改器的“Amount（数量）”参数设置为100，将闭合样条线挤出厚度，如图7-8所示。

| 8 | 单击状态栏中的按钮，将X轴后面的数值设置为-425，挤出对象移动到如图7-9所示的位置。

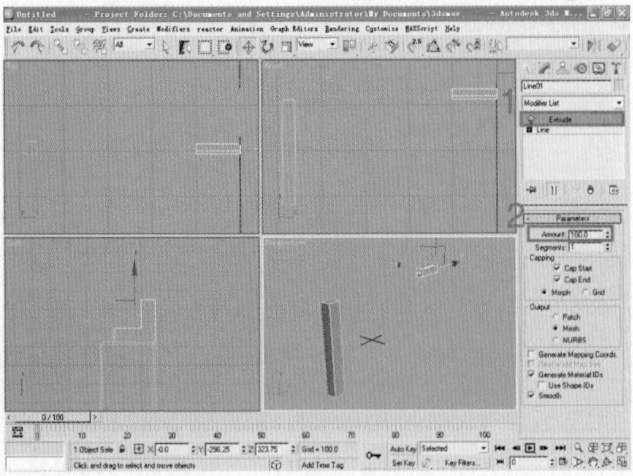

图7-8

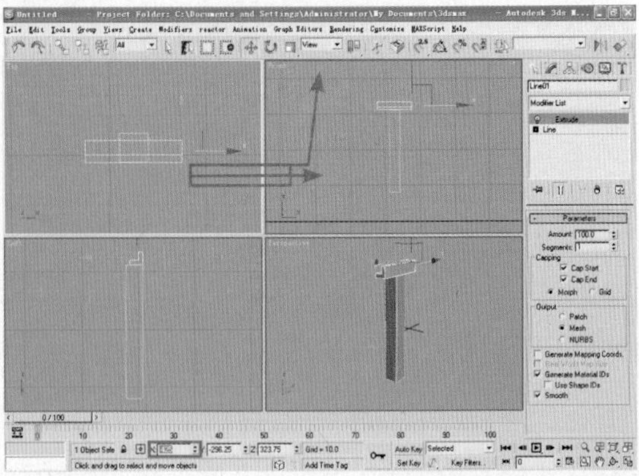

图7-9

| 9 | 单击按钮进入修改命令面板，在修改堆栈中进入【Editable Poly（可编辑多边形）】命令的Edge（边）子层级，在视图中选择如图7-10所示的边。

| 10 | 单击修改命令面板上 Chamfer 后面的按钮，在弹出的“Chamfer Edge（倒边）”对话框中将“Chamfer Amount（倒角数量）”设置为1.0。选择的边将进行倒角，如图7-11所示。

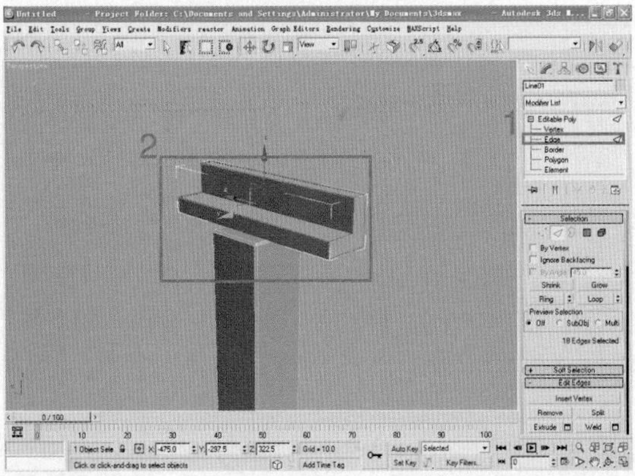

图7-10

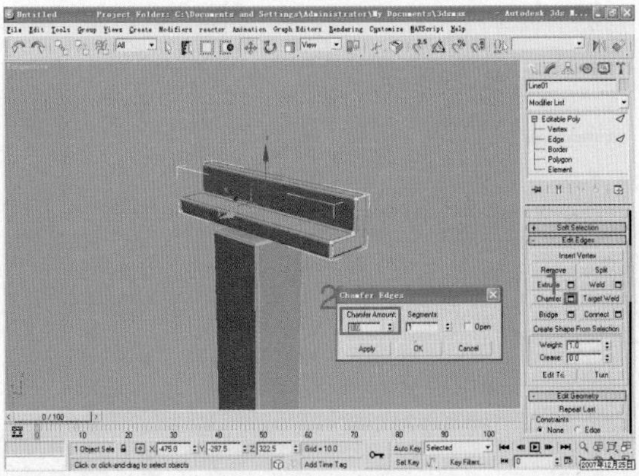

图7-11

| 11 | 单击按钮进入创建命令面板，再单击按钮进入二维物体创建命令面板，接着单击 Cylinder （圆柱体）按钮，在Top（顶）视图中拖动鼠标创建如图7-12所示的圆柱体。

| 12 | 在状态栏中将Z轴后的数值设置为20，圆柱体将沿着Z轴向上移动，如图7-13所示。

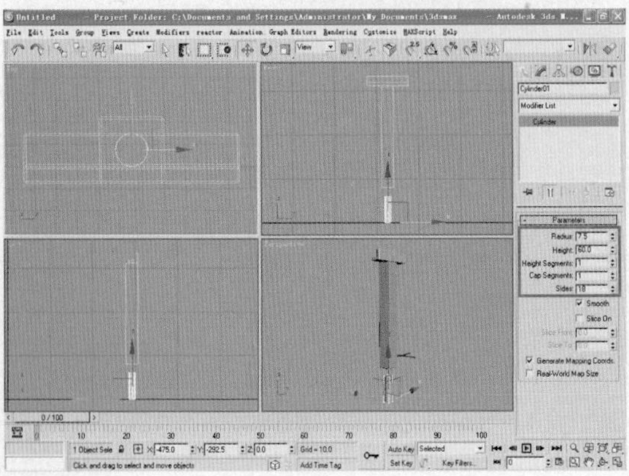

图7-12

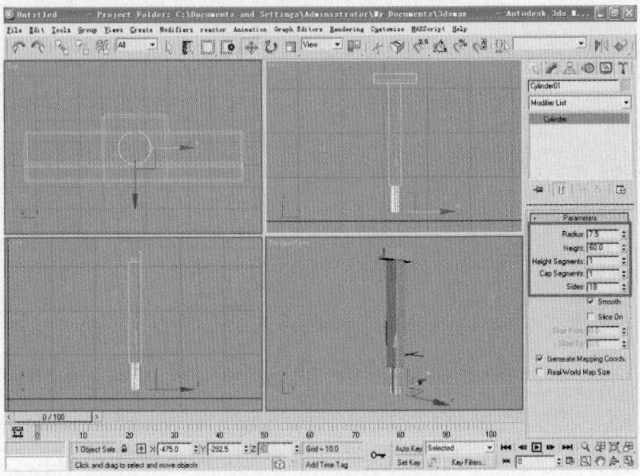

图7-13

| 13 | 在视图中选择挤压对象并单击鼠标右键，在弹出的快捷菜单中选择【Convert to Editable Poly（转换成可编辑多边形）】命令使它塌陷。在修改堆栈中进入【Editable Poly（可编辑多边形）】命令的Edge（边）子层级，在视图中选择如图7-14所示的边。

| 14 | 单击修改命令面板上 Connect 后面的□按钮，在弹出的“Connect Edges（连接边）”对话框中将“Segments（分段数）”设置为4。圆柱体身产生4条新的边，如图7-15所示。

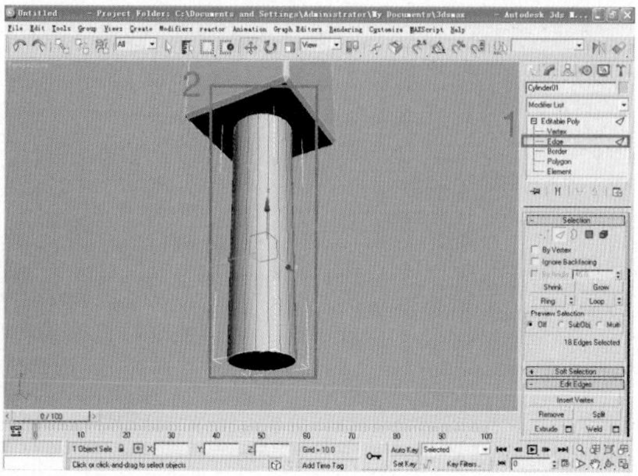

图7-14

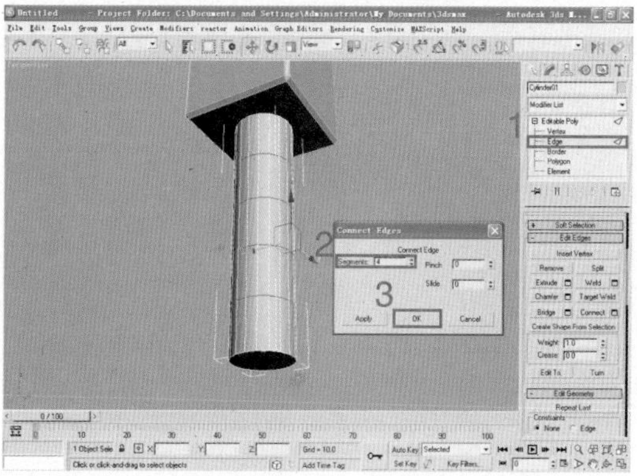

图7-15

| 15 | 在修改堆栈中进入【Editable Poly（可编辑多边形）】命令的Vertex（顶点）子层级，在视图中选择如图7-16所示的顶点。

| 16 | 在状态栏中将Z轴后的数值设置为75，选择的顶点将沿着Z轴向上移动，如图7-17所示。

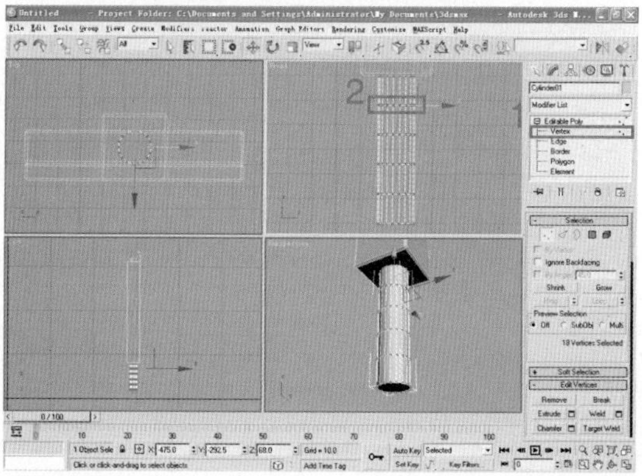

图7-16

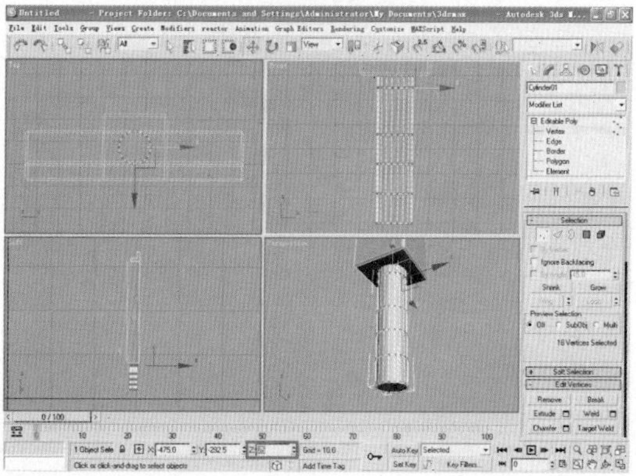
图7-17

| 17 | 接着在视图中选择如图7-18所示的第二排顶点。

| 18 | 在状态栏中将Z轴后面的数值设置为72.5，选择的顶点将沿着Z轴向上移动，如图7-19所示。

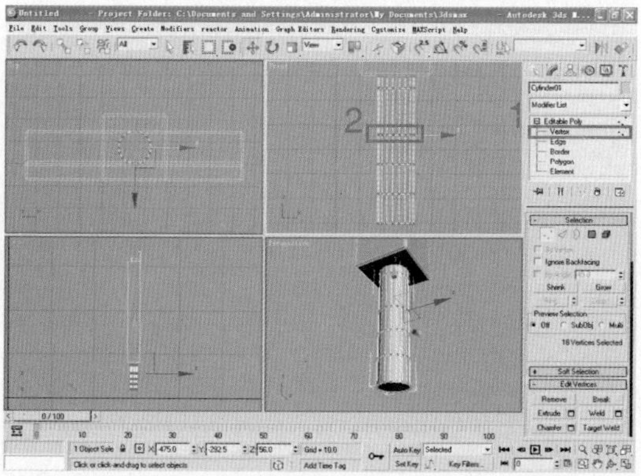

图7-18

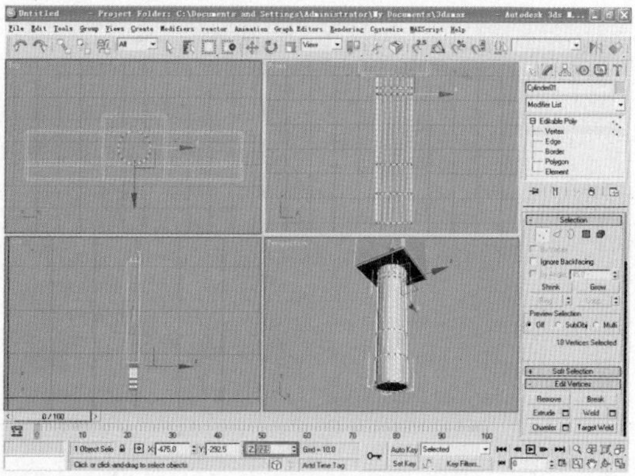
图7-19

| 19 | 然后在视图中选择如图7-20所示的第三排顶点。

| 20 | 在状态栏中将Z轴后的数值设置为67.5，选择的顶点将沿着Z轴向上移动，如图7-21所示。

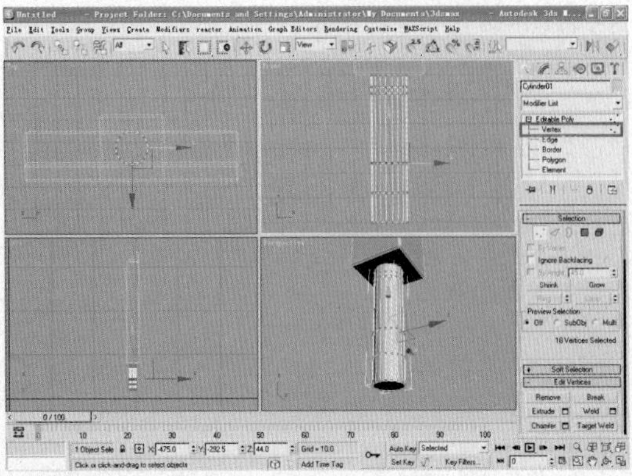

图7-20

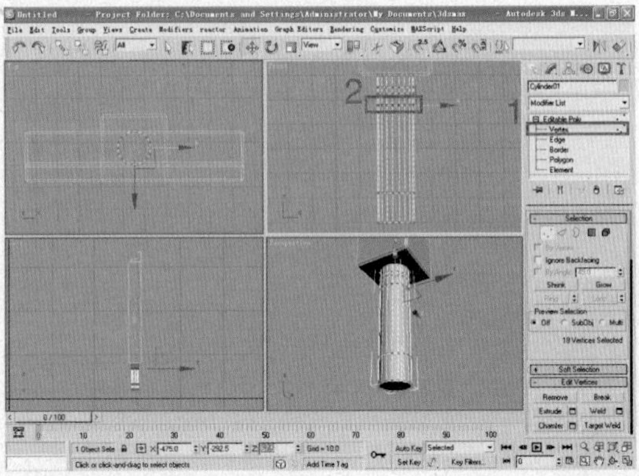

图7-21

| 21 | 最后在视图中选择如图7-22所示的第4排顶点。

| 22 | 在状态栏中将Z轴后的数值设置为65，选择的顶点将沿着Z轴向上移动，如图7-23所示。

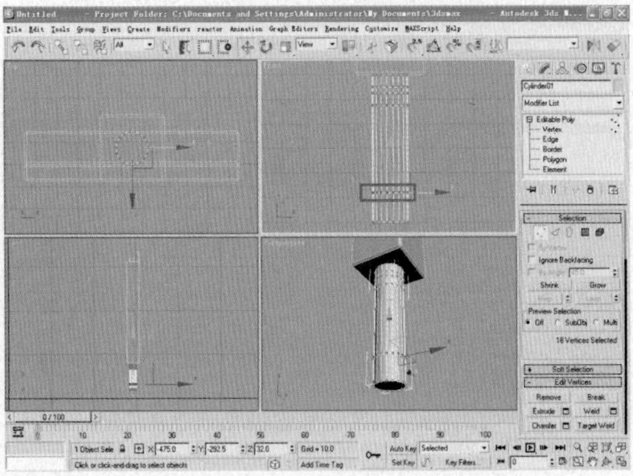

图7-22

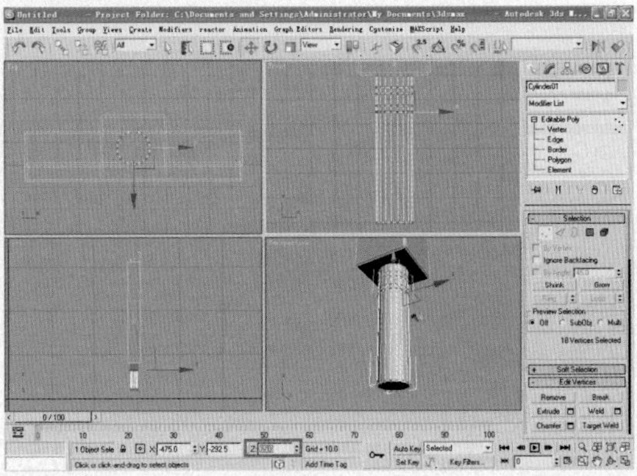

图7-23

| 23 | 在修改堆栈中进入【Editable Poly（可编辑多边形）】命令的Polygon（多边形）子层级，按住【Ctrl】键并在视图中选择如图7-24所示的多边形。

| 24 | 单击修改命令面板上 Extrude 后面的□按钮，在弹出的"Extrude Polygons（挤出多边形）"对话框中选择"Local Normal（自身法线）"单选按钮，将"Extrusion Height（挤出高度）"设置为-1.0。选择的多边形将反向挤出，如图7-25所示。

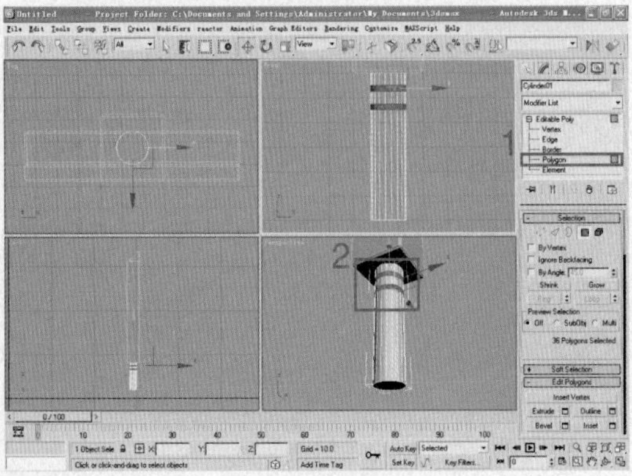

图7-24

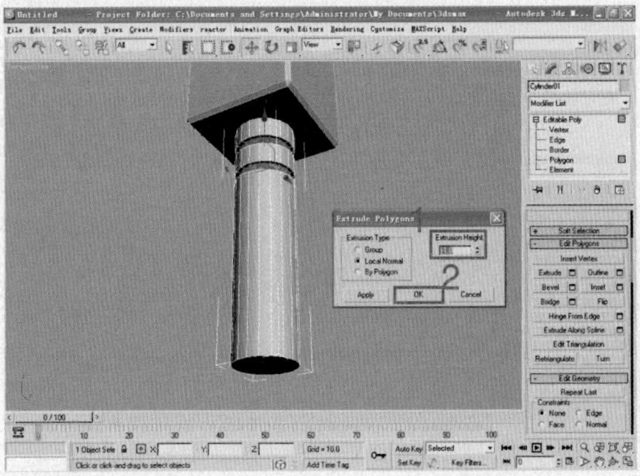

图7-25

| 25 | 在修改堆栈中进入【Editable Poly（可编辑多边形）】命令的Edge（边）子层级，在视图中选择如图7-26所示的边。

| 26 | 单击修改命令面板上 Chamfer 后面的□按钮，在弹出的“Chamfer Edges（倒边）”对话框中将“Chamfer Amount（倒角数量）”设置为1.0。选择的边将进行倒角，如图7-27所示。

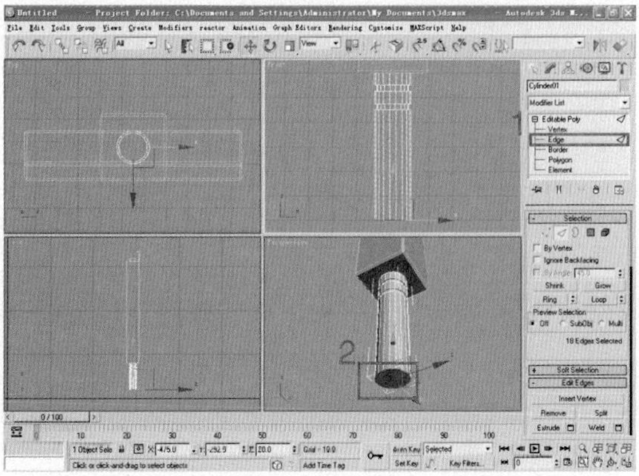
图7-26

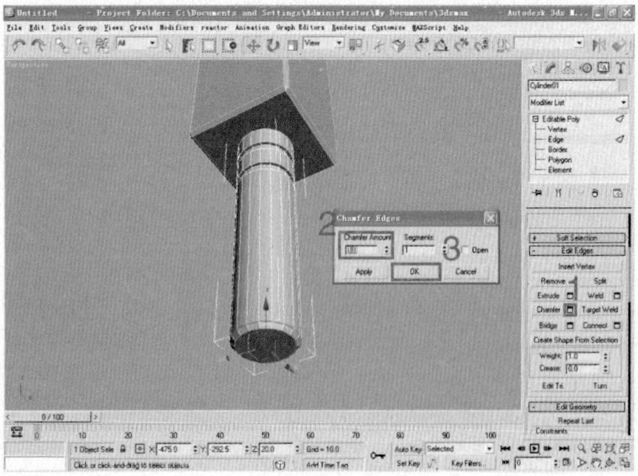
图7-27

| 27 | 退出【Editable Poly（可编辑多边形）】命令的Edge（边）子层级的编辑状态后，可见倒角处表面凹凸不平，如图7-28所示。

| 28 | 单击按钮进入修改命令面板，在修改器列表中选择“Smooth（光滑）”修改器，使倒角处的表面变得平滑，如图7-29所示。

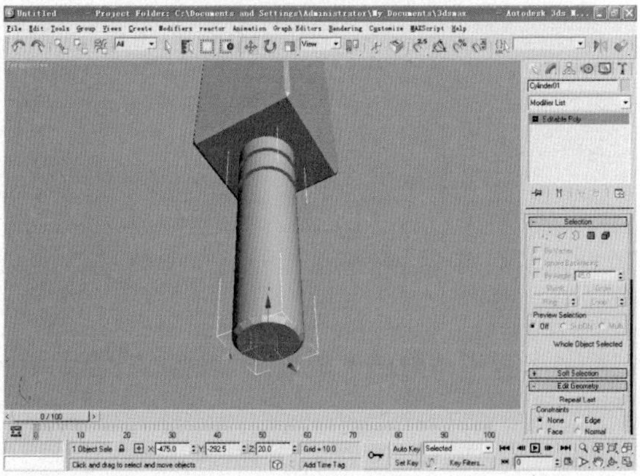
图7-28

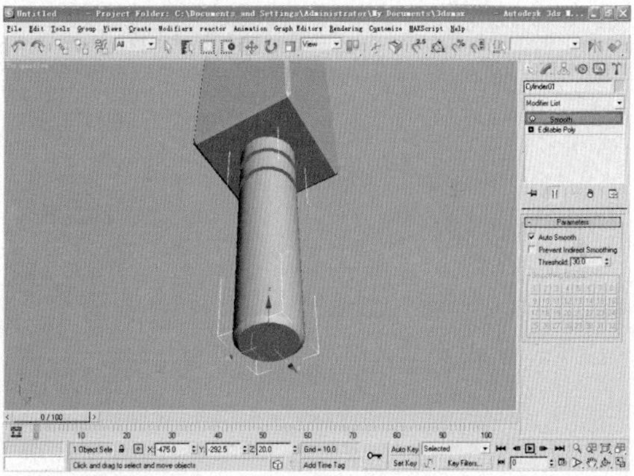
图7-29

| 29 | 单击按钮进入创建命令面板，再单击按钮进入三维物体创建命令面板，接着单击 ChamferCyl （倒角圆柱体）按钮，在Top（顶）视图中拖动鼠标创建倒角圆柱体，如图7-30所示设置参数。

| 30 | 在状态栏中将Y轴后的数值设置为-275，选择的顶点将沿着Y轴向下移动，如图7-31所示。

| 31 | 单击创建命令面板上的 ChamferCyl （倒角圆柱体）按钮，在Front（前）视图中拖动鼠标创建倒角圆柱体，如图7-32所示参数。

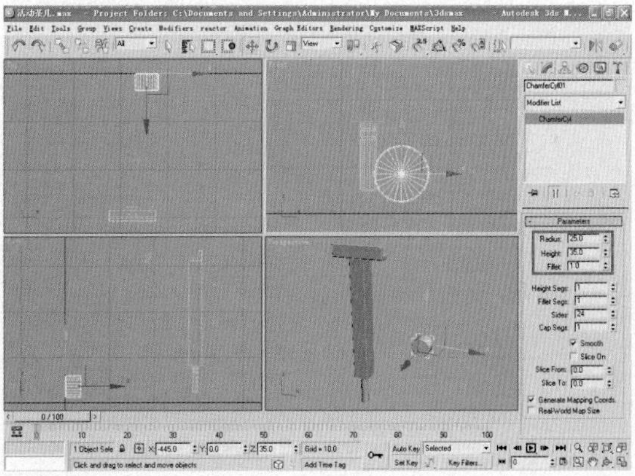
图7-30

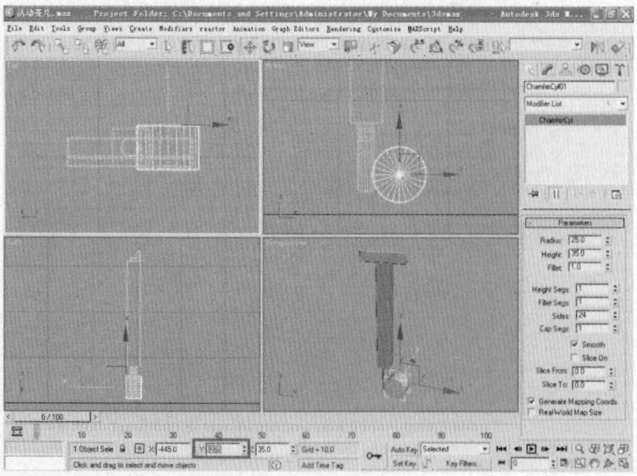

图7-31

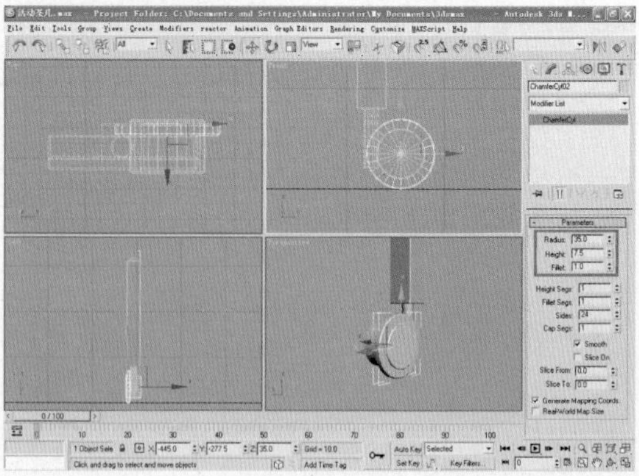

图7-32

| 32 | 单击工具栏上的按钮，在弹出的“Mirror（镜像）”对话框中设置如图7-33所示的参数，将轮子镜像复制一个。

| 33 | 单击创建命令面板上的 ChamferCyl （倒角圆柱体）按钮，在Front（前）视图中拖动鼠标创建倒角圆柱体，参数如图7-34所示。

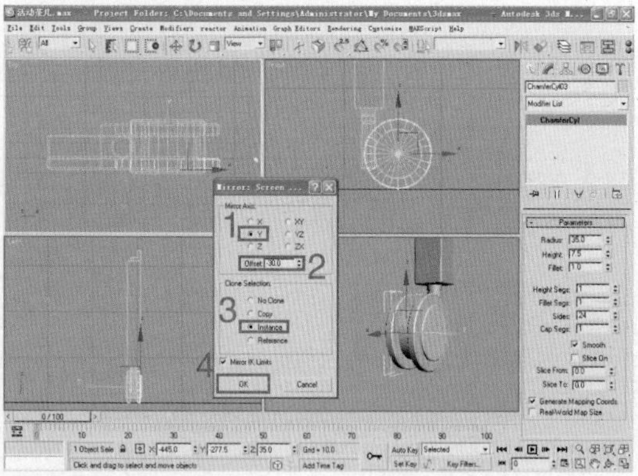

图7-33

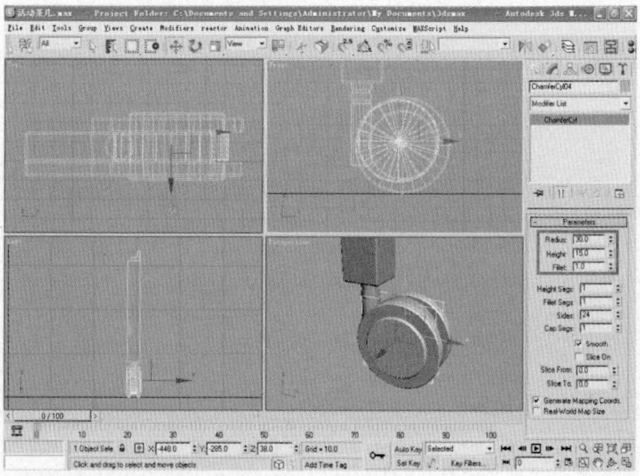

图7-34

| 34 | 单击工具栏上的按钮并按住【Ctrl】键，在视图中选择如图7-35所示的对象，选择【Group（组）】→【Group（成组）】命令，将选择对象成组。

| 35 | 接着单击工具栏上的和按钮，在Top（顶）视图中将成组对象沿Z轴旋转10°，如图7-36所示。

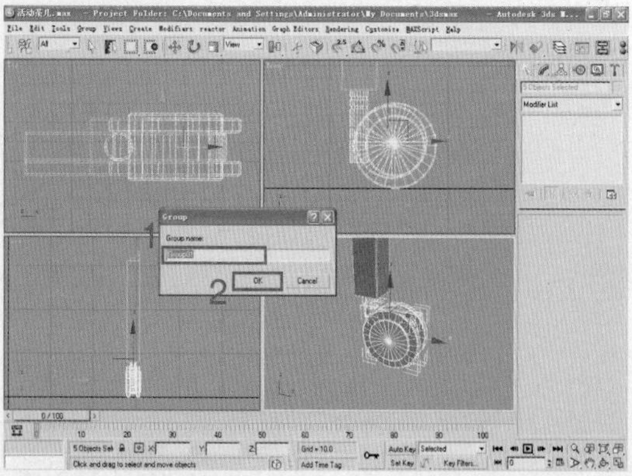

图7-35

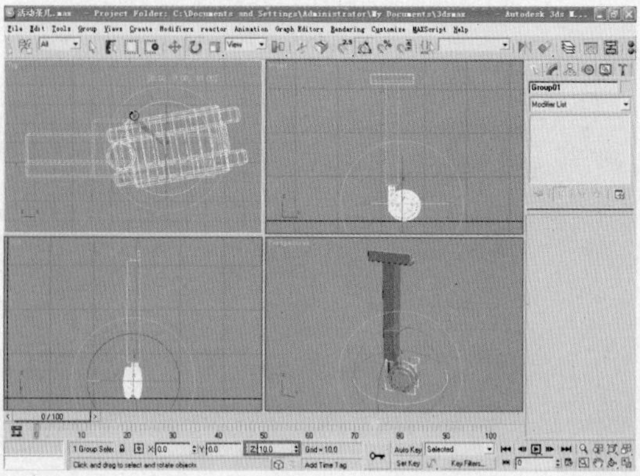

图7-36

| 36 | 当成组对象旋转角度后，效果如图7-37所示。

| 37 | 按住【Shift】键在视图中将活动茶几的脚关联复制三个，并按如图7-38所示的位置放置。

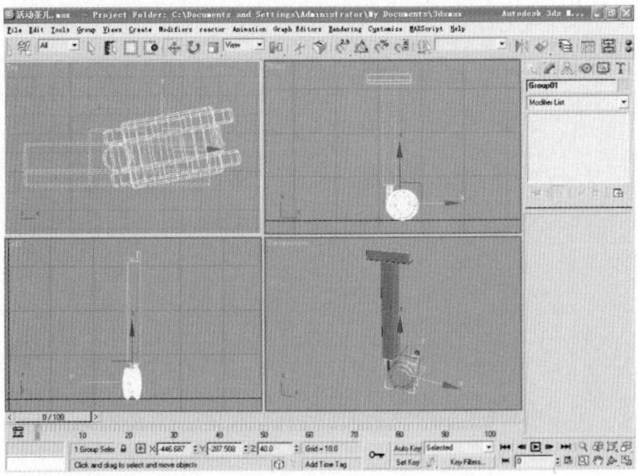

图7-37

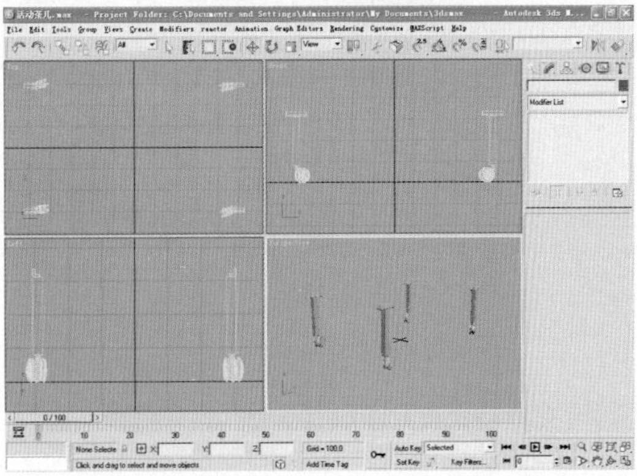

图7-38

| 38 | 单击 按钮进入创建命令面板，接着单击 按钮进入二维物体创建命令面板，单击 Rectangle （矩形）按钮，在Front（前）视图中拖动鼠标创建矩形样条线，如图7-39所示设置参数。

| 39 | 单击 按钮进入修改命令面板，在修改器列表中选择“Edit Spline（编辑样条线）”修改器添加给矩形对象。在修改堆栈中进入【Edit Spline（编辑样条线）】命令的Spline（样条线）子层级，接着选择如图7-40所示的样条线。

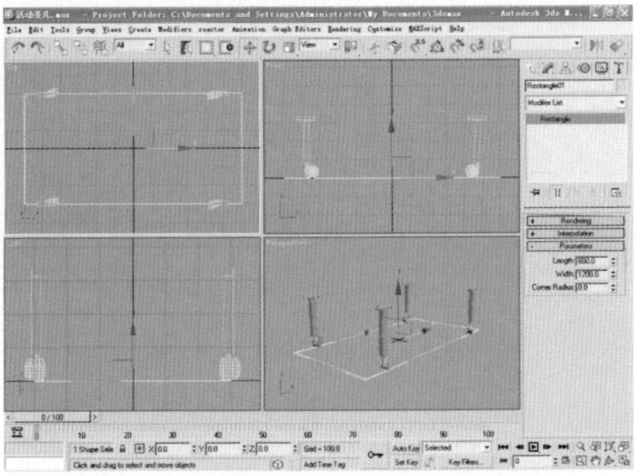

图7-39

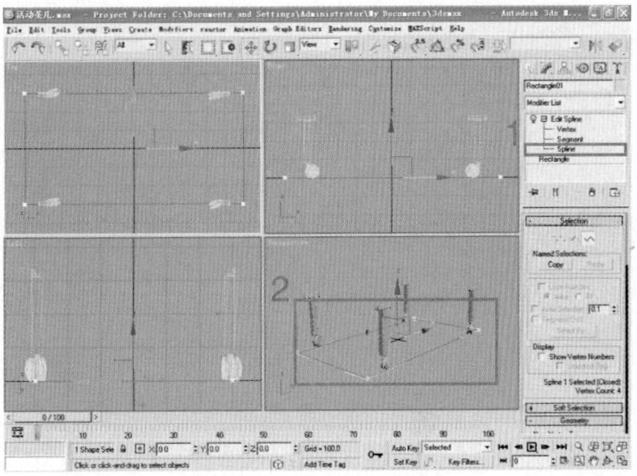

图7-40

| 40 | 在修改命令面板上单击 Outline 按钮并在视图中拖动，当 Outline 数值框的数值为5时停止拖动，产生新的轮廓，如图7-41所示。

| 41 | 当工具栏上的 按钮处于激活状态时，在Front（前）视图中框选如图7-42所示的顶点并单击鼠标右键，在弹出的快捷菜单中选择【Corner（角点）】命令。

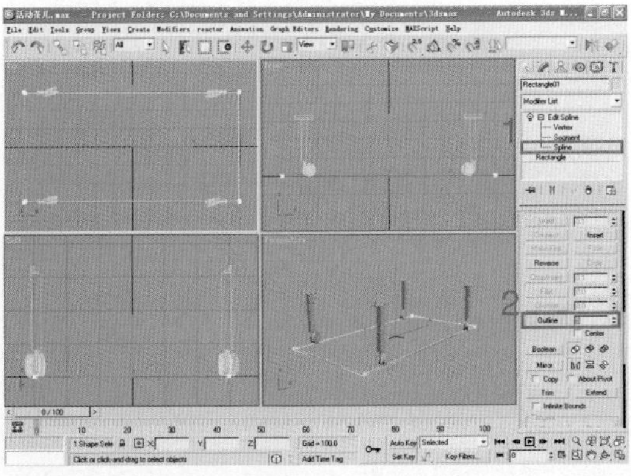

图7-41

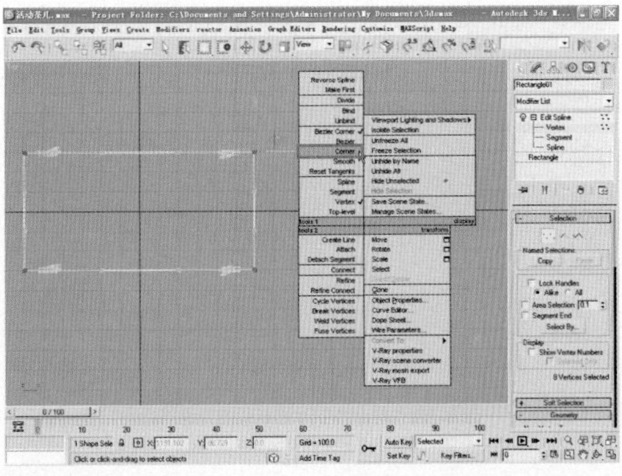

图7-42

| 42 | 单击 按钮进入修改命令面板，在修改器列表中选择“Extrude（挤出）”修改器添加给

矩形，将此修改器的“Amount（数量）”设置为30，如图7-43所示。

| 43 | 在视图中选择挤压对象并单击鼠标右键，在弹出的快捷菜单中选择【Editable Poly（可编辑多边形）】命令使它塌陷。在修改堆栈中进入【Editable Poly（可编辑多边形）】命令的Edge（边）子层级，在视图中选择如图7-44所示的边。

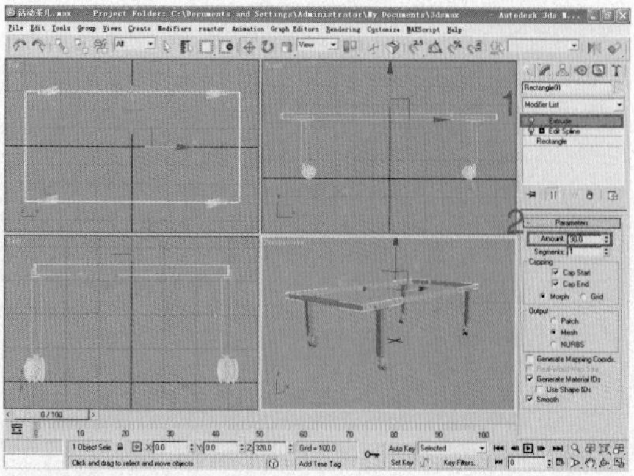

图7-43

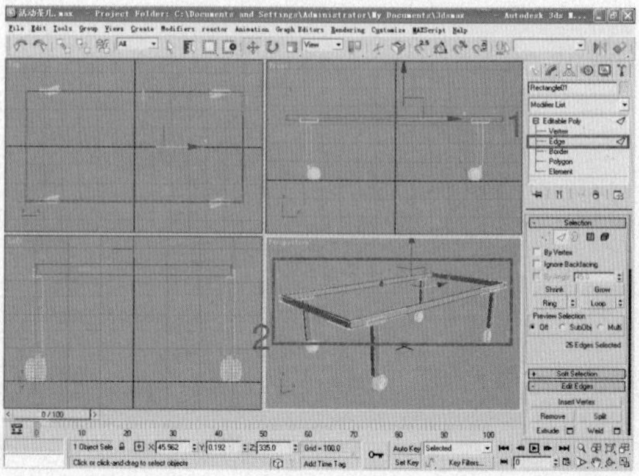

图7-44

| 44 | 单击修改命令面板上 Chamfer 后面的按钮，在弹出的“Chamfer Edges（倒边）”对话框中将“Chamfer Amount（倒角数量）”设置为1.0。选择的边将进行倒角，如图7-45所示。

| 45 | 单击按钮进入创建命令面板，再单击按钮进入三维物体创建命令面板，接着单击 ChamferBox （倒角长方体）按钮，在Top（顶）视图中拖动鼠标创建倒角长方体，如图7-46所示设置参数。

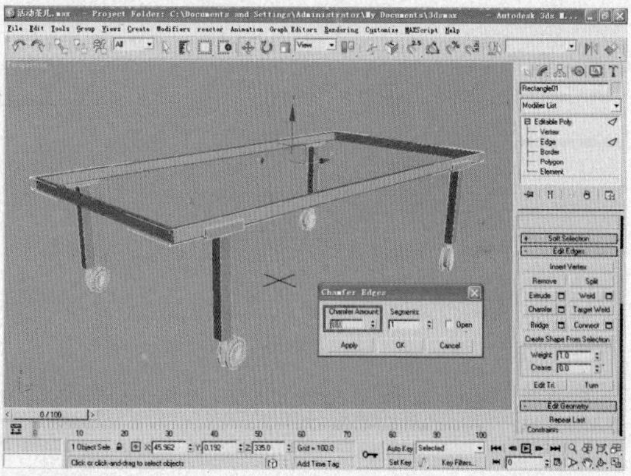

图7-45

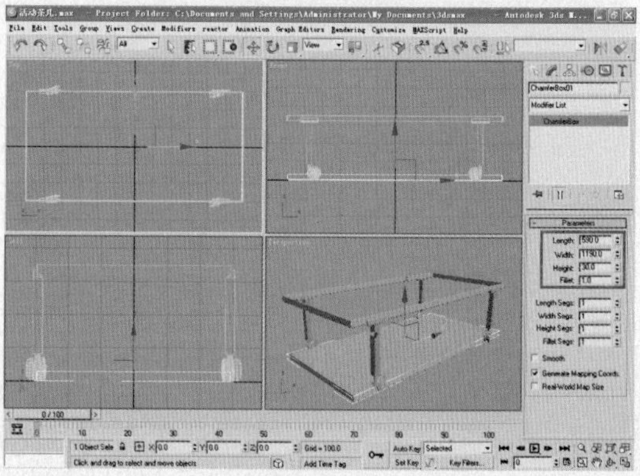

图7-46

| 46 | 在状态栏中将Z轴后面的数值设置为320，圆柱体将沿着Z轴向上移动，如图7-47所示。

| 47 | 创建完成的活动茶几如图7-48所示。

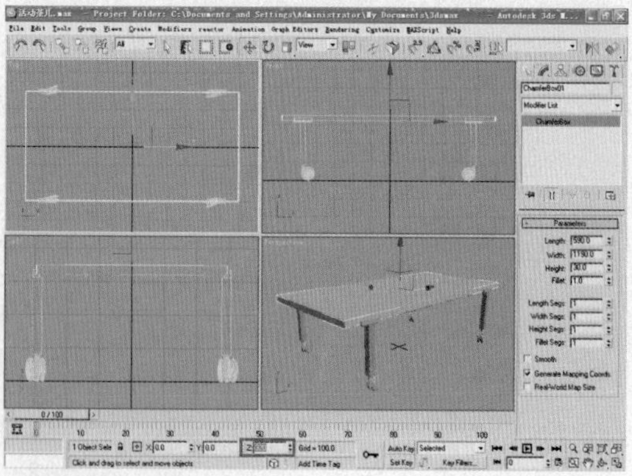

图7-47

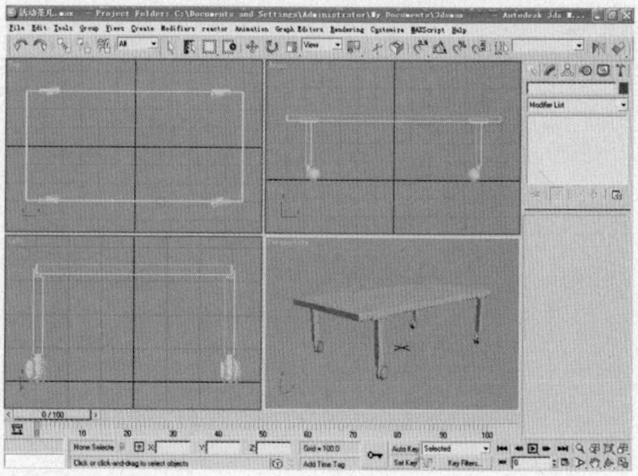

图7-48

7.2 厨房家具的渲染

这个场景表现的是雪后的阳光氛围，天空光的蓝色倾向比较重。因此在运用灯光源模拟户外来的天空光时，需要使它的颜色偏蓝。这样渲染后的场景与雪后外景的颜色就更加协调。

7.2.1 厨房家具场景的灯光设置

| 1 | 在3ds Max 2008中打开“厨房.max”文件，按下【M】键打开“Material Editor（材质编辑器）”。在材质编辑器中激活空白材质示例窗并将它转化为VRayMtl类型材质，将它命名为“素模”，如图7-49所示设置材质的参数。在视图中选择所有对象，单击材质编辑器上的按钮，将“素模”材质赋予选择对象。

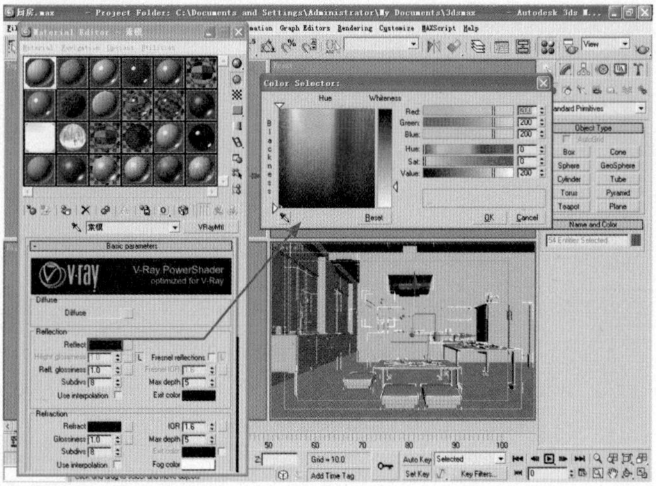

图7-49

| 2 | 因为所有对象都被赋予“素模”材质，灯光将不能穿透玻璃，需要将场景中的玻璃对象隐藏。将摄影机视图切换为透视图，在视图中选择玻璃对象并单击鼠标右键，在弹出的快捷菜单中选择【Hide Selection（隐藏选择对象）】命令，如图7-50所示。

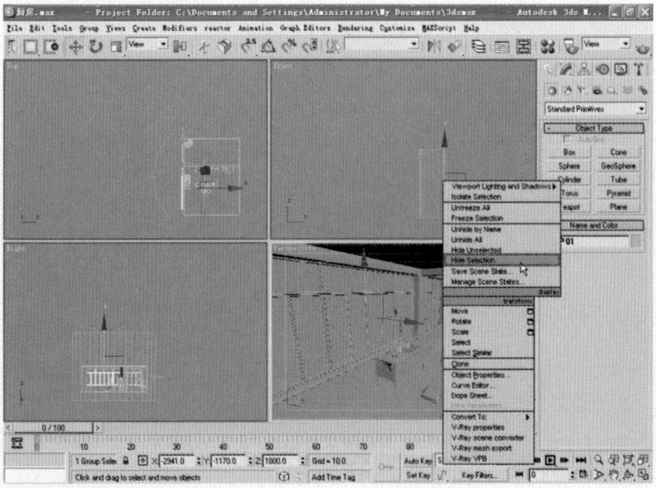

图7-50

| 3 | 当选择此选项后，选择对象将被隐藏，如图7–51所示。这样灯光就能顺利地进入室内。

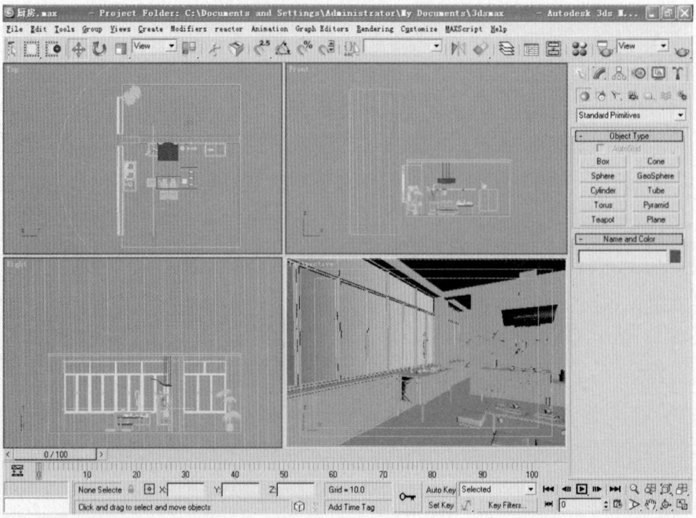

图7–51

| 4 | 接下来需要设置基本渲染参数，这样才能进行渲染观察灯光效果。首先指定渲染器类型，接着设置渲染图片的尺寸，如图7–52所示。

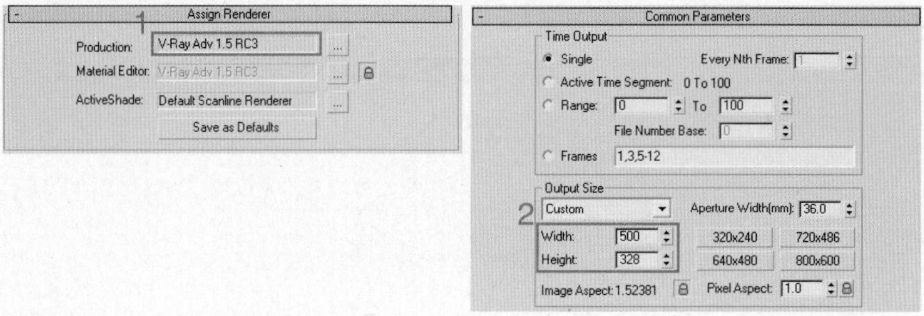

图7–52

| 5 | 然后设置“Frame buffer（帧缓冲区）”、“Image sampler（图像采样器）”、“Color mapping（颜色映射）”、“Global switches（全局开关）”和“rQMC Sampler（rQMC采样器）”卷展栏中的参数，如图7–53所示。

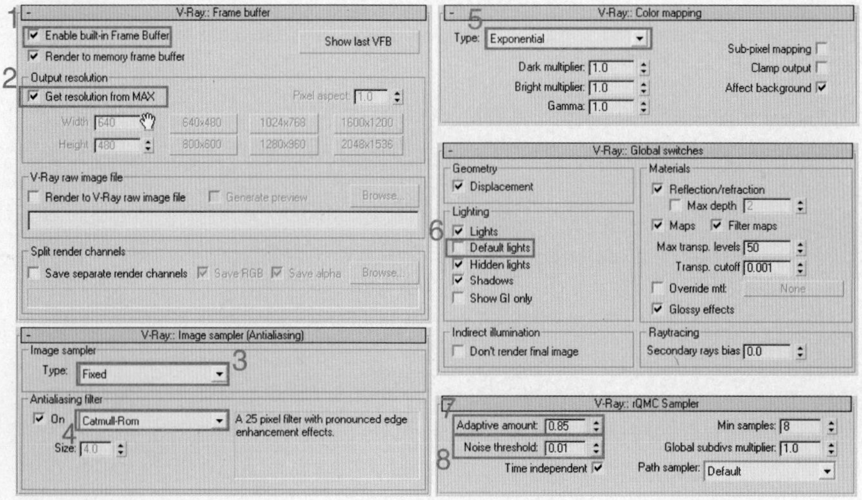

图7–53

| 6 | 在“Irradiance map（发光贴图）”、“Light cache（灯光缓存）”、“Indirect illumination（GI）间接照明”卷展栏中进行各项参数设置，如图7-54所示。

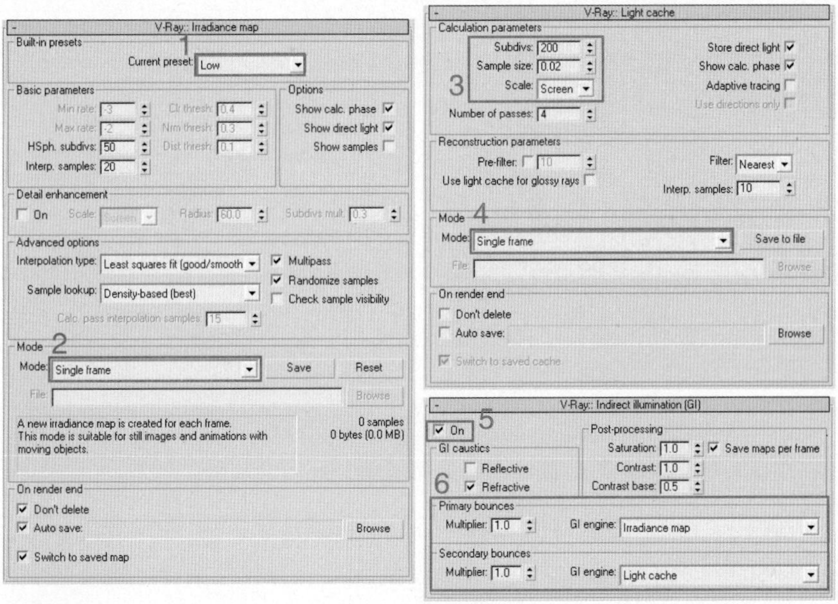

图7-54

| 7 | 当基本的渲染参数设置完成后就要为场景设置灯光。单击VRay灯光创建命令面板上的 VRaySun 按钮，在Top（顶）视图中拖动鼠标创建太阳光，创建的同时在弹出的对话框中单击 是(Y) 按钮，创建太阳光的同时创建天空光贴图，如图7-55所示。

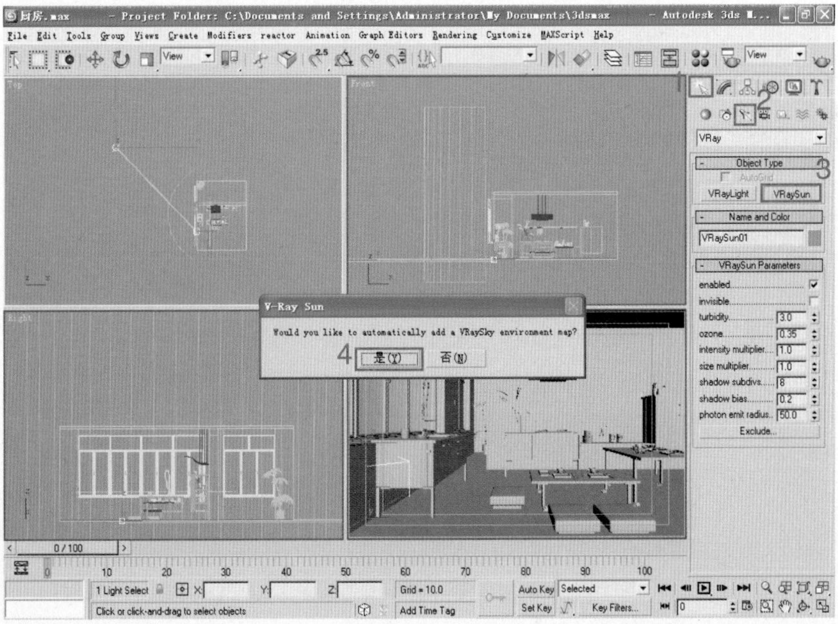

图7-55

| 8 | 单击工具栏上的 按钮，将视图中的太阳光源移动到如图7-56所示的位置。

| 9 | 选择【Render（渲染）】→【Environment（环境）】命令，在弹出的“Environment and Effects（环境和效果）”对话框中取消选择“Use Map（使用贴图）”复选框，如图7-57所示。

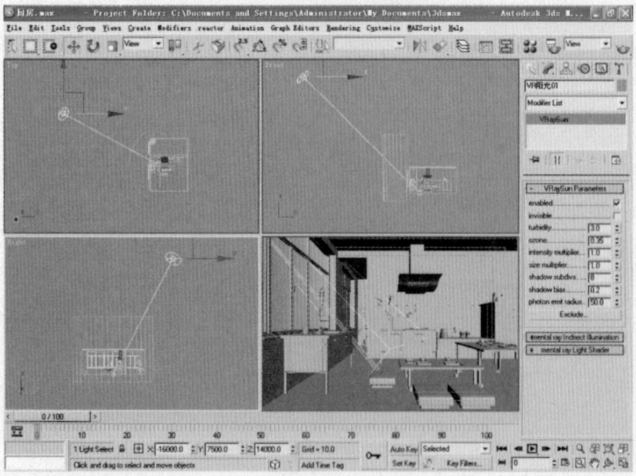

图7-56

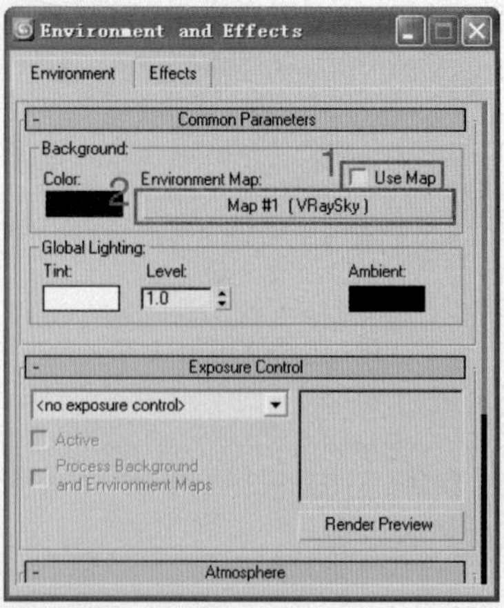

图7-57

指南针

当在“Environment and Effects（环境和效果）”对话框中取消选择“Use Map（使用贴图）”复选框时，将暂时关闭VRaySky贴图的作用。

| 10 | 在视图中选择太阳光并单击按钮，在修改命令面板中将“turbidity（浊度）”设置为3.0，将“intensity multiplier（强度倍增）”参数设置为0.2。单击工具栏上的按钮，渲染后的效果如图7-58所示，场景曝光现象严重。

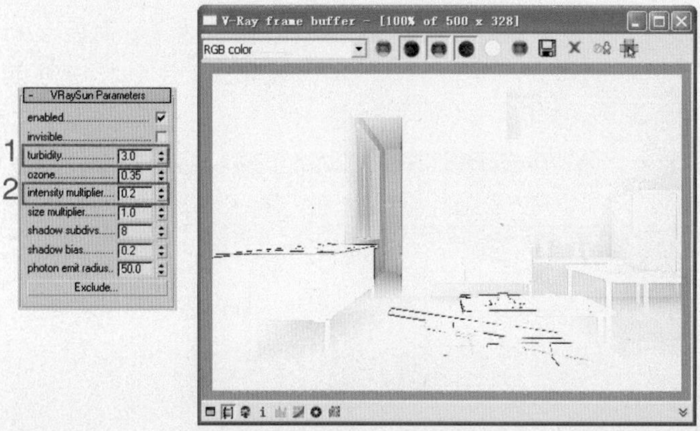

图7-58

| 11 | 为了使场景不曝光，需要将太阳光光线降低。在修改命令面板中将“intensity multiplier（强度倍增）”参数设置为0.05。再次渲染，效果如图7-59所示，场景曝光现象得到缓解。

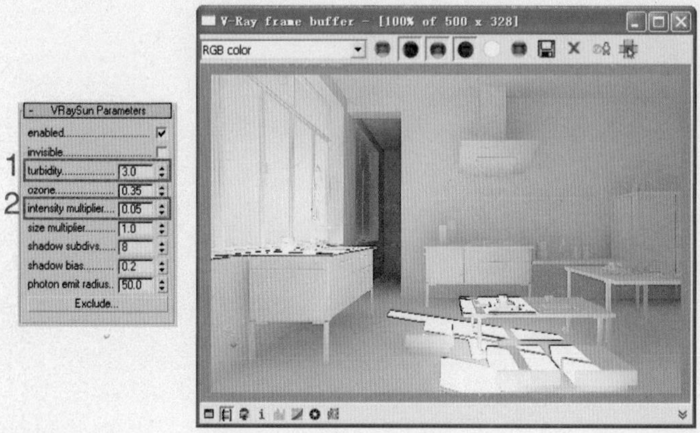

图7-59

| 12 | 但场景中局部位置仍然曝光，这是因为太阳光线不够弱造成的。在修改命令面板中将“intensity multiplier（强度倍增）”参数设置为0.02，再次渲染，效果如图7-60所示，场景曝光现象消失。

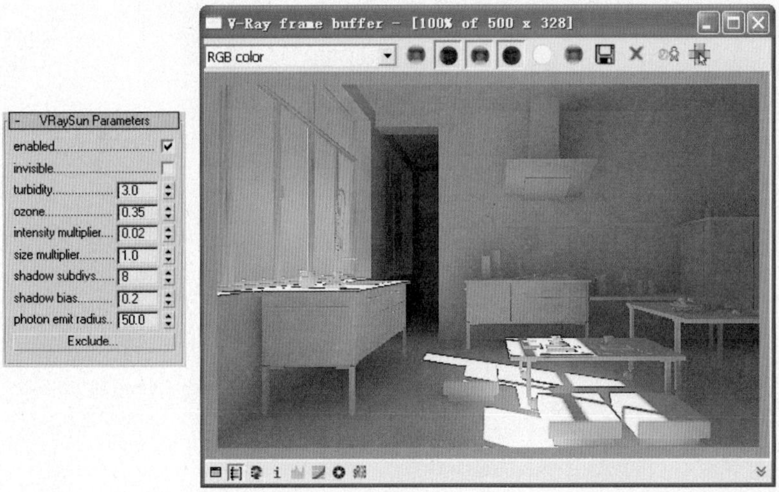

图7-60

| 13 | 太阳光偏暖色调，可以通过设置它的浊度来改变场景颜色倾向。在修改命令面板中将“turbidity（浊度）”设置为6.0，单击工具栏上的按钮，渲染后的效果如图7-61所示，太阳光偏黄色。

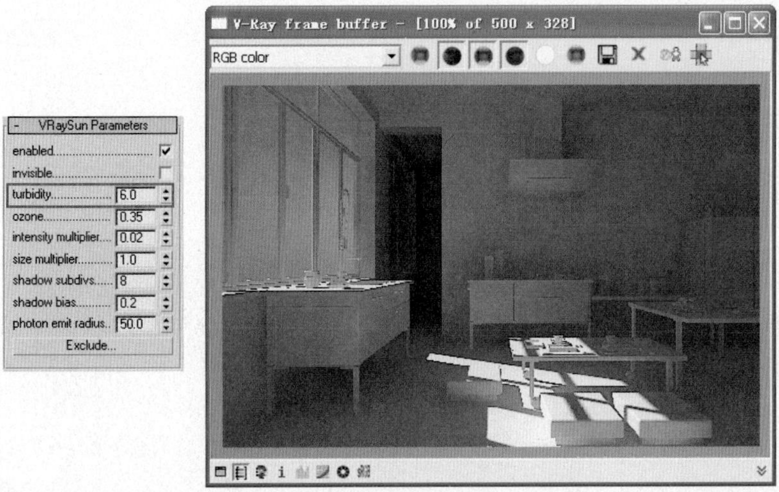

图7-61

| 14 | 打开“材质编辑器”，将“Environment and Effects（环境和效果）”对话框中的“VRaySky（VR天光）”贴图拖动到材质编辑器的空白材质球上，在弹出的“Instance（Copy）（实例副本贴图）”对话框中选择“Instance（实例）”单选按钮，这样“VRaySky（VR天光）”贴图将在材质编辑器中显示。在“Environment and Effects（环境和效果）”对话框中选择“Use Map（使用贴图）”单选按钮启用VRaySky（VR天光）贴图。在“VRaySky（VR天光）”贴图的编辑面板上单击 None 按钮，接着在视图中选择开始创建的太阳光对象，使天光和太阳光关联，如图7-62所示。

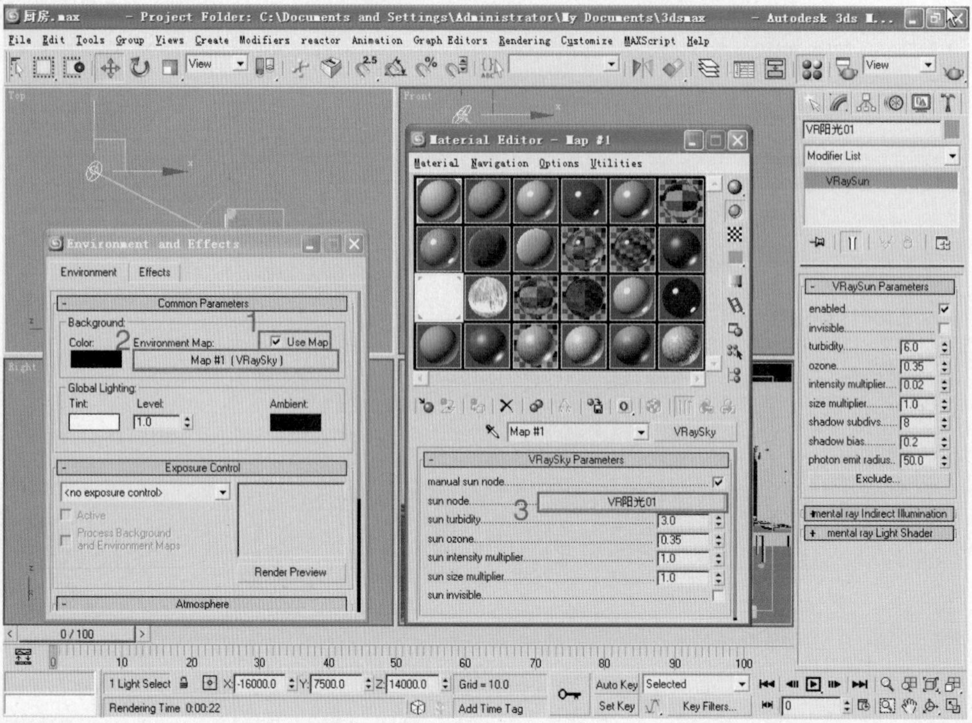

图7-62

| 15 | 在材质编辑器中激活天空光贴图，对它的参数进行设置。将“sun intensity multiplier（太阳强度倍增器）”数值设置为0.05，将“sun turbidity（阳光浊度）”设置为3.0，渲染后的效果如图7-63所示，窗户外的环境色呈淡蓝色。

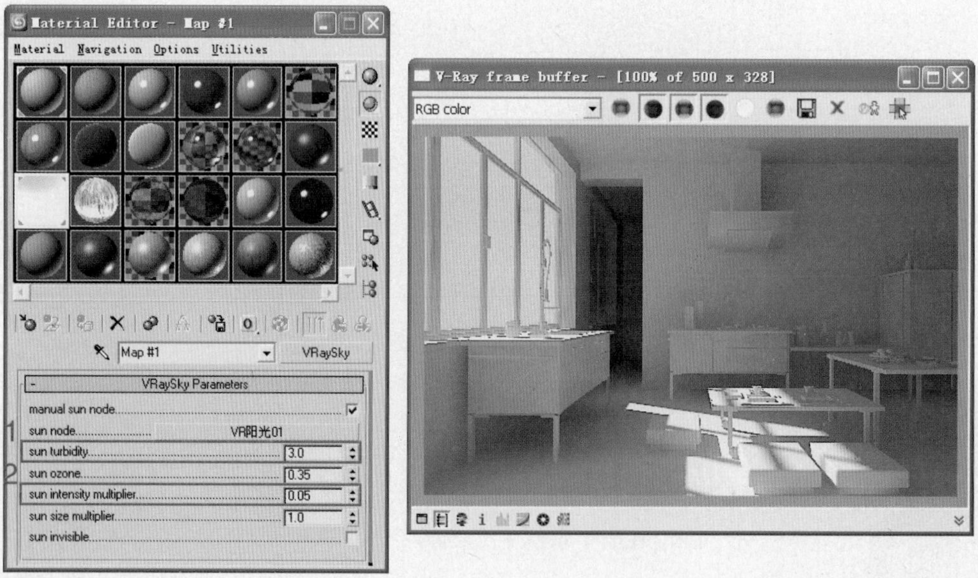

图7-63

| 16 | 但是窗外的环境光略强，需要降低VRaySky（VR天光）贴图的强度。将“sun intensity multiplier（太阳强度倍增器）”数值设置为0.035，渲染后的效果如图7-64所示，窗户外的环境光强度降低。

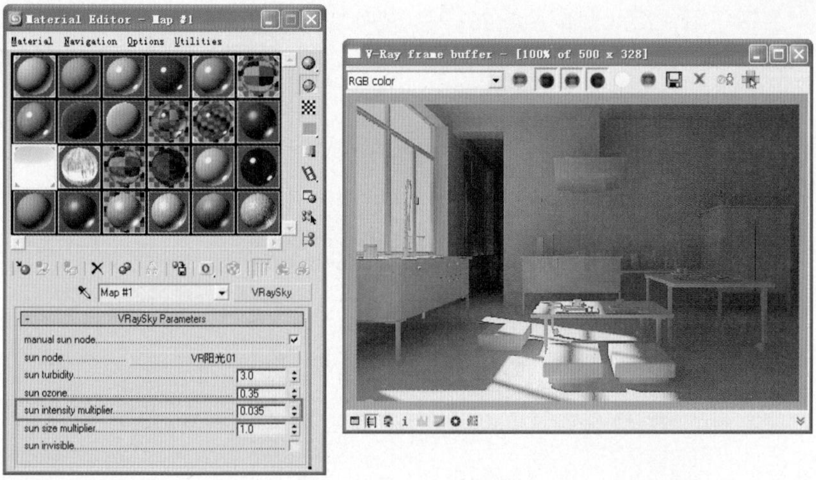

图7-64

| 17 | 为了改变窗外的环境光颜色，需要修改VRaySky（VR天光）贴图的浊度。将“sun turbidity（阳光浊度）”设置为6.0，渲染后的效果如图7-65所示，窗户外的环境光偏暖色。

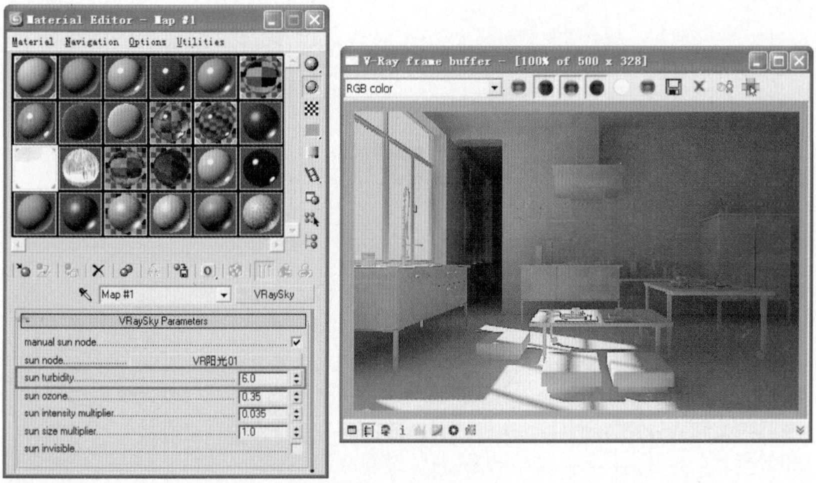

图7-65

| 18 | 单击VRay灯光创建命令面板上的 VRayLight 按钮，在Left（左）视图中拖动鼠标创建一盏VRayLight，用于模拟来自窗外的光线，如图7-66所示。

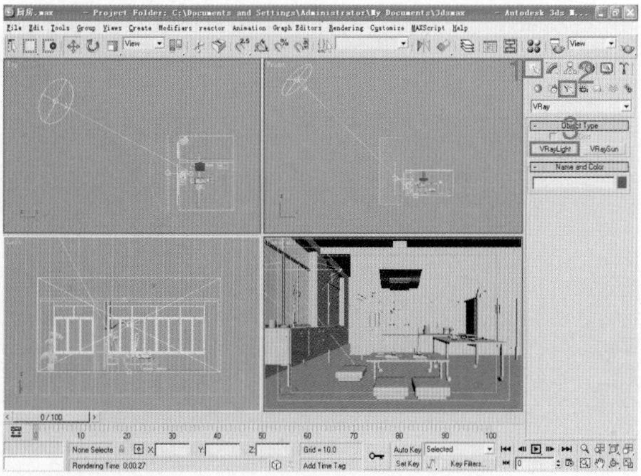

图7-66

丨19丨在视图中选择VRayLight光源并单击按钮进入修改命令面板，将“Half-length（半长）”设置为4000，将“Half-width（半宽）”设置为2000，将“Multiplier（强度）”设置为2。单击工具栏上的按钮，渲染后的效果如图7-67所示，光源强度不够，场景右侧偏暗。

图7-67

丨20丨因此需要增强VRayLight光源的光线强度，在修改命令面板中将“Multiplier（强度）”设置为5，单击工具栏上的按钮，渲染后的效果如图7-68所示，场景光线增强，右侧偏暗现象消失。

图7-68

丨21丨来自户外的光线偏冷色调，这里可以通过修改VRayLight光源的颜色来实现。在修改命令面板中单击Color（颜色）后的按钮，在弹出的“Color Selector（颜色选择器）”中设置“Hue（色调）”为145、“Sat（饱和度）”为50、“Value（亮度）”为255。单击按钮进行渲染，效果如图7-69所示，场景光线偏蓝。

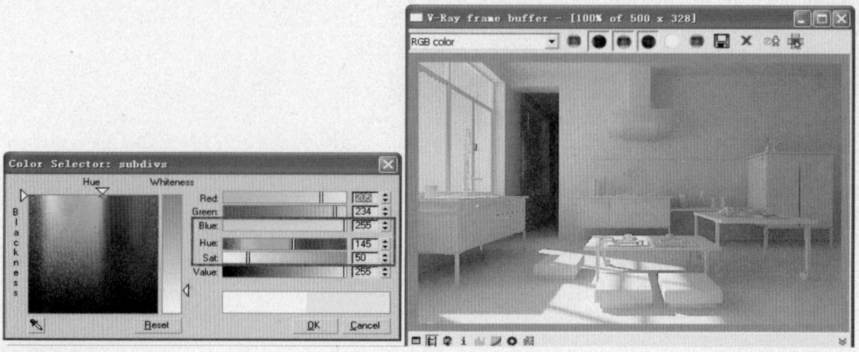

图7-69

| 22 | 单击VRay灯光创建命令面板上的 VRayLight 按钮，在Left（左）视图中拖动鼠标再创建一盏VRayLight，如图7-70所示。

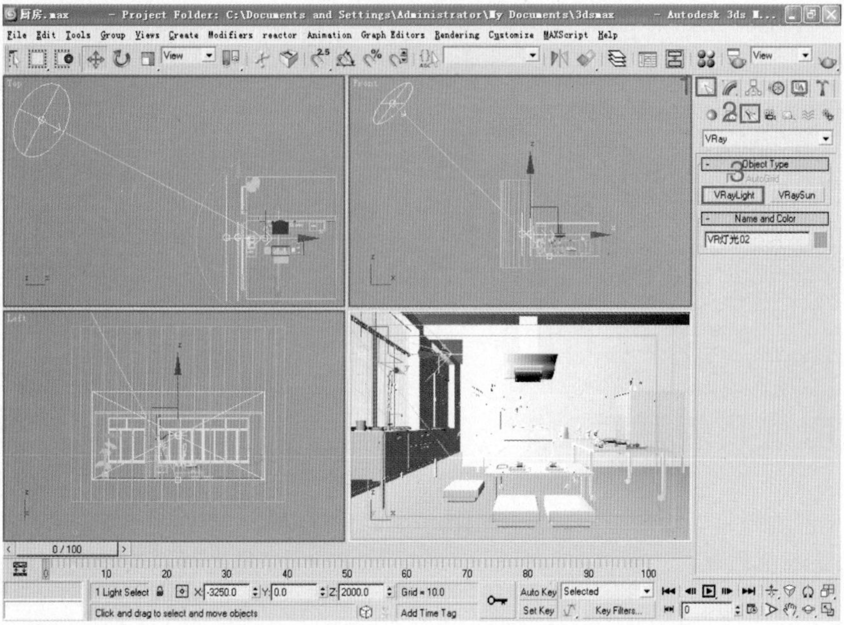

图7-70

| 23 | 在视图中选择VRayLight光源并单击按钮进入修改命令面板，将“Half-length（半长）”设置为4000，将“Half-width（半宽）”设置为2000，接着将“Multiplier（强度）”设置为2.5。单击工具栏上的按钮，渲染后的效果如图7-71所示，场景光线再次得到增强。

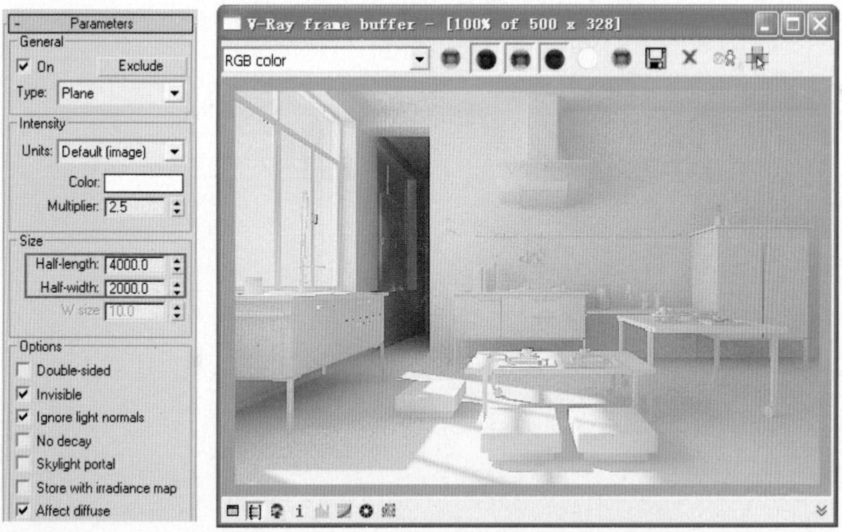

图7-71

| 24 | 同样需要修改这盏VRayLight光源的颜色，在修改命令面板上单击Color（颜色）后的按钮，在弹出的“Color Selector（颜色选择器）”对话框中设置“Hue（色调）”为145、“Sat（饱和度）”为25、“Value（亮度）”为255，单击按钮进行渲染，效果如图7-72所示，场景光线的颜色倾向得到改变。

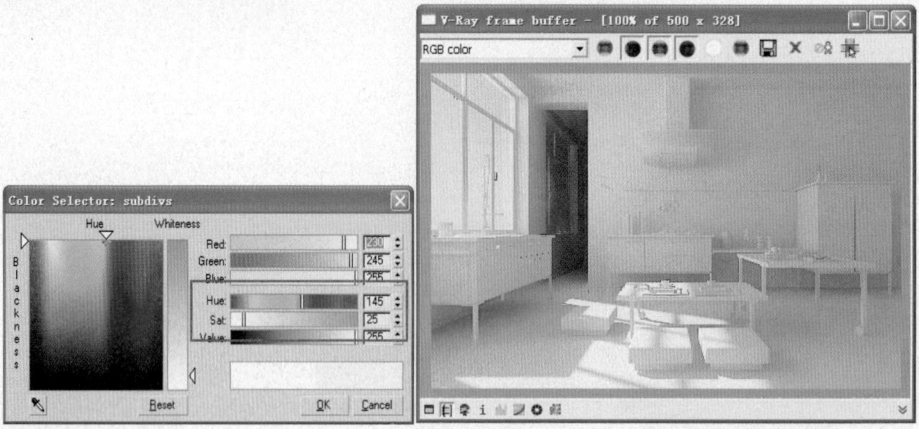

图7-72

7.2.2 厨房家具的材质设置

| 1 | 在“材质编辑器”中激活空白材质示例窗并将它转化为VRayMtl类型材质，将它命名为“黄色乳胶漆”。此材质有两个子材质，分别是Base material（基本材质）和GI material（GI材质），如图7-73所示。

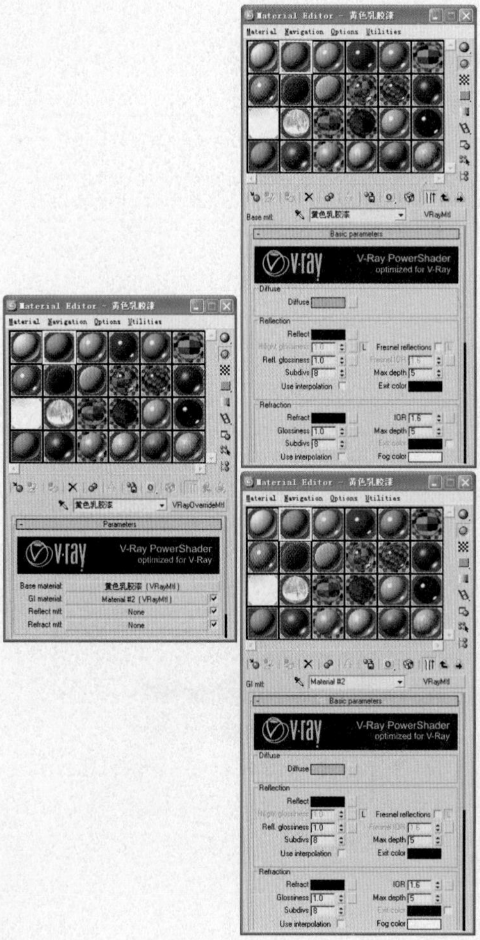

图7-73

| 2 | 进入Base material（基本材质）的设置面板，如图7-74所示设置此材质的漫射和反射颜色。

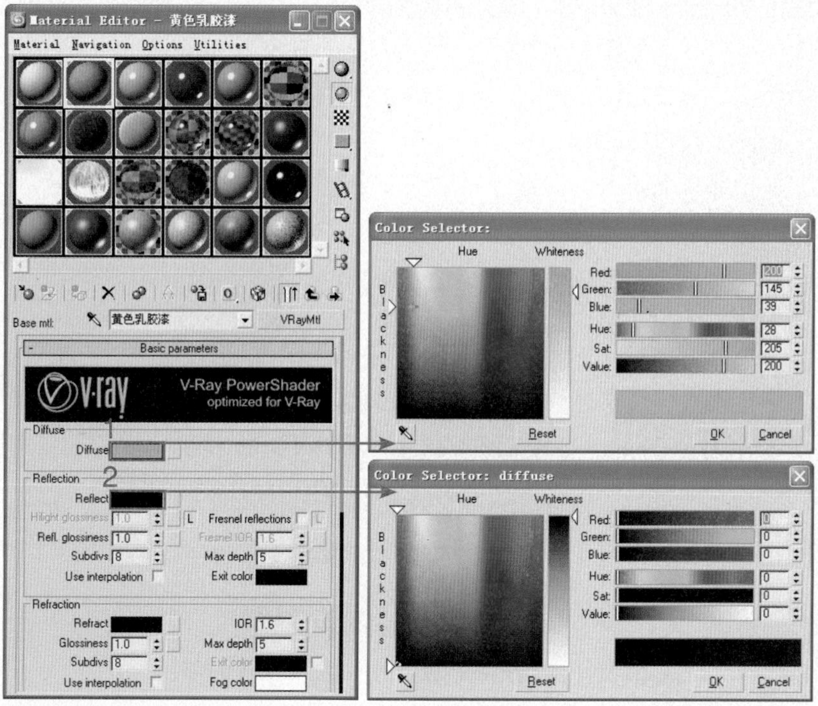

图7-74

| 3 | 接着单击 Material #2（VRayMtl） 按钮进入GI material（GI材质）的设置面板，如图7-75所示设置此材质的漫射和反射颜色。设置完成后，单击工具栏上的✥按钮，在视图中选择墙体对象，单击材质编辑器上的按钮，将此材质赋予选择对象。 187

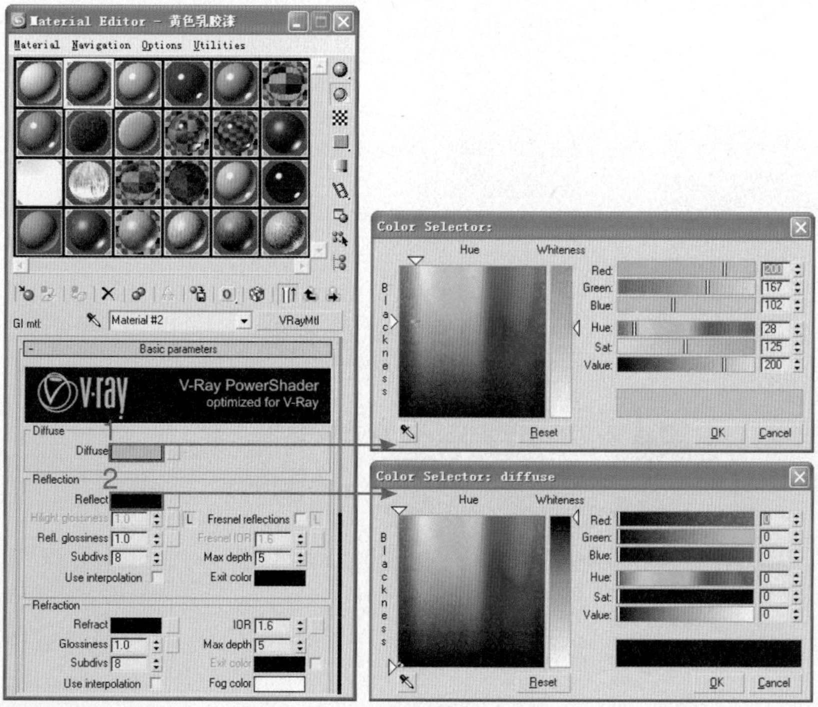

图7-75

| 4 | 在“材质编辑器”中激活空白材质示例窗并将它转化为VRayMtl类型材质，将它命名为“灰色瓷漆”。如图7-76所示设置此材质的漫射和反射颜色。单击工具栏上的按钮在视图中选择小凳对象，单击材质编辑器上的按钮，将此材质赋予选择对象。

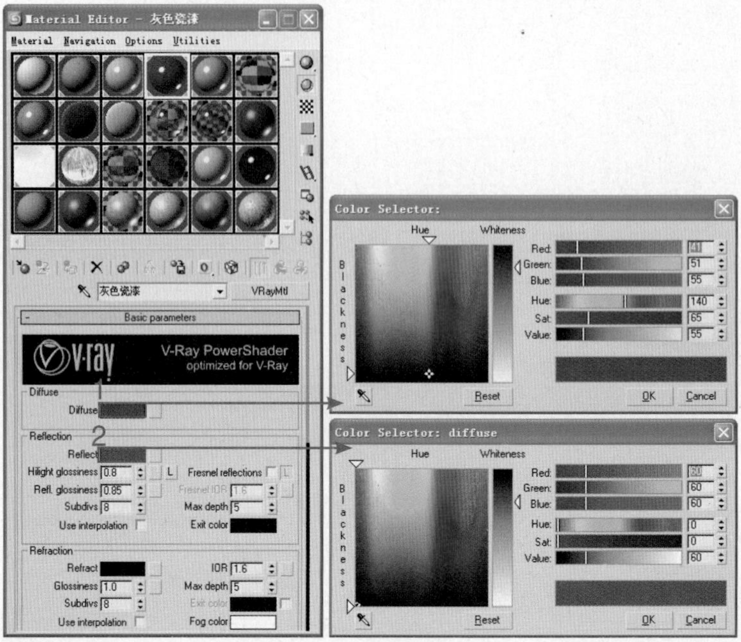

图7-76

| 5 | 激活空白材质示例窗并将它转化为VRayMtl类型材质，将它命名为“窗户玻璃”。如图7-77所示设置“窗户玻璃”材质的各项参数，在视图中选择窗户玻璃对象，单击材质编辑器上的按钮，将此材质赋予选择对象。

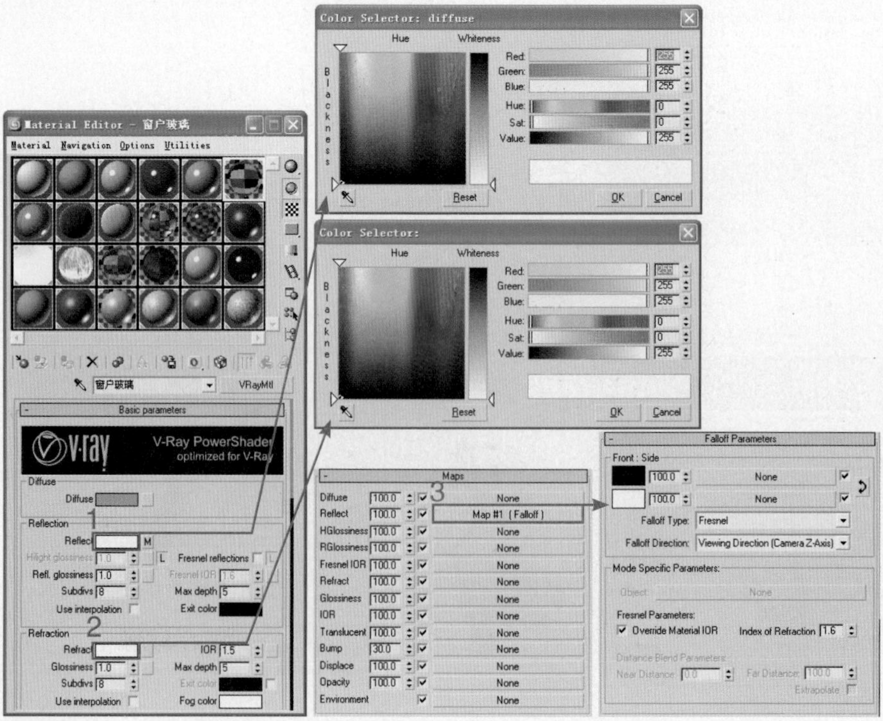

图7-77

| 6 | 激活空白材质示例窗并将它转化为VRayMtl类型材质，将它命名为“木地板”。如图7-78所示设置此材质的各项参数。单击工具栏上的✥按钮，在视图中选择地板对象，单击材质编辑器上的按钮，将此材质赋予选择对象。

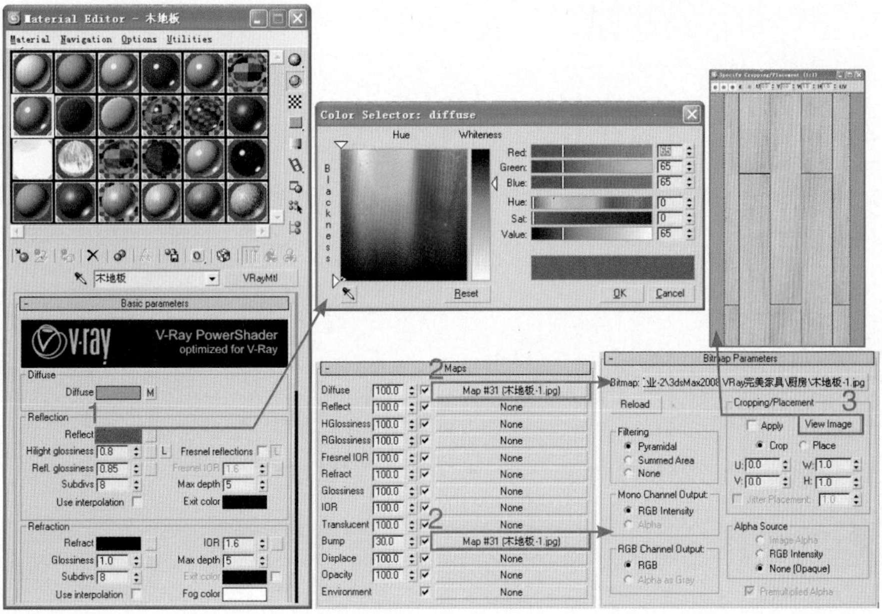

图7-78

| 7 | 将此材质赋予地板对象，选择“UVW Mapping（UVW贴图）”修改器添加给墙面对象。在修改命令面板的“Parameters（参数）”卷展栏中选择“Box（长方体）”单选按钮，将“Length（长度）”设置为1000，将“Width（宽度）”设置为350，将“Height（高度）”设置为1，如图7-79所示。

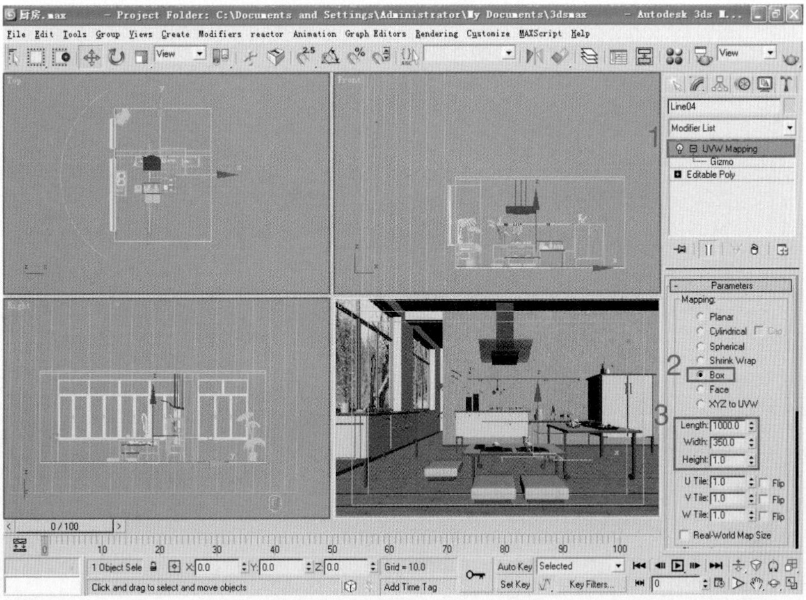

图7-79

| 8 | 激活名称为“布纹-1”的材质示例窗，如图7-80所示设置参数，在“Self-Illumination（自发光）”通道中添加“Mask（遮罩）”贴图，在“Bump（凹凸）”通道中添加“布纹-Bump.jpg”文件。

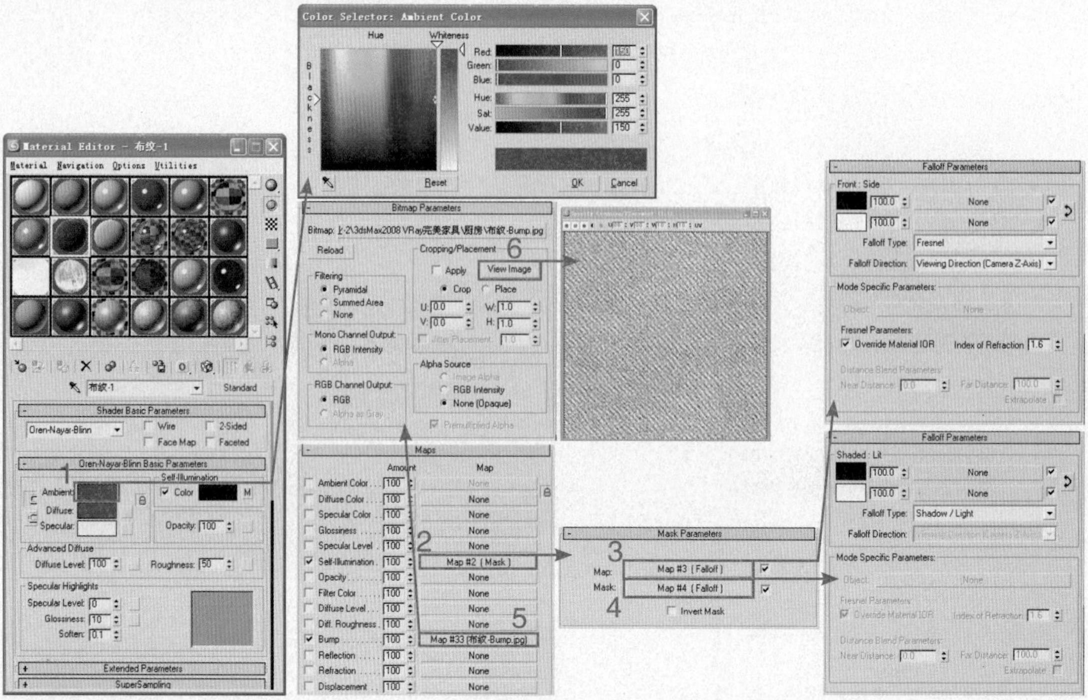

图7-80

| 9 | 在制作抽油烟机材质前，首先要为它指定合适的ID号。在视图中选择抽油烟机对象并单击按钮进入修改命令面板，在修改命令面板上进入“Editable Poly（可编辑多边形）”的Ploygon（多边形）子层级，在视图中选择如图7-81所示的多边形，在“Polygon Material IDs（多边形属性）”卷展栏中将“Set ID（设置ID）”后面的数值设置为1。

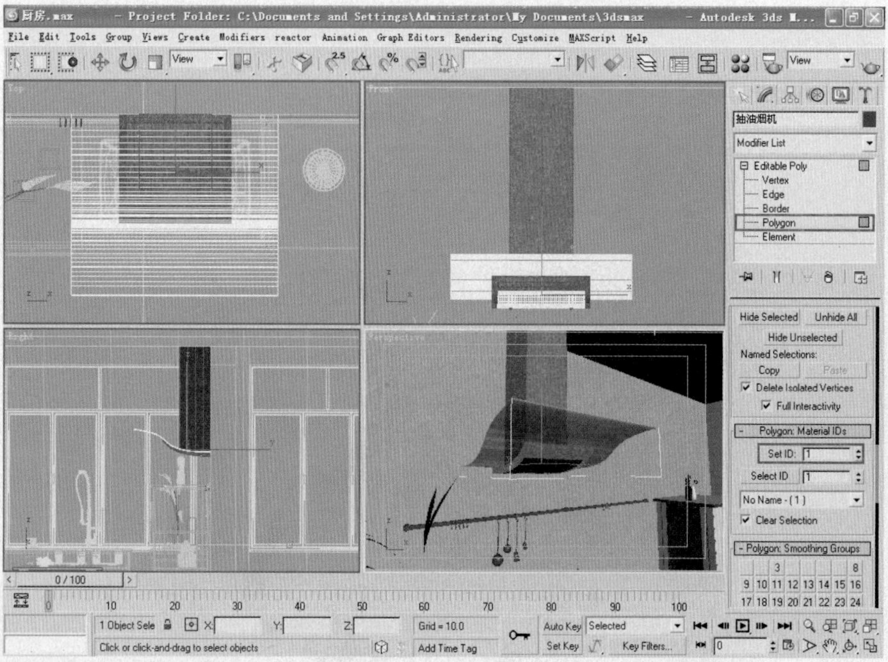

图7-81

| 10 | 在视图中选择如图7-82所示的多边形，在“Polygon Material IDs（多边形属性）”卷展栏中将“Set ID（设置ID）”后面的数值设置为2。

| 11 | 在视图中选择如图7-83所示的多边形，在“Polygon Material IDs（多边形属性）”卷展栏中将“Set ID（设置ID）”后面的数值设置为3。

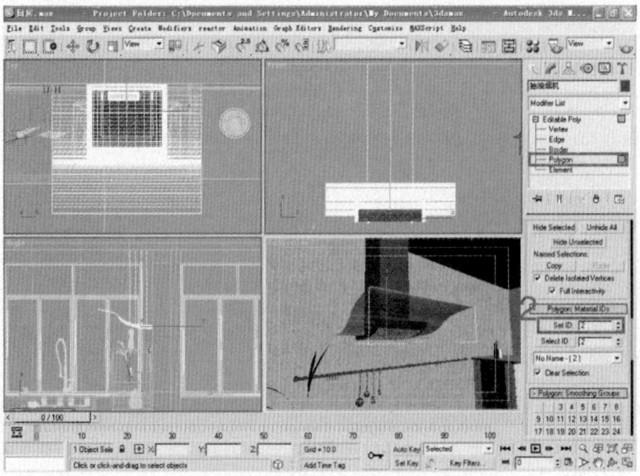
图7-82

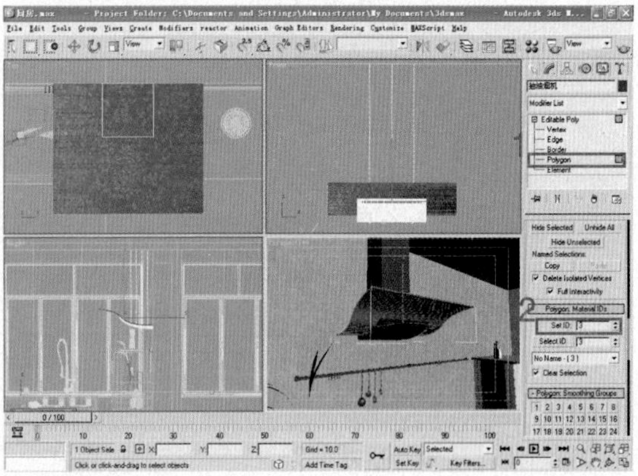
图7-83

| 12 | 在材质编辑器中激活名称为“抽油烟机”的材质示例窗，这个材质被定义为Multi/Sub-Object（多维-子）材质，此材质拥有三个子材质。在材质编辑器中单击灯片 （VR灯光材质）按钮进入ID号为1的子材质设置面板，如图7-84所示设置漫射和反射颜色。

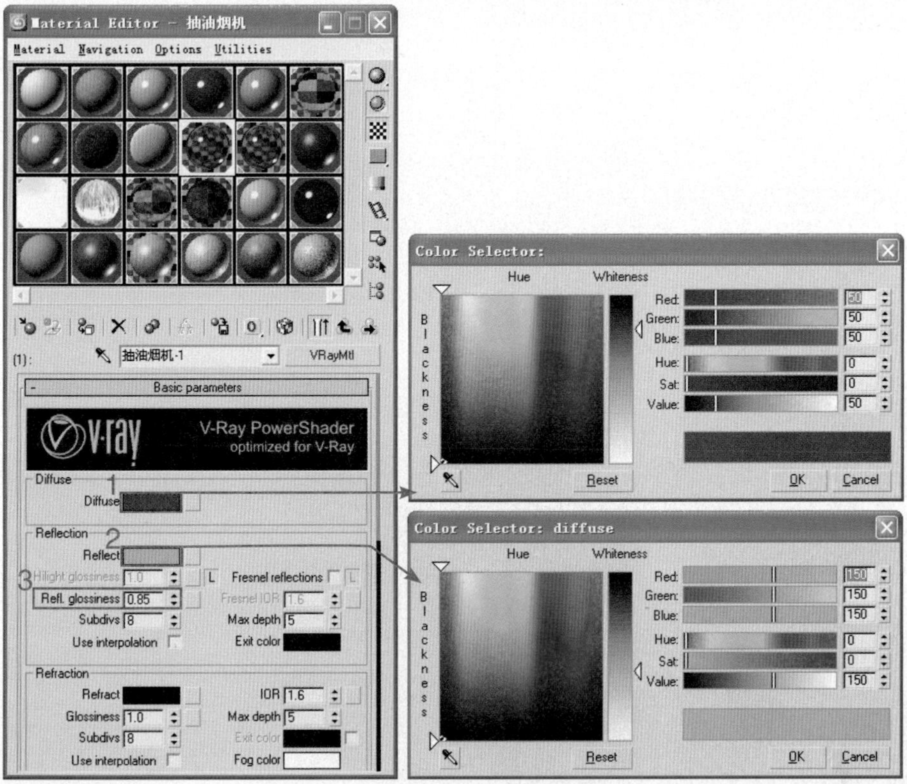

图7-84

| 13 | 设置完成后单击 按钮回到上一级，在材质编辑器中单击胆灯灰钢 （VRayMtl）按钮进入ID号为2的子材质设置面板。同样将此材质定义为VRayMtl类型材质，如图7-85所示设置此材质的参数。

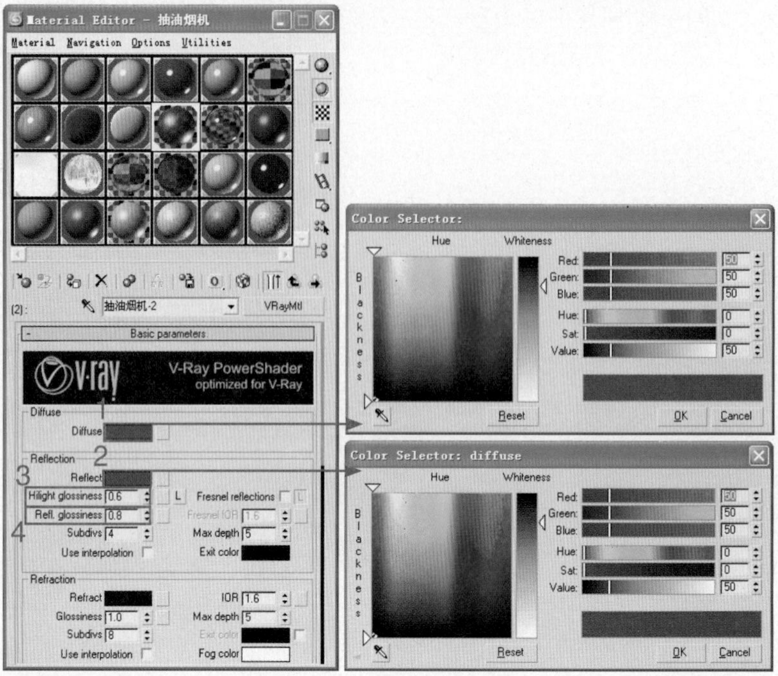

图7–85

| 14 | 设置完成后单击 按钮回到上一级，在材质编辑器中单击胆灯灰钢 (VRayMtl) 按钮进入ID号为3的子材质设置面板，如图7–86所示设置此材质的参数。

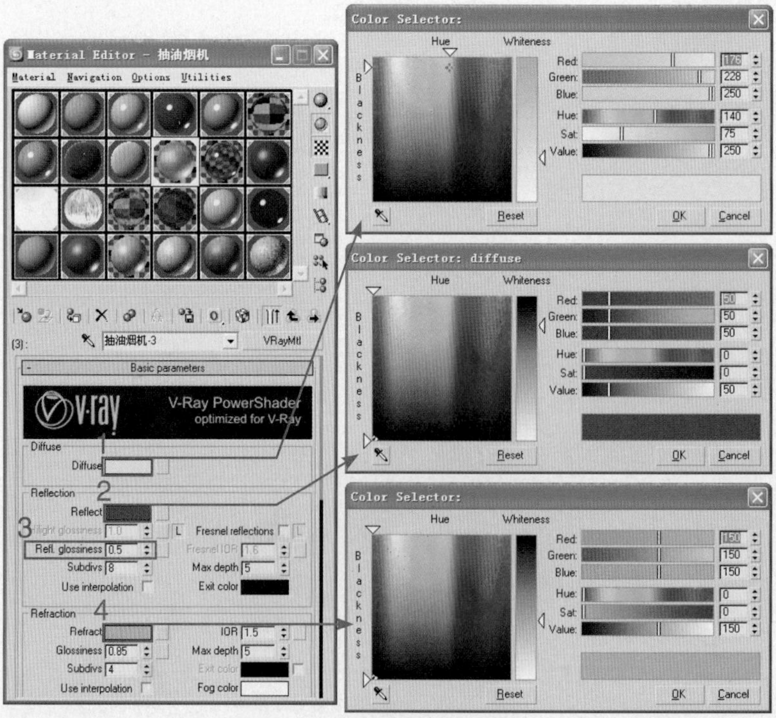

图7–86

| 15 | 在材质编辑器中激活空白材质示例窗并将它转化为VRayMtl类型材质，将它命名为“不锈钢”。如图7–87所示设置此材质的Diffuse（漫射）和Reflect（反射）颜色。单击工具栏上的 按钮，在视图中选择墙体对象，单击材质编辑器上的 按钮，将此材质赋予选择对象。

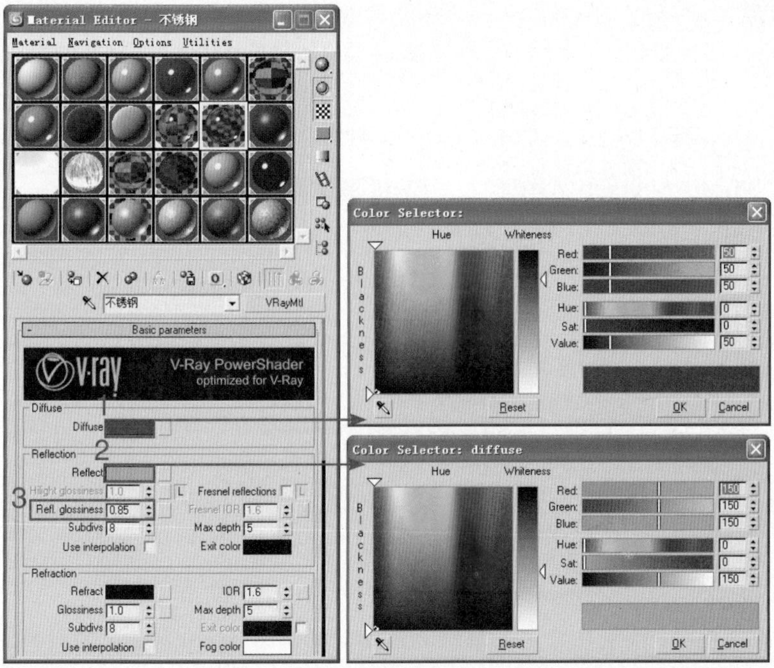

图7-87

| 16 | 在材质编辑器中激活空白材质示例窗并将它转化为VRayMtl类型材质，将它命名为“透明塑料”。如图7-88所示设置此材质的Diffuse（漫射）、Reflect（反射）、Refract（折射）颜色。单击工具栏上的✥按钮，在视图中选择墙体对象，单击材质编辑器上的按钮，将此材质赋予选择对象。

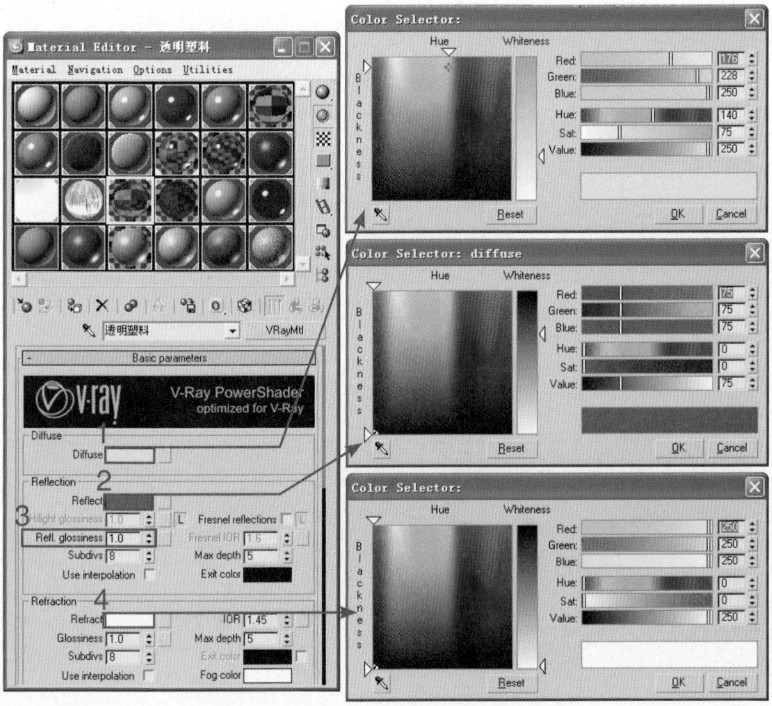

图7-88

| 17 | 激活名称为“香蕉-1”的材质示例窗，如图7-89所示设置参数。在“Diffuse（漫射）”通道中添加“香蕉-1.jpg”文件，在“Bump（凹凸）”通道中添加“Smoke（烟雾）”贴图。

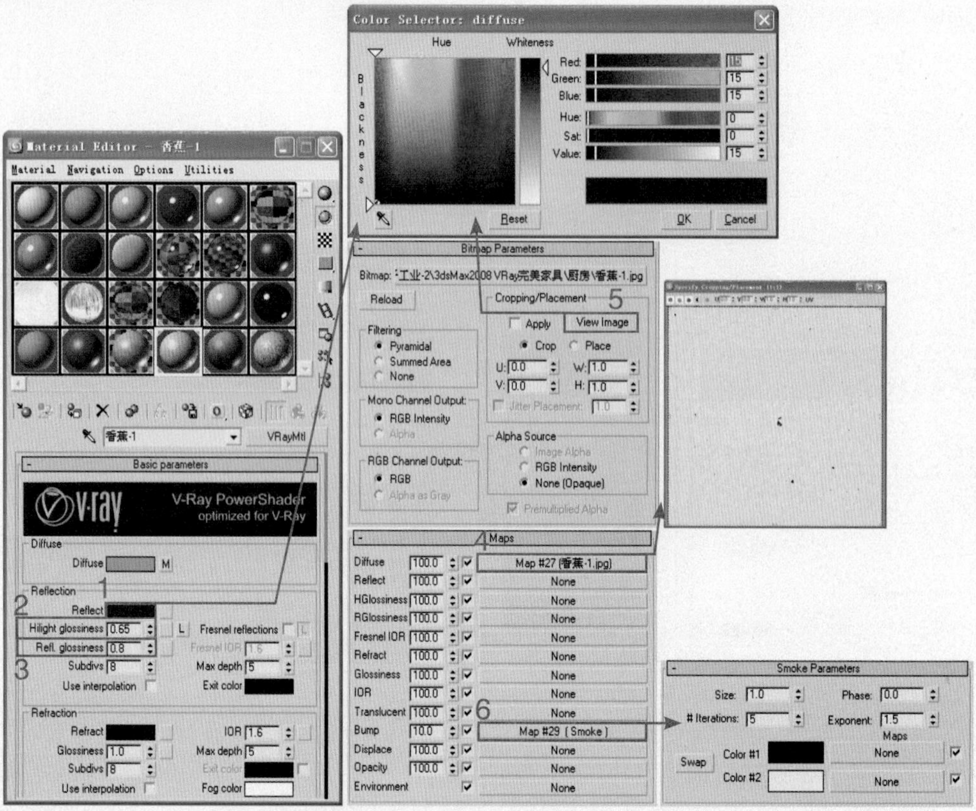

图7-89

| 18 | 将此材质赋予地板对象，选择“UVW Mapping（UVW贴图）”修改器添加给墙面对象。在修改命令面板中的“Parameters（参数）”卷展栏中选择“Box（长方体）”单选按钮，将“Length（长度）”设置为250，将“Width（宽度）”设置为250，将“Height（高度）”设置为250，如图7-90所示。

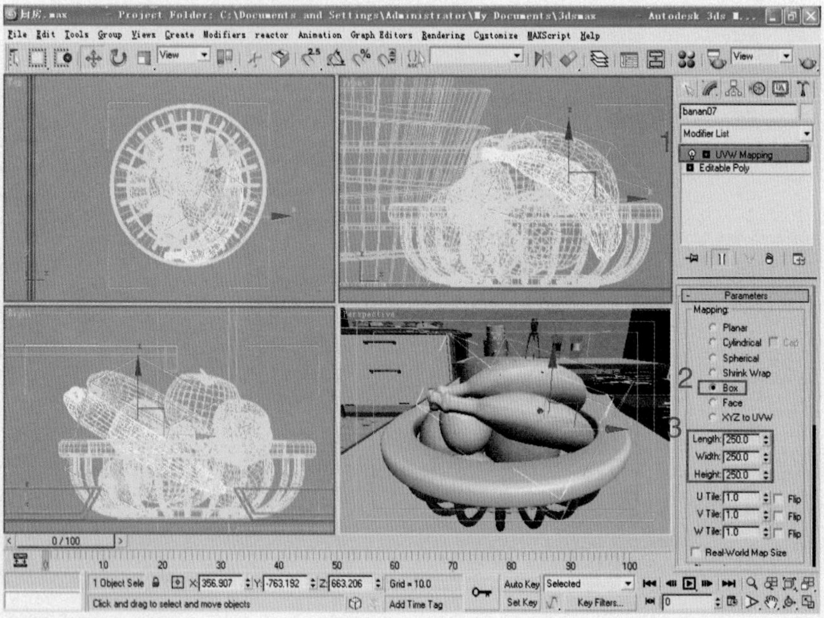

图7-90

7.2.3 厨房家具的渲染设置

| 1 | 运用较低参数渲染光子贴图。设置渲染图片的尺寸，在“Irradiance map（发光贴图）”卷展栏中选择“Low（低）”选项和“Single frame（单帧）”模式，接着勾选“Don't delete（不删除）”和“Auto save（自动保存）”选项。单击 Save 按钮在开启的对话框中为发光贴图命名并保存。接着单击 Browse 按钮，在开启的对话框中为它指定路径，如图7-91所示。

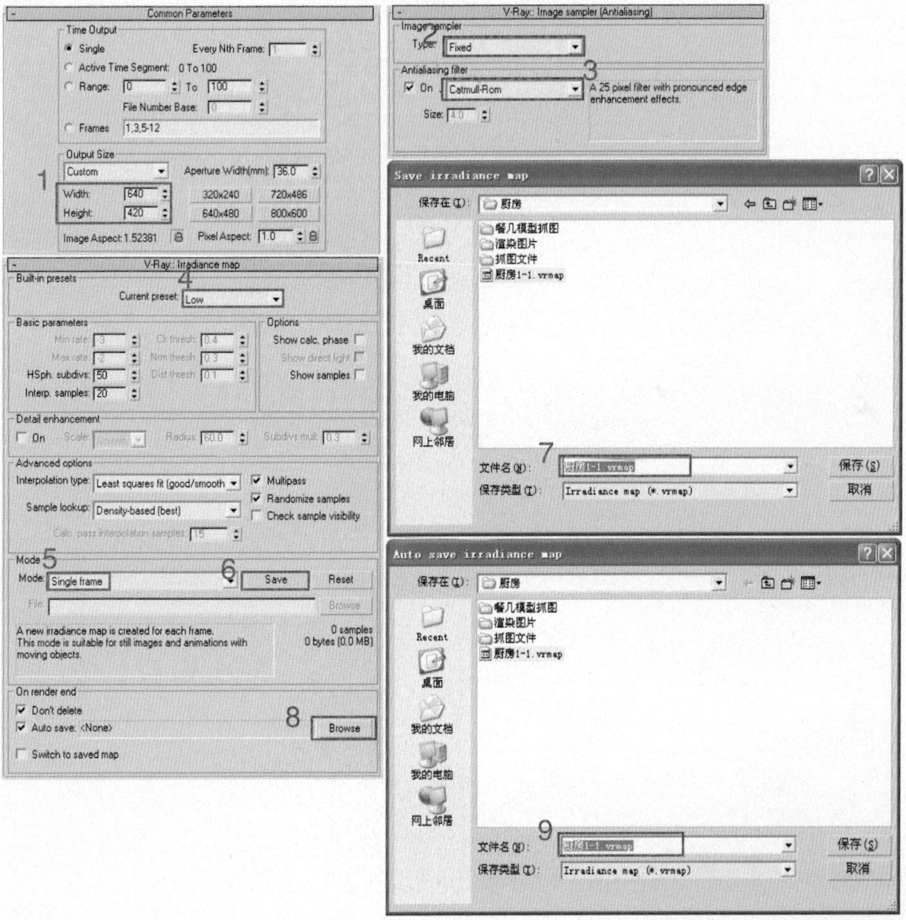

图7-91

| 2 | 将渲染图片的“Width（宽度）”设置为2400，“Height（高度）”设置为1575。展开“Image sampler（Antialiasing）（图像采样反锯齿）”卷展栏，选择“Adaptive QMC（自适应准蒙特卡洛采样器）”的采样方式和“Mitchell-Netravali”抗锯齿过滤器，如图7-92所示。

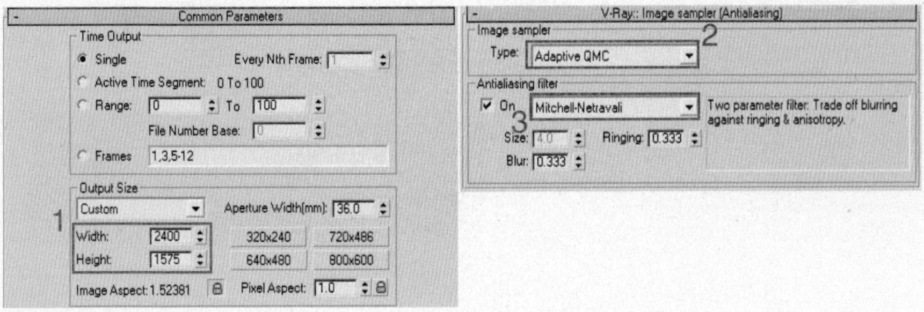

图7-92

|3| 当光子贴图渲染完成后设置高参数渲染正图。展开“Irradiance map（发光贴图）”卷展栏，在“Mode（模式）”中选择“From file（从文件）”模式。在“Current Preset（当前预置）”中选择“Hight（高）”选项。展开“Light cache（灯光缓存）”卷展栏，将“Subdivs（细分值）”设置为1000，在“Mode（模式）”中选择“Single frame（单帧）”模式。展开“rQMC采样器”卷展栏，将“Adaptive amount（适应数量）”设置为0.85，“Min samples（最小采样值）”设置为15，“Noise threshold（噪波阀值）”设置为0.002，如图7-93所示。

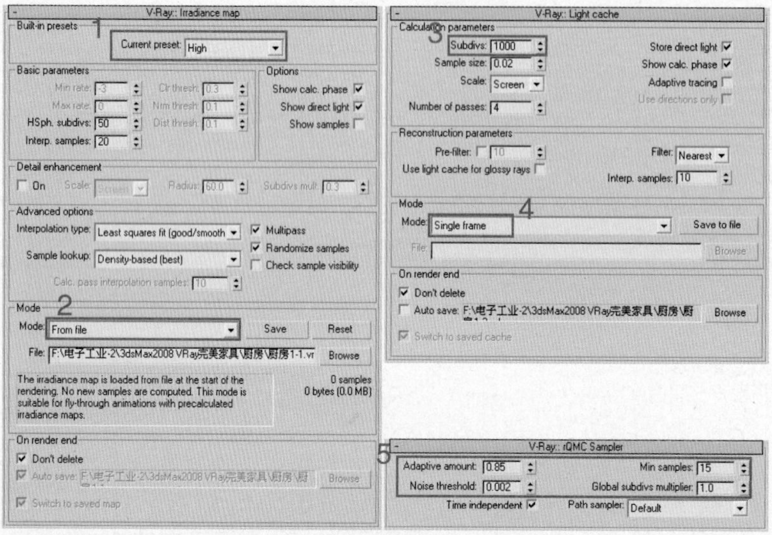

图7-93

|4| 进行最终渲染。单击按钮进行正图的渲染，渲染时以块状的形式进行渲染。

7.2.4 进行后期处理

|1| 在Photoshop CS3中打开“厨房.tga”，单击图层面板下方的按钮，在弹出的菜单上选择【色阶】命令，创建色阶调整图层，调整图片明暗，如图7-94所示。

|2| 单击图层面板下方的按钮，在弹出的菜单上选择【曲线】命令，创建曲线调整图层。在“曲线”对话框中拖动曲线，对画面局部明暗再次进行调整，如图7-95所示。

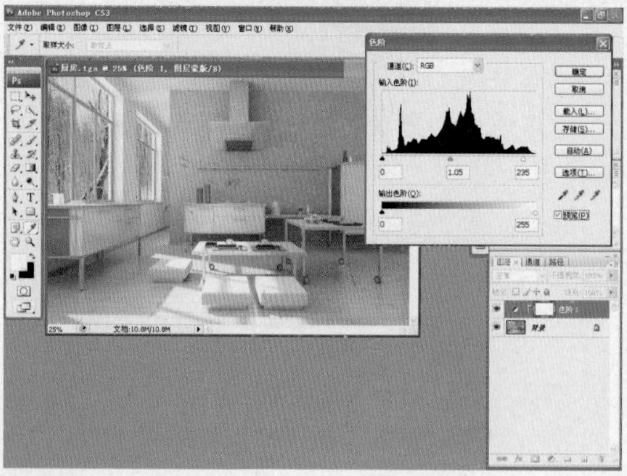

图7-94

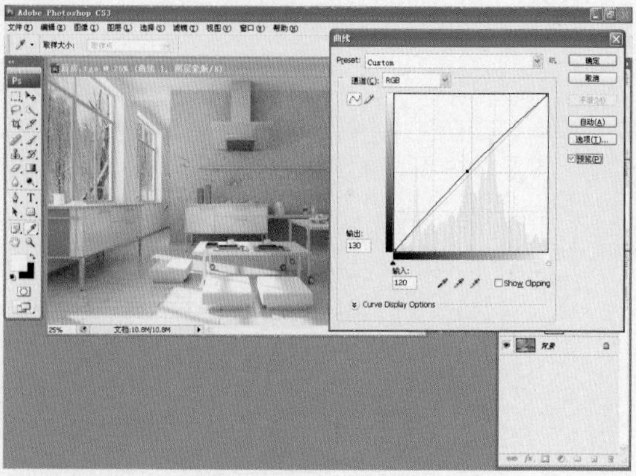

图7-95

|3| 单击图层面板下方的按钮，在弹出的菜单上选择【亮度/对比度】命令，创建“亮度/对比度”调整图层。在“亮度/对比度”对话框中将“亮度”和“对比度”都设置为5，如图7-96所示。

|4|在图层面板上激活曲线调整图层，打开“曲线”对话框，如图7-97所示。

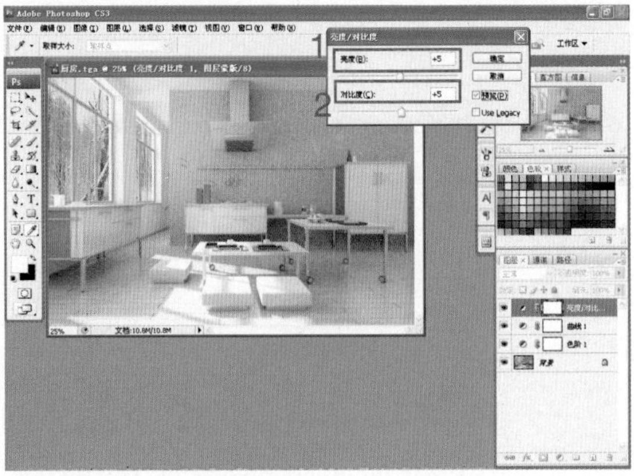

图7-96

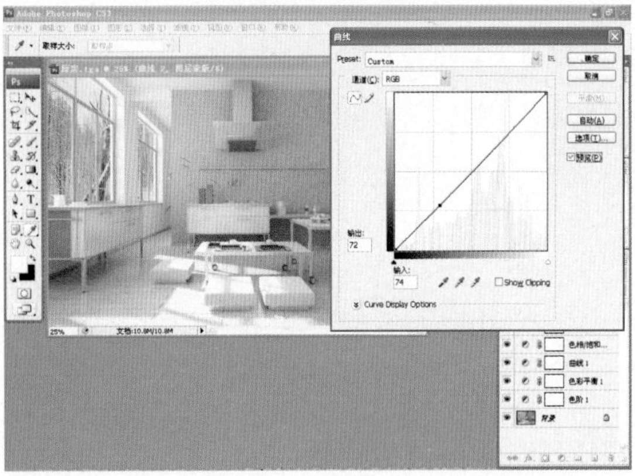

图7-97

|5|在“曲线”对话框的曲线上单击，在曲线上将添加一个调节点。拖动新添加的调节点调整图片明暗，如图7-98所示。

|6|单击图层面板下方的按钮，在弹出的菜单上选择“色彩平衡”命令，创建色彩平衡调整图层。在“色彩平衡”对话框中选择“中间调”，如图7-99所示设置色彩平衡参数。

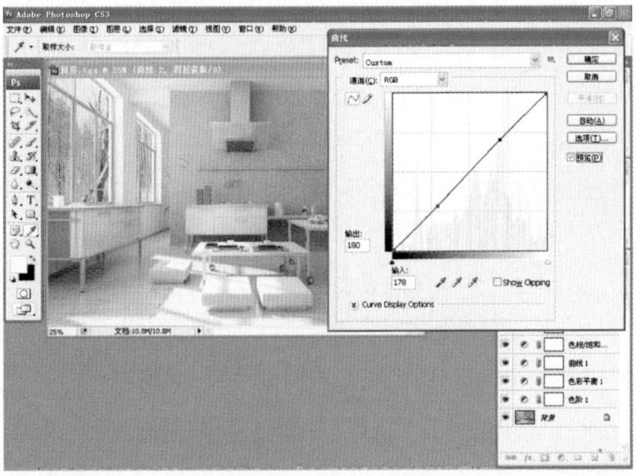

图7-98

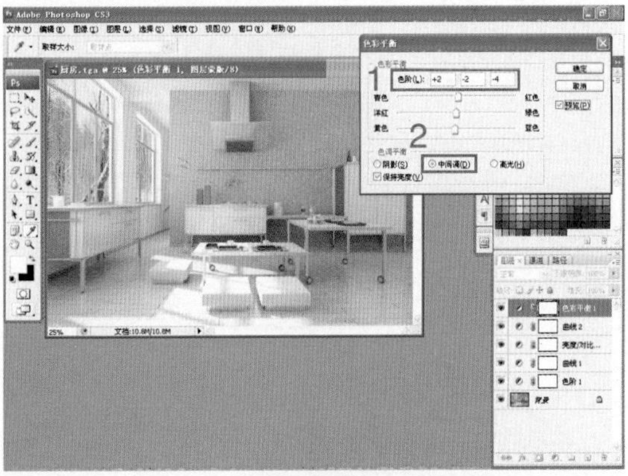

图7-99

|7|在“色彩平衡”对话框中选择“高光”单选按钮并拖动滑块进行调节，如图7-100所示。

|8|单击图层面板下方的按钮，在弹出的快捷菜单中选择【色相/饱和度】命令，创建色相/饱和度调整图层。在“色相/饱和度”对话框中将“饱和度”设置为5，如图7-101所示。

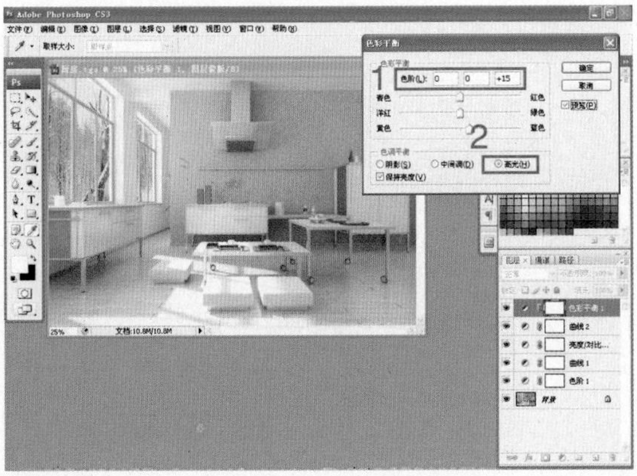

图7-100

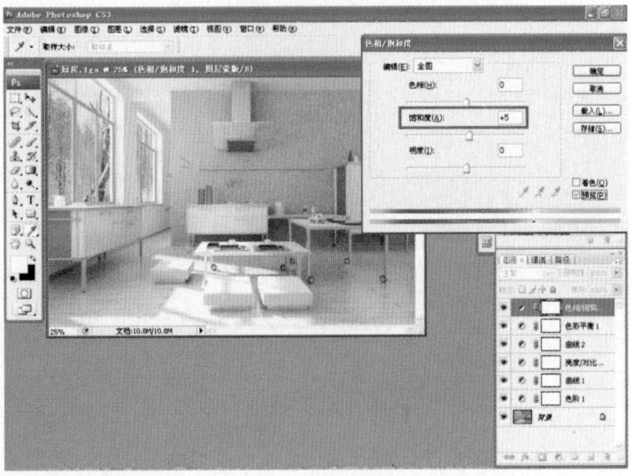

图7-101

| 9 | 对色相/饱和度进行设置后，图片的饱和度得到增强，如图7-102所示。

| 10 | 选择【图像】→【模式】→【Lab颜色】命令，图片将失去颜色。进入通道面板，将Alpha1通道删除，如图7-103所示。

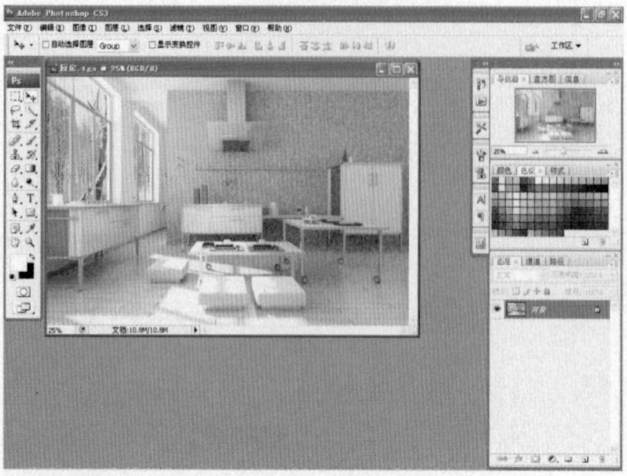

图7-102

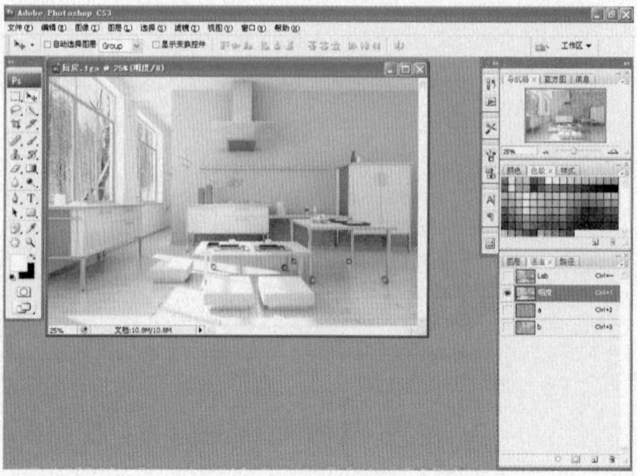

图7-103

| 11 | 在通道面板中激活“明度”通道，选择【图像】→【调整】→【色阶】命令，在“色阶”对话框中设置参数，如图7-104所示。

| 12 | 激活【明度】通道，选择【滤镜】→【锐化】→【USM锐化】命令，在弹出的“USM锐化”对话框中将“数量”设置为60，如图7-105所示。

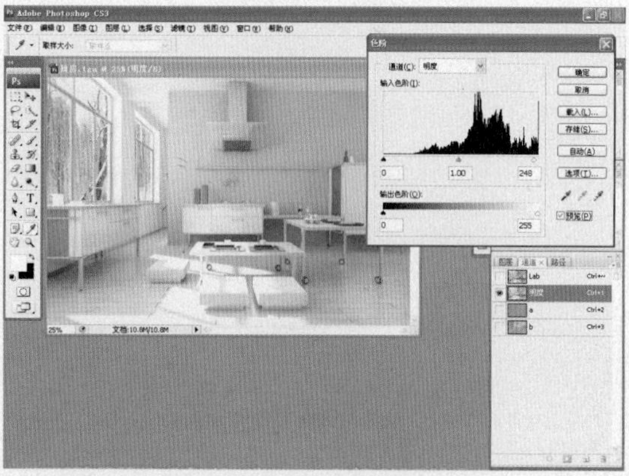

图7-104

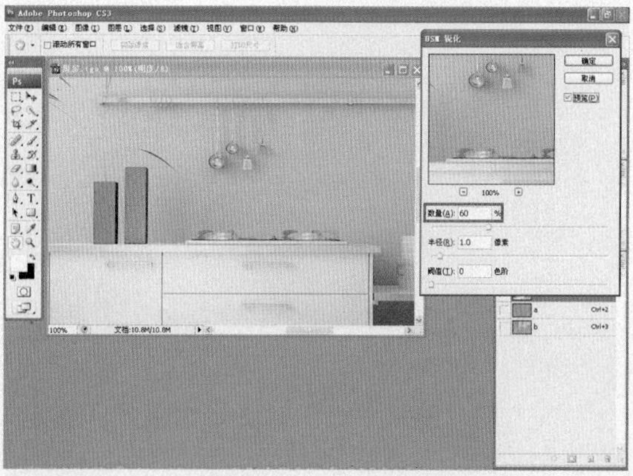

图7-105

| 13 | 回到图层面板，再次选择【滤镜】→【锐化】→【USM锐化】命令，在弹出的“USM锐化”对话框中将“数量”设置为20，如图7-106所示。

图7-106

| 14 | 在Photoshop CS3中进行后期处理后的效果如图7-107所示。

图7-107

第8章　客厅家具

客厅是每个家庭中聚会、聊天的场所，利用率极高。当需要把一个区域分割成几个不同功能的区域时，利用家具不失为一种很好的选择。客厅布置应以宽敞为原则,最重要的是体现舒畅和自在的感觉，客厅的家具一般不宜太多，根据其空间大小和需要进行摆放。本章的学习重点是简洁沙发模型的建立和大面积灰调子场景的渲染。

8.1 简洁沙发的创建

简洁沙发模型的建立分为沙发脚和沙发身两个部分。在创建沙发身时先建立它的截面二维图形，接着为它添加挤出修改器挤出厚度，然后进入多边形对象的边子层级进行倒角操作，效果如图8-1所示。

图8-1

8.1.1 沙发的特点及适用空间

布艺沙发是以纺织品为面料的沙发。布料手感柔软、图案丰富、色彩缤纷、选择性很大。相对真皮沙发，布艺沙发价格便宜，款型和外观图案及颜色富于变化，且杜绝了真皮沙发“冬凉夏暖”的弊端。布艺沙发具有线条圆润、坐卧舒适、面料新颖、款式多样的特点，适合各类家居和公共环境的需求。

8.1.2 沙发的制作流程

| 1 | 当设置好系统单位后，单击按钮进入创建命令面板，再单击按钮进入二维物体创建命令面板，接着单击ChamferBox（倒角长方体）按钮，在Top（顶）视图中拖动鼠标创建如图8-2所示的倒角长方体。

| 2 | 单击按钮进入修改命令面板，在修改命令面板的“Parameter（参数）”卷展栏中，如图8-3所示设置倒角长方体的各项参数。

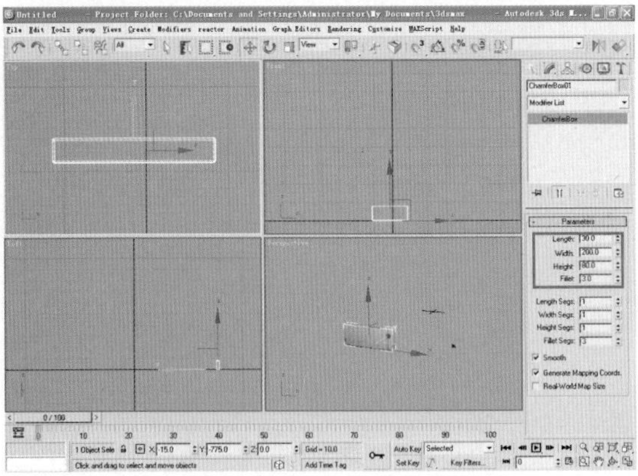

图8-2

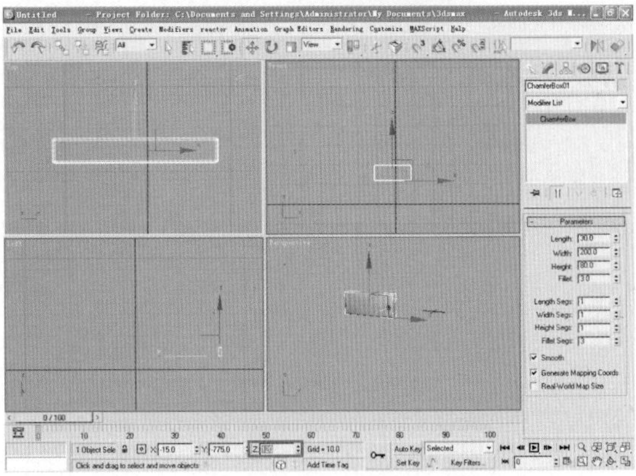

图8-3

| 3 | 在修改器列表中选择FFD 2×2×2修改器添加给倒角长方体，在修改堆栈中进入FFD 2×2×2修改器的Control Points（控制点）子层级，在Left（左）视图中选择如图8-4所示的控制点。

| 4 | 单击状态栏中的按钮，将X轴后面的数值设置为-45，选择的两个控制点将沿X轴向左移动，如图8-5所示。

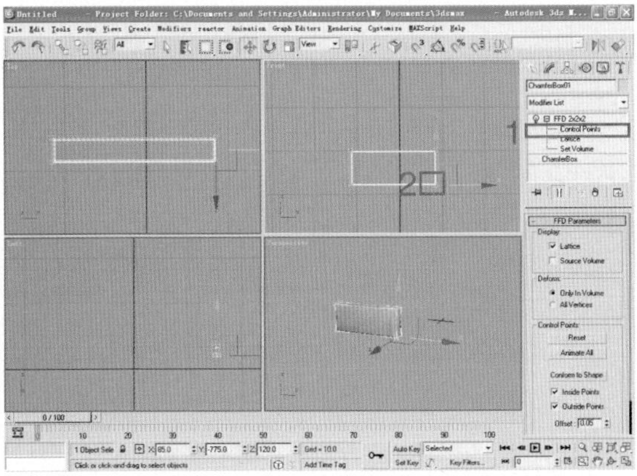

图8-4

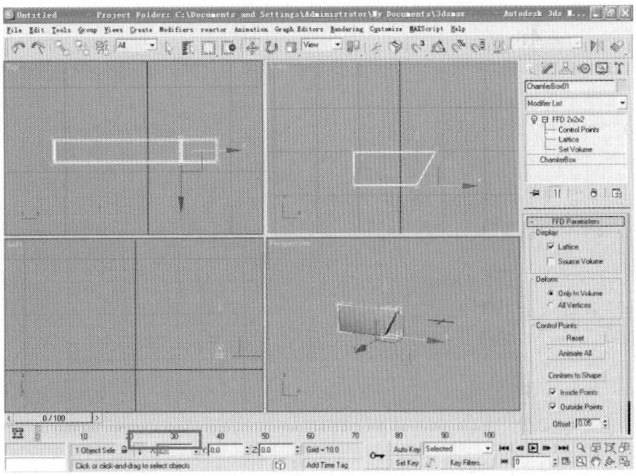

图8-5

| 5 | 在Left（左）视图中选择如图8-6所示的两个控制点。

| 6 | 单击状态栏中的按钮，将X轴后的数值设置为45，选择的两个控制点将沿X轴向右移动，如图8-7所示。

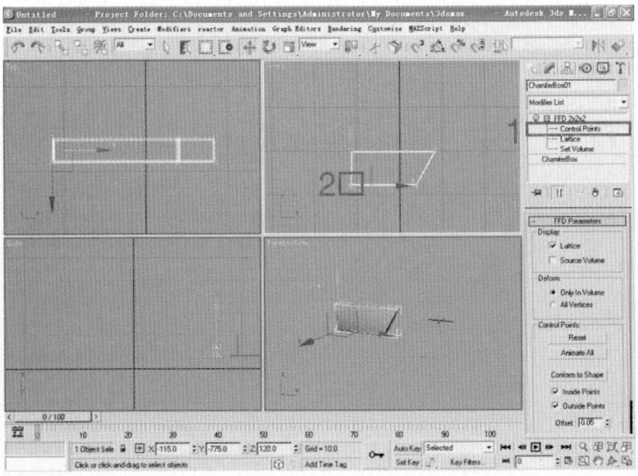

图8-6

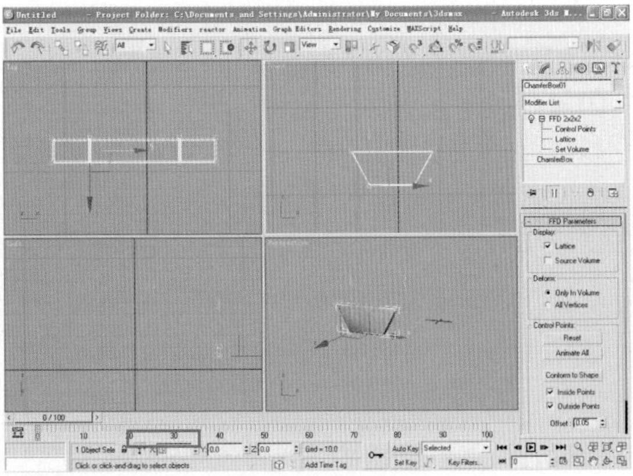

图8-7

| 7 | 单击工具栏上的按钮，在弹出的“Mirror（镜像）”对话框中设置参数，如图8-8所示，将选择对象镜像复制一个。

| 8 | 单击按钮进入创建命令面板，再单击按钮进入二维物体创建命令面板，接着单击 Line （样条线）按钮，在Front（前）视图中拖动鼠标创建如图8-9所示的样条线。

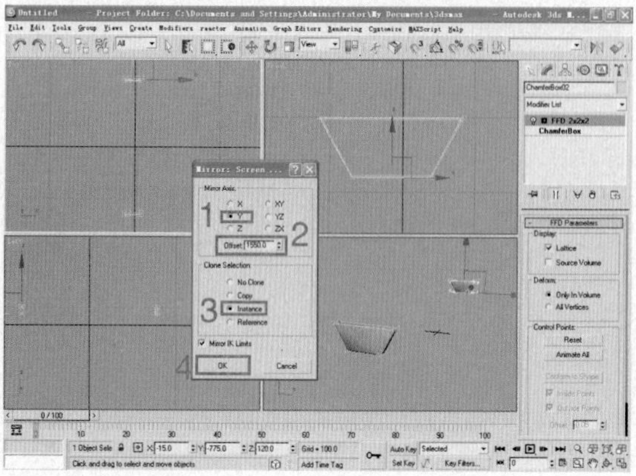
图8-8

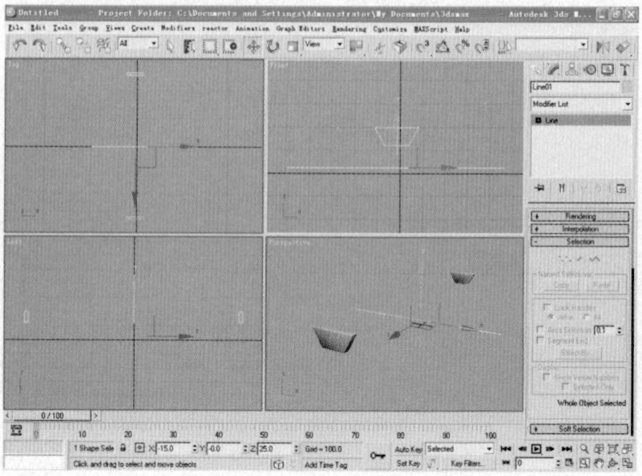
图8-9

| 9 | 单击按钮进入修改命令面板，在修改堆栈中单击【Line（样条线）】命令前【+】展开其子层级，接着进入此修改器的Vertex（顶点）子层级，在Front（前）视图中选择如图8-10所示的顶点。

| 10 | 在状态栏中将Z轴后面的数值设置为115，选择的顶点将沿着Z轴移动，如图8-11所示。

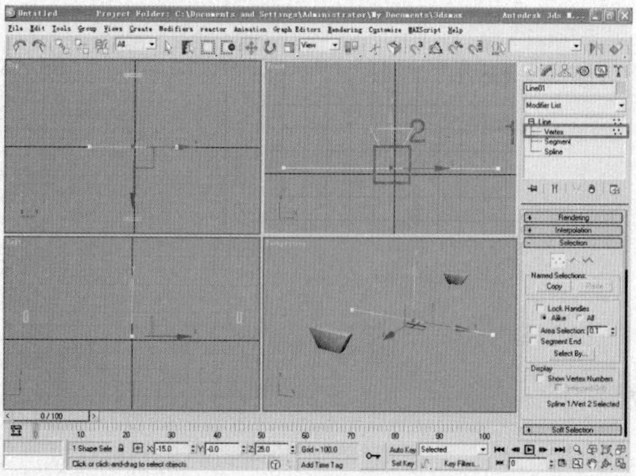
图8-10

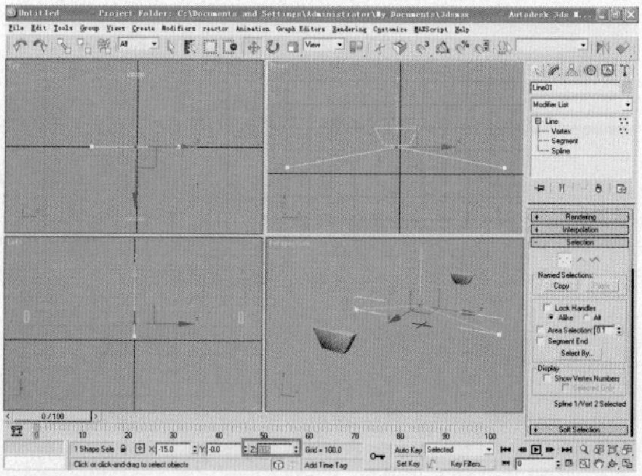
图8-11

| 11 | 在修改命令面板的“Rendering（渲染）”卷展栏中选择“Enable In Renderer（在渲染时可见）”和“Enable In Viewport（在视口中可见）”复选框，将“Thickness（厚度）”设置为40，如图8-12所示。

| 12 | 在视图中选择样条线对象并单击鼠标右键，在弹出的快捷菜单中选择“Convert to Editable Poly（转换成可编辑多边形）”命令使它塌陷，如图8-13所示。

| 13 | 单击按钮进入修改命令面板，在修改堆栈中进入“Editable Poly（可编辑多边形）”

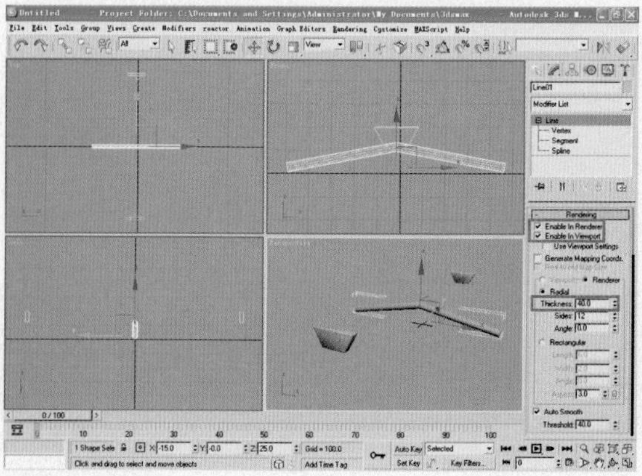
图8-12

命令的Edge（边）子层级。在修改命令面板中单击 Slice Plane （切片平面）按钮，将在视图中显示黄色的切割平面，如图8-14所示。

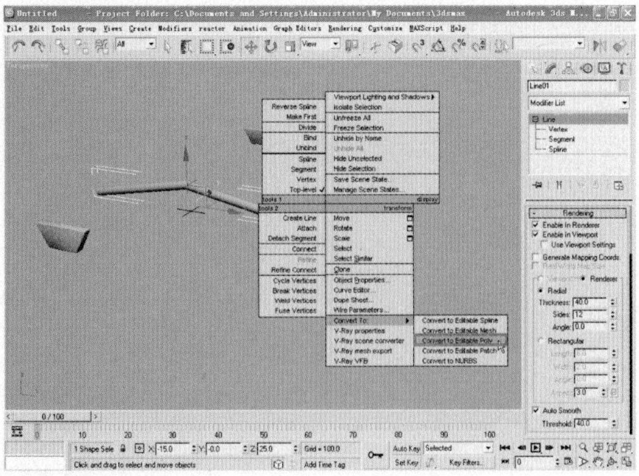

图8-13

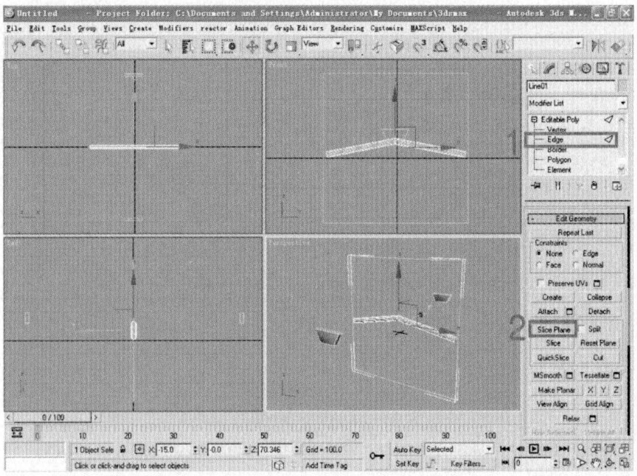

图8-14

| 14 | 单击修改命令面板上的 Slice 按钮，在Front（前）视图中沿Y轴旋转切割平面，如图8-15所示。

| 15 | 单击工具栏上的和按钮，再单击修改命令面板中的 Slice Plane 按钮，在Front（前）视图中沿Z轴旋转切割平面，如图8-16所示。

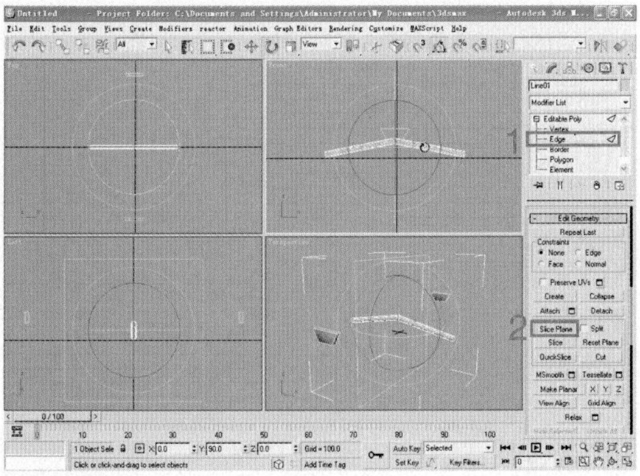

图8-15

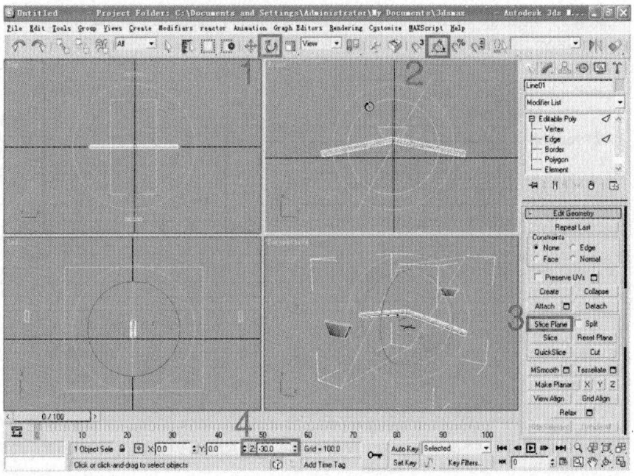

图8-16

| 16 | 在视图下方的输入框中将X轴后的数值设置为-430，选择的顶点将沿着X轴向左移动，如图8-17所示。

| 17 | 接着在修改命令面板中单击 Slice Plane 按钮和 Slice （切片）按钮进行切割，如图8-18所示。

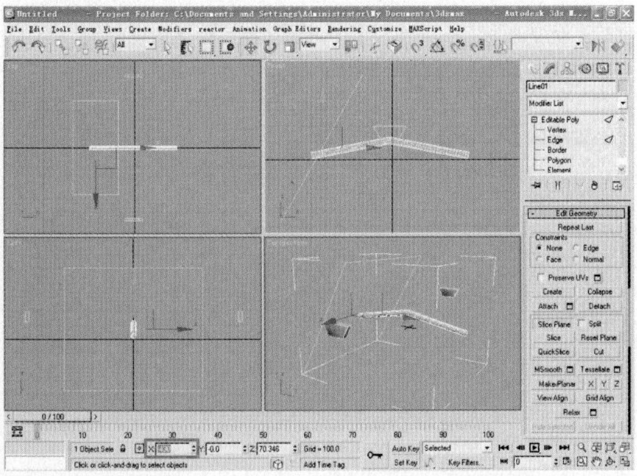

图8-17

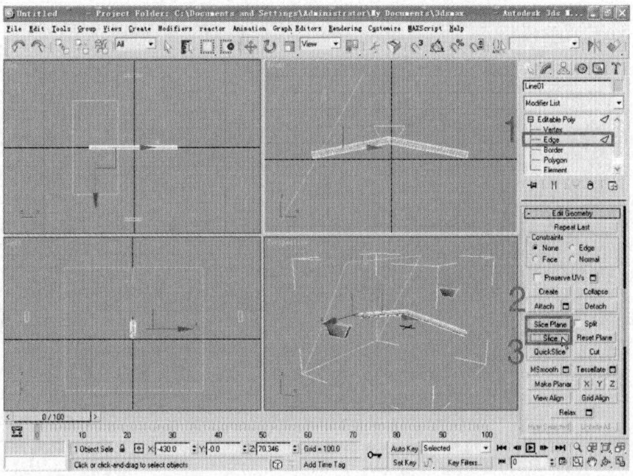

图8-18

| 18 | 单击工具栏上的和按钮，然后在修改命令面板中单击 Slice Plane 按钮，在Front（前）视图中沿Z轴旋转切割平面，如图8-19所示。

| 19 | 在状态栏中将X轴后的数值设置为405，选择的顶点将沿着X轴向右移动，如图8-20所示。

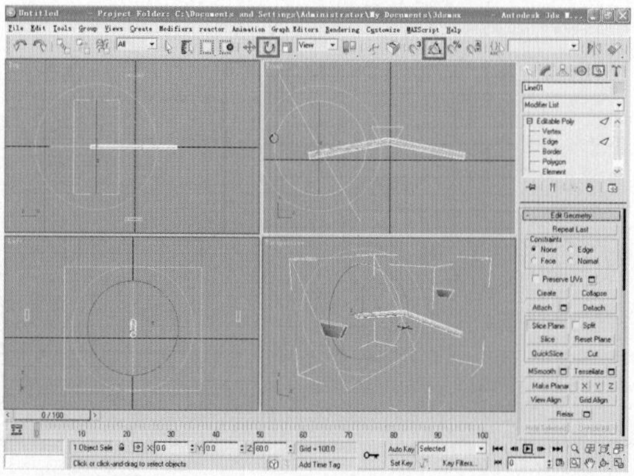

图8-19

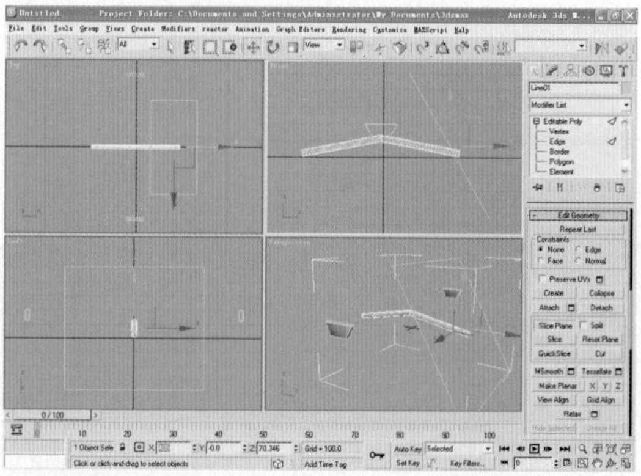

图8-20

| 20 | 接着在修改命令面板中单击 Slice Plane 按钮和 Slice 按钮进行切割，如图8-21所示。

| 21 | 在修改堆栈中进入【Editable Poly（可编辑多边形）】命令的Polygon（多边形）子层级，在视图中选择如图8-22所示的多边形，按下【Delete】键将选择的多边形删除。

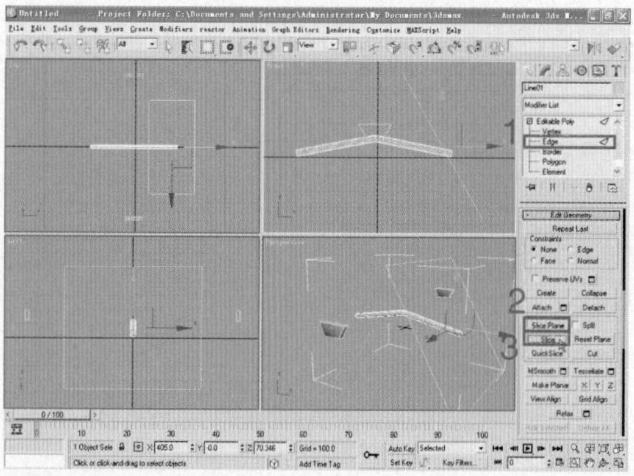

图8-21

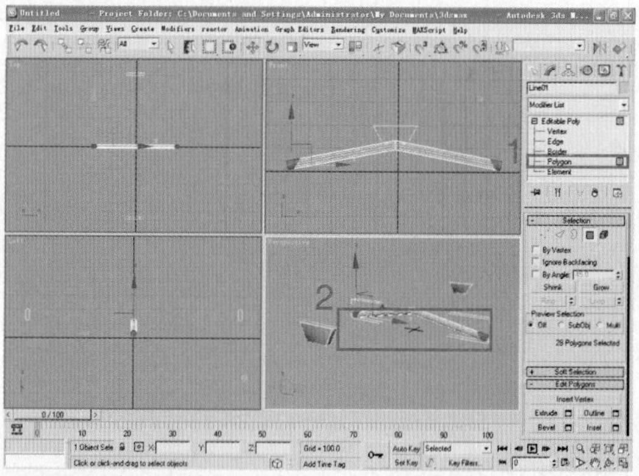

图8-22

| 22 | 在修改堆栈中进入【Editable Poly（可编辑多边形）】命令的Border（边界）子层级，在视图中选择如图8-23所示的边界。

| 23 | 接着在修改命令面板中单击 Cap （封口）按钮封闭边界，如图8-24所示。

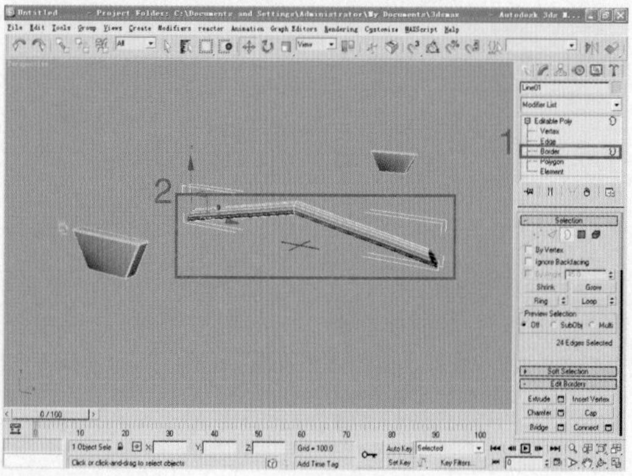

图8-23

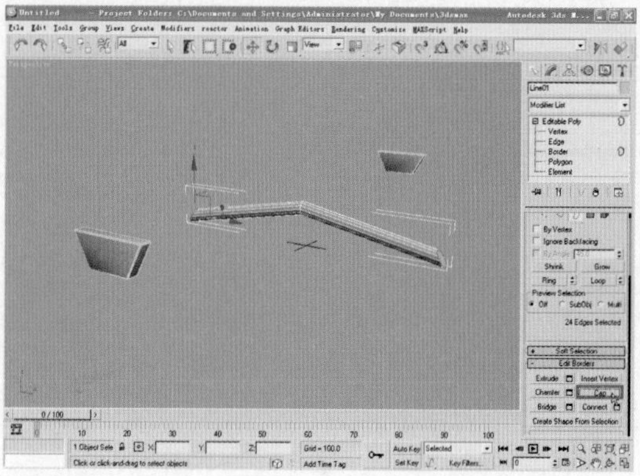

图8-24

| 24 | 在修改堆栈中进入【Editable Poly（可编辑多边形）】命令的Edge（边）子层级，在视图中选择如图8-25所示的边，单击修改命令面板上 Chamfer 后面的□按钮，在弹出的“Chamfer Edges（倒边）”对话框中将“Chamfer Amount（倒角数量）”设置为3.0。

| 25 | 退出【Editable Poly（可编辑多边形）】命令的Edge（边）子层级，放大视图可见倒边处表面不平滑，如图8-26所示。

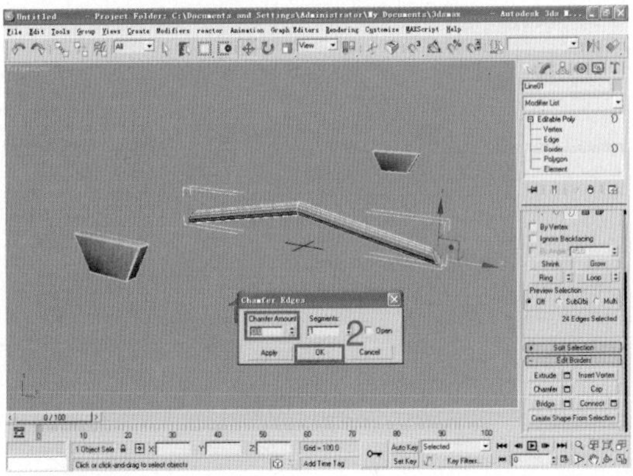

图8-25

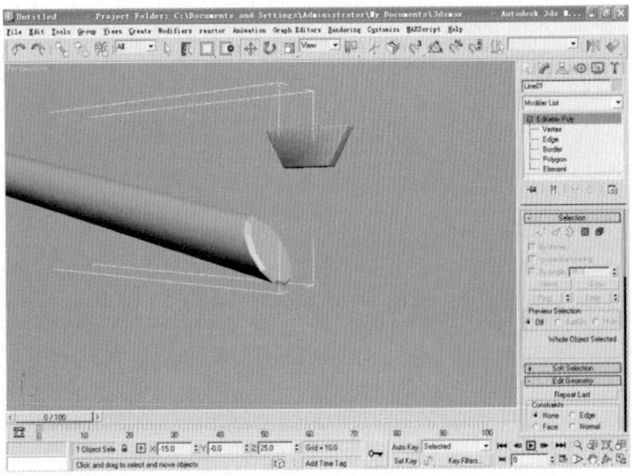

图8-26

| 26 | 在修改命令列表中选择“Smooth（光滑）”修改器，对选择对象进行光滑处理，如图8-27所示。

| 27 | 按住【Shift】键的同时选择对象在Top视图中沿Y轴向上移动，在弹出的“Clone Options（克隆选项）”对话框中选择“Instance（关联）”单选按钮，将“副本数”设置为1。将沙发脚对象关联复制一个，如图8-28所示。

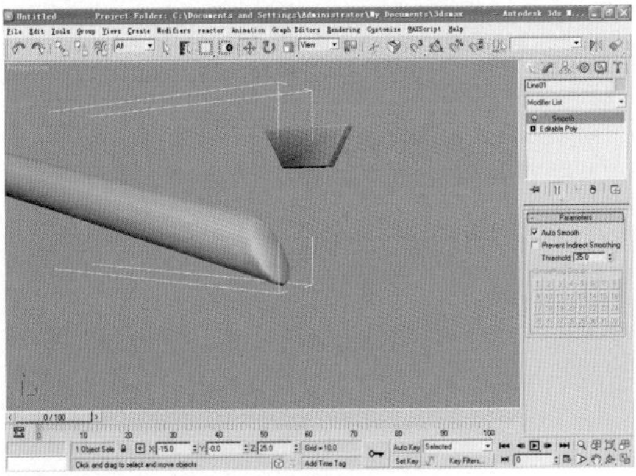

图8-27

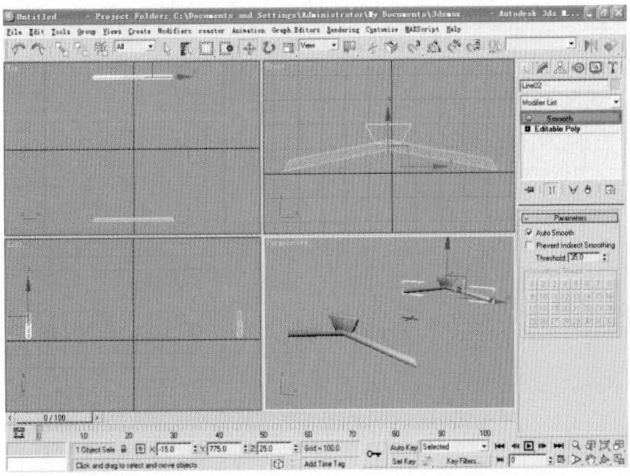

图8-28

| 28 | 单击 ChamferBox （倒角长方体）按钮，在Top（顶）视图中拖动鼠标创建如图8-29所示的倒角长方体。

| 29 | 在修改器列表中选择FFD 2×2×2修改器添加给倒角长方体，在修改堆栈中进入FFD 2×2×2修改器的Control Points（控制点）子层级，在Front（前）视图中选择如图8-30所示的两个控制点。

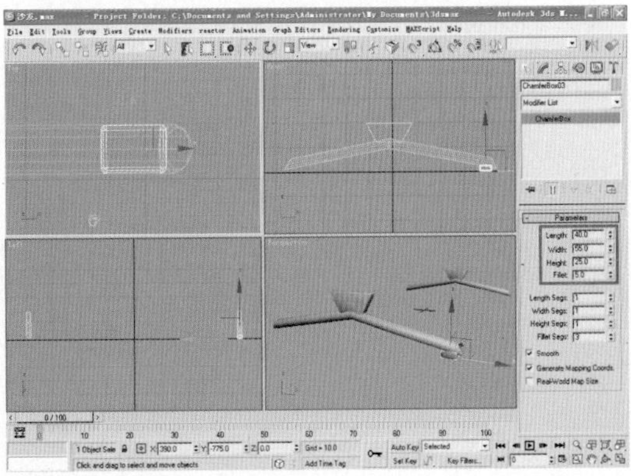

图8-29

| 30 | 单击状态栏中的 按钮，将Z轴后面的数值设置为15，选择的两个控制点将沿Z轴向左移动，如图8-31所示。

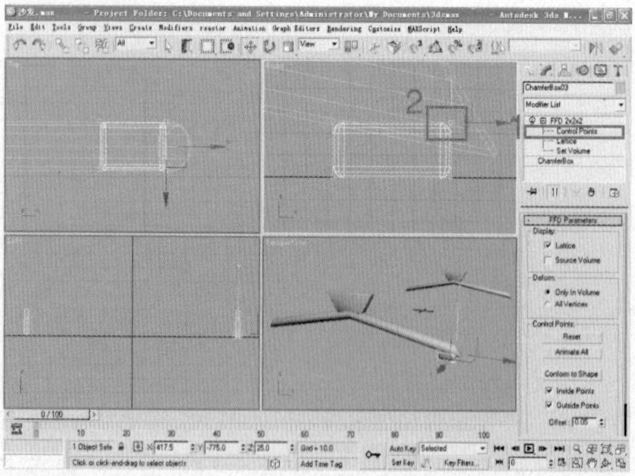

图8-30

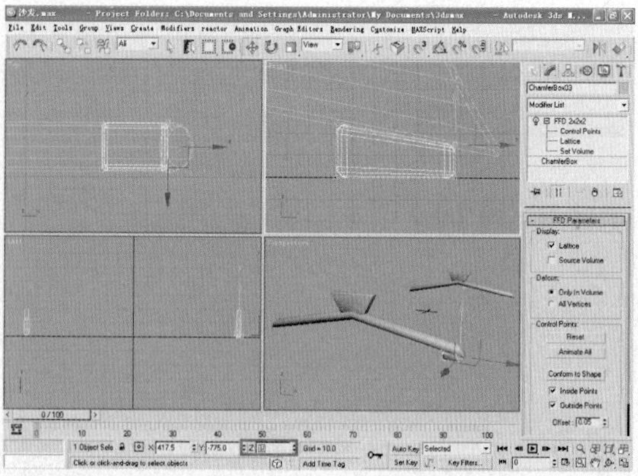

图8-31

| 31 | 按住【Shift】键将选择对象关联复制三个，并放置如图8-32所示的位置。

| 32 | 单击 按钮进入创建命令面板，再单击 按钮进入二维物体创建命令面板，接着单击 Line （样条线）按钮，在Front（前）视图中拖动鼠标创建如图8-33所示的闭合样条线。

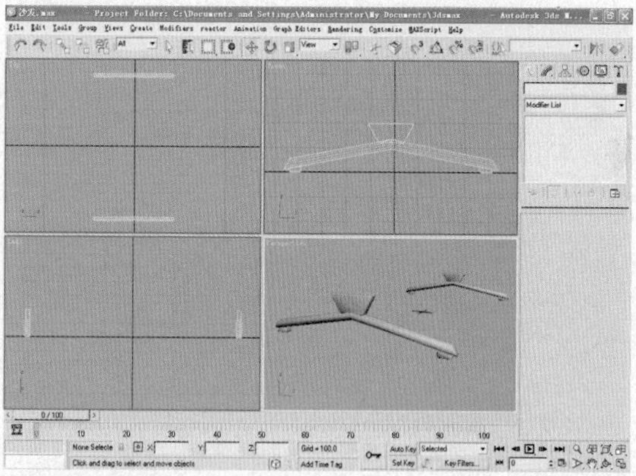

图8-32

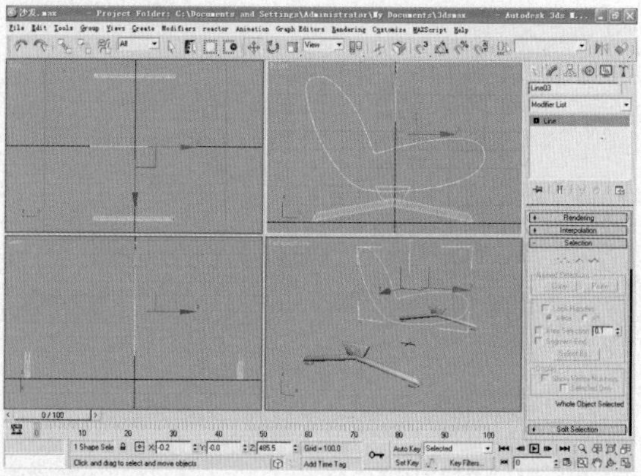

图8-33

| 33 | 在修改堆栈中进入【Editable Poly（可编辑多边形）】命令的Vertex（顶点）子层级，在视图中选择如图8-34所示的顶点，并单击鼠标右键，在弹出的快捷菜单中选择【Smooth（光滑）】命令。

| 34 | 退出【Line（样条线）】命令的Vertex（顶点）子层级，在修改命令列表中选择“Bevel（倒角）”修改器添加给闭合样条线，如图8-35所示设置参数。

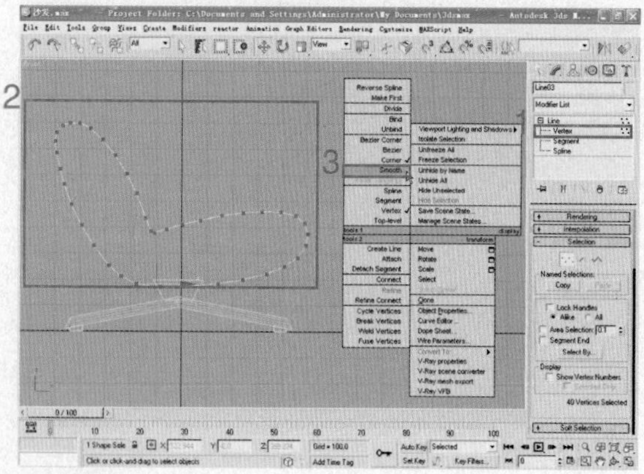

图8-34

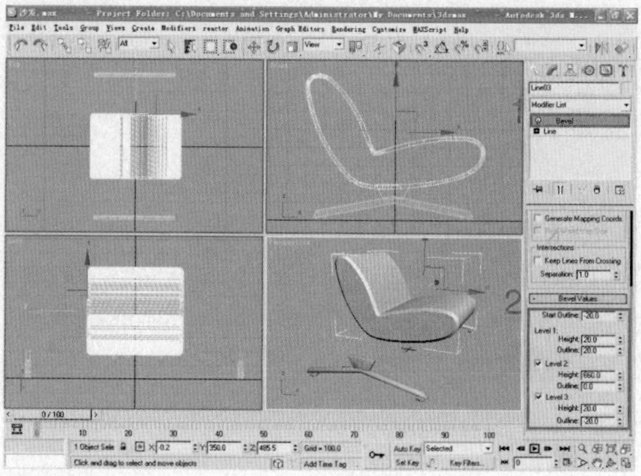

图8-35

| 35 | 单击按钮进入修改命令面板，在修改堆栈中进入【Editable Poly（可编辑多边形）】命令的Edge（边）子层级，在视图中选择如图8-36所示的边。

| 36 | 单击修改命令面板上 Chamfer 后面的□按钮，在弹出的“Chamfer Edge（倒边）”对话框中将“Chamfer Amount（倒角数量）”设置为7，并单击 Apply （应用）按钮。选择的边将进行倒角，如图8-37所示。

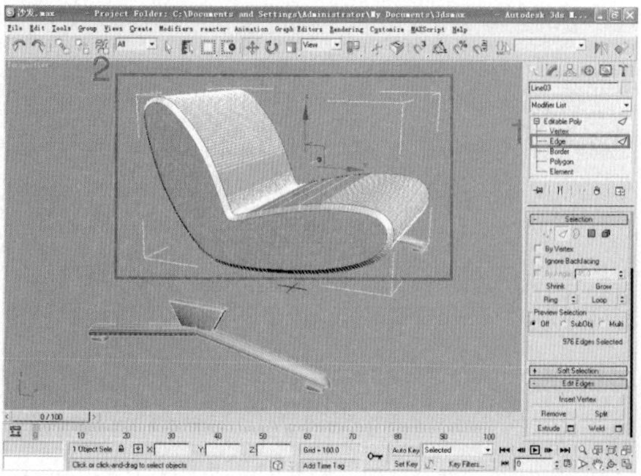

图8-36

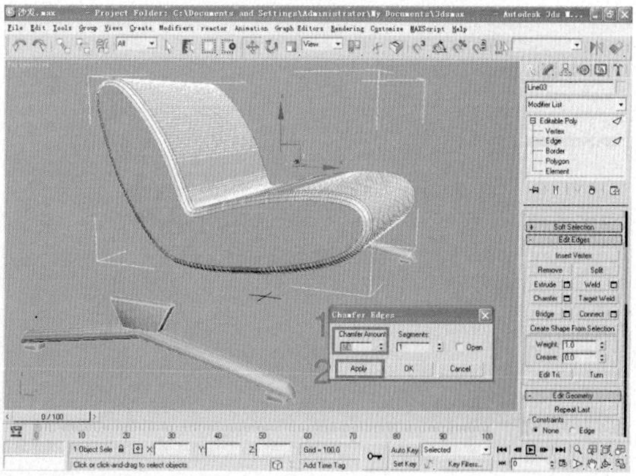

图8-37

| 37 | 在“Chamfer Edges（倒边）”对话框中将“Chamfer Amount（倒角数量）”设置为3，单击 OK 按钮。选择的边将再次进行倒角，如图8-38所示。

| 38 | 退出【Editable Poly（可编辑多边形）】命令的Edge（边）子层级，经过倒边的边缘不平滑，如图8-39所示。

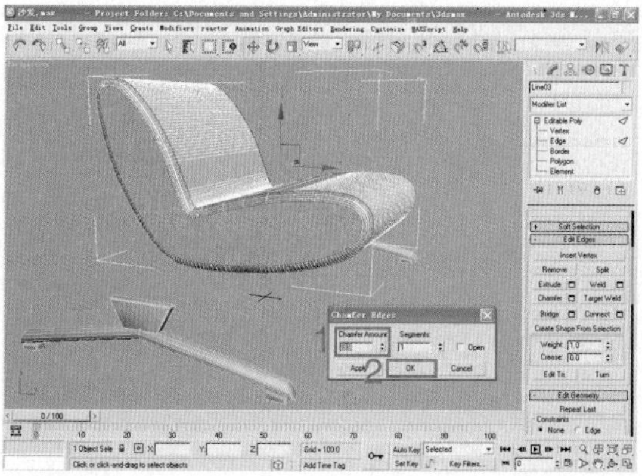

图8-38

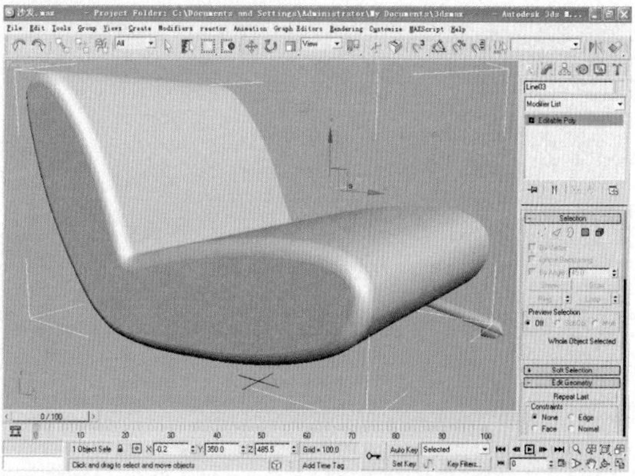

图8-39

| 39 | 在修改器列表中选择Smooth（光滑）修改器。对选择对象进行光滑处理，如图8-40所示。

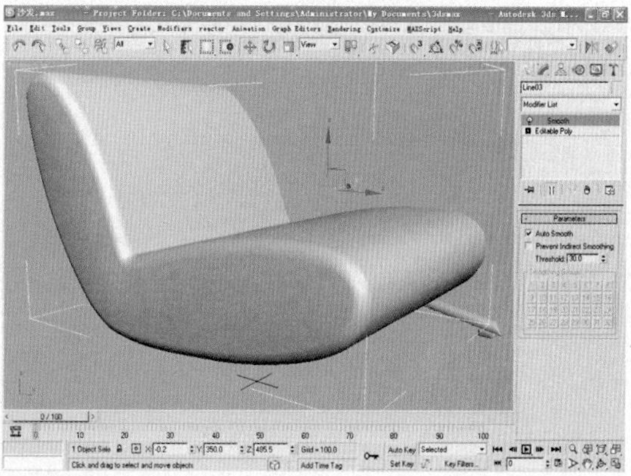

图8-40

| 40 | 按住【Shift】键在Top视图中将选择对象沿Y轴向下移动，在弹出的“Clone Options（克隆选项）”对话框中选择“Instance（关联）”单选按钮，将“副本数”设置为1。将沙发关联复制一个，如图8-41所示。

| 41 | 在状态栏中将Y轴后面的数值设置为-320，选择的两个控制点将沿Y轴向下移动，如图8-42所示。

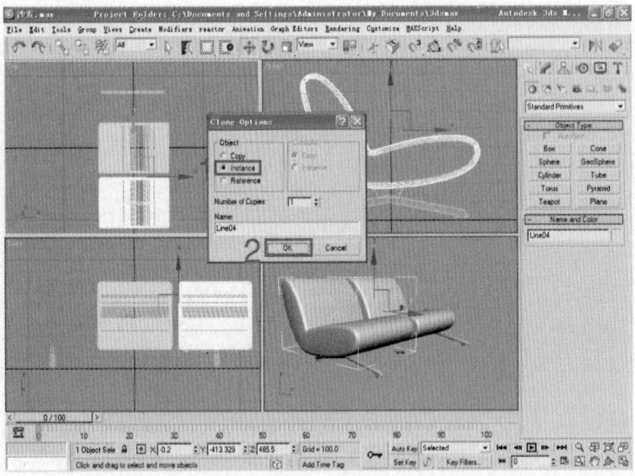

图8-41

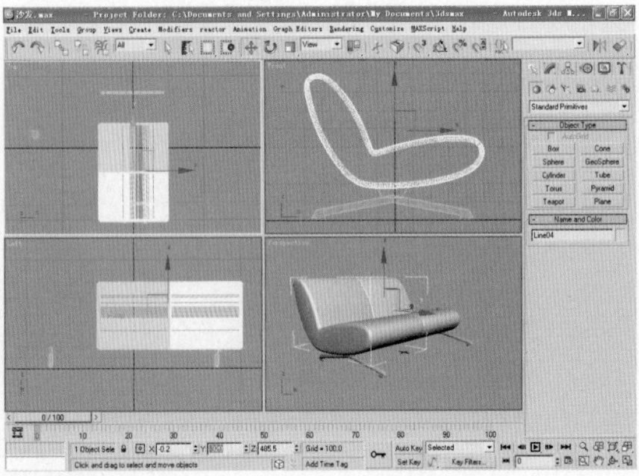

图8-42

| 42 | 运用同样的方法将选择对象关联复制一个，如图8-43所示。

| 43 | 创建完成的沙发模型如图8-44所示。

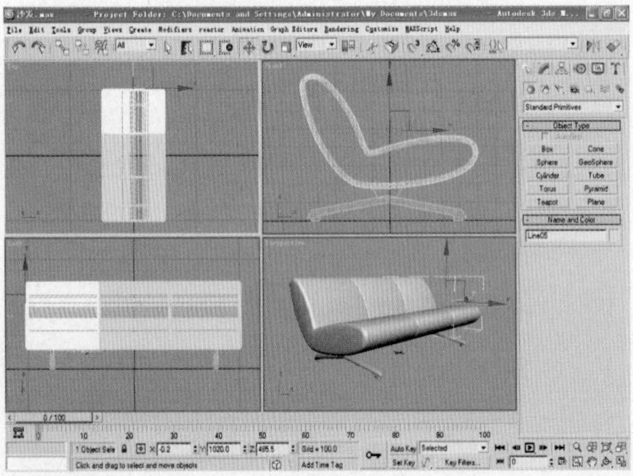

图8-43

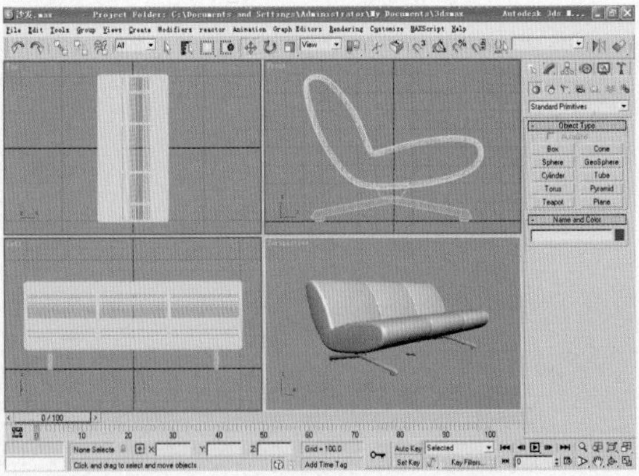

图8-44

8.2 客厅家具的渲染

这里的客厅家具场景有着大面积灰调子，在渲染时很容易出现脏和灰的情况。因此在渲染的时候要注意拉开地板、沙发、墙体的层次，只有区分开了它们的颜色，整个画面才具有层次感。

8.2.1 客厅家具场景的灯光设置

| 1 | 打开“客厅.max”场景文件，在材质编辑器中激活空白材质示例窗并转化为VRayMtl材质，将此材质命名为“素模”。单击工具栏上的✥按钮，在视图中选择除窗户玻璃以外的所有对

象，单击材质编辑器上的按钮，将“素模”材质赋予选择对象，如图8-45所示。

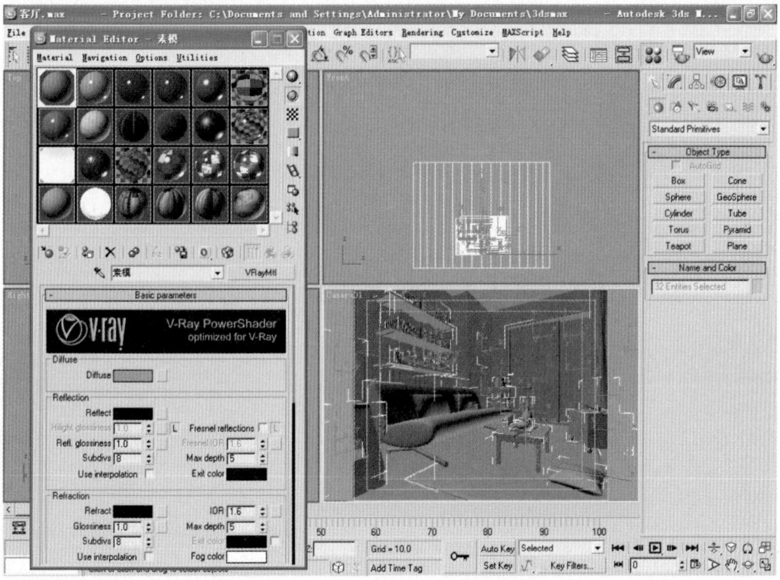

图8-45

| 2 | 单击“素模”材质设置面板上Diffuse（漫射）后面的按钮，在弹出的“Color Selector（颜色选择器）”中选择“Hue（色调）”为0、“Sat（饱和度）”为0、“Value（亮度）”为200的颜色作为物体的固有颜色，如图8-46所示。

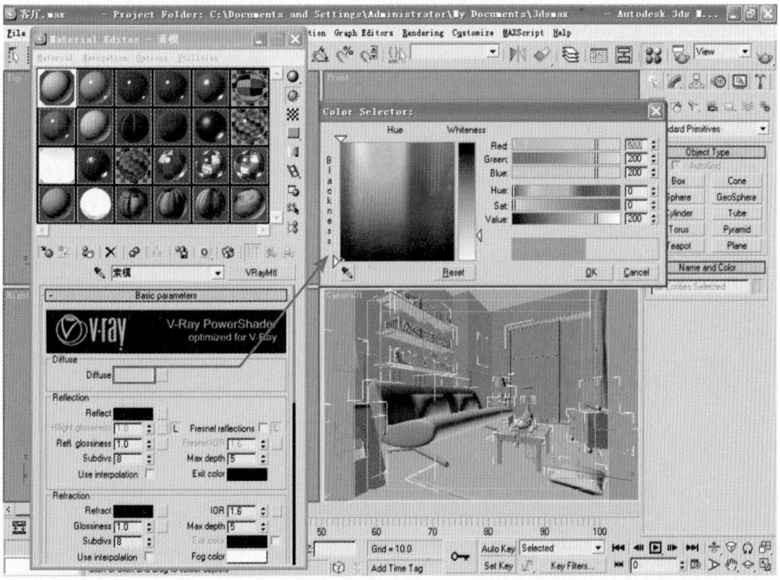

图8-46

| 3 | 激活“窗户玻璃”材质并将它转化为VRayMtl类型材质。单击Reflect（反射）后面的按钮，在弹出的“Color Selector（颜色选择器）”对话框中选择“Hue（色调）”为0、“Sat（饱和度）”为0、“Value（亮度）”为255的颜色。展开“Maps（贴图）”卷展栏，单击Reflect（反射）后面的 None 按钮，在弹出的“Material Map Browser（材质/贴图浏览器）”中选择“Fall off（衰减）”贴图并单击 确定 按钮，接着设置“Fall off（衰减）”贴图的参数，如图8-47所示。

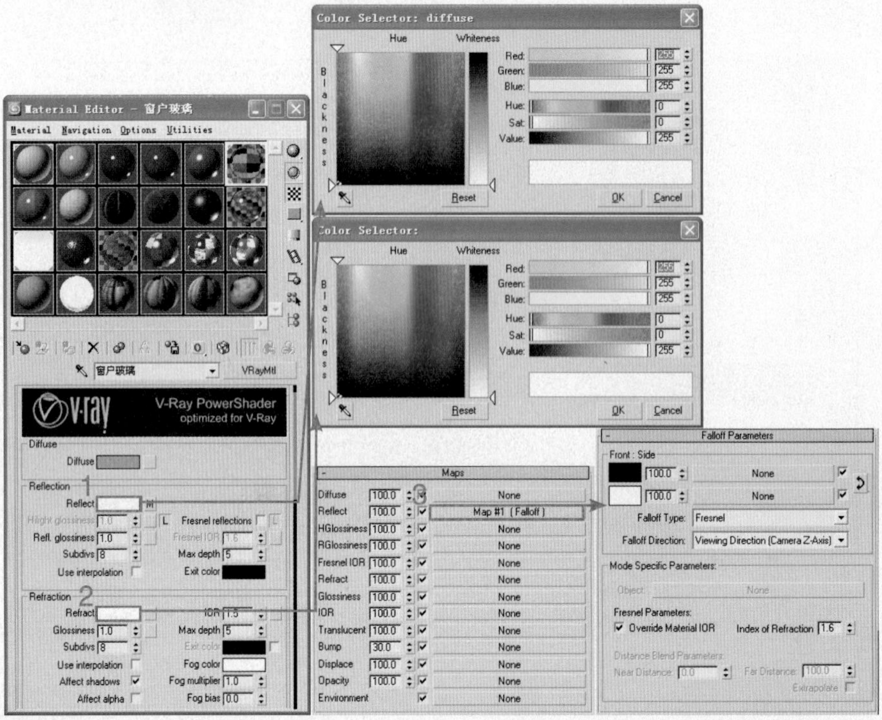

图8-47

|4|单击工具栏上的按钮，在视图中选择窗户玻璃对象，单击材质编辑器上的按钮，将“窗户玻璃”材质赋予选择对象，如图8-48所示。

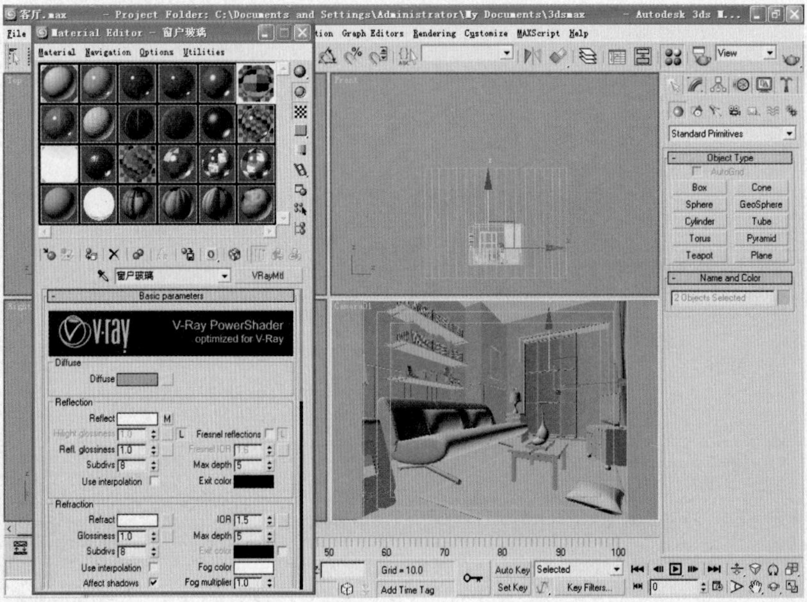

图8-48

|5|在渲染面板中设置基本参数进行渲染，观察灯光效果，单击工具栏上的按钮，首先指定渲染器类型，接着设置渲染图片的尺寸，最后设置“Frame buffer（帧缓冲区）”和“Global switches（全局开关）”卷展栏中的参数，在“Image sampler（Antialiasing）（图像采样反锯齿）”卷展栏中选择“Fixed（固定）”采样器和“Catmull-Rom”抗锯齿过滤器，如图8-49所示。

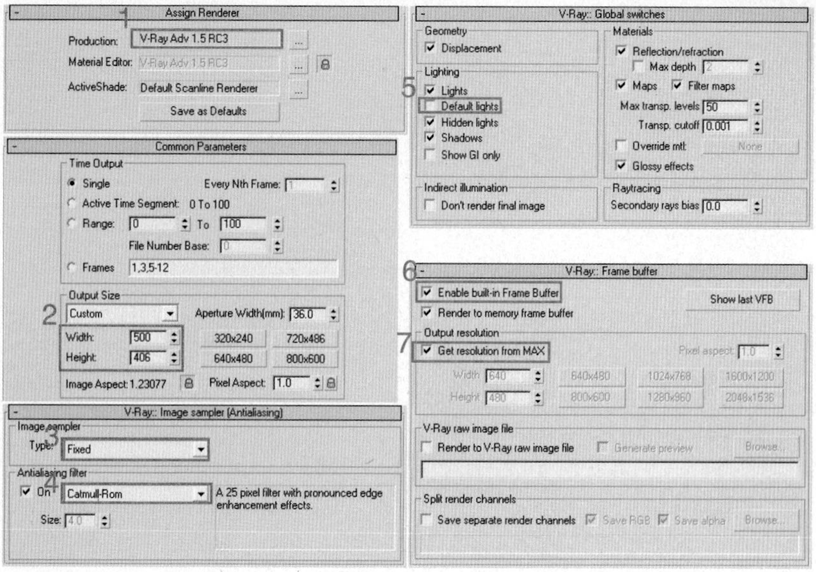

图8-49

| 6 | 如图8-50所示设置“Indirect illumination（GI）间接照明”、“Light cache（灯光缓存）”、“Irradiance map（发光贴图）”、“rQMC Sampler（rQMC采样器）”和“Color mapping（颜色映射）”卷展栏中的各项参数。

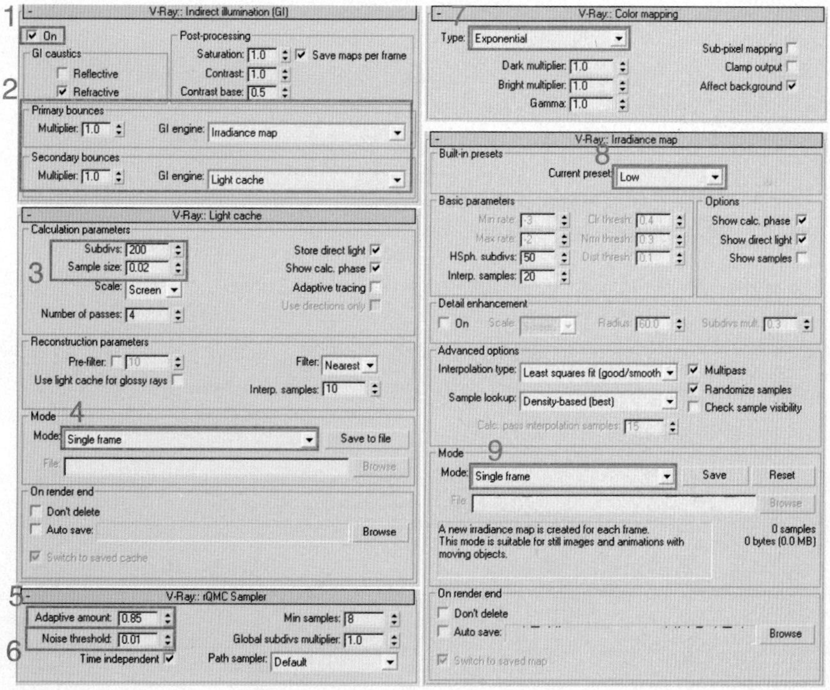

图8-50

| 7 | 接下来创建场景灯光，单击VRay灯光创建命令面板上的 VRaySun 按钮，在Top（顶）视图中拖动鼠标创建太阳光，创建的同时在弹出的对话框中单击 是(Y) 按钮，创建太阳光的同时创建天空光贴图，如图8-51所示。

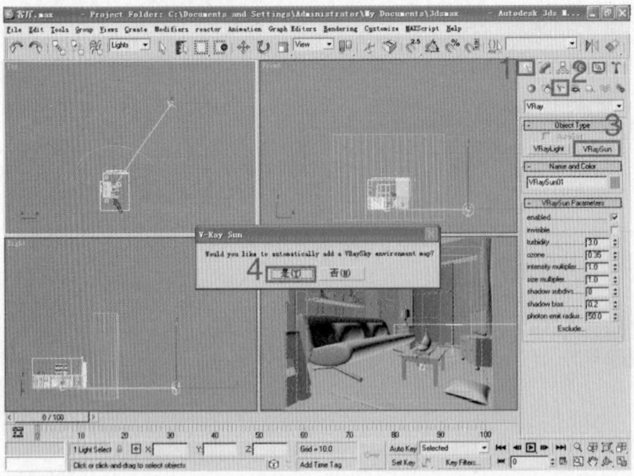

图8-51

| 8 | 选择【Render（渲染）】→【Environment（环境）】命令，弹出“Environment and Effects（环境和效果）”对话框，可见“（Background）背景”选项组中生成了“VRaySky（VR天光）”贴图。取消选择“Use Map（使用贴图）”复选框，如图8-52所示。

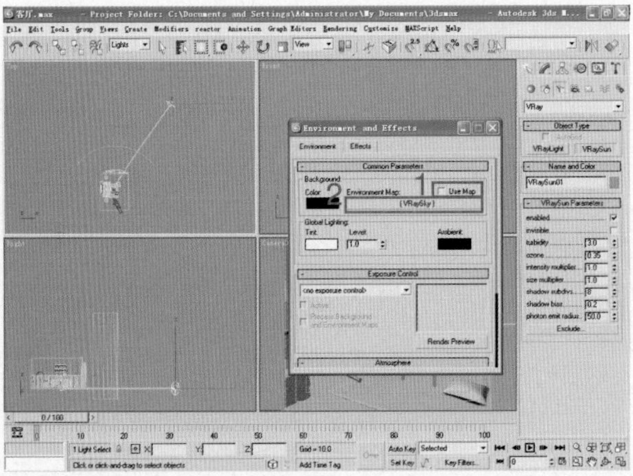

图8-52

| 9 | 在视图中选择太阳光并单击按钮，在修改命令面板中将“turbidity（浊度）”设置为3.0。将“intensity multiplier（强度倍增）”参数设置为0.5。单击工具栏上的按钮，渲染后的效果如图8-53所示，因为光线太强，场景曝光严重。

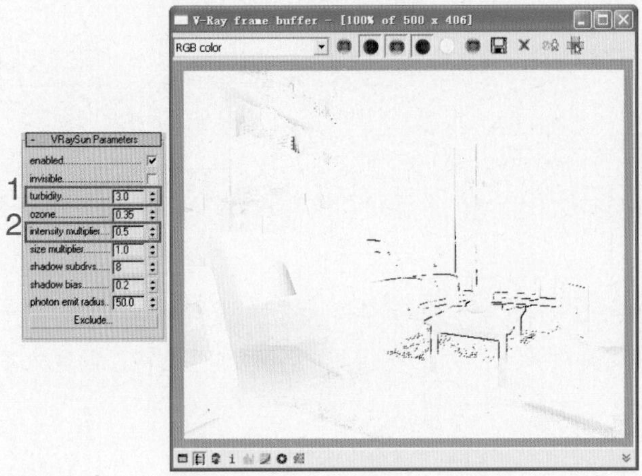

图8-53

| 10 | 将“intensity multiplier（强度倍增）”参数设置为0.2。单击工具栏上的按钮，渲染后的效果如图8-54所示。光线强度降低，场景的曝光现象得到缓解，但还需要再次降低光源强度。

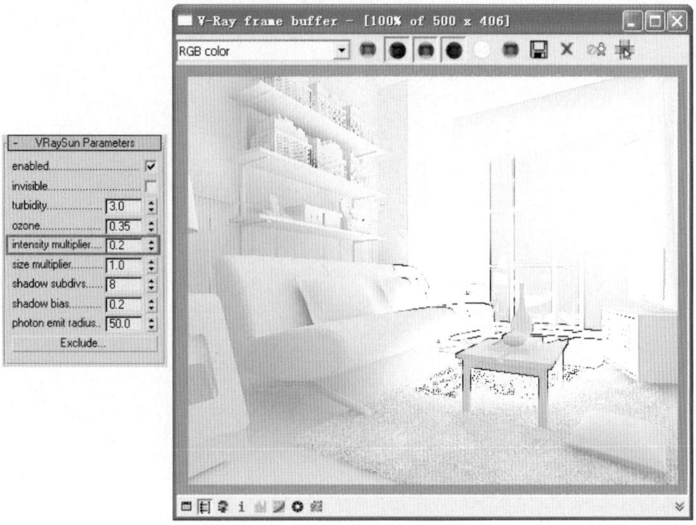

图8-54

| 11 | 在修改命令面板上将“intensity multiplier（强度倍增）”参数降低为0.02，单击工具栏上的按钮，渲染后的效果如图8-55所示，场景光线明显降低。

图8-55

| 12 | 打开“材质编辑器”，将“Environment and Effects（环境和效果）”对话框中的“VRaySky（VR天光）”贴图拖动到材质编辑器的空白材质球上，在弹出的“Instance（Copy）（实例副本）”对话框中选择“Instance（实例）”单选按钮，这样“VRaySky（VR天光）”贴图将在材质编辑器中显示，如图8-56所示。

| 13 | 在“VRaySky（VR天光）”贴图的编辑面板上单击 None 按钮，接着在视图中选择开始创建的太阳光，使天光和太阳光关联。在材质编辑器中激活天空光贴图，对它的参数进行设置。将“sun intensity multiplier（太阳强度倍增器）”数值设置为0.2，将“sun turbidity（阳光浊度）”设置为3.0，渲染后的效果如图8-57所示。因为“VRaySky（VR天光）”贴图的强度较高，窗户外的环境色呈淡蓝色。

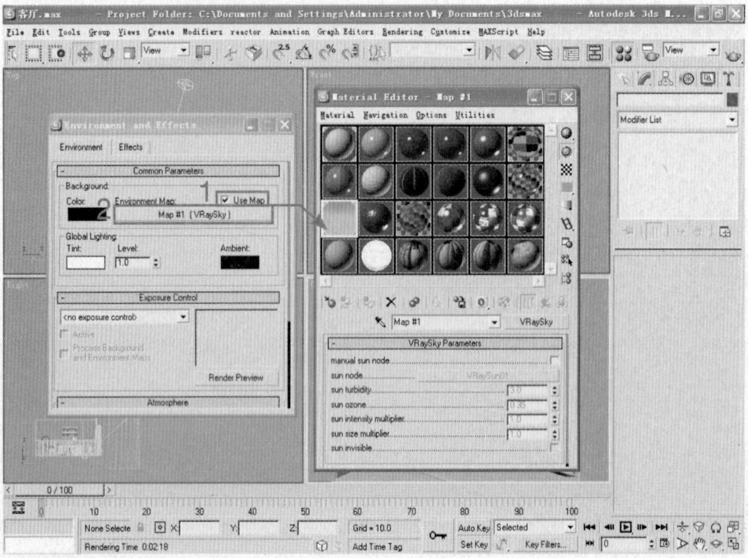

图8-56

图8-57

| 14 | 这里需要降低“VRaySky（VR天光）”贴图的强度，将“sun intensity multiplier（太阳强度倍增器）”数值设置为0.04，将“sun turbidity（阳光浊度）”设置为3.0，渲染后的效果如图8-58所示，窗户外的环境色呈蓝色。

图8-58

| 15 | 单击VRay灯光创建命令面板上的 VRayLight 按钮，如图8-59所示。在Front（前）视图中拖动鼠标创建一盏VRayLight，用于模拟来自窗外的环境光。

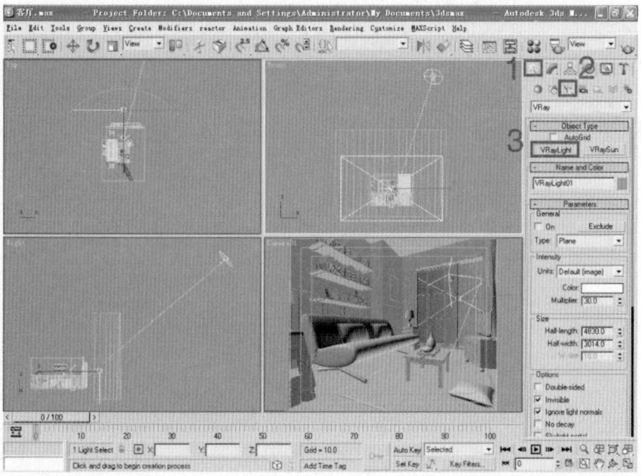

图8-59

| 16 | 在视图中选择VRayLight光源并单击按钮进入修改命令面板，将“Half-length（半长）”设置为3000，将“Half-width（半宽）”设置为2200，如图8-60所示。

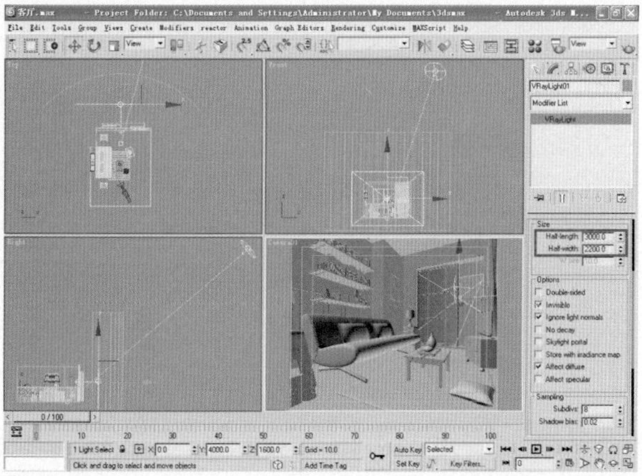

图8-60

| 17 | 接着在修改命令面板中将“Multiplier（强度）”设置为10，单击工具栏上的按钮，渲染后的效果如图8-61所示。

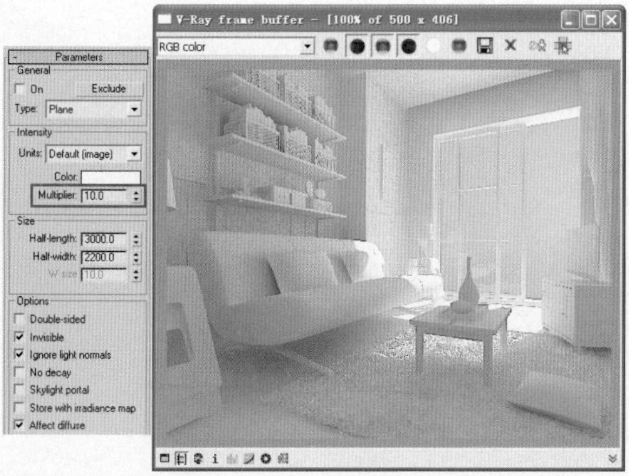

图8-61

| 18 | 当“Multiplier（强度）”设置为10时场景的光线偏暗，因此在修改命令面板上将“Multiplier（强度）”数值设置为30。单击工具栏上的按钮，渲染后的效果如图8-62所示。

图8-62

| 19 | 来自户外的环境光偏冷色调，可以通过修改VRayLight光源的颜色来达到目的。在修改命令面板中单击Color（颜色）后面的按钮，在弹出的“Color Selector（颜色选择器）”对话框中设置“Hue（色调）”为145、“Sat（饱和度）”为45，“Value（亮度）”为255。单击按钮进行渲染，效果如图8-63所示，场景整体光线偏蓝色。

图8-63

| 20 | 单击VRay灯光创建命令面板上的 VRayLight 按钮，在Right（右）视图中拖动鼠标创建一盏VRayLight，如图8-64所示。

| 21 | 在视图中选择VRayLight光源并单击按钮进入修改命令面板，将“Half-length（半长）”设置为1800，将“Half-width（半宽）”设置为1200，将“Multiplier（强度）”设置为2，如图8-65所示。

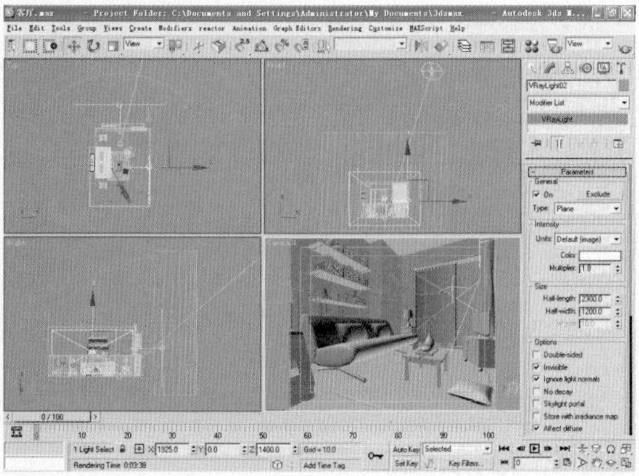
图8-64

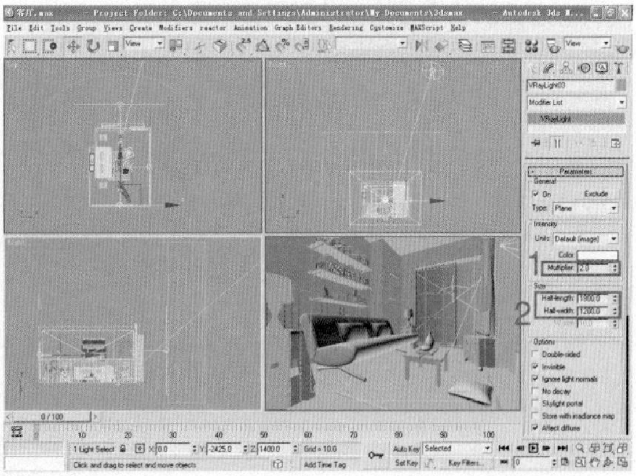
图8-65

| 22 | 单击按钮进行渲染，效果如图8-66所示， 此时场景的光线合适。

图8-66

8.2.2 客厅家具的材质设置

| 1 | 在“材质编辑器”中激活空白材质示例窗并将它转化为VRayMtl类型材质，将它命名为“黑色乳胶漆”。如图8-67所示设置此材质的Diffuse（漫射）和Reflect（反射）颜色。单击工具栏上的按钮，在视图中墙体对象，单击材质编辑器上的按钮，将此材质赋予选择对象。

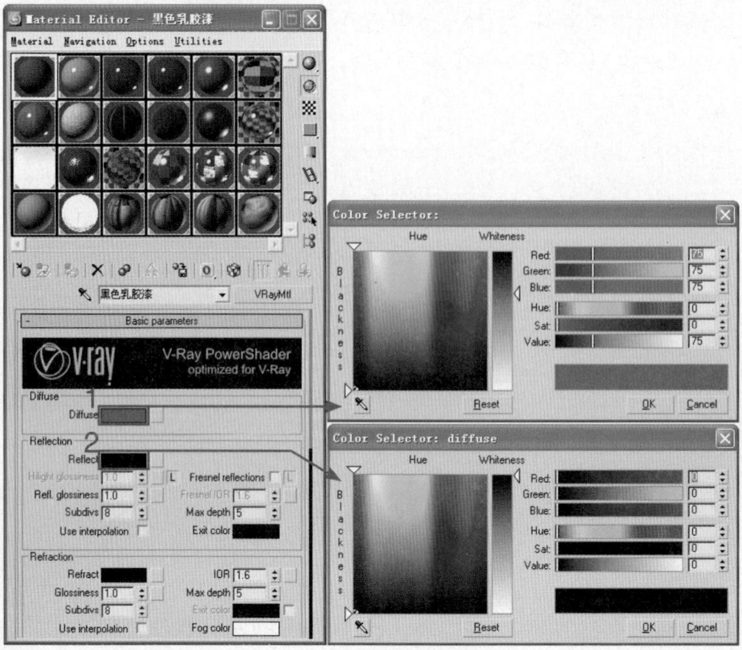

图8-67

| 2 | 激活空白材质示例窗并转化为VRayMtl类型材质，将它命名为“木纹-1”。单击Reflect（反射）后面的按钮，在弹出的“Color Selector（颜色选择器）”对话框中选择“Hue（色调）”为0、“Sat（饱和度）”为0、“Value（亮度）”为85的颜色。展开“Maps（贴图）”卷展栏，在“Diffuse（漫射）”通道中都添加“木纹-1.jpg”文件，如图8-68所示。单击材质编辑器上的按钮，将此材质赋予选择的书架对象。

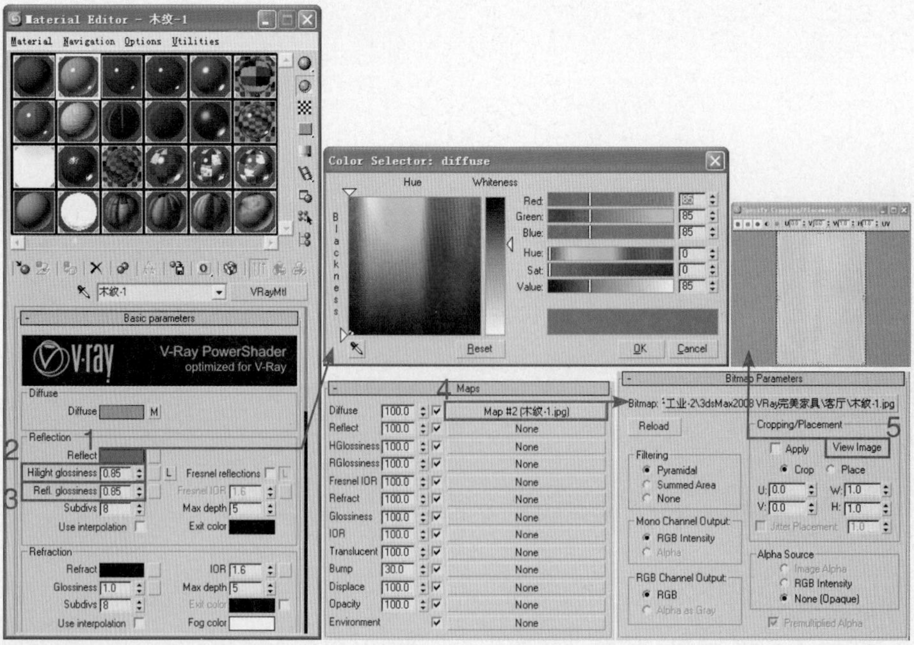

图8-68

| 3 | 选择“UVW Mapping（UVW贴图）”修改器添加给书架对象，在修改命令面板的“Parameters（参数）”卷展栏中选择“Box（长方体）”单选按钮，将“Length（长度）”、“Width（宽度）”、“Height（高度）”都设置为500，如图8-69所示。

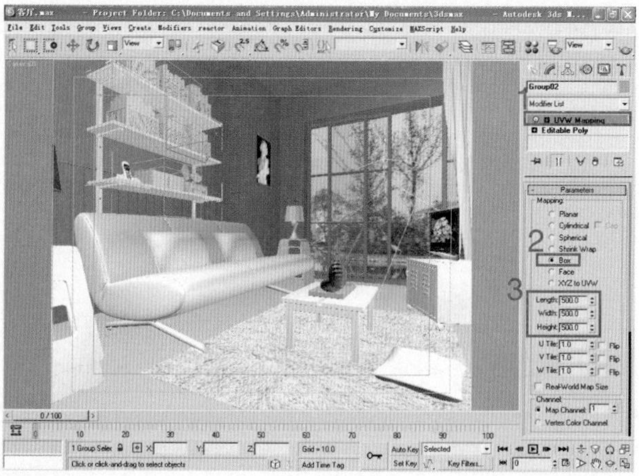

图8-69

| 4 | 选择“UVW Mapping（UVW贴图）”修改器添加给茶几对象，在修改命令面板的“Parameters（参数）”卷展栏中选择“Box（长方体）”单选按钮，将“Length（长度）”、“Width（宽度）”、“Height（高度）”都设置为500，如图8-70所示。

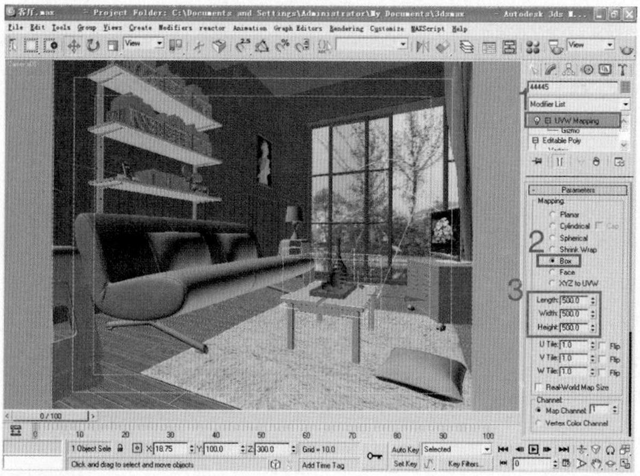

图8-70

| 5 | 选择“UVW Mapping（UVW贴图）”修改器添加给凳子对象，在修改命令面板的“Parameters（参数）”卷展栏中选择“Box（长方体）”单选按钮，将“Length（长度）”、“Width（宽度）”、“Height（高度）”都设置为500，如图8-71所示。

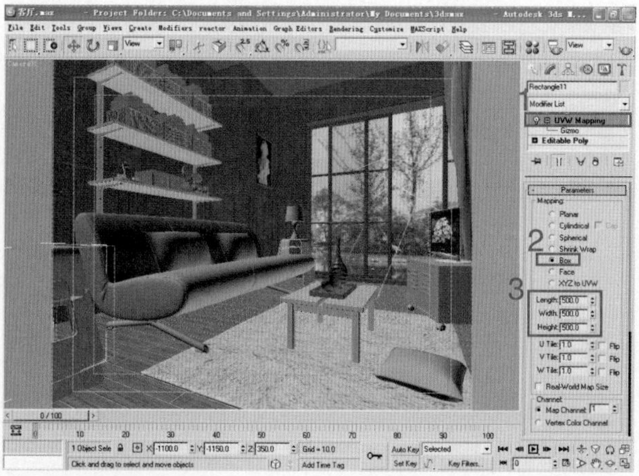

图8-71

|6| 激活名称为“黑铁”的VRayMtl类型材质，单击工具栏上的 按钮，在视图中选择窗户框和铁钉对象，如图8-72所示设置此材质的漫射和反射颜色。单击材质编辑器上的 按钮，将此材质赋予选择对象。

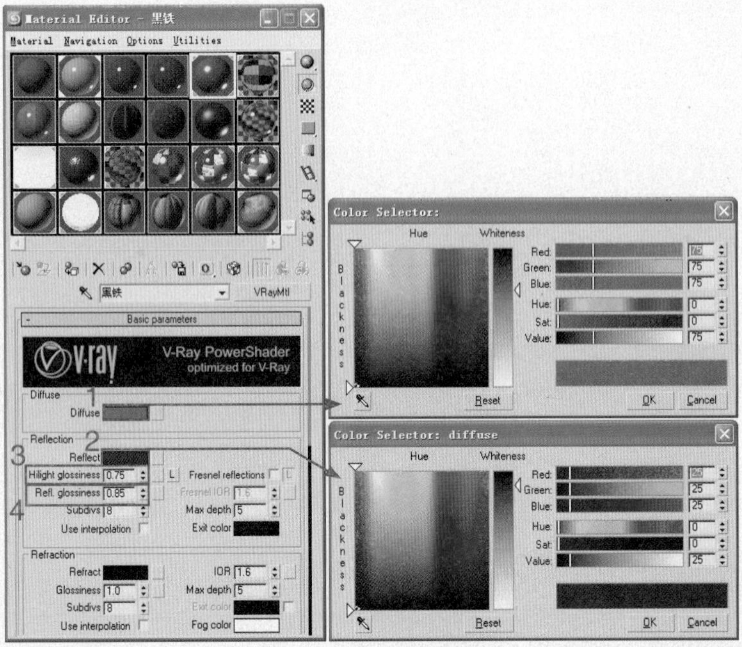

图8-72

|7| 激活名称为“木地板”的VRayMtl类型材质，单击Reflect（反射）后面的 按钮，在弹出的“Color selector（颜色选择器）”对话框中选择“Hue（色调）”为0、“Sat（饱和度）”为0、“Value（亮度）”为65的颜色。展开“Map（贴图）”卷展栏，在“Diffuse（漫射）”通道中添加“木地板-1.jpg”文件，如图8-73所示。单击材质编辑器上的 按钮，将此材质赋予选择的地板对象。

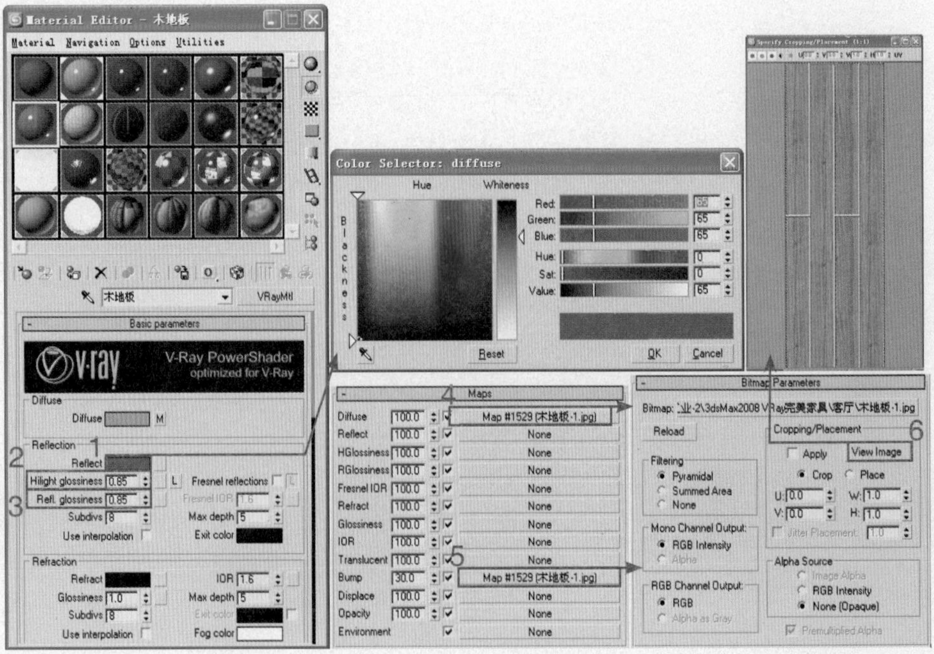

图8-73

|8|选择“UVW Mapping（UVW贴图）”修改器添加给地板对象，在修改命令面板的“Parameters（参数）”卷展栏中选择“Box（长方体）”单选按钮，将“Length（长度）”设置为1000、“Width（宽度）”设置为400、“Height（高度）”设置为1，如图8-74所示。

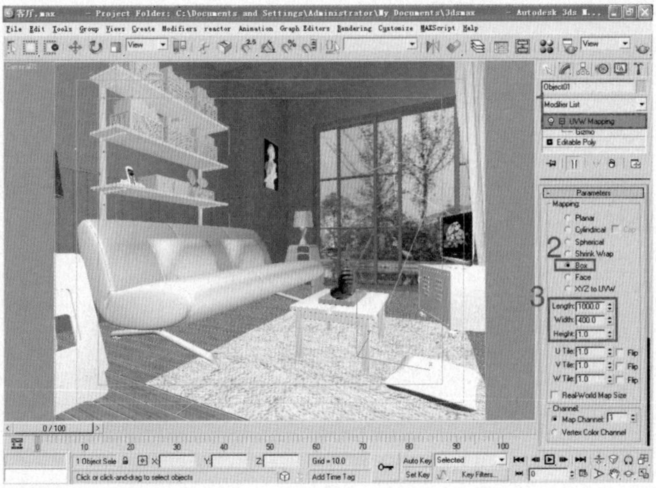

图8-74

|9|激活名称为“木地板”的示例窗，这个材质使用默认的Standard（标准）类型。在“Maps（贴图）”卷展栏的“Diffuse（漫射）”通道中添加“布纹-1.jpg”文件，在自发光通道中添加折罩贴图，在“Bump（凹凸）”通道中添加“布纹-Bump.jpg”文件，如图8-75所示设置其他各项参数。

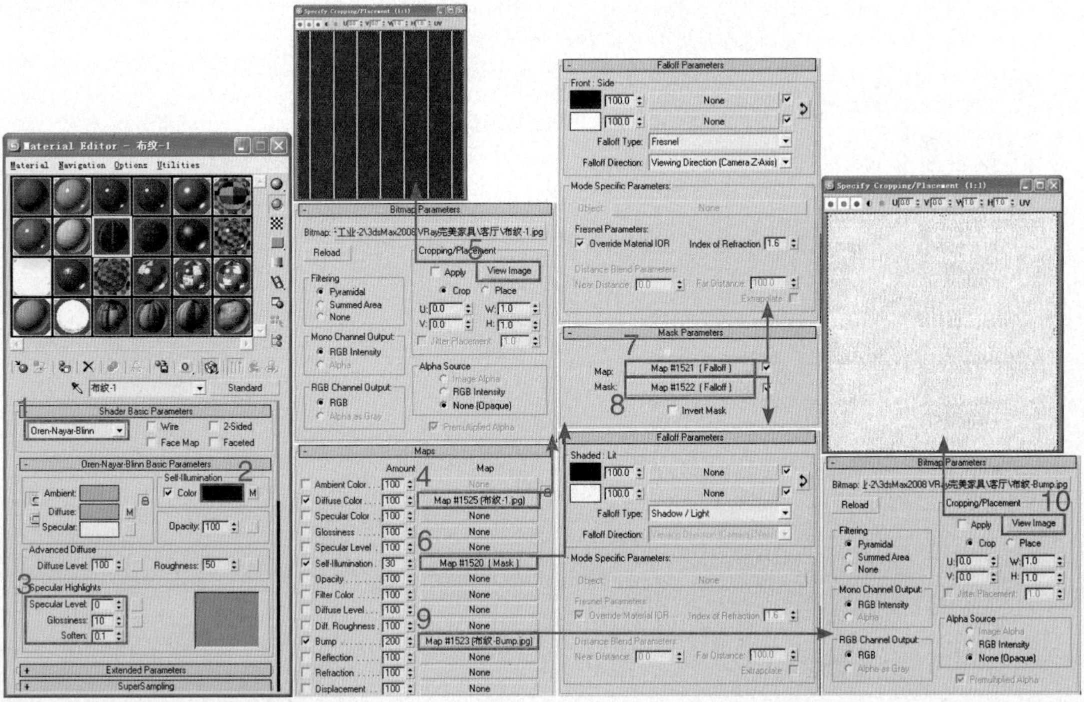

图8-75

|10|选择“UVW Mapping（UVW贴图）”修改器添加给沙发对象，在修改命令面板的“Parameters（参数）”卷展栏中选择“Box（长方体）”选项，将“Length（长度）”、“Width（宽度）”、“Height（高度）”都设置为600，如图8-76所示。

| 11 | 选择“UVW Mapping（UVW贴图）”修改器添加给沙发抱枕对象，在修改命令面板的“Parameters（参数）”卷展栏中选择“Box（长方体）”单选按钮，将“Length（长度）”数值设置为150.15、“Width（宽度）”数值设置为625.625、“Height（高度）”数值设置为325.325，如图8-77所示。

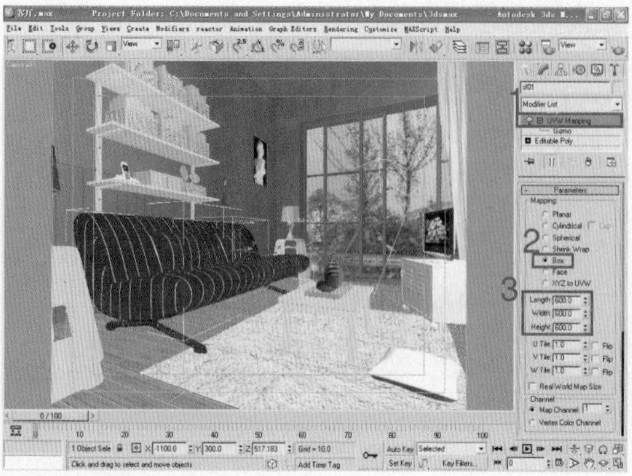

图8-76

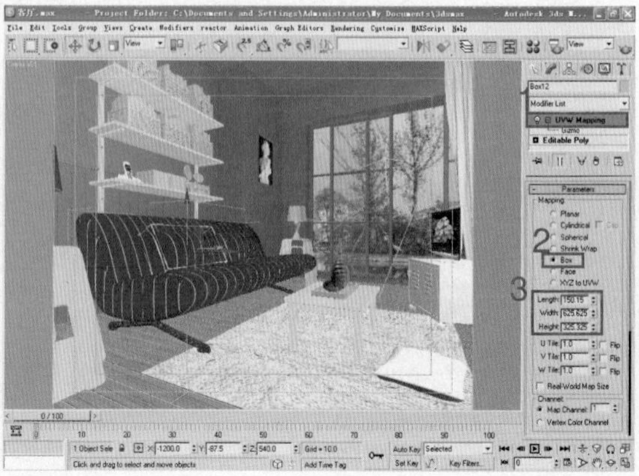

图8-77

| 12 | 激活名称为“布纹-2”的示例窗，这个材质也使用Standard（标准）类型。在“Maps（贴图）”卷展栏的“Diffuse（漫射）”通道中添加“布纹-1.jpg”文件，在“Self-Illumination（自发光）”通道中添加“Mask（遮罩）”贴图，在“Bump（凹凸）”通道中添加“布纹-Bump.jpg”文件。接着设置其他各项参数，如图8-78所示。

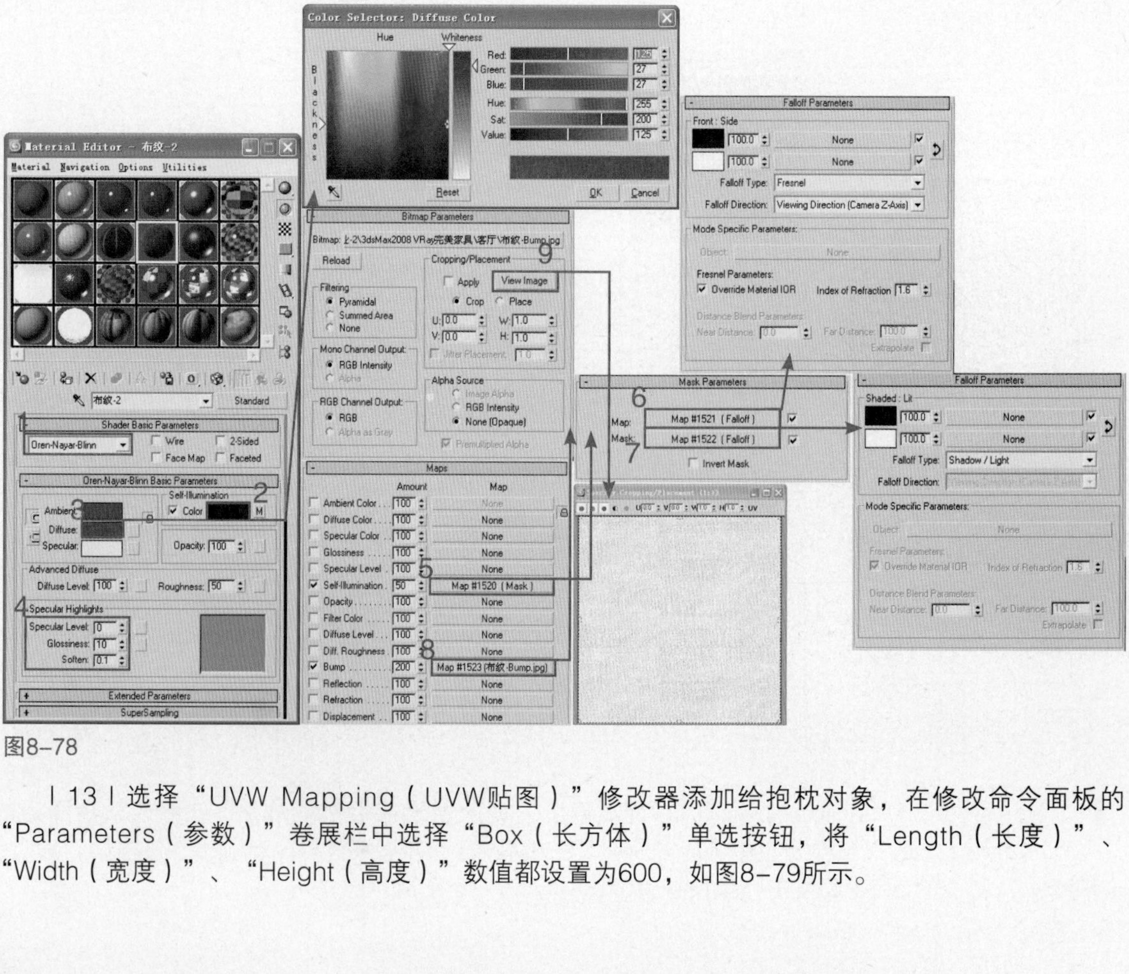

图8-78

| 13 | 选择“UVW Mapping（UVW贴图）”修改器添加给抱枕对象，在修改命令面板的“Parameters（参数）”卷展栏中选择“Box（长方体）”单选按钮，将“Length（长度）”、“Width（宽度）”、“Height（高度）”数值都设置为600，如图8-79所示。

| 14 | 选择“UVW Mapping（UVW贴图）”修改器添加给抱枕对象，在修改命令面板的“Parameters（参数）”卷展栏中选择“Box（长方体）”单选按钮，将“Length（长度）”、“Width（宽度）”、“Height（高度）”数值都设置为600，如图8-80所示。

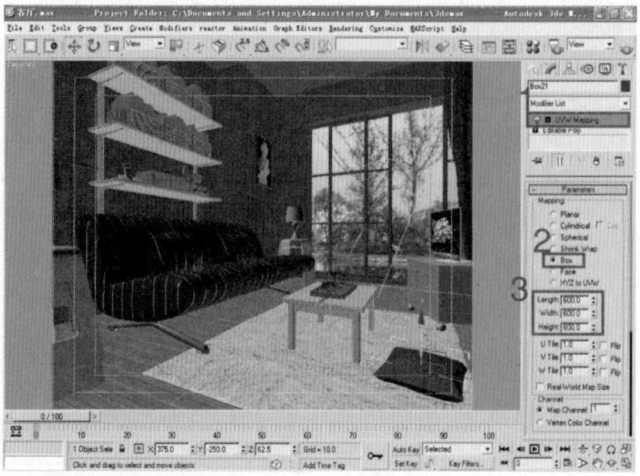

图8-79

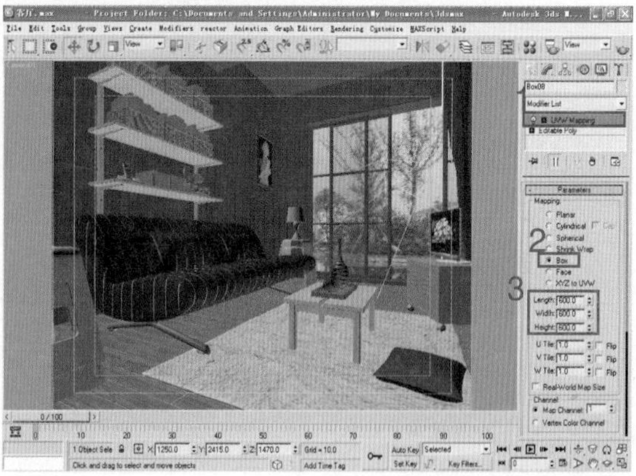

图8-80

| 15 | 激活名称为“皮革-1”的VRayMtl类型材质。单击Diffuse（漫射）后面的按钮，在弹出的“Color Selector（颜色选择器）”中选择“Hue（色调）”为0、“Sat（饱和度）”为0、“Value（亮度）”为50的颜色。单击Reflect（反射）后面的按钮，在弹出的“Color Selector（颜色选择器）”对话框中选择“Hue（色调）”为0、“Sat（饱和度）”为0、“Value（亮度）”为35的颜色。展开“Maps（贴图）”卷展栏，在“Bump（凹凸）”通道中添加“皮革-Bump.jpg”文件，如图8-81所示。单击材质编辑器上的按钮，将此材质赋予选择的书架上的盒子对象。

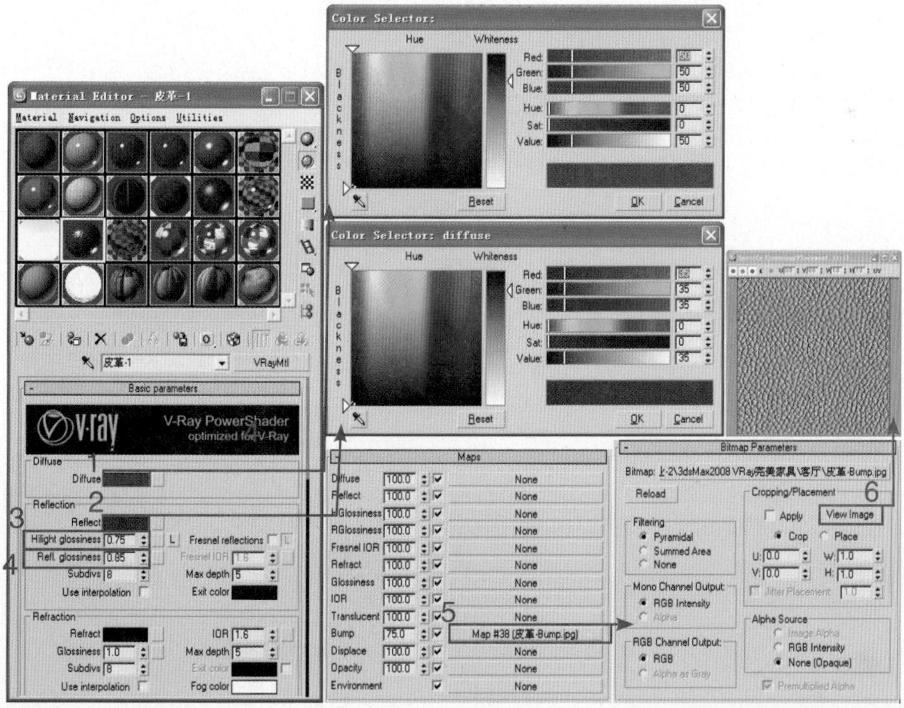

图8-81

| 16 | 选择“UVW Mapping（UVW贴图）”修改器添加给书架上的盒子对象，在修改命令面板的“Parameters（参数）”卷展栏中选择“Box（长方体）”单选按钮，将“Length（长度）”、“Width（宽度）”、“Height（高度）”数值都设置为200，如图8-82所示。

|17| 开始制作音箱材质，首先要为闹钟对象指定合适的ID号。在视图中选择闹钟对象并单击按钮进入修改命令面板，在修改命令面板上进入“Editable Poly（可编辑多边形）”的“Polygon（多边形）”子层级，在视图中选择如图8-83所示的多边形，在“Polygon Material IDs（多边形属性）”卷展栏中将“Set ID（设置ID）”后面的数值设置为1。

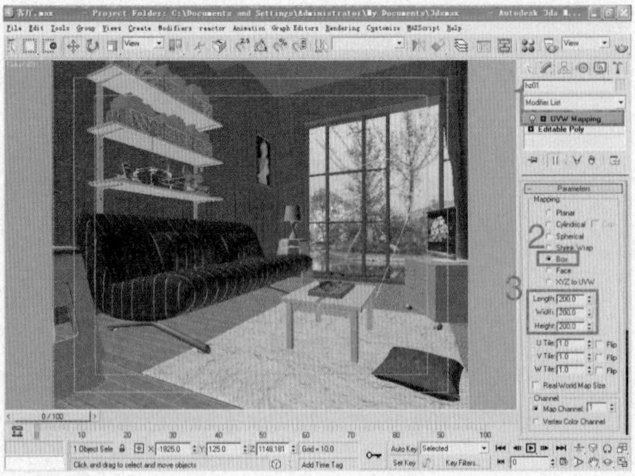
图8-82

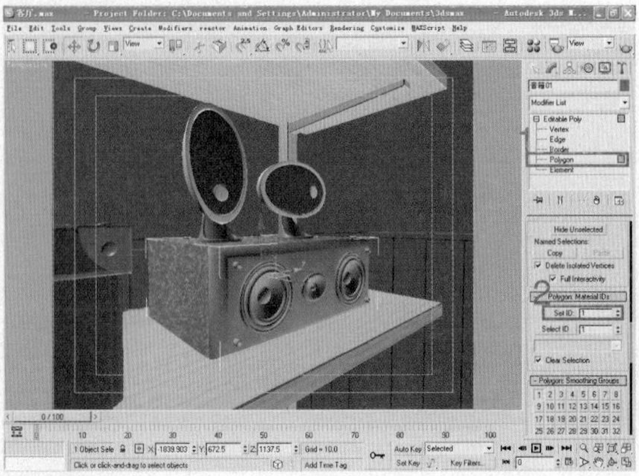
图8-83

|18| 在视图中选择如图8-84所示的多边形，在“Polygon Material IDs（多边形属性）”卷展栏中将“Set ID（设置ID）”后面的数值设置为2。

|19| 在视图中选择如图8-85所示的多边形，在“Polygon Material IDs（多边形属性）”卷展栏中将“Set ID（设置ID）”后面的数值设置为3。

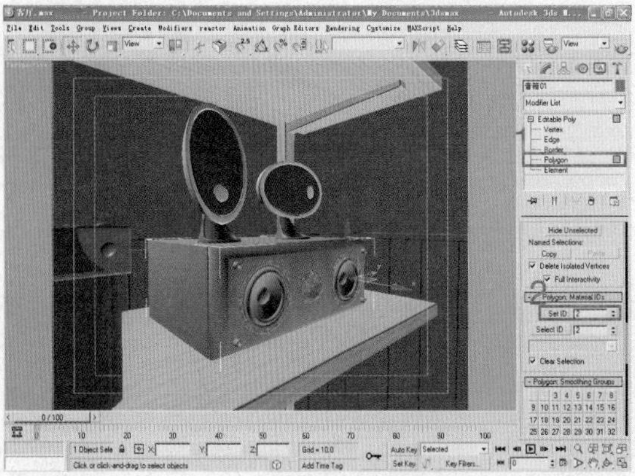
图8-84

图8-85

|20| 在视图中选择如图8-86所示的多边形，在“Polygon Material IDs（多边形属性）”卷展栏中将“Set ID（设置ID）”后面的数值设置为4。

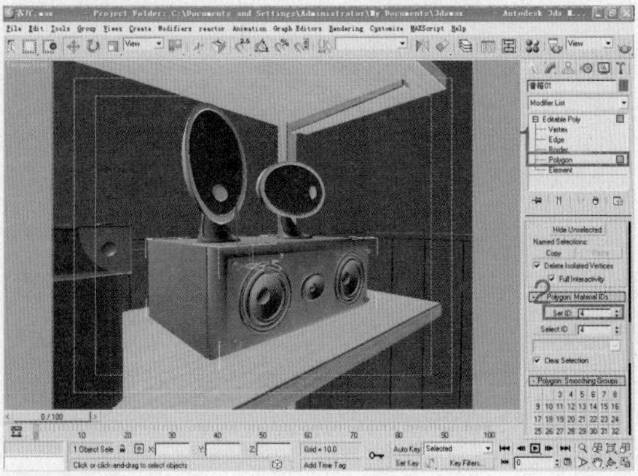
图8-86

| 21 | 在材质编辑器中激活名称为“音箱”的材质示例窗，这个材质被定义为Multi/Sub-Object（多维-子）材质，此材质拥有4个子材质，如图8-87所示。

| 22 | 在材质编辑器中单击灯片 （VR灯光材质）按钮进入ID号为1的子材质设置面板，如图8-88所示设置Diffuse（漫射）和Reflect（反射）颜色。

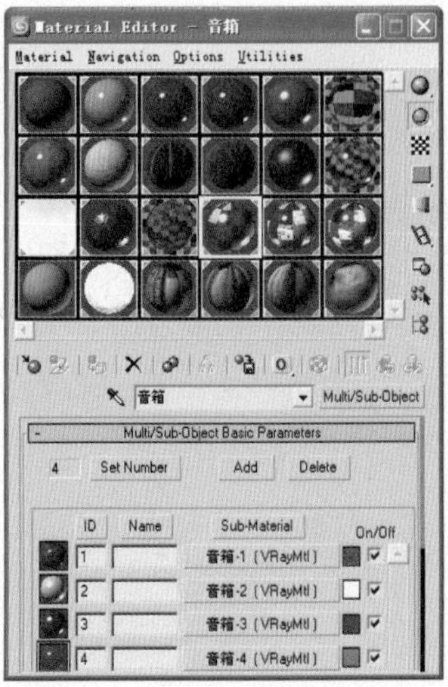

图8-87

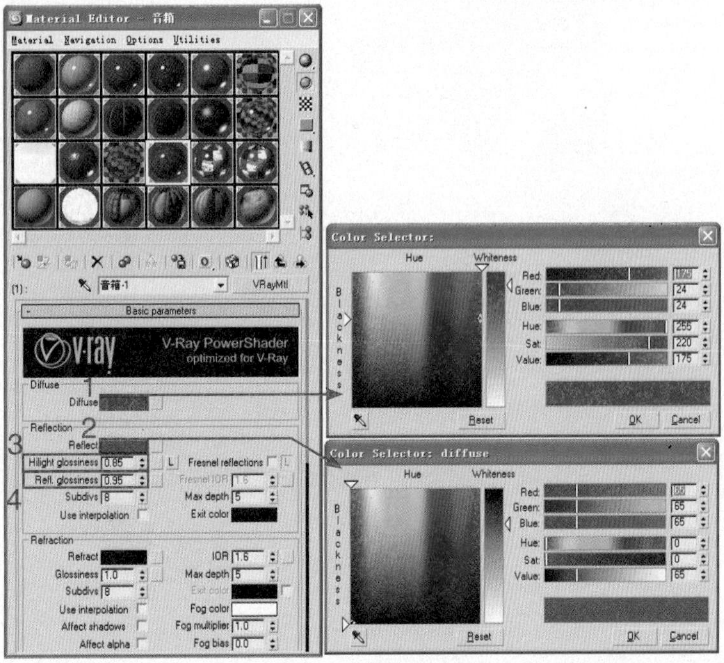

图8-88

| 23 | 设置完成后单击按钮回到上一级，在材质编辑器中单击胆灯灰钢 （VRayMtl）按钮进入ID号为2的子材质设置面板。同样将此材质定义为VRayMtl类型材质，如图8-89所示设置此材质的参数。

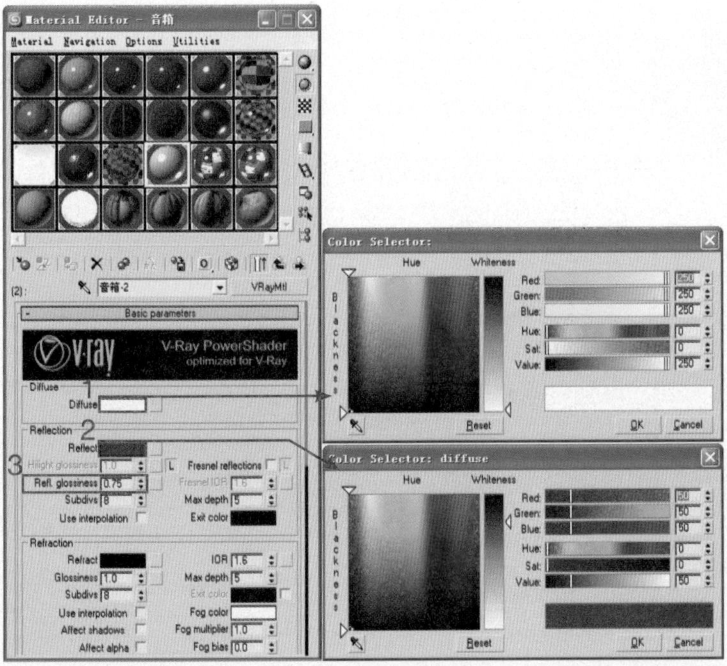

图8-89

| 24 | 设置完成后单击 按钮回到上一级，在材质编辑器中单击胆灯灰钢 （ VRayMtl ）按钮进入ID号为3的子材质设置面板，如图8-90所示设置此材质的参数。

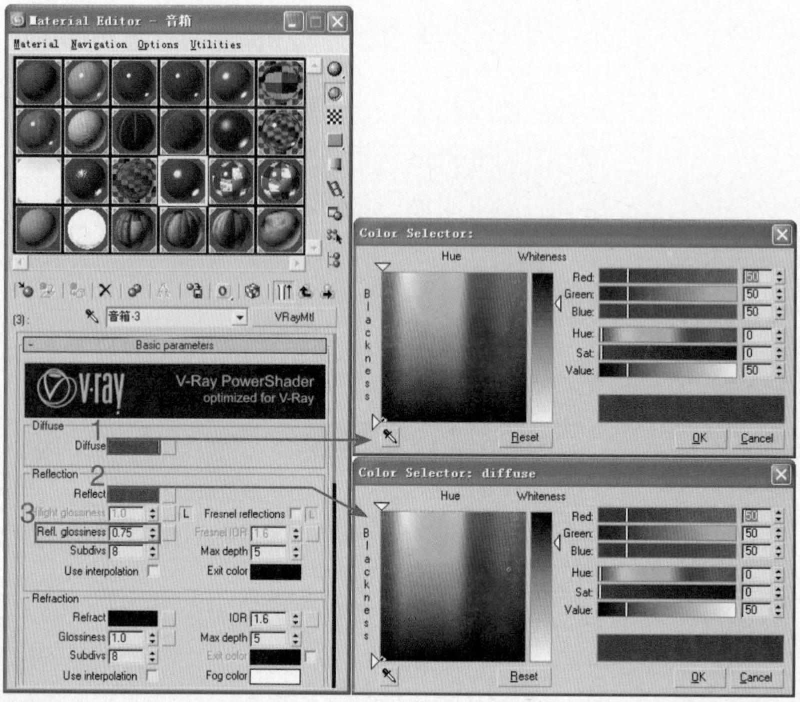

图8-90

| 25 | 设置完成后单击 按钮回到上一级，在材质编辑器中单击胆灯灰钢 （ VRayMtl ）按钮进入ID号为4的子材质设置面板，如图8-91所示进行材质参数的设置。

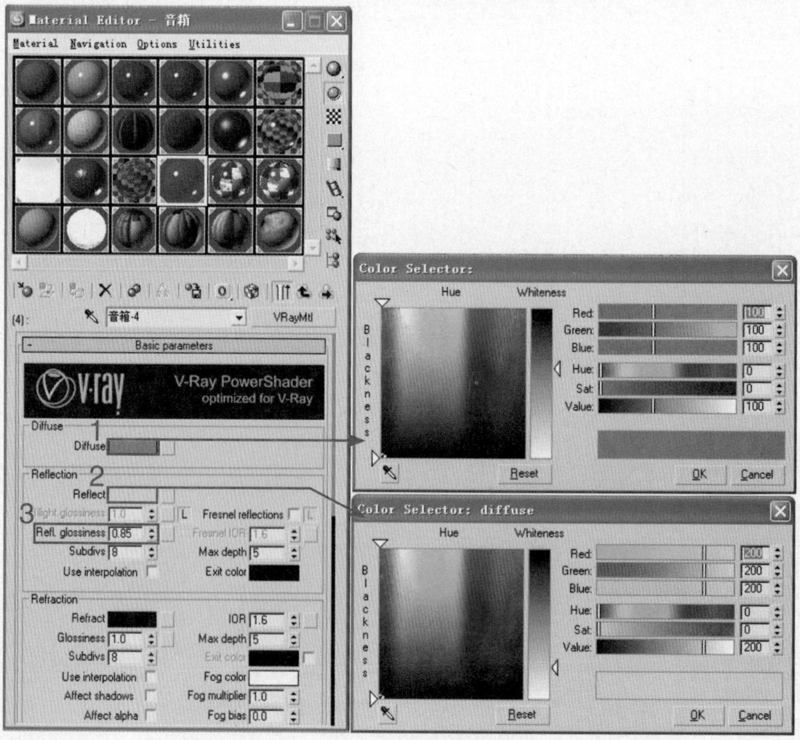

图8-91

8.2.3 客厅家具的渲染设置

| 1 | 首先运用较低参数渲染光子贴图。将渲染图片的“Width（宽度）”设置为640，“Height（高度）”设置为480。展开“Image sampler（Antialiasing）（图像采样反锯齿）”卷展栏，选择“fixed（固定）”采样器和“Catmull–Rom”抗锯齿过滤器。展开“Irradiance map（发光贴图）”卷展栏，在“Current Preset（当前预置）”中选择“Low（低）”选项。在“Mode（模式）”中选择“Single frame（单帧）”模式。单击 Save 按钮，在弹出的对话框中为发光贴图命名并保存。然后在“On render end（渲染后）”选项组中选择“Don't delete（不删除）”和“Auto save（自动保存）”复选框。接着单击 Browse 按钮，在弹出的对话框中为它指定路径，如图8–92所示。

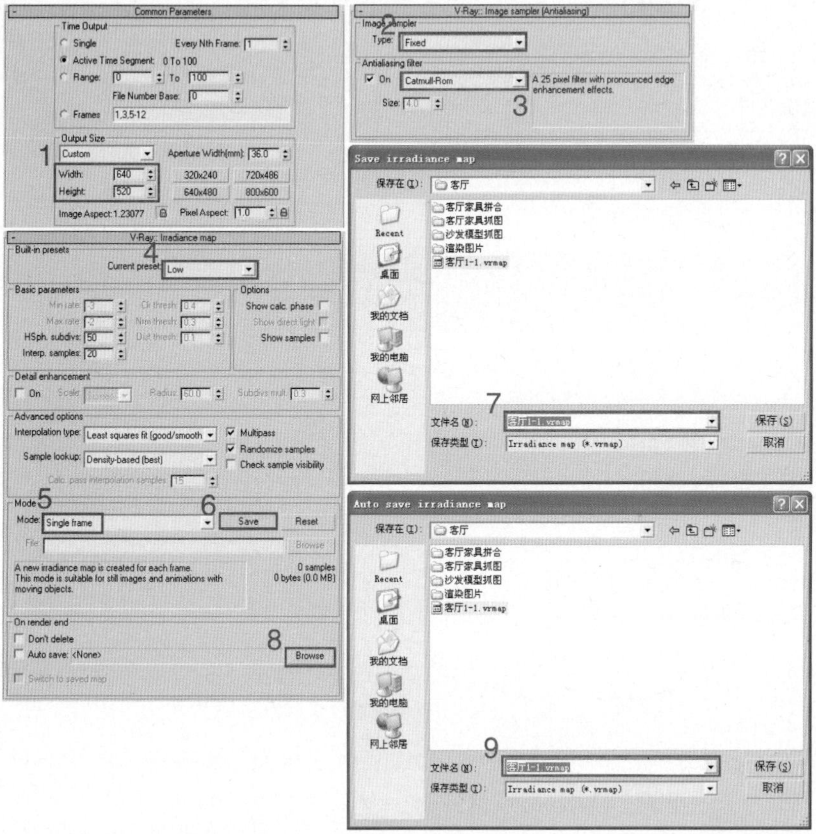

图8–92

| 2 | 将渲染图片的“Width（宽度）”设置为2400，“Height（高度）”设置为1950。展开“Image sampler（Antialiasing）（图像采样反锯齿）”卷展栏，选择“Adaptive QMC（自适应准蒙特卡洛采样器）”的采样方式和“Mitchell–Netravali”抗锯齿过滤器，如图8–93所示。

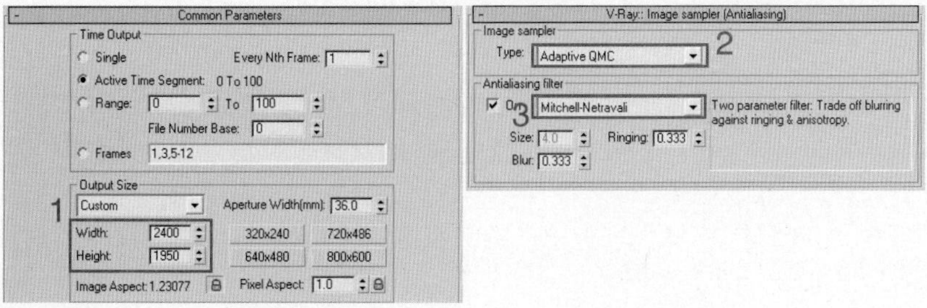

图8–93

|3|当光子贴图渲染完成后，设置高参数渲染正图。展开“Irradiance map（发光贴图）”卷展栏，在“Mode（模式）”中选择“From file（从文件）”模式。在“Current Preset（当前预置）”中选择“Hight（高）”选项。展开“Light cache（灯光缓存）”卷展栏，将“Subdivs（细分值）”设置为1200，在“Mode（模式）”选择“From file（从文件）”模式。展开“rQMC 采样器”卷展栏，将“Adaptive amount（适应数量）”设置为0.85，“Min samples（最小采样值）”设置为15，“Noise threshold（噪波阀值）”设置为0.002，如图8-94所示。

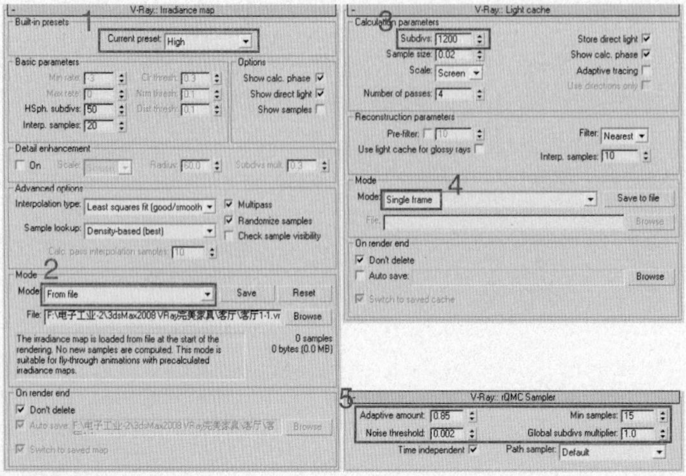

图8-94

|4|进行最终渲染。单击按钮进行正图的渲染，渲染时是以块状的形式进行渲染的。

8.2.4 进行后期处理

|1|在Photoshop CS3中打开“厨房.tga”，单击图层面板下方的按钮，在弹出的菜单上选择【色阶】命令创建色阶整图层，调整图片明暗，如图8-95所示。

|2|单击图层面板下方的按钮，在弹出的菜单中选择【曲线】命令，创建曲线调整图层。在“曲线”对话框中拖动曲线，对画面局部明暗再次进行调整，如图8-96所示。

图8-95

图8-96

|3|单击图层面板下方的按钮，在弹出的菜单中选择【亮度/对比度】命令，创建亮度/对比度调整图层。在“亮度/对比度”对话框中将“亮度”和“对比度”都设置为5，如图8-97所示。

|4|单击图层面板下方的按钮，在弹出的菜单上选择【色彩平衡】命令，创建色彩平衡调整

图层。在“色彩平衡”对话框中选择“中间调”单选按钮，如图8-98所示设置其他参数。

图8-97

图8-98

|5| 接着再打开“色彩平衡”对话框，选择“高光”选项，并拖动滑块进行色彩平衡调节，如图8-99所示。

|6| 单击图层面板下的 按钮，在弹出的菜单上选择【色相/饱和度】命令，创建色相/饱和度调整图层。在“色相/饱和度”对话框中将“饱和度”设置为10，如图8-100所示。

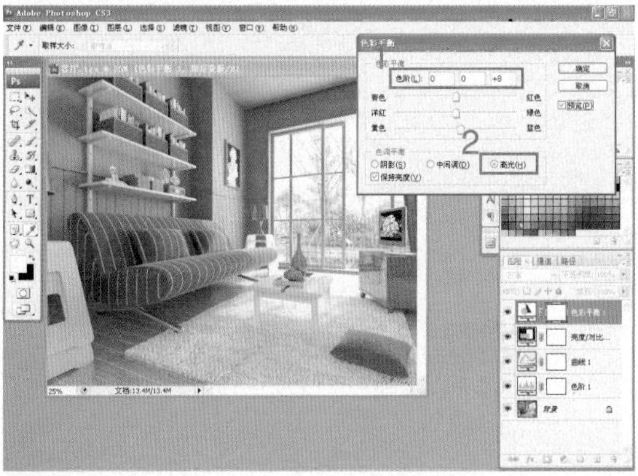

图8-99

图8-100

|7| 当对色相/饱和度参数进行设置后，图片的饱和度增强，如图8-101所示。

|8| 选择【图像】→【模式】→【Lab颜色】命令，图片将失去颜色。进入通道面板，将Alpha1通道删除，激活“明度”通道，如图8-102所示。

图8-101

图8-102

| 9 | 在通道面板中激活“明度”通道，选择【图像】→【调整】→【色阶】命令，在“色阶”对话框中设置如图8-103所示的参数。

| 10 | 激活“明度”通道，选择【滤镜】→【锐化】→【USM锐化】命令，在弹出的“USM锐化”对话框中将“数量”设置为60，如图8-104所示。

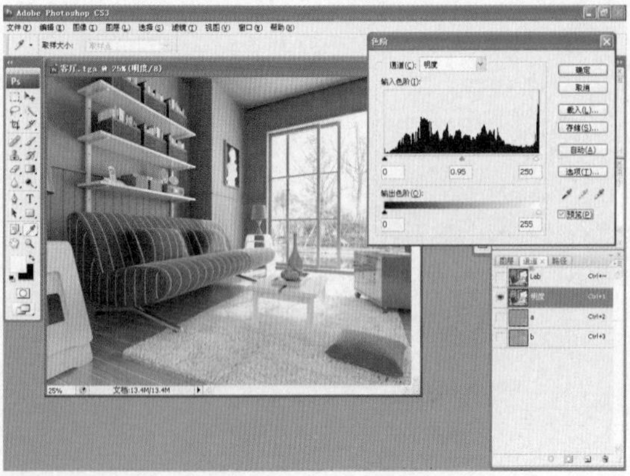

图8-103

图8-104

| 11 | 回到图层面板，再次选择【滤镜】→【锐化】→【USM锐化】命令，在弹出的“USM锐化”对话框中将“数量”设置为20，如图8-105所示。

图8-105

| 12 | 在Photoshop CS3中进行后期处理后的效果如图8-106所示。

图8-106

第 9 章　休闲室家具

休闲室利用活动隔屏来突显空间的层次感，却不会造成空间的压迫感，只要简单布置或摆放一张小茶几、椅子、沙发或几个抱枕，闲来可随意地阅读或邀请亲朋好友喝杯下午茶，简简单单即可拥有独特、自我的休闲空间。本章的学习重点在于茶几模型的创建和逆光场景细节的表现。

9.1 茶几的创建

茶几模型的创建分为茶几脚、茶几边花、茶几桌面三个部分的建立。在建立过程中运用到了镜像工具和对齐工具，希望读者能够灵活掌握它们的运用。茶几模型效果如图9-1所示。

图9-1

9.1.1 茶几的特点及适用空间

本例中的茶几使用了纯木制材料，造型简洁明快，去掉繁复的装饰，风格讲求功能至上，形式服从功能，表现简洁淳朴的乡村气息，针对喜欢田园设计的消费群体，该产品体现了田园特色。适用于客厅、休闲空间。

9.1.2 茶几的制作流程

|1| 当完成系统单位设置后，单击 按钮进入创建命令面板，再单击 按钮进入三维物体创建命令面板，接着单击 ChamferBox （倒角长方体）按钮，在Top（顶）视图中拖动鼠标创建如图9-2所示的倒角长方体。

|2| 单击工具栏上的 按钮，在弹出的“Mirror（镜像）”对话框中设置如图9-3所示的参数，将选择对象镜像复制一个。

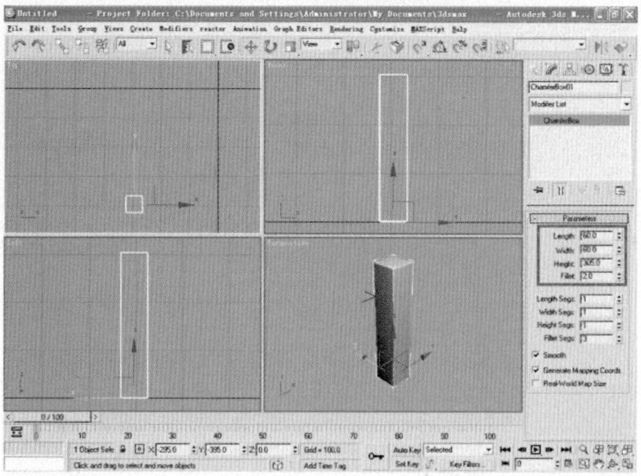

图9-2

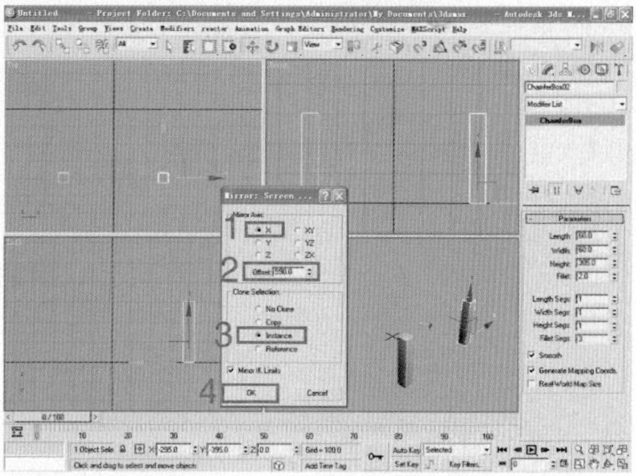

图9-3

|3| 单击工具栏上的 按钮，在视图中选择如图9-4所示的对象。

|4| 接着单击工具栏上的 按钮，在弹出的“Mirror（镜像）”对话框中设置如图9-5所示的参数，将选择对象镜像复制一组。

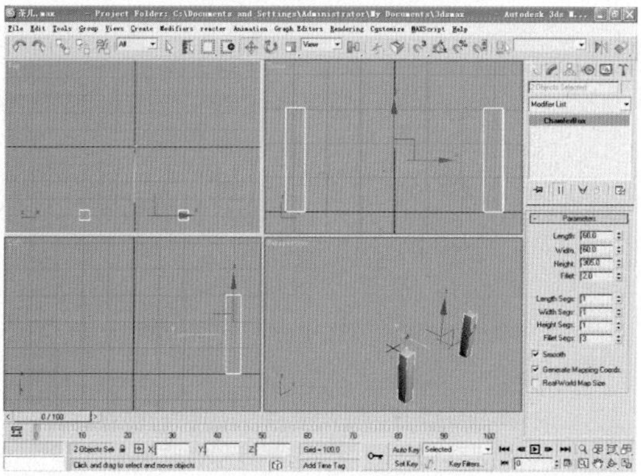

图9-4

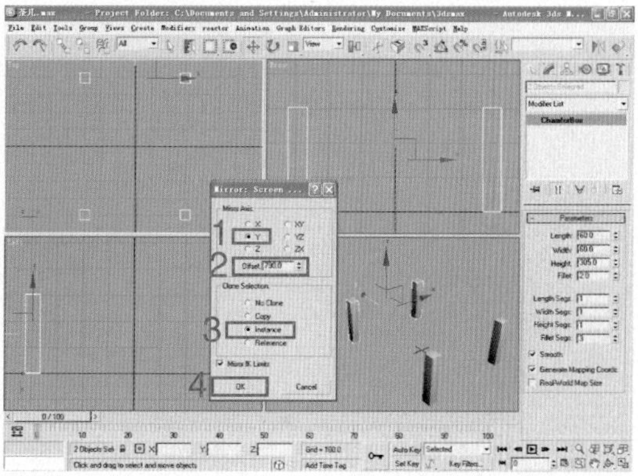

图9-5

|5| 单击 ChamferBox （倒角长方体）按钮，在Top（顶）视图中拖动鼠标创建如图9-6所示的倒角长方体。

|6| 在状态栏中将Z轴后面的数值设置为250，选择的两个控制点将沿Z轴向上移动，如图9-7所示。

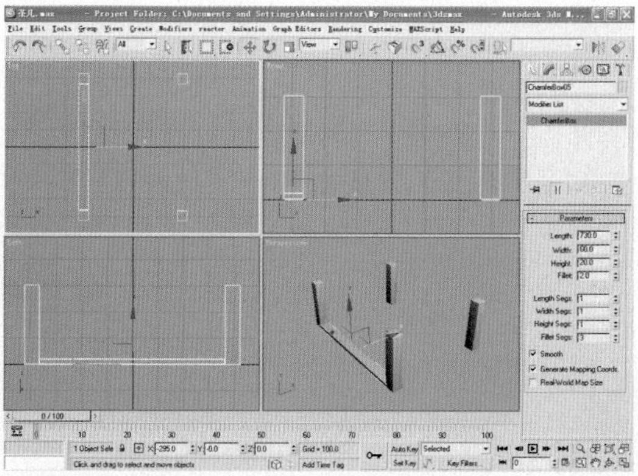

图9-6

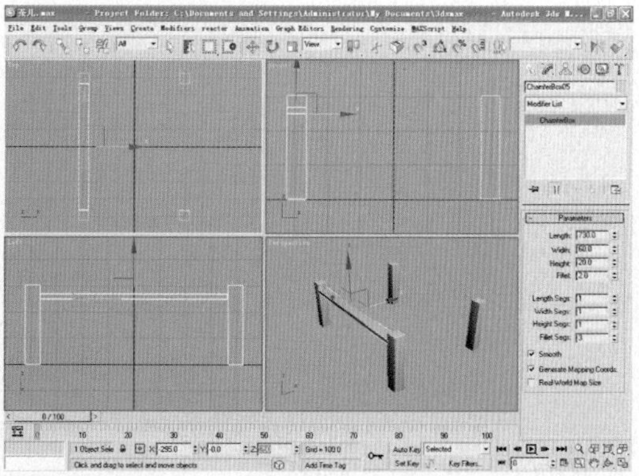

图9-7

|7| 按住【Shift】键将选择的对象在Top视图中沿X轴向右移动，在弹出的“Clone Options（克隆选项）”对话框中选择“Instance（关联）”单选按钮，将“副本数”设置为1。将连接桌子脚的对象关联复制一个，如图9-8所示。

| 8 | 在状态栏中将X轴后面的数值设置为295，选择的两个控制点将沿X轴向右移动，如图9-9所示。

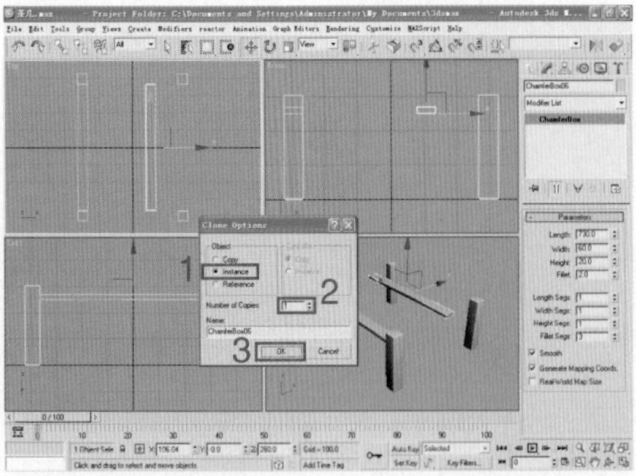

图9-8

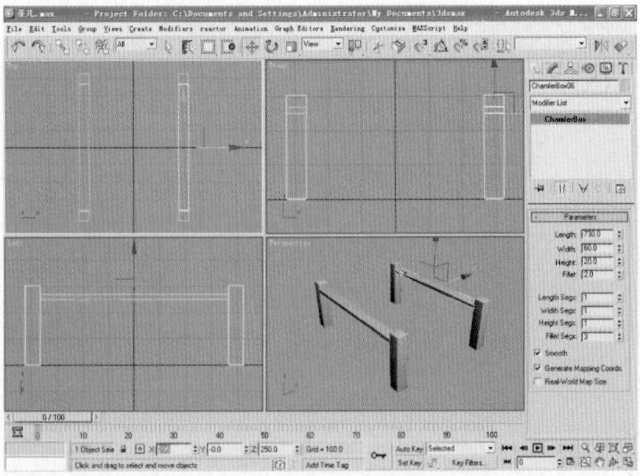
图9-9

| 9 | 单击工具栏上的和按钮，按住【Shift】键将选择的对象在Top视图中沿Z轴旋转，在弹出的“克隆选项”对话框中选择“Copy（复制）”单选按钮，将“副本数”设置为1。将连接桌子脚的对象旋转关联复制一个，如图9-10所示。

| 10 | 单击工具栏上的按钮，将复制对象移动到如图9-11所示的位置。

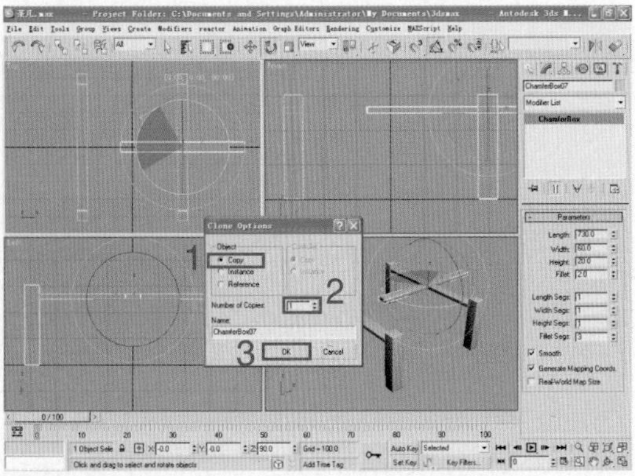

图9-10

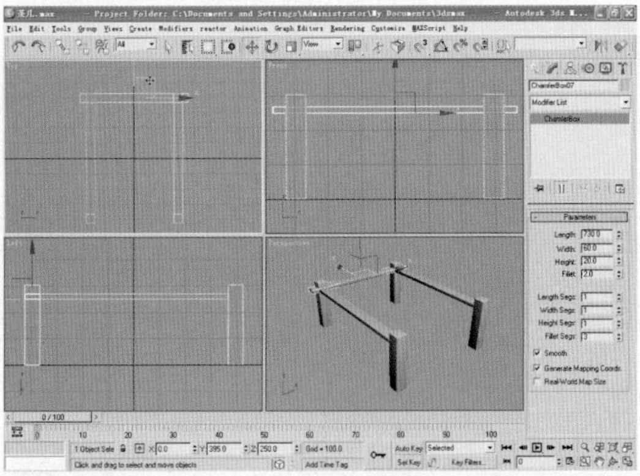
图9-11

| 11 | 单击按钮进入修改命令面板，在修改命令面板的“Parameter（参数）”卷展栏中将“Length（长度）”设置为530，将“Width（宽数）”设置为60，“Height（高度）”设置为20，如图9-12所示。

| 12 | 按住【Shift】键将选择的对象在Top视图中沿Y轴向下移动，在弹出的“Clone Options（克隆选项）”对话框中选择“Instance（关联）”单选按钮，将“副本数”设置为1，如图9-13所示。

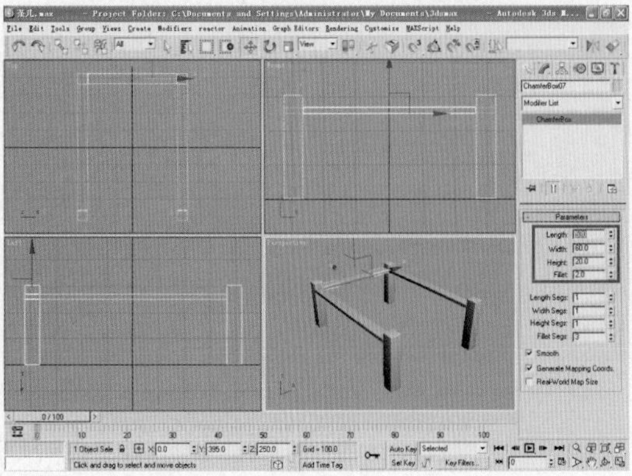
图9-12

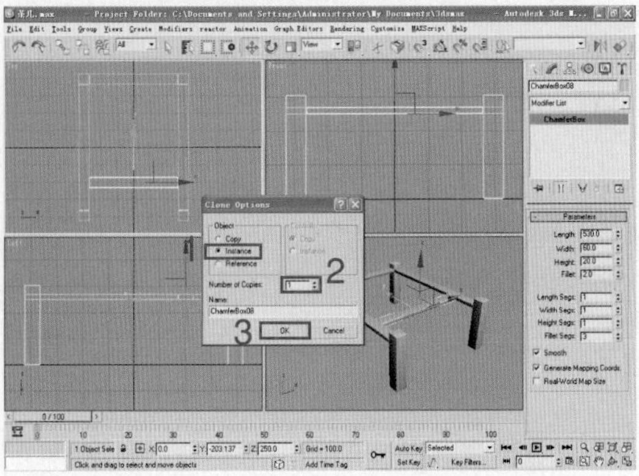

图9-13

|13| 在状态栏中将Y轴后面的数值设置为-395，选择对象将沿Y轴向下移动，如图9-14所示。

|14| 单击 ChamferBox （倒角长方体）按钮，在Top（顶）视图中拖动鼠标创建参数如图9-15所示的倒角长方体。

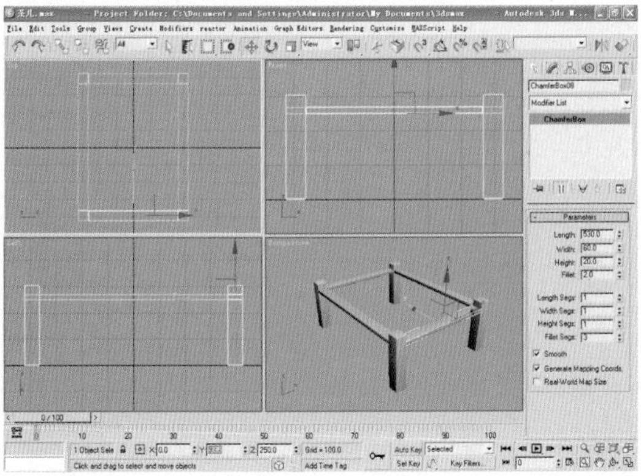
图9-14

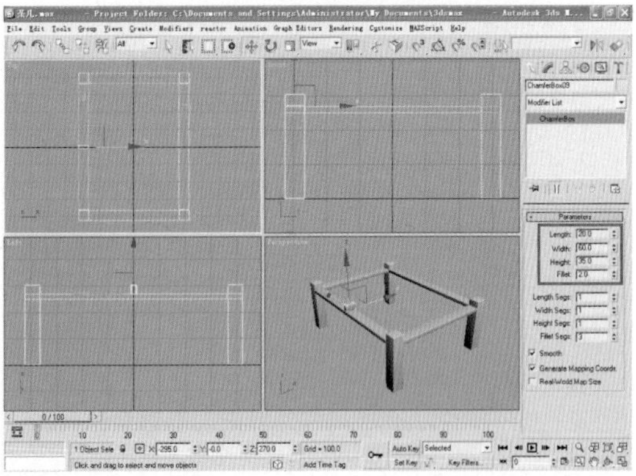
图9-15

|15| 按住【Shift】键将选择的对象在Top视图中沿Y轴向上移动，在弹出的“Clone Options（克隆选项）”对话框中选择“Instance（关联）”单选按钮，将“副本数”设置为1，如图9-16所示。

|16| 当复制对象处于选择状态时，单击工具栏上的 按钮，接着在视图中选择开始创建的倒角长方体对象，如图9-17所示。

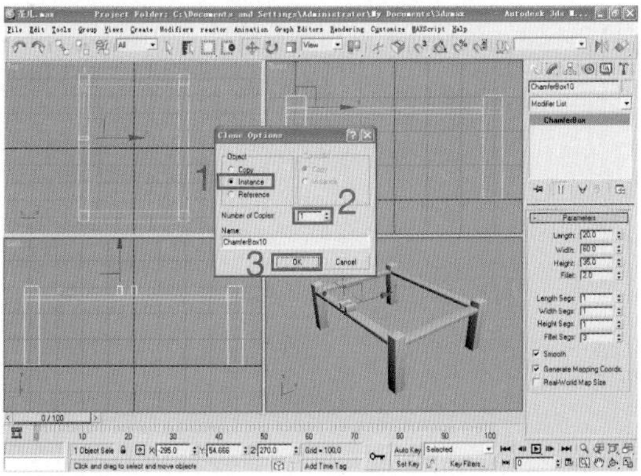

图9-16

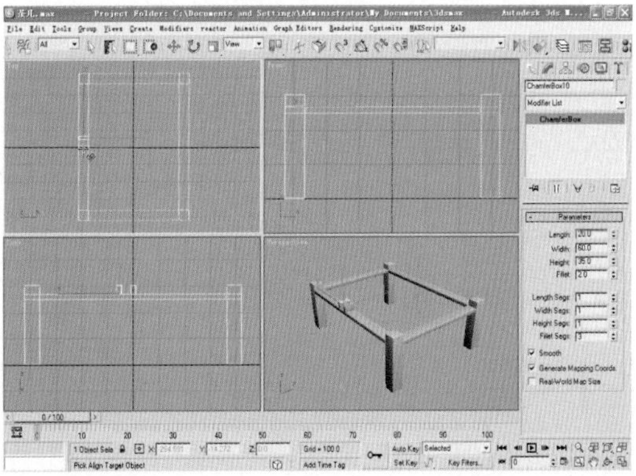
图9-17

|17| 在弹出的“Align Selection（选择对齐）”对话框中设置参数，如图9-18所示。

|18| 单击状态栏中的 按钮，将Y轴后面的数值设置为55，将选择的对象沿Y轴向上移动，如图9-19所示。

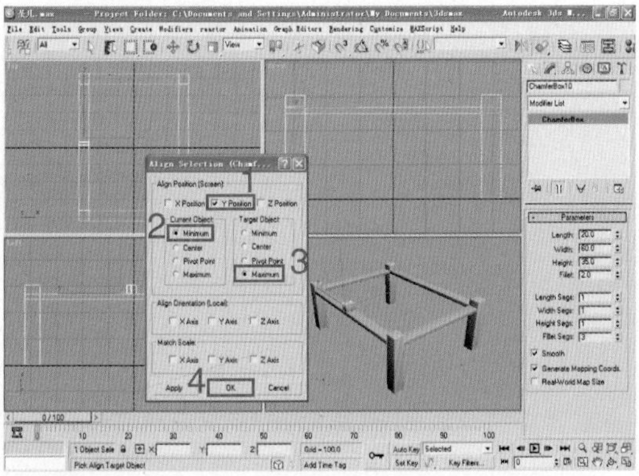

图9-18

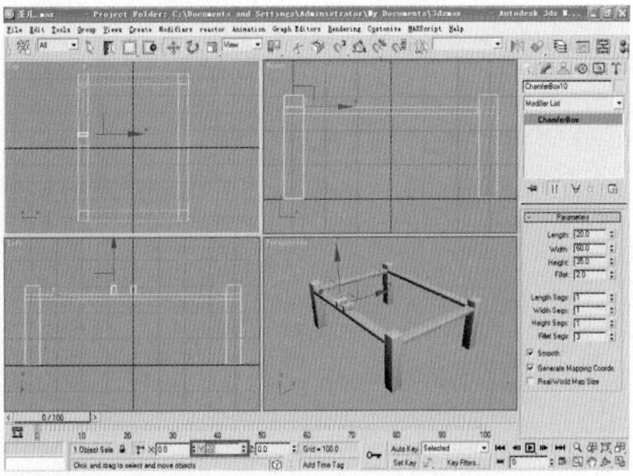
图9-19

| 19 | 运用同样的方法创建其他的倒角长方体对象，如图9-20所示。

| 20 | 单击工具栏上的按钮，在视图中选择桌子横梁上的倒角长方体对象，按住【Shift】键将选择对象在Top视图中沿X轴向右移动，在弹出的“Clone Options（克隆选项）”对话框中选择“Instance（关联）”单选按钮，将“副本数”设置为1，如图9-21所示。

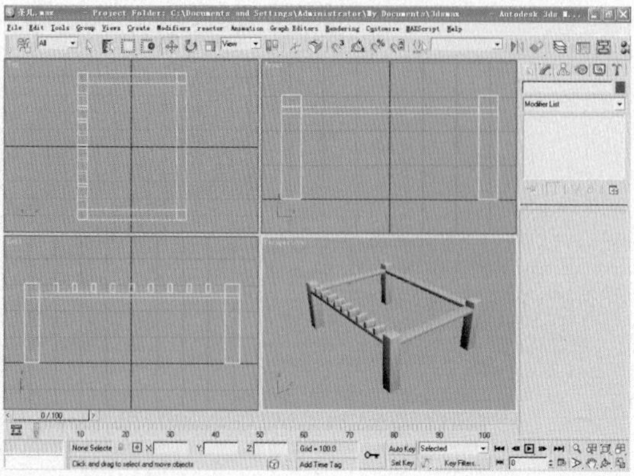
图9-20

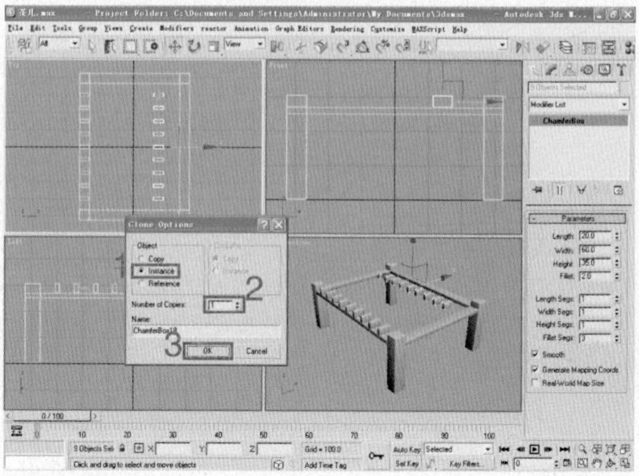
图9-21

| 21 | 接着单击工具栏上的按钮，在视图中选择开始创建的桌子横梁对象，如图9-22所示。

| 22 | 在弹出的“Align Selection（选择对齐）”对话框中设置参数，如图9-23所示。

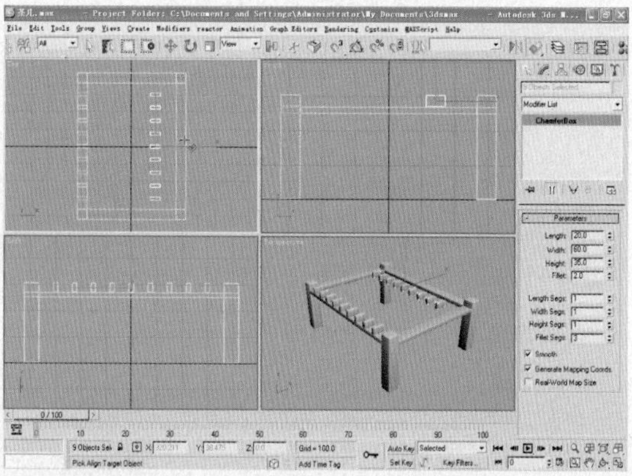
图9-22

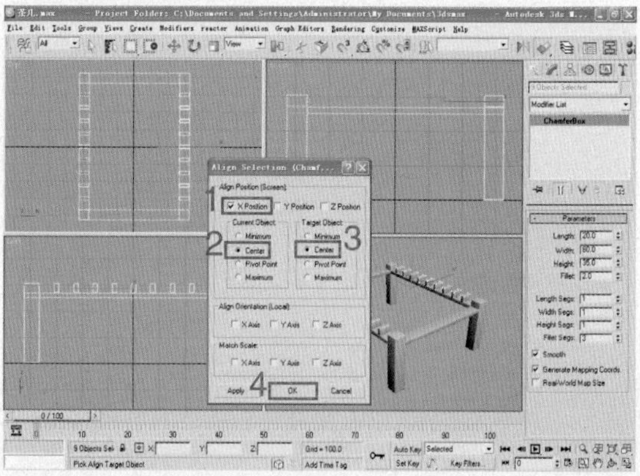
图9-23

| 23 | 单击 ChamferBox （倒角长方体）按钮，在Top（顶）视图中拖动鼠标创建如图9-24所示的倒角长方体。

| 24 | 按住【Shift】键将选择的对象在Top视图中沿X轴向右移动，在弹出的“Clone Options（克隆选项）”对话框中选择“Instance（关联）”单选按钮，将“副本数”设置为1，如图9-25所示。

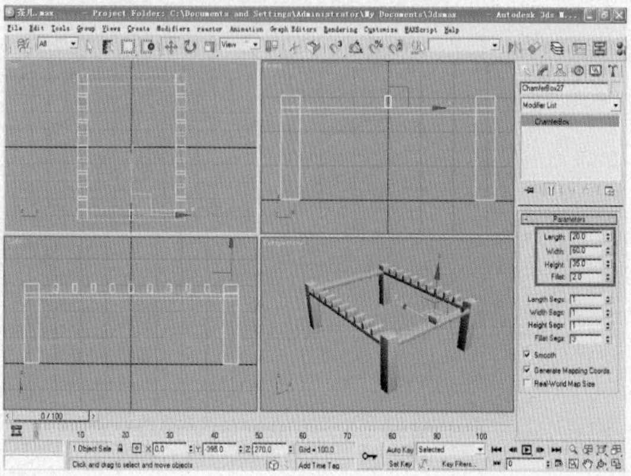
图9-24

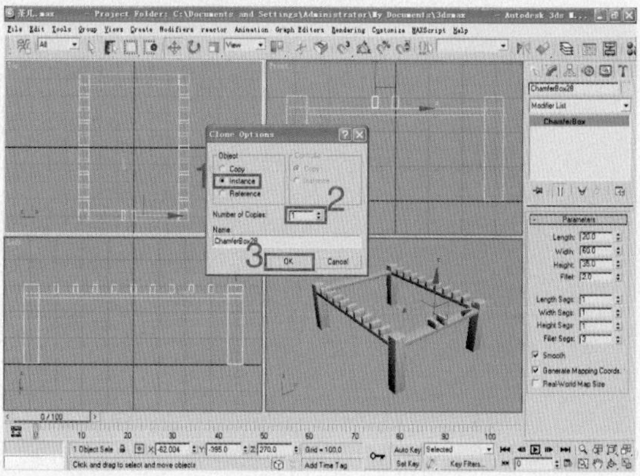
图9-25

| 25 | 接着单击工具栏上的按钮，在视图中选择开始创建的倒角长方体对象，如图9-26所示。

| 26 | 在弹出的“Align Selection（选择对齐）”对话框中设置参数，如图9-27所示。

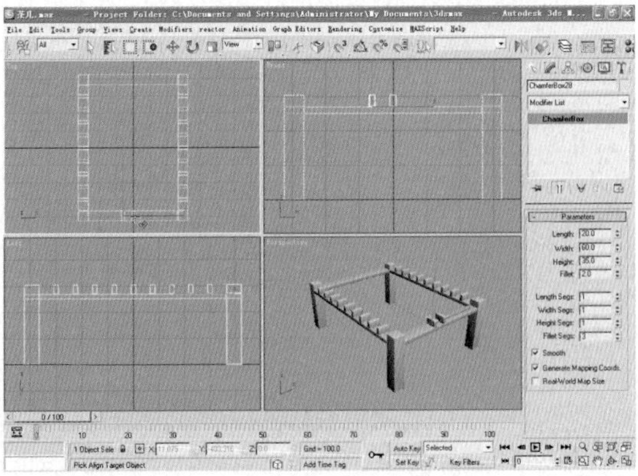
图9-26

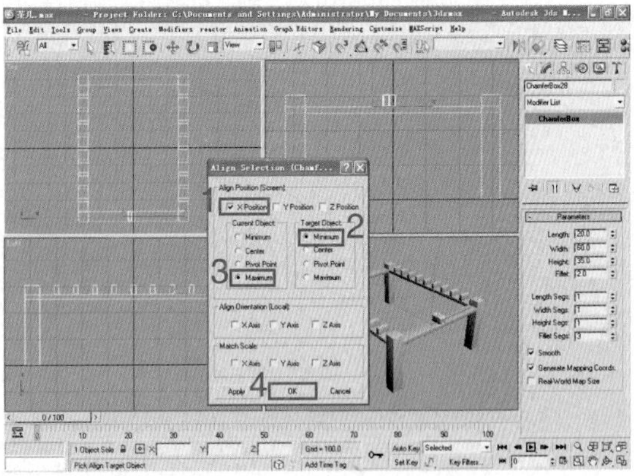
图9-27

| 27 | 接着单击状态栏中的按钮，将X轴后面的数值设置为-72，选择对象将沿X轴向左移动，如图9-28所示。

| 28 | 运用同样的方法创建其他的倒角长方体对象，如图9-29所示进行放置。

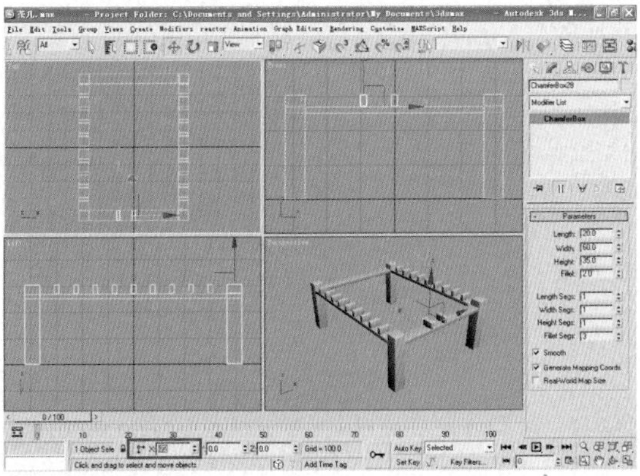
图9-28

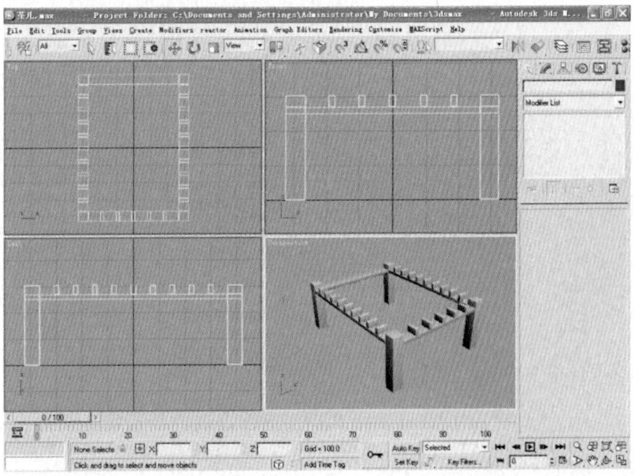
图9-29

| 29 | 单击工具栏上的按钮，在视图中选择桌子横梁上的倒角长方体对象，按住【Shift】键，在Top视图中沿Y轴向上移动，在弹出的“Clone Options（克隆选项）”对话框中选择“Instance（关联）”单选按钮，将“副本数”设置为1，如图9-30所示。

| 30 | 单击工具栏上的按钮，在视图中选择开始创建的桌子横梁对象，如图9-31所示。

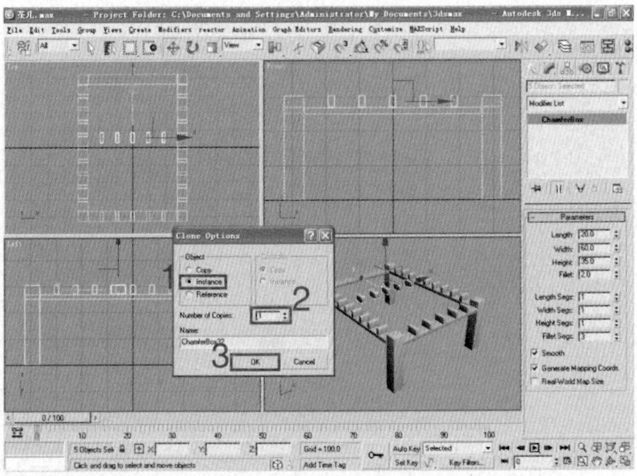
图9-30

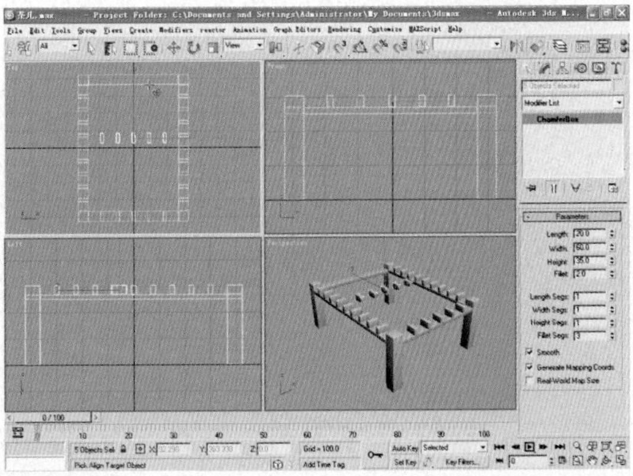
图9-31

| 31 | 在弹出的“Align Selection（选择对齐）”对话框中设置参数，如图9-32所示。

| 32 | 单击创建命令面板上的 ChamferBox （倒角长方体）按钮，在Top（顶）视图中拖动鼠标创建如图9-33所示的倒角长方体。

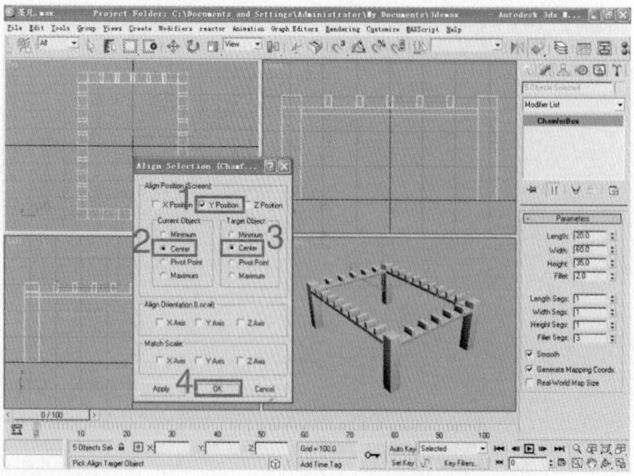

图9-32

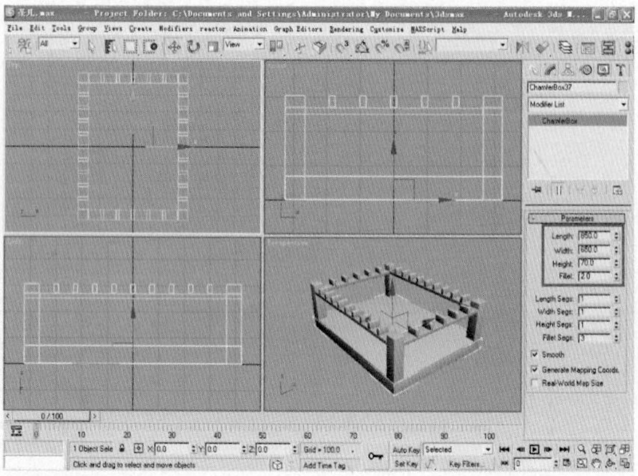

图9-33

| 33 | 单击状态栏中的按钮，将Z轴后面的数值设置为305，选择对象将沿Z轴向上移动，如图9-34所示。

| 34 | 创建完成的桌子模型如图9-35所示。

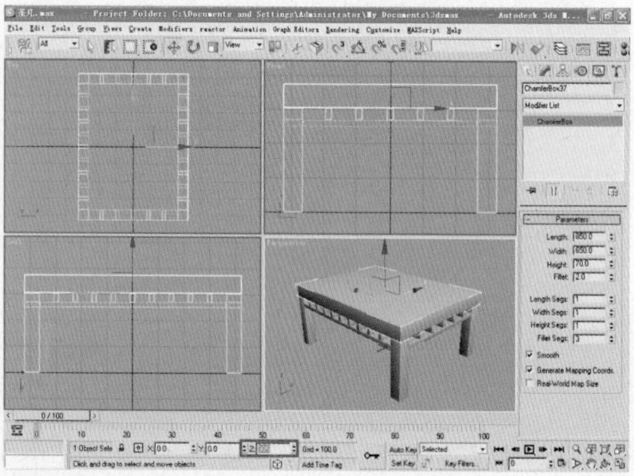

图9-34

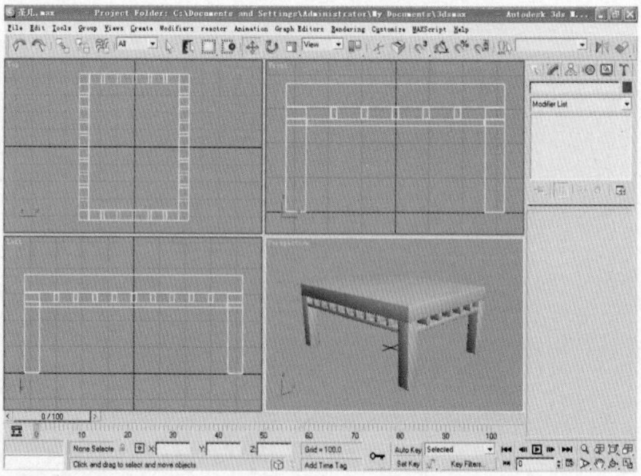

图9-35

9.2 休闲室家具的渲染

休闲室家具场景是逆光场景，这种场景的表现要注意避免渲染图片的灰度。场景中有个吊灯模型，因此在它的位置添加了辅灯，这盏辅灯的强度设置得并不高，因此白天的主导光源仍然是太阳光和天空光。

9.2.1 休闲室家具场景的灯光设置

| 1 | 在3ds Max 2008中打开“休闲室.max”场景文件，如图9-36所示。

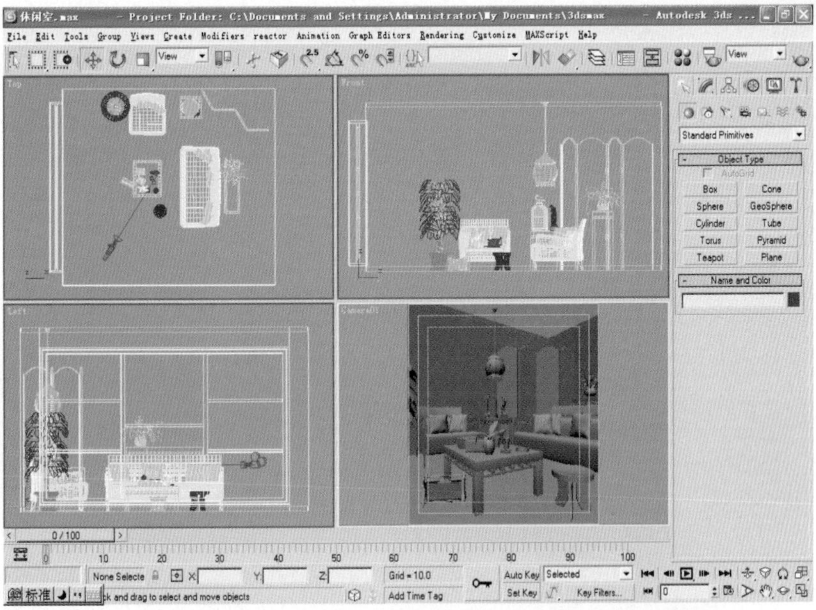

图9-36

| 2 | 在材质编辑器中激活空白材质示例窗并转化为VRayMtl材质，将此材质命名为“素模”。单击“素模”材质设置面板上Diffuse（漫射）后面的按钮，在弹出的“Color Selector（颜色选择器）”对话框中选择“Hue（色调）”为0、“Sat（饱和度）”为0、“Value（亮度）”为200的颜色作为物体固有颜色。接着单击工具栏上的按钮，在视图中选择所有对象，单击材质编辑器上的按钮，将“素模”材质赋予选择对象，如图9-37所示。

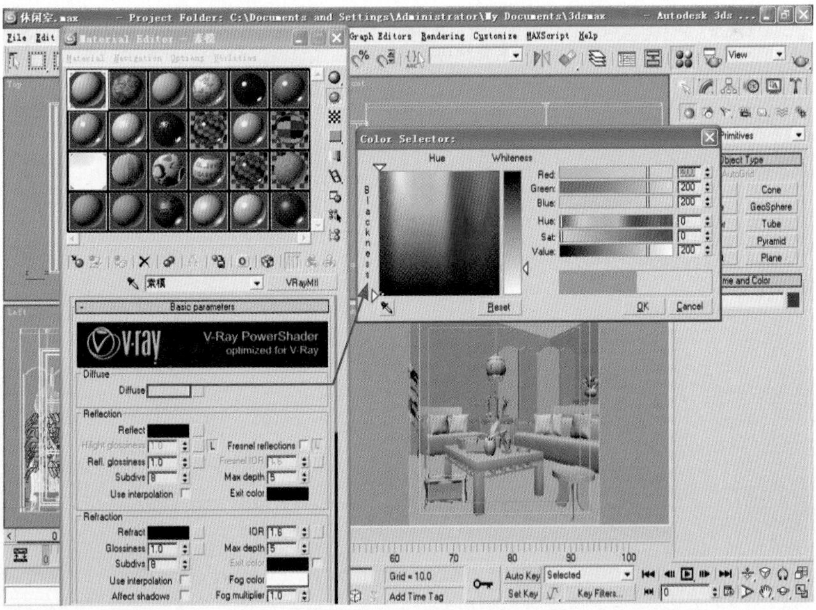

图9-37

| 3 | 在Camera01视图的左上角单击鼠标右键，在弹出的快捷菜单中选择“Perspective（透视图）”命令，将视图转化为透视图，如图9-38所示。

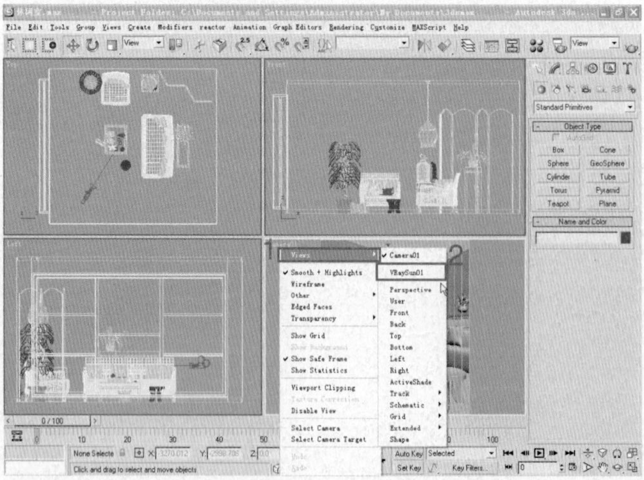

图9-38

|4|旋转透视图并单击 按钮，在透视图中选择窗户玻璃对象，如图9-39所示。

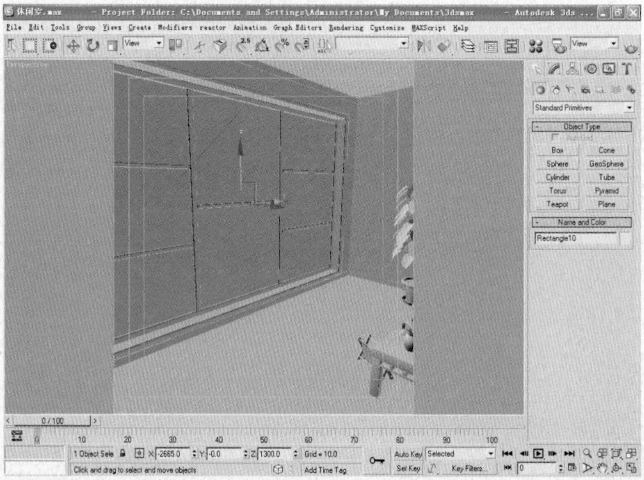

图9-39

|5|在视图的空白位置处单击鼠标右键，在弹出的快捷菜单中选择“Hide Select（隐藏选择对象）”命令，将选择的对象进行隐藏，如图9-40所示。

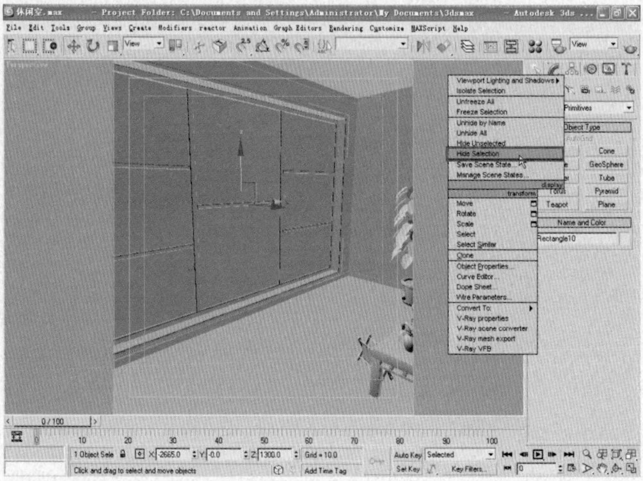

图9-40

｜6｜单击工具栏上的按钮，在渲染面板中设置基本参数来进行渲染并观察灯光效果。首先指定渲染器类型，接着设置渲染图片的尺寸，最后设置“Frame buffer（帧缓冲区）”和“Global switches（全局开关）”卷展栏中的参数，在“Image samples （图像采样反锯齿）”卷展栏中选择“Fixed（固定）”采样器和“Catmull-Rom”抗锯齿过滤器，如图9-41所示。

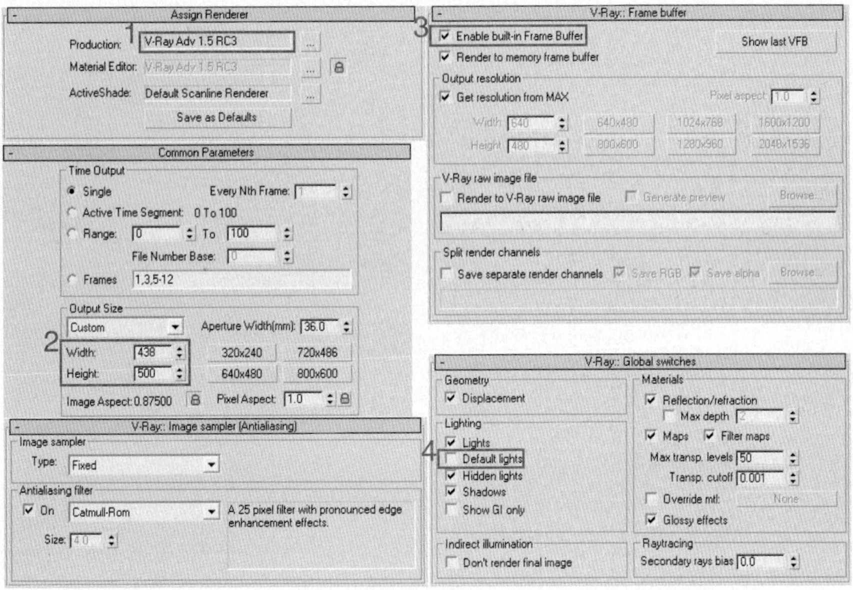

图9-41

｜7｜如图9-42所示设置“Indirect illumination（GI）间接照明”、“Light cache（灯光缓存）”、“rQMC sampler（rQMC采样器）”、“Irradiance map（发光贴图）”、“Color mapping（颜色映射）”卷展栏中的各项参数。 243

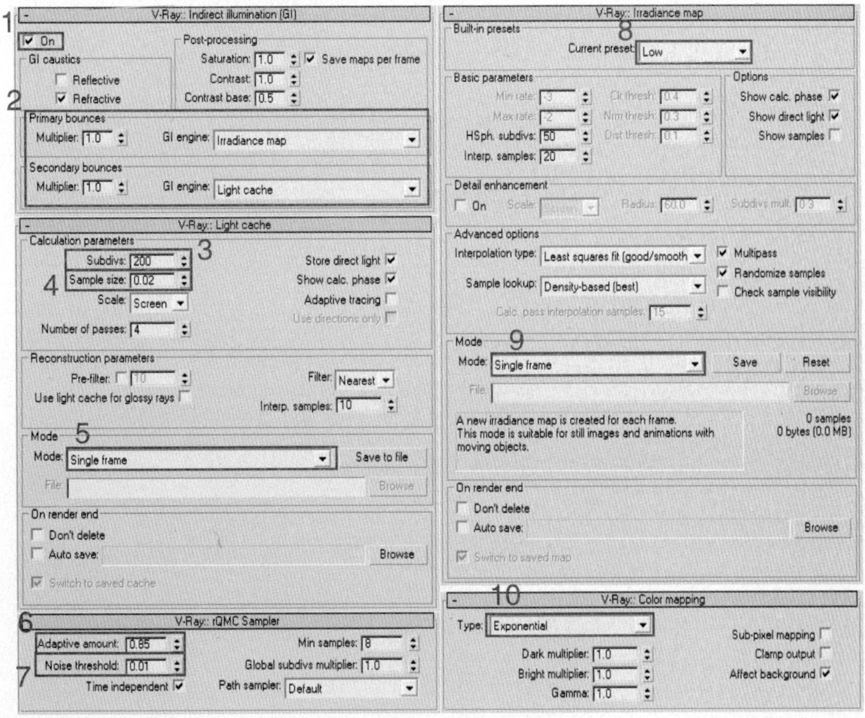

图9-42

| 8 | 单击VRay灯光创建命令面板上的 VRaySun 按钮，在Top（顶）视图中拖动鼠标创建太阳光，创建的同时在弹出的对话框中单击 是(Y) 按钮，如图9-43所示。

| 9 | 选择【Render（渲染）】→【Environment（环境）】命令，弹出“Environment and Effects（环境和效果）”对话框。在对话框中取消选择“Use Map（使用贴图）”复选框，如图9-44所示。

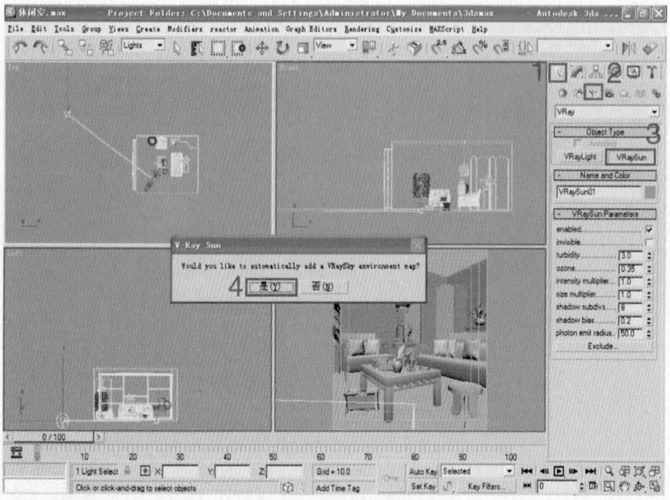

图9-43

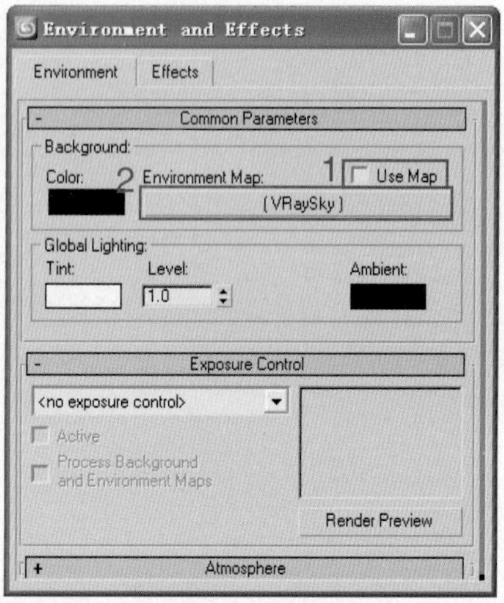

图9-44

| 10 | 单击工具栏上的 按钮，将视图中的太阳光源移动到如图9-45所示的位置。

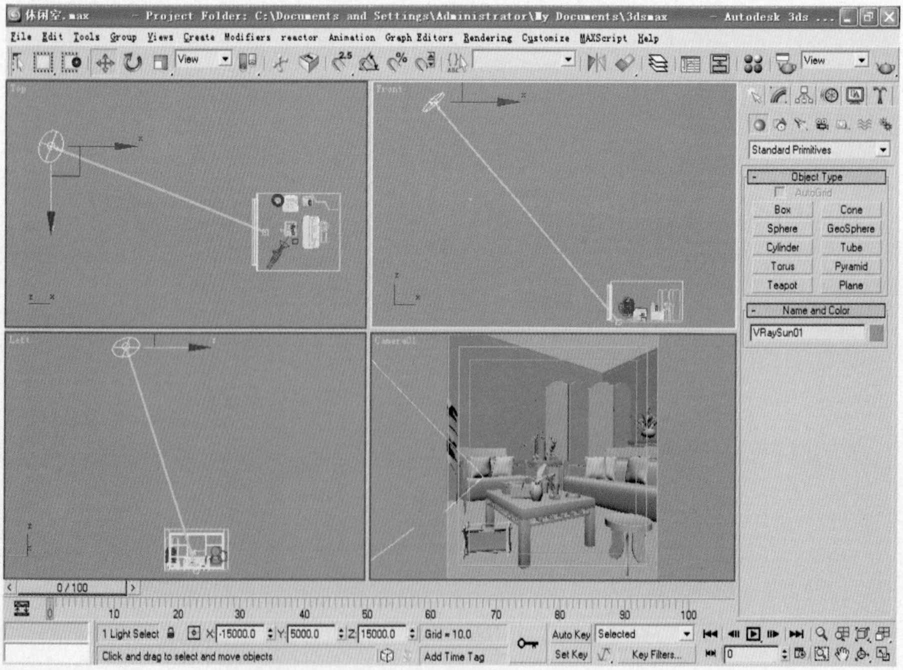

图9-45

| 11 | 在视图中选择太阳光并单击 按钮，在修改命令面板中将“turbidity（浊度）”设置为3.0。将“intensity multiplier（强度倍增）”参数设置为0.2。单击工具栏上的 按钮，渲染后的效果如图9-46所示，场景严重曝光。

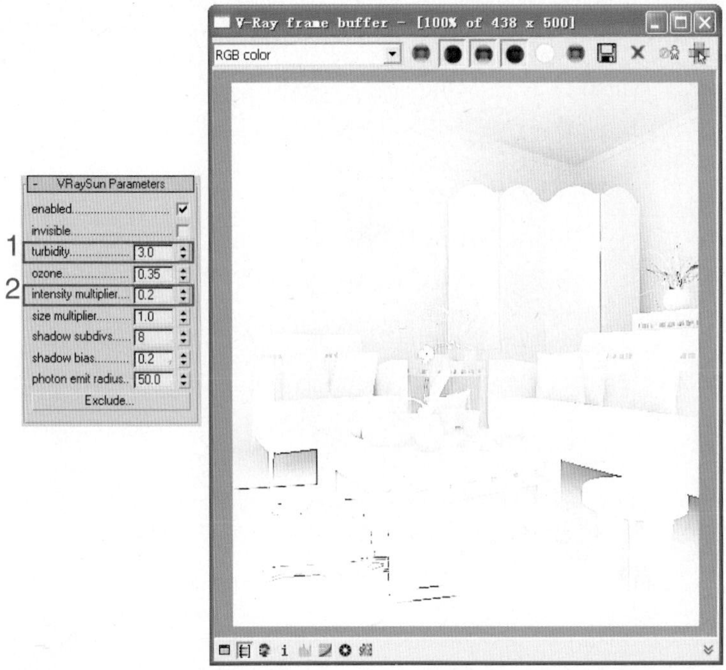

图9-46

| 12 | 因为太阳光线强度太高，需要将它的强度降低。在修改命令面板中将“intensity multiplier（强度倍增）”参数设置为0.02，单击工具栏上的按钮，渲染后的效果如图9-47所示，场景曝光的问题得到改善。

图9-47

| 13 | 为了使太阳光偏暖色，在修改命令面板中将“turbidity（浊度）”设置为6.0。单击工具栏上的按钮，渲染后的效果如图9-48所示，场景颜色偏暖。

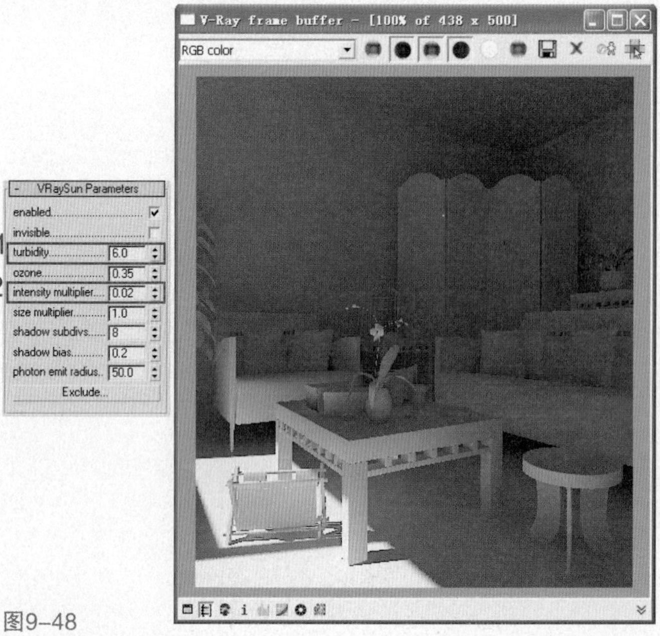

图9-48

| 14 | 打开“材质编辑器”，在“Environment and Effects（环境和效果）”对话框中选择“Use Map（使用贴图）”复选框。将“VRaySky（VR天光）”贴图拖动到材质编辑器的空白材质球上，在弹出的“Instance（Copy）（实例副本）”对话框中选择“Instance（实例）”单选按钮，如图9-49所示。

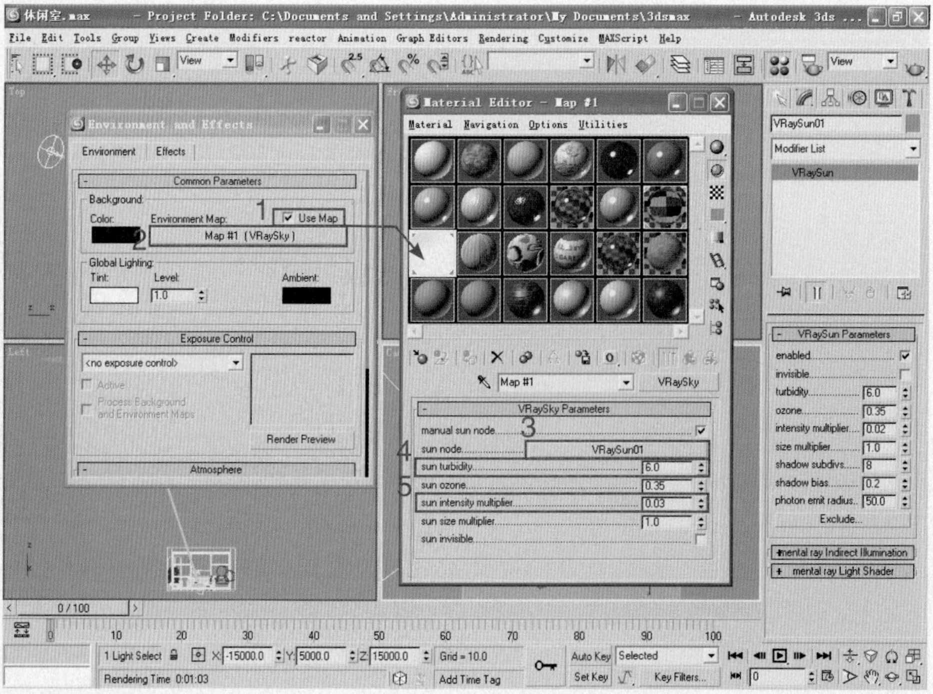

图9-49

| 15 | 单击工具栏上的按钮，渲染后的效果如图9-50所示。窗户外景将显示蓝色“VRaySky（VR天光）”贴图效果。

|16| 单击VRay灯光创建命令面板上的 VRayLight 按钮，在Left（左）视图中拖动鼠标创建一盏VRayLight，用于模拟来自窗外的环境光，如图9-51所示。

图9-50

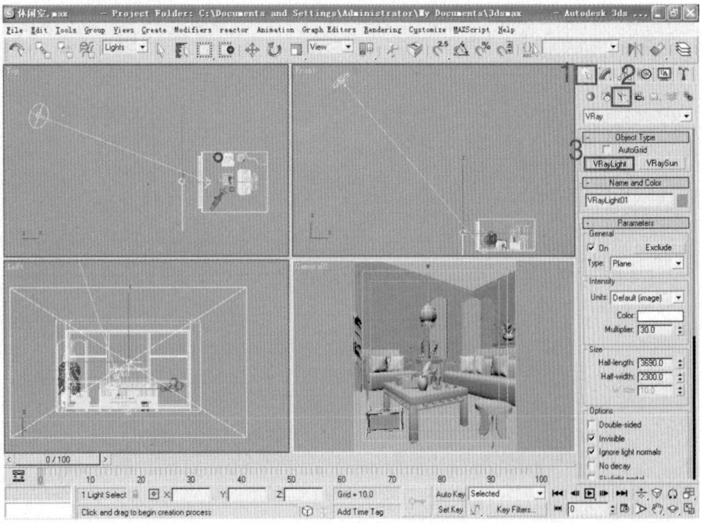

图9-51

|17| 在视图中选择VRayLight光源并单击 按钮进入修改命令面板，将“Half-length（半长）”设置为3000，将“Half-width（半宽）”设置为2000，如图9-52所示。

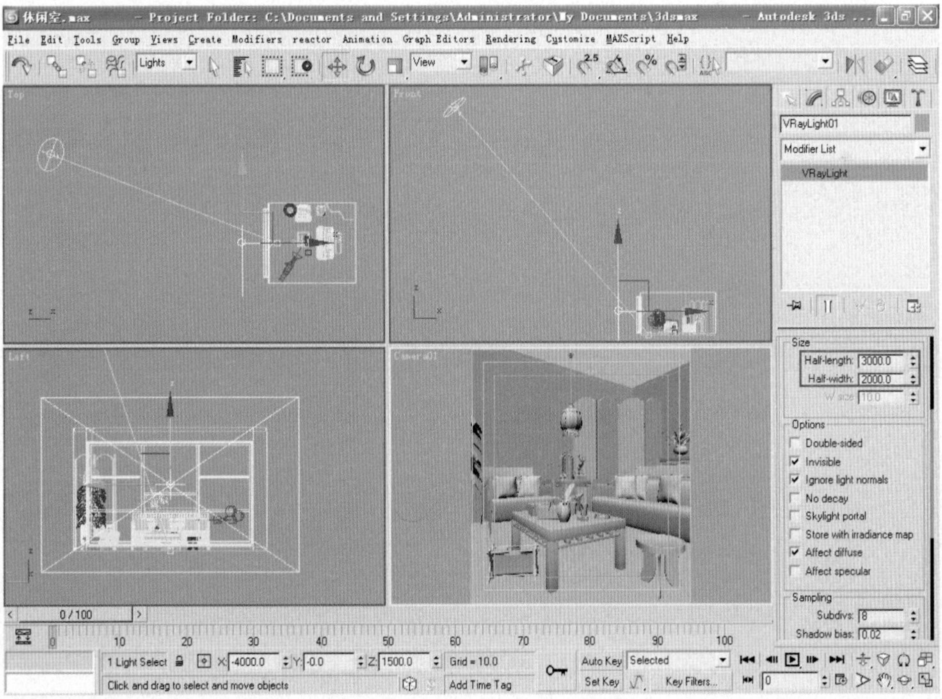

图9-52

|18| 在修改命令面板中将“Multiplier（强度）”设置为15，单击工具栏上的 按钮，渲染后的效果如图9-53所示。

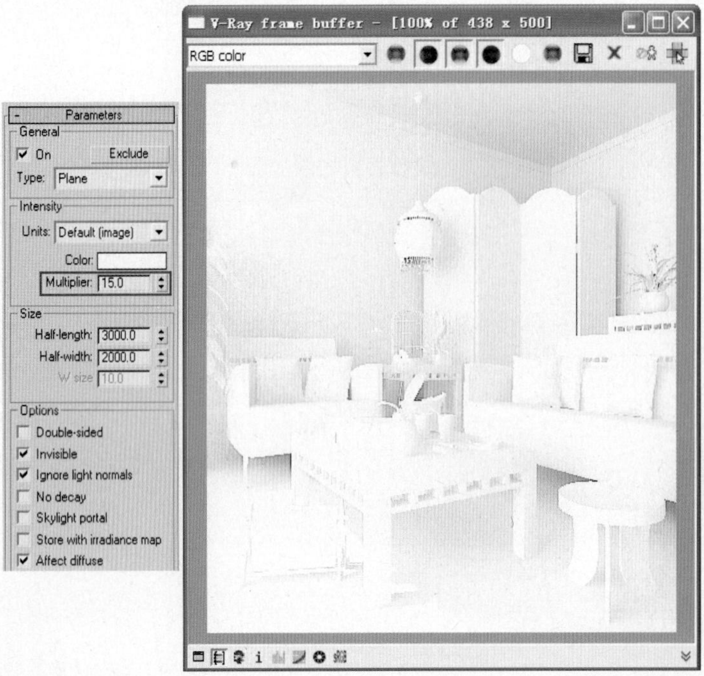

图9-53

| 19 | 当将“Multiplier（强度）”设置为15时，场景光线太强，因此在修改命令面板中将“Multiplier（强度）”设置为4，单击工具栏上的按钮，渲染后的效果如图9-54所示，场景光线亮度明显降低。

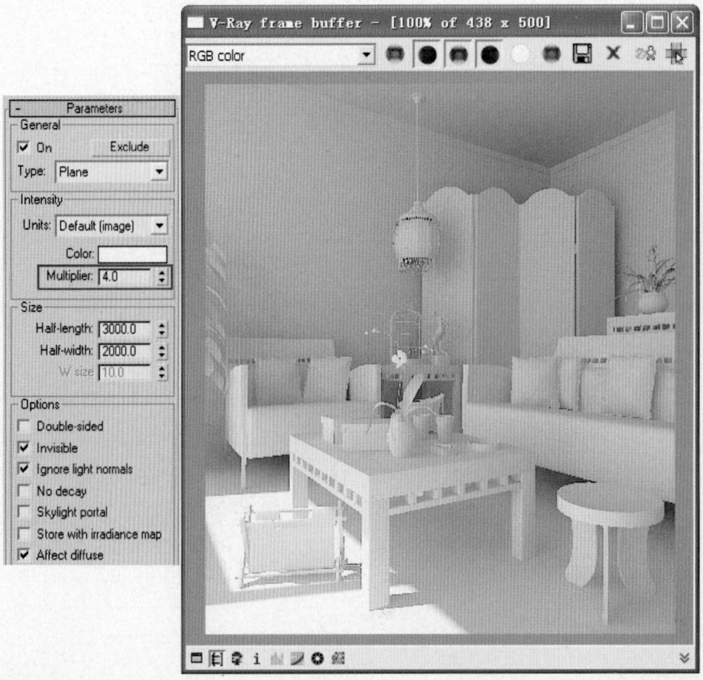

图9-54

| 20 | 但是局部地方偏暗，需要将VRayLight光源的强度进行细微调节。单击工具栏上的按钮，渲染后的效果如图9-55所示。

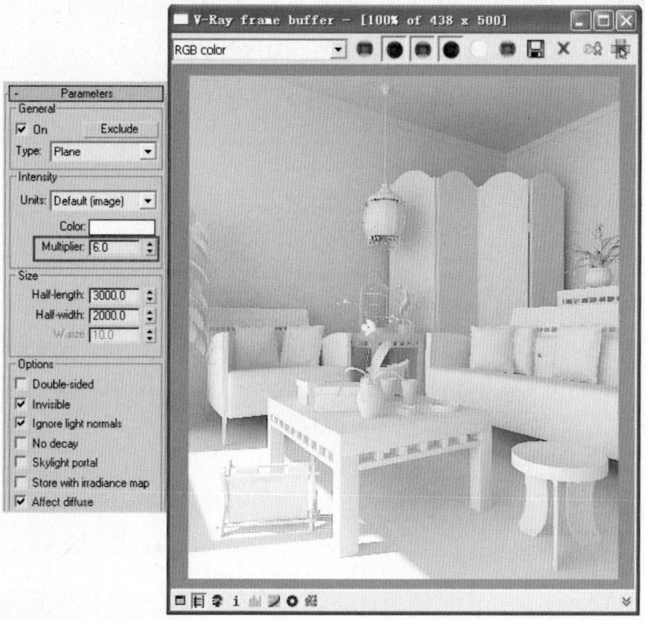

图9-55

| 21 | 来自户外的环境光偏冷色调，在VRayLight光源修改命令面板中单击Color后面的按钮，在弹出的“Color Selector（颜色选择器）”对话框中设置“Hue（色调）”为145、“Sat（饱和度）”为75，“Value（亮度）”为255。单击按钮进行渲染，效果如图9-56所示，场景整体光线偏蓝色。

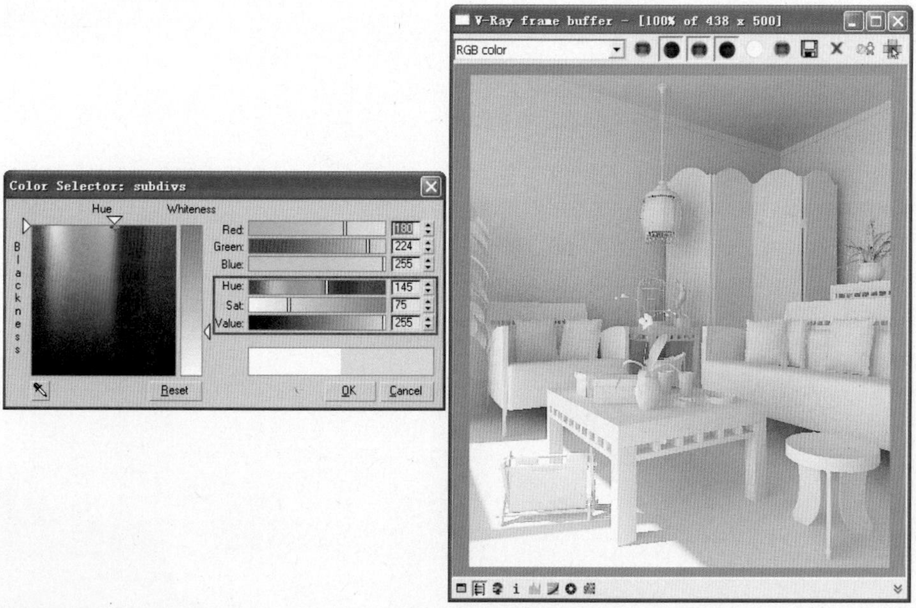

图9-56

| 22 | 单击VRay灯光创建命令面板上的 VRayLight 按钮，在Front（前）视图中吊灯位置处单击鼠标创建一盏自由点光源，用于模拟吊灯的光线，如图9-57所示。

| 23 | 单击视图控件中的按钮将视图进行切换，接着单击工具栏上的按钮，在Top视图中将自由点光源移动到吊灯的中心处，如图9-58所示。

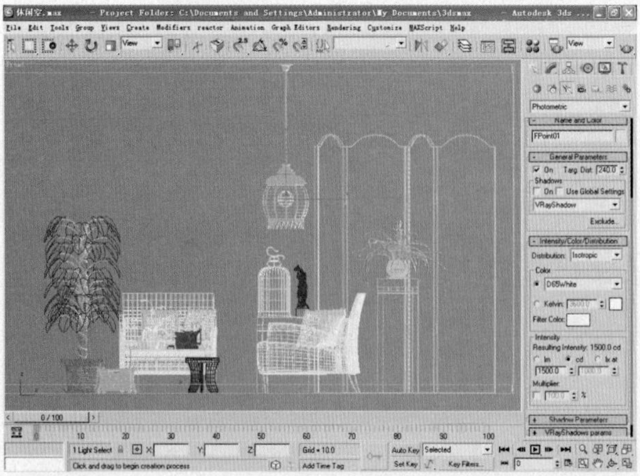

图9-57

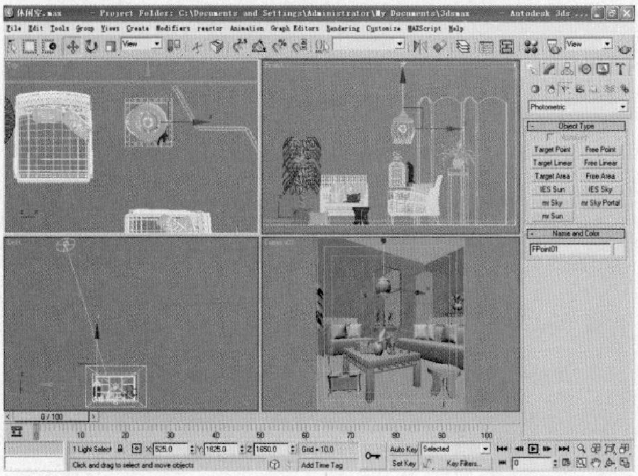

图9-58

| 24 | 选择自由点光源并单击按钮进入修改命令面板，选择“Shadows（阴影）”选项组中的“On（开）”复选框并选择“VRayShadow”阴影选项，将灯光的强度设置为1500cd。单击按钮进行渲染，效果如图9-59所示，吊灯处的光线过强。

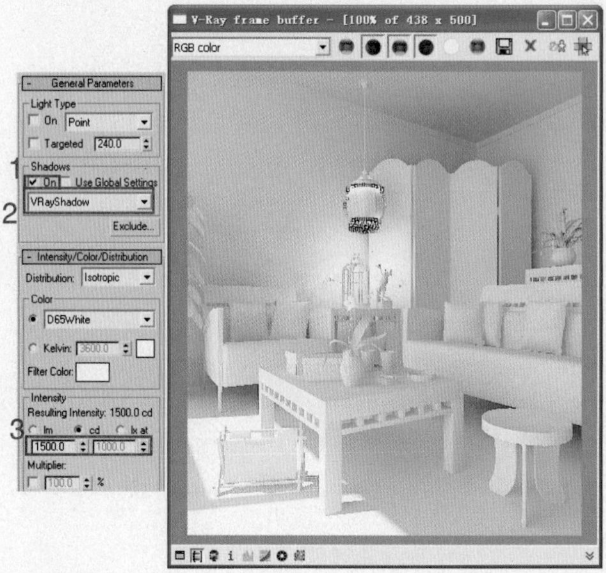

图9-59

| 25 | 因此需要降低自由点光源的强度。在修改命令面板中将灯光的强度设置为300cd，单击按钮进行渲染，效果如图9-60所示，吊灯的光线得到明显减弱。

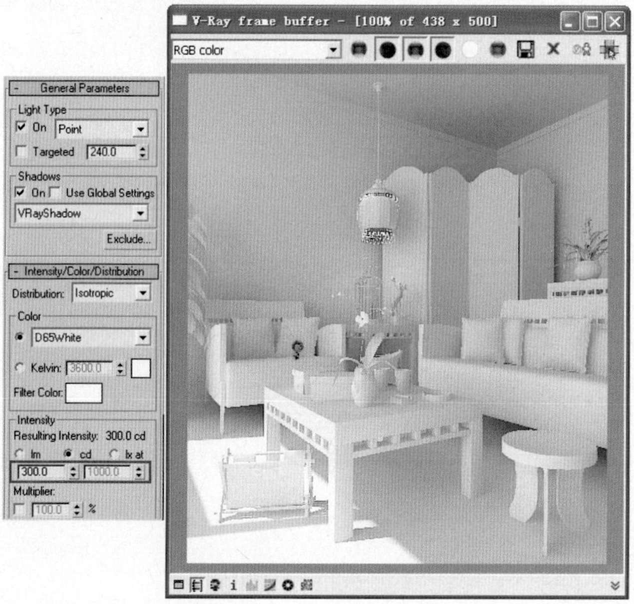

图9-60

| 26 | 虽然吊灯的光线减弱很多，但是仍然不够。在有阳光的白天，人工光源的亮度相比应微弱些。在修改命令面板中将灯光的强度设置为120cd，单击按钮进行渲染，效果如图9-61所示，吊灯的光线再次减弱。

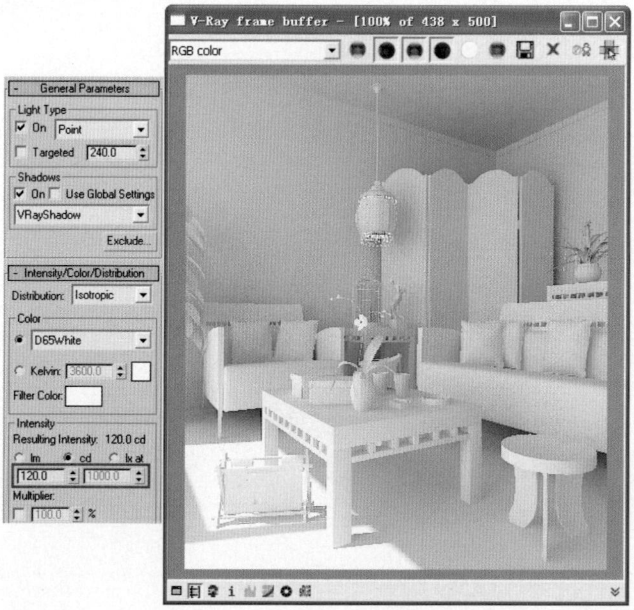

图9-61

| 27 | 吊灯的光线应该偏暖色，因此需要修改灯光颜色。在自由点光源的修改命令面板中单击Filter Color（过滤颜色）后面的按钮，在弹出的"Color Selector（颜色选择器）"对话框中选择"Hue（色调）"为30、"Sat（饱和度）"为100、"Value（亮度）"为255的颜色作为灯光颜色。单击按钮进行渲染，效果如图9-62所示，吊灯光线偏黄色。

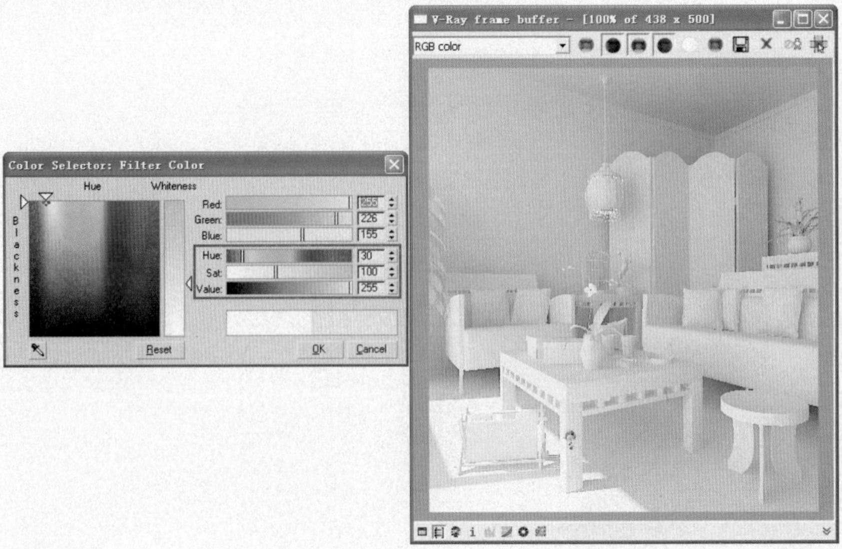

图9-62

9.2.2　休闲室家具的材质设置

|1|在材质编辑器中激活空白材质示例窗并将它转化为VRayMtl类型材质，将它命名为“墙纸-1”。展开“Maps（贴图）”卷展栏，在“Diffuse（漫射）”通道和“Bump（凹凸）”通道中都添加“墙纸-1.jpg”文件，如图9-63所示。单击工具栏上的✥按钮，在视图中选择墙体对象，单击材质编辑器上的按钮，将此材质赋予选择对象。

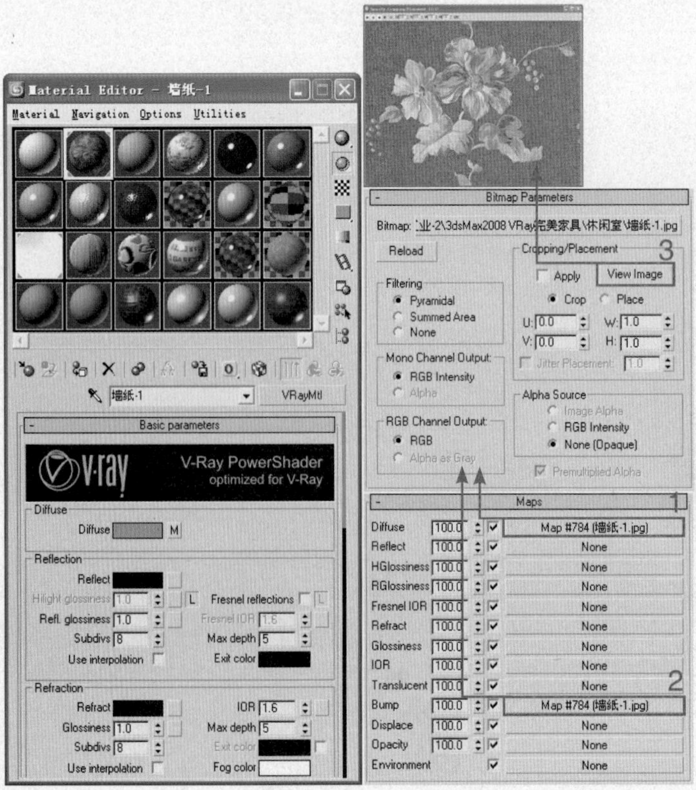

图9-63

｜2｜选择"UVW Mapping（UVW贴图）"修改器添加给墙体对象，在修改命令面板的"Parameters（参数）"卷展栏中选择"Box（长方体）"单选按钮，将"Length（长度）"设置为1、"Width（宽度）"设置为1200、"Height（高度）"设置为875，如图9-64所示。

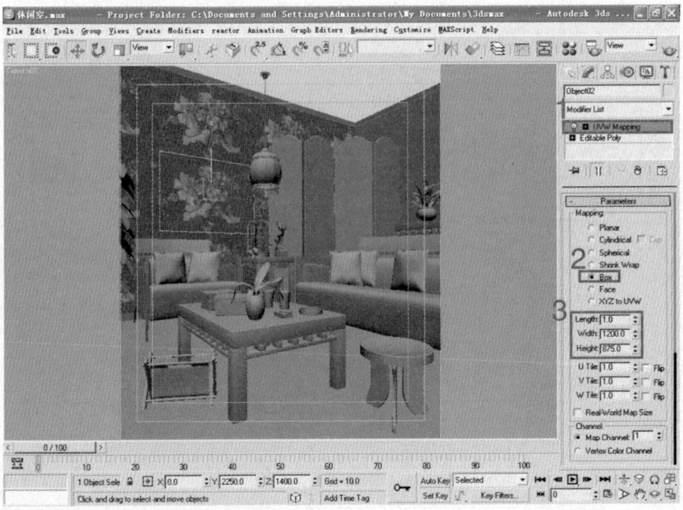

图9-64

｜3｜激活名称为"墙纸-2"的材质示例窗，展开"Maps（贴图）"卷展栏，在"Diffuse（漫射）"通道和"Bump（凹凸）"通道中都添加"墙纸-2.jpg"文件，如图9-65所示。单击工具栏上的按钮，在视图中选择墙体对象，单击材质编辑器上的按钮，将此材质赋予选择对象。

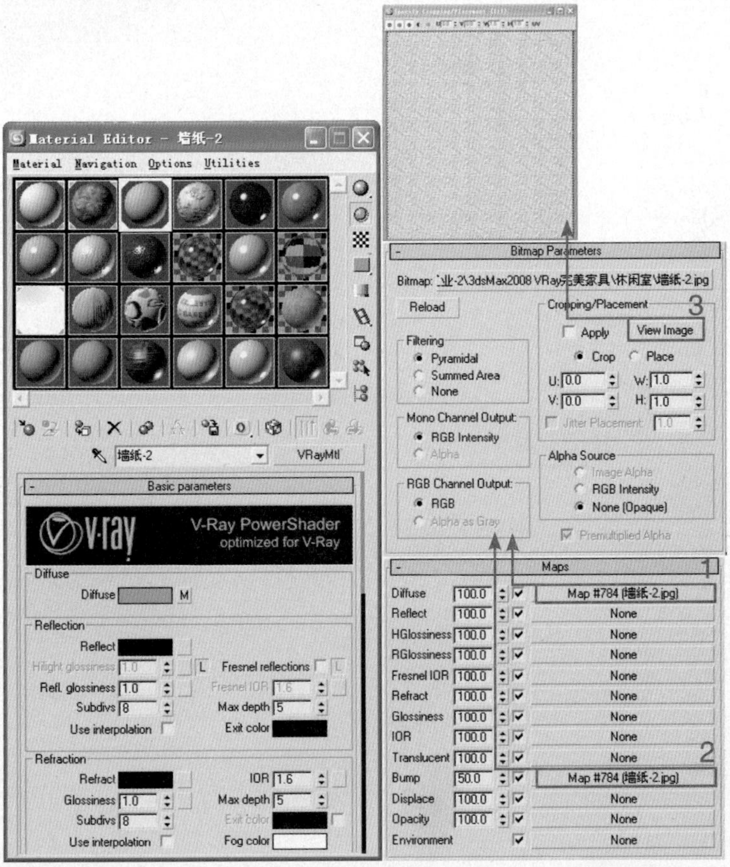

图9-65

｜4｜选择“UVW Mapping（UVW贴图）”修改器添加给墙体对象，在修改命令面板的“Parameters（参数）”卷展栏中选择“Box（长方体）”单选按钮，将“Length（长度）”、“Width（宽度）”、“Height（高度）”都设置为1200，如图9-66所示。

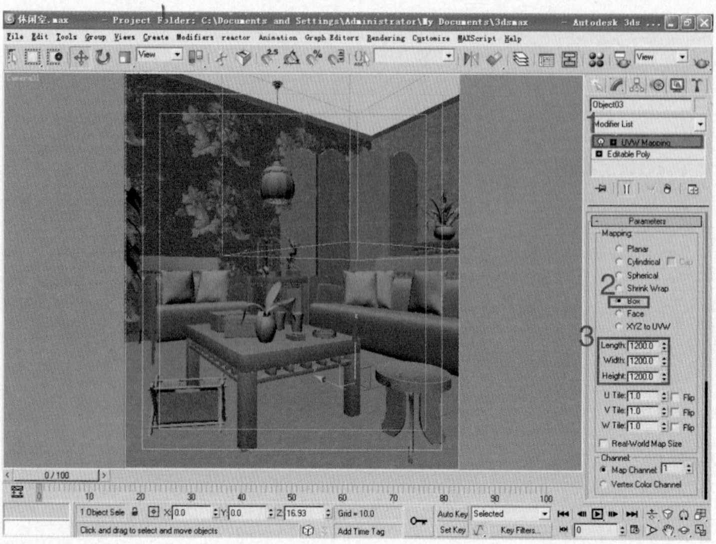

图9-66

｜5｜激活名称为“屏风”的材质示例窗，单击Reflect（反射）后面的按钮，在弹出的“Color Selector（颜色选择器）”中选择“Hue（色调）”为0、“Sat（饱和度）”为0、“Value（亮度）”为25的颜色。展开“Maps（贴图）”卷展栏，在“Diffuse（漫射）”通道和“Bump（凹凸）”通道中都添加“屏风-1.jpg”文件，如图9-67所示。单击工具栏上的按钮，在视图中选择屏风对象，单击材质编辑器上的按钮，将此材质赋予选择对象。

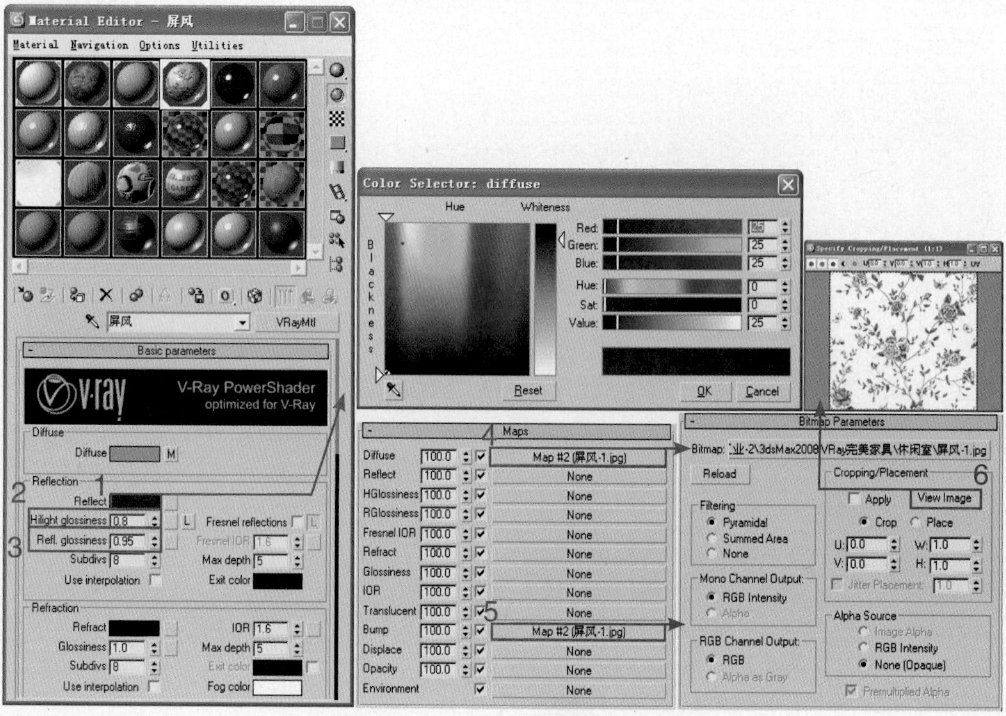

图9-67

｜6｜选择“UVW Mapping（UVW贴图）”修改器添加给屏风对象，在修改命令面板的

"Parameters（参数）"卷展栏中选择"Box（长方体）"单选按钮，将"Length（长度）"设置为1000，"Width（宽度）"设置为2150，"Height（高度）"设置为2400，如图9-68所示。

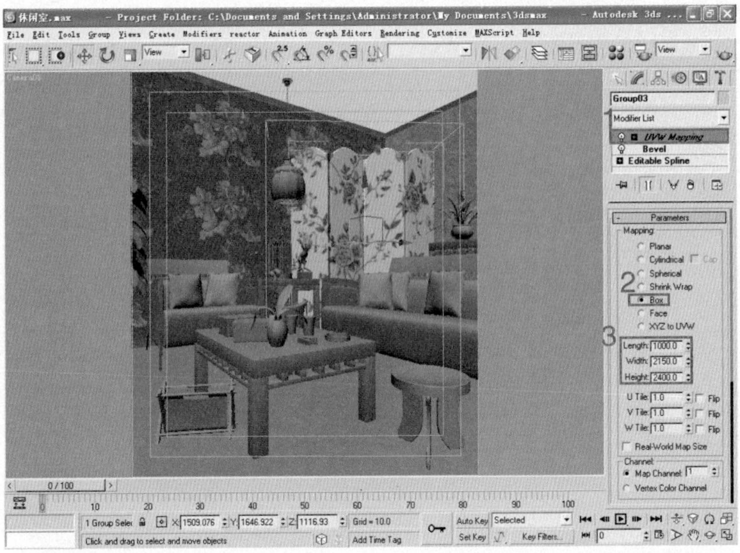

图9-68

|7|激活名称为"屏风"的VRaymtl材质示例窗，单击Reflect（反射）后面的按钮，在弹出的"Color Selector（颜色选择器）"对话框中选择"Hue（色调）"为0、"Sat（饱和度）"为0、"Value（亮度）"为30的颜色。展开"Maps（贴图）"卷展栏，在"Diffuse（漫射）"通道和"Bump（凹凸）"通道中都添加"地砖-1.jpg"文件，如图9-69所示。单击工具栏上的按钮，在视图中选择地板对象，单击材质编辑器上的按钮，将此材质赋予选择对象。

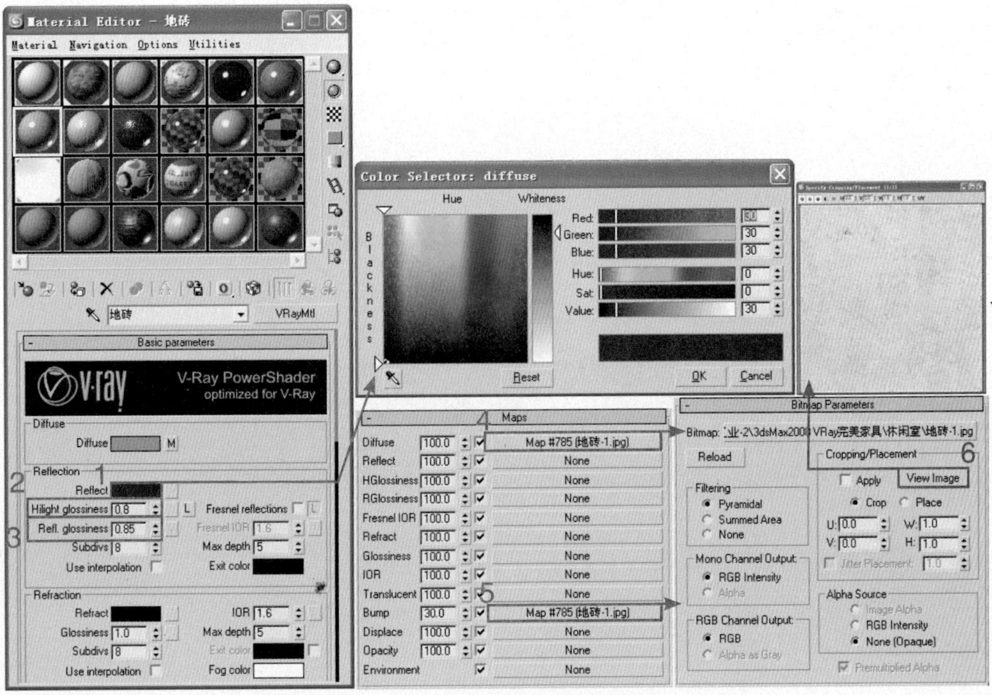

图9-69

|8|选择【UVW Mapping（UVW贴图）】修改器添加给地板对象，在修改命令面板的"Parameters（参数）"卷展栏中选择"Box（长方体）"单选按钮，将"Length（长度）"设置为

600、“Width（宽度）”设置为600，“Height（高度）”设置为1，如图9-70所示。

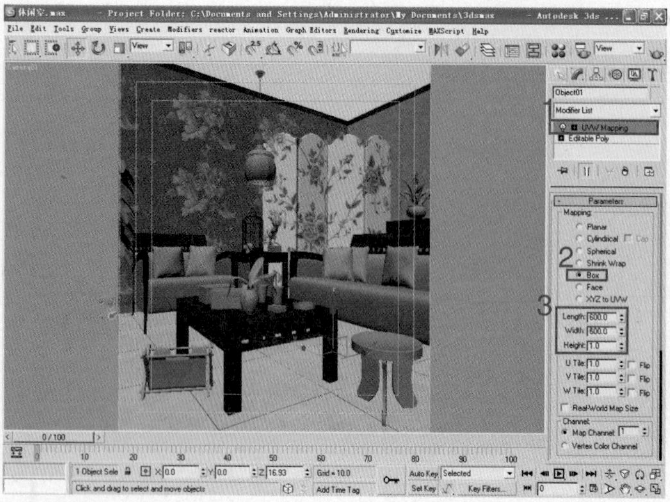

图9-70

｜9｜激活名称为“布纹-1”的材质示例窗。展开“Maps（贴图）”卷展栏，在“Diffuse（漫射）”通道和“Bump（凹凸）”通道中都添加“布纹-1.jpg”文件。接着在“Self-Illumination（自发光）”通道中添加“Mask（遮罩）”贴图。如图9-71所示设置其他各项参数。单击工具栏上的✥按钮在视图中选择沙发对象，单击材质编辑器上的按钮，将此材质赋予选择对象。

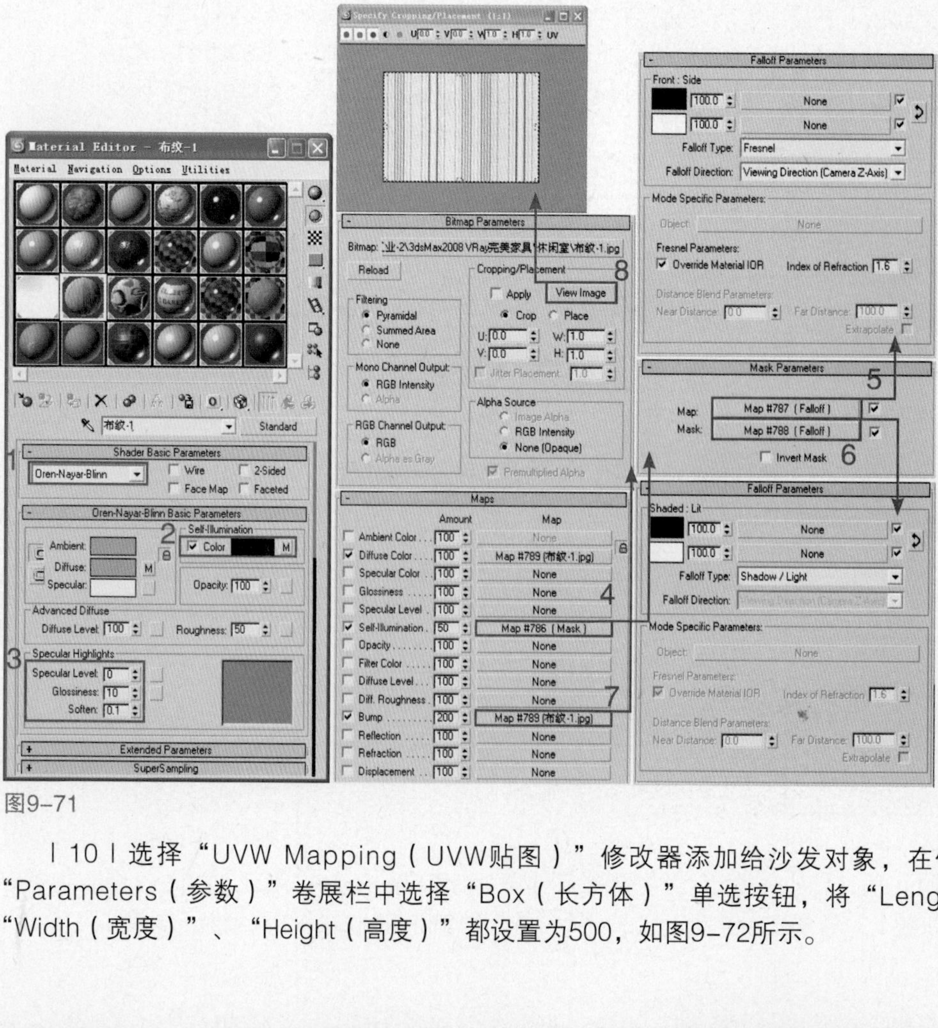

图9-71

｜10｜选择“UVW Mapping（UVW贴图）”修改器添加给沙发对象，在修改命令面板的“Parameters（参数）”卷展栏中选择“Box（长方体）”单选按钮，将“Length（长度）”、“Width（宽度）”、“Height（高度）”都设置为500，如图9-72所示。

图9-72

| 11 | 激活名称为“抱枕-1”的材质示例窗，如图9-73所示设置各项参数。单击工具栏上的按钮，在视图中选择抱枕对象，单击材质编辑器上的按钮，将此材质赋予选择对象。

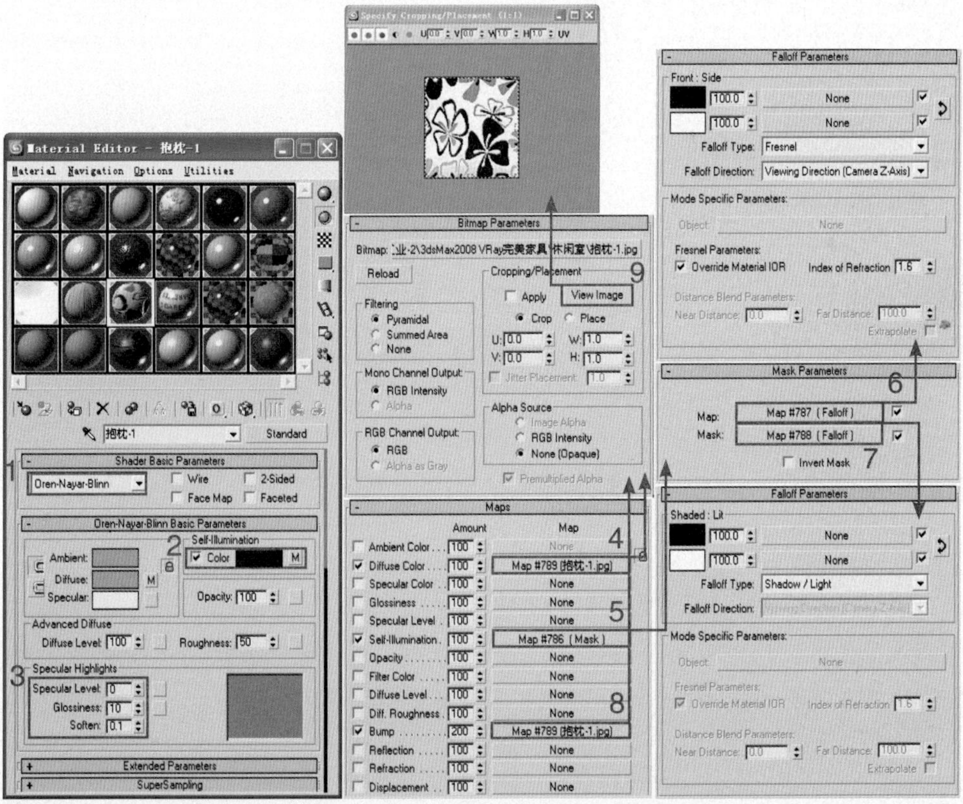

图9-73

| 12 | 选择“UVW Mapping（UVW贴图）”修改器添加给沙发对象，在修改命令面板的“Parameters（参数）”卷展栏中选择“Box（长方体）”单选按钮，将“Length（长度）”设置为405、“Width（宽度）”设置为145、“Height（高度）”设置为455，如图9-74所示。

| 13 | 接着在将此材质赋予视图中的另一个抱枕，并选择“UVW Mapping（UVW贴图）”修改器添加给它，其参数设置如图9-75所示。

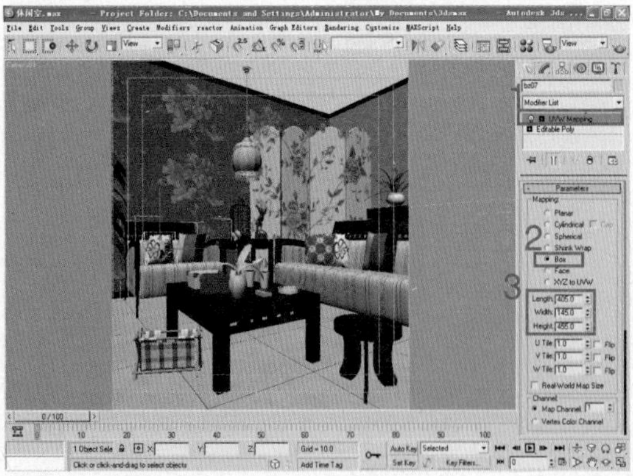
图9-74

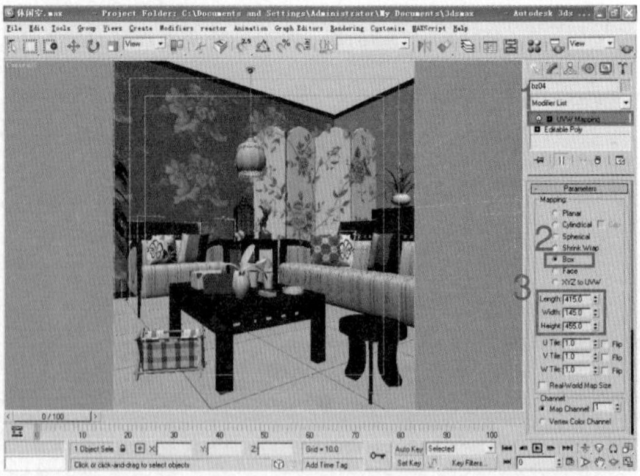
图9-75

| 14 | 接下来制作烟盒材质，首先要为烟盒对象指定合适的ID号。在视图中选择烟盒对象并单击按钮进入修改命令面板，在修改命令面板上进入“Editable Poly（可编辑多边形）”的Polygon（多边形）子层级，在视图中选择如图9-76所示的多边形，在“Polygon Material IDs（多边形属性）”卷展栏中将“Set ID（设置ID）”后面的数值设置为1。

| 15 | 在视图中选择如图9-77所示的多边形，在“Polygon Material IDs（多边形属性）”卷展栏中将“Set ID（设置ID）”后面的数值设置为2。

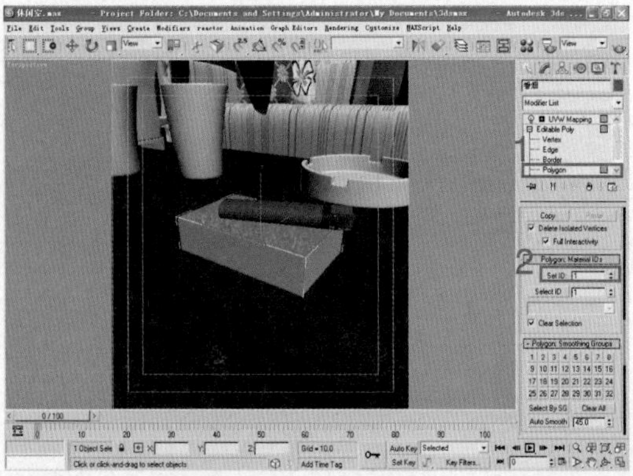
图9-76

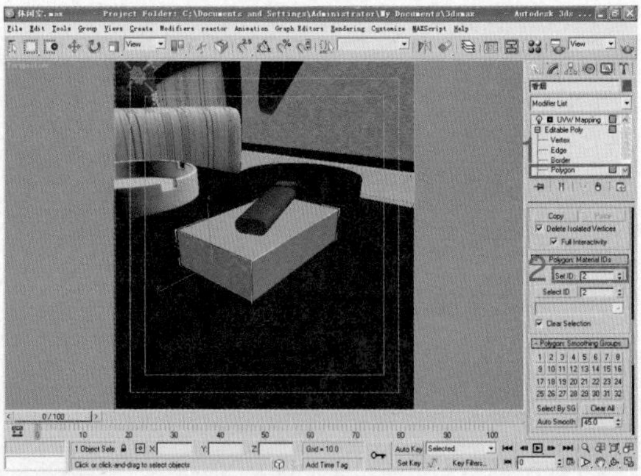
图9-77

| 16 | 在视图中选择如图9-78所示的多边形，在“Polygon Material IDs（多边形属性）”卷展栏中将“Set ID（设置ID）”后面的数值设置为3。

| 17 | 在视图中选择如图9-79所示的多边形，在“Polygon Material IDs（多边形属性）”卷展栏中将“Set ID（设置ID）”后面的数值设置为4。

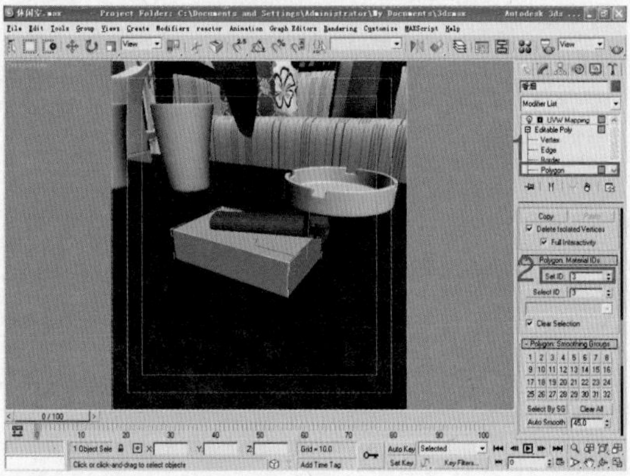
图9-78

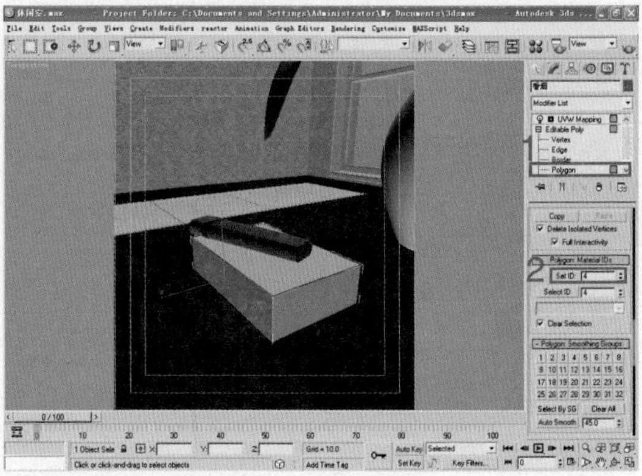
图9-79

丨18丨在视图中选择如图9-80所示的多边形，在“Polygon Material IDs（多边形属性）”卷展栏中将“Set ID（设置ID）”后面的数值设置为5。

丨19丨在材质编辑器中激活名称为“音箱”的材质示例窗，这个材质被定义为Multi/Sub-Object（多维-子）材质，此材质拥有5个子材质，如图9-81所示。

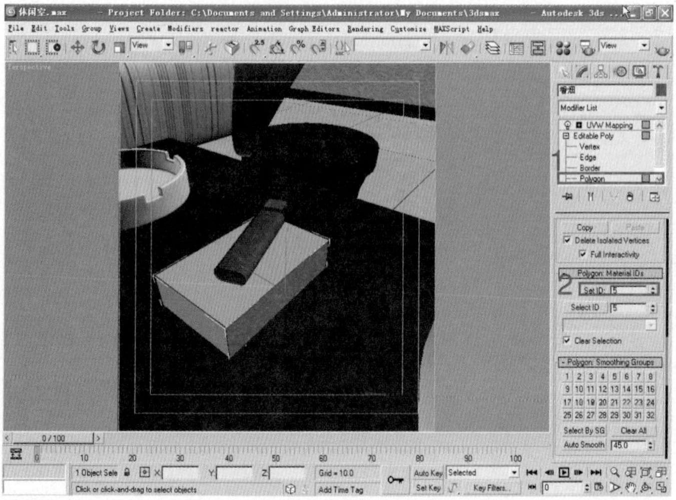

图9-80

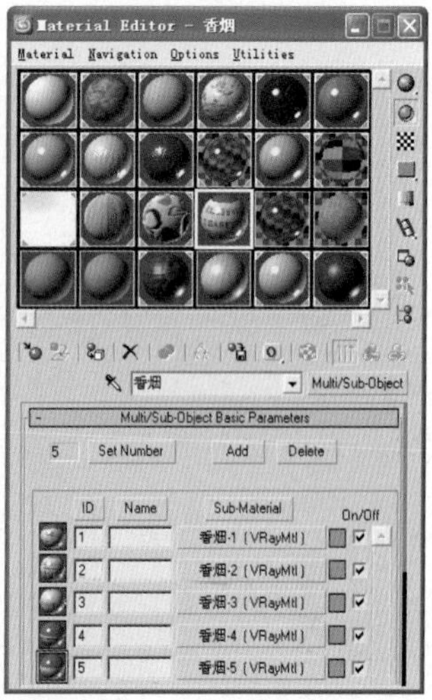

图9-81

丨20丨在材质编辑器中单击灯片 （VR灯光材质）按钮进入ID号为1的子材质设置面板。展开“Maps（贴图）”卷展栏，在“Diffuse（漫射）”通道中添加“香烟-1.jpg”贴图文件，如图9-82所示。

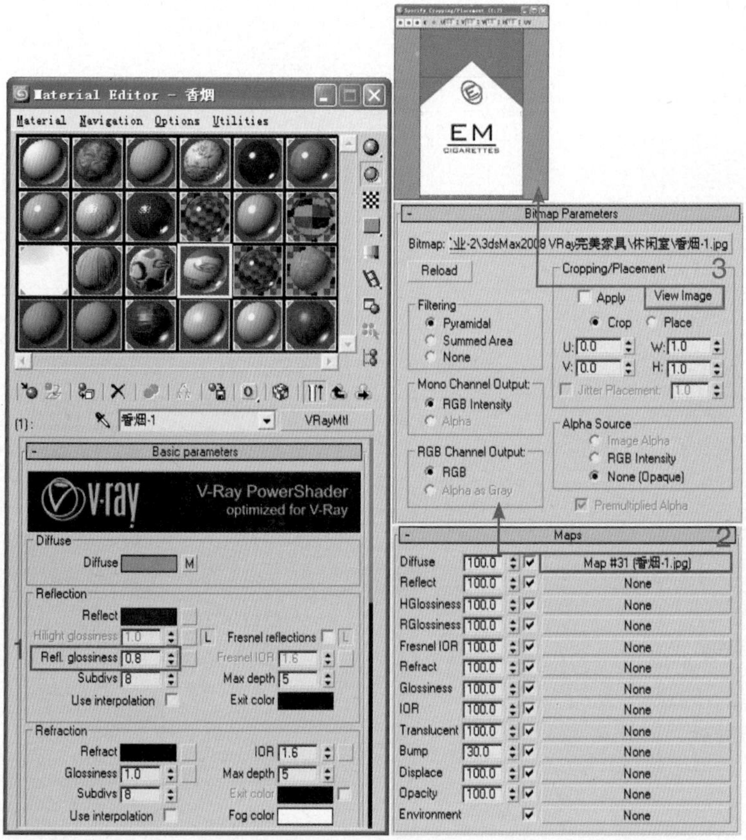

图9-82

| 21 | 选择“UVW Mapping（UVW贴图）”修改器添加给烟盒对象，在修改命令面板的“Parameters（参数）”卷展栏中选择“Box（长方体）”单选按钮，将“Length（长度）”设置为22.022，“Width（宽度）”设置为55.055，“Height（高度）”设置为88.088，如图9-83所示。

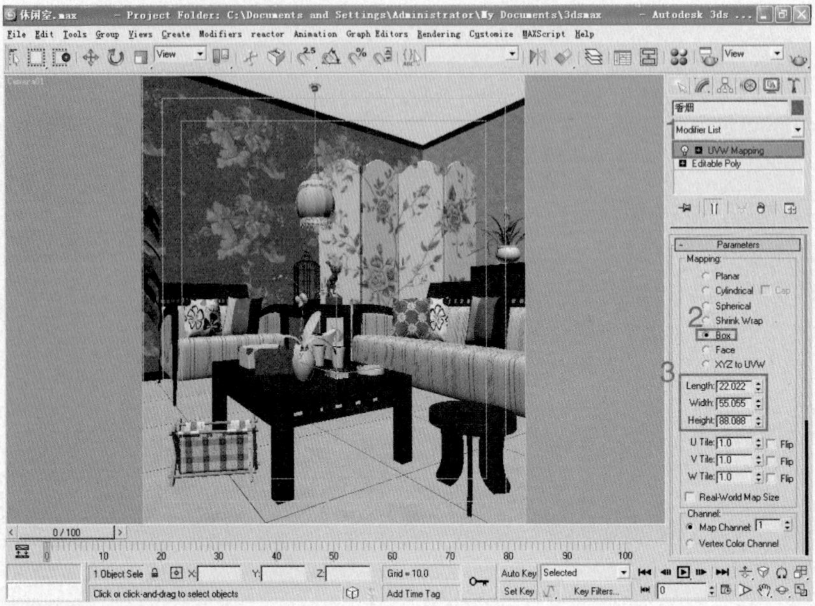

图9-83

| 22 | 激活名称为“吊灯金属”的VRayMtl类型材质示例窗。单击工具栏上的按钮，在视图中吊灯座对象，单击材质编辑器上的按钮，将此材质赋予选择对象。如图9-84所示设置此材质的漫射和反射颜色。

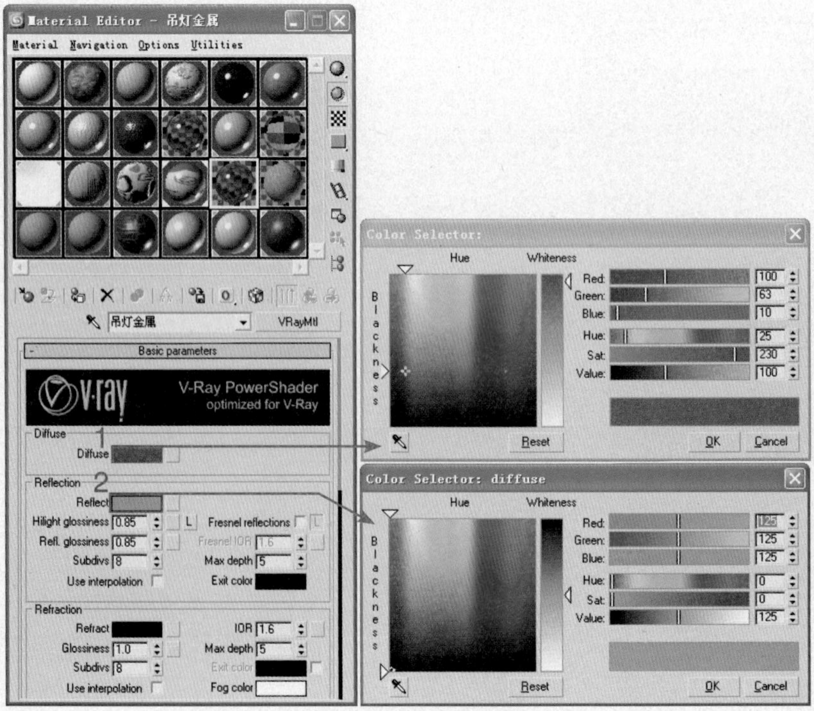

图9-84

|23| 激活名称为“吊灯金属”的VRayMtl类型材质示例窗。展开“Maps（贴图）”卷展栏，在“Diffuse（漫射）”通道和“Bump（凹凸）”通道中都添加“灯罩-1.jpg”文件，如图9-85所示设置参数。单击工具栏上的按钮，在视图中选择吊灯座对象，单击材质编辑器上的按钮，将此材质赋予选择对象。

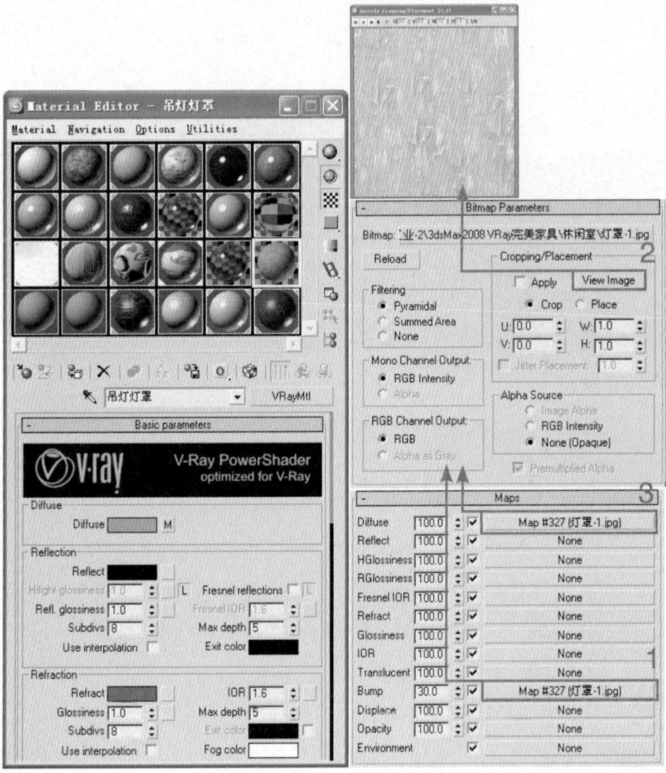

图9-85

|24| 选择“UVW Mapping（UVW贴图）”修改器添加给烟盒对象，在修改命令面板的“Parameters（参数）”卷展栏中选择“Box（长方体）”单选按钮，将“Length（长度）”、“Width（宽度）”、“Height（高度）”均设置为500，如图9-86所示。

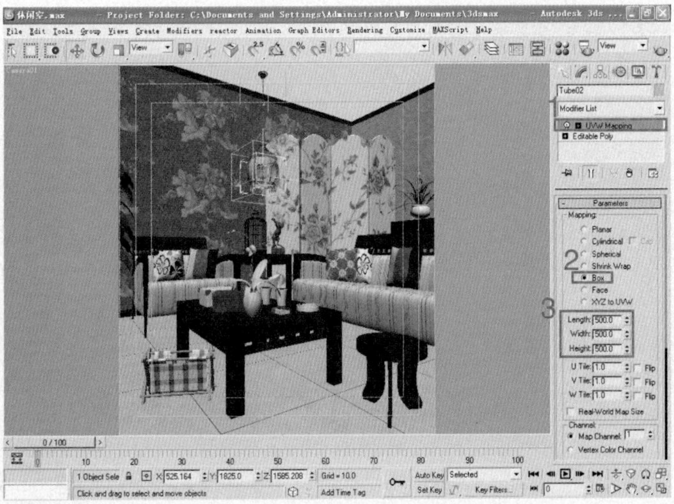

图9-86

|25| 激活名称为“植物-3”的VRayMtl类型材质示例窗。单击Reflect（反射）后面的

按钮，在弹出的“Color Selector（颜色选择器）”对话框中选择“Hue（色调）”为0、“Sat（饱和度）”为0、“Value（亮度）”为25的颜色。展开“Maps（贴图）”卷展栏，在“Diffuse（漫射）”通道和“Bump（凹凸）”通道中都添加“灯罩-1.jpg”文件，如图9-87所示设置参数。单击工具栏上的按钮，选择视图中的植物对象，单击材质编辑器上的按钮，将此材质赋予选择对象。

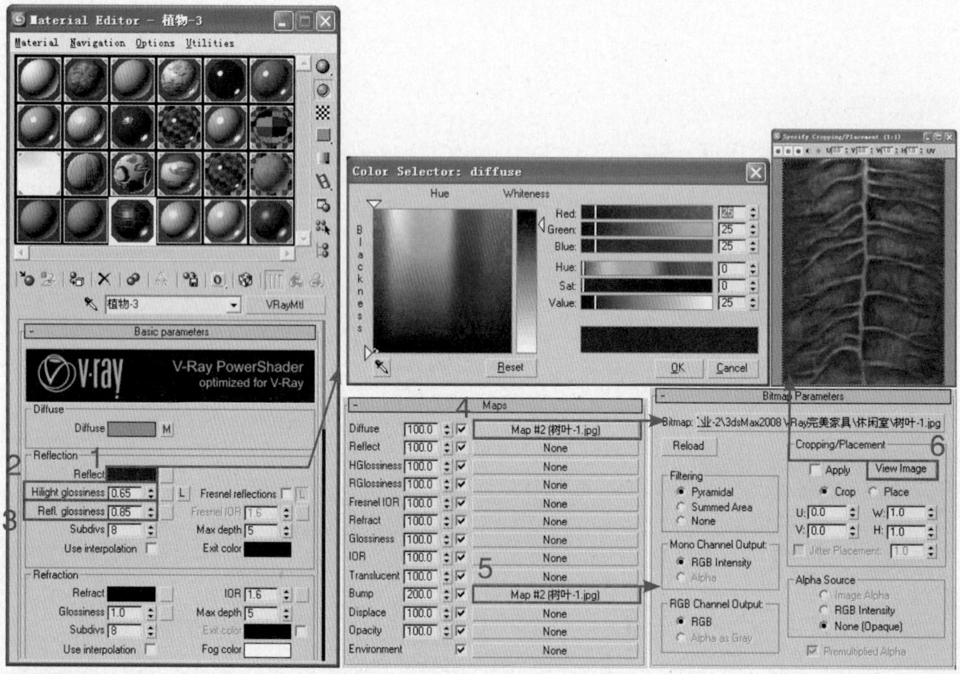

图9-87

|26| 选择“UVW Mapping（UVW贴图）”修改器添加给植物对象，在修改命令面板的“Parameters（参数）”卷展栏中选择“Box（长方体）”单选按钮，将“Length（长度）”设置为204.507，“Width（宽度）”设置为130.55，“Height（高度）”设置为27.372，如图9-88所示。

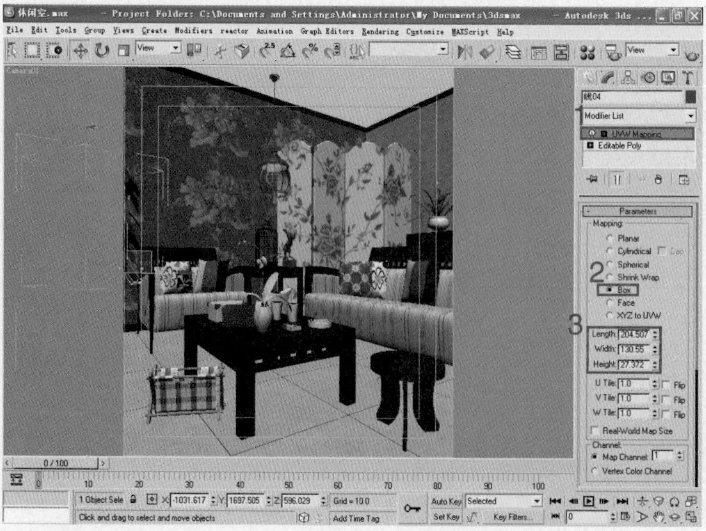

图9-88

|27| 激活名称为“植物-4”的VRayMtl类型材质示例窗。展开“Maps（贴图）”卷展栏，在“Diffuse（漫射）”通道中都添加“Mask（遮罩）”贴图，如图9-89所示设置颜色。将设置好的材质赋予花朵对象。

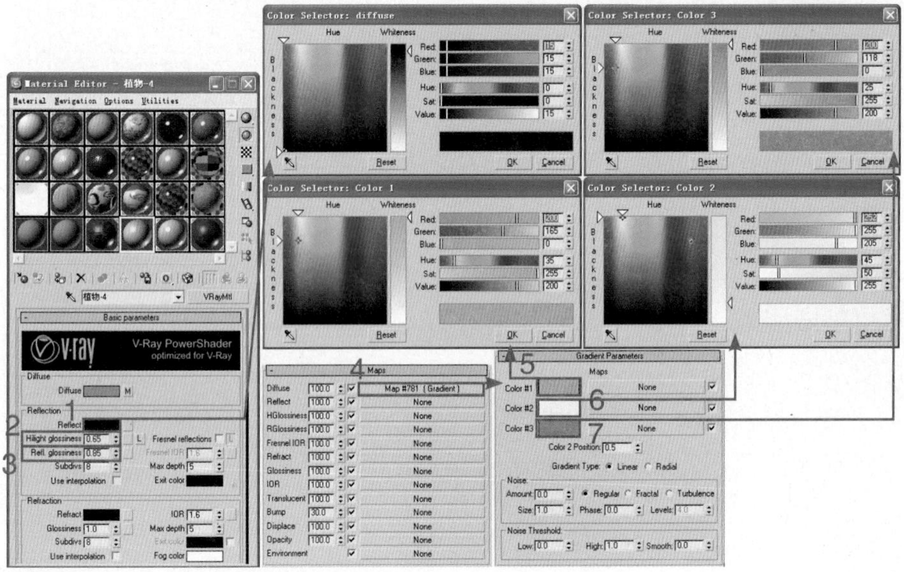

图9-89

9.2.3 休闲室家具的渲染设置

|1| 首先运用较低参数渲染光子贴图。将渲染图片的“Width（宽度）”设置为640，“Height（高度）”设置为480。展开“Image sampler（Antialiasing）（图像采样反锯齿）”卷展栏，展开“Irradiance map（发光贴图）”设置卷展栏，在“Current Preset（当前预置）”中选择“Low（低）”选项。在“Mode（模式）”中选择“Single frame（单帧）”模式。单击 Save 按钮，在弹出的对话框中为发光贴图命名并保存。然后在“On render end（渲染后）”选项组中选择“Don't delete（不删除）”和“Auto save（自动保存）”复选框。接着单击 Browse 按钮，在弹出的对话框中为它指定路径，如图9-90所示。

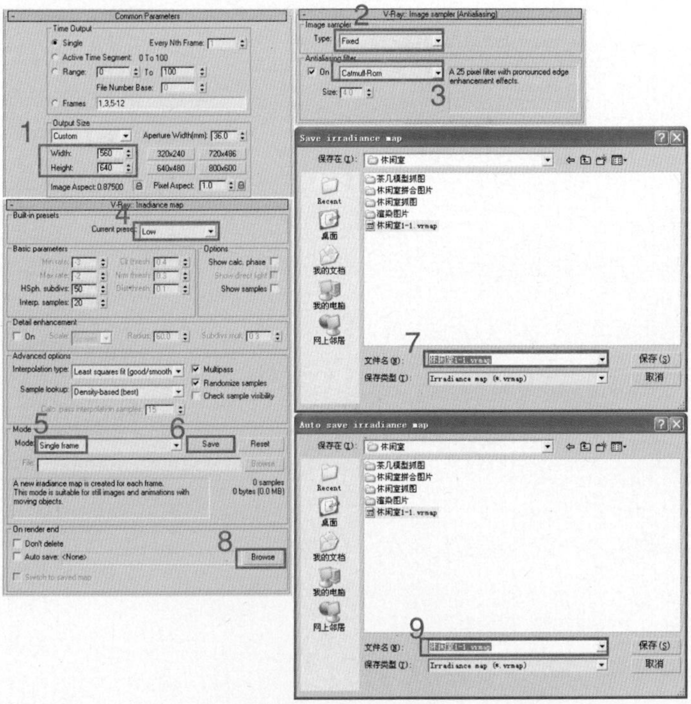

图9-90

| 2 | 将渲染图片的“Width（宽度）”设置为2100，“Height（高度）”设置为2400。展开“Image sampler（Antialiasing）（图像采样反锯齿）”卷展栏，选择“Adaptive QMC（自适应准蒙特卡洛采样器）”的采样方式和“Mitchell-Netravali”抗锯齿过滤器，如图9-91所示。

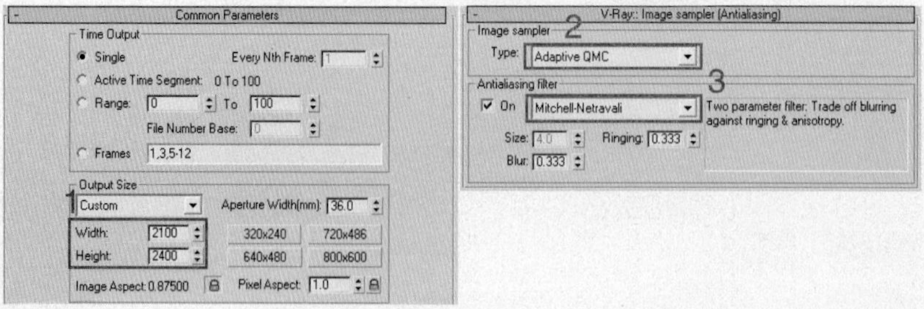

图9-91

| 3 | 当光子贴图渲染完成后，设置高参数渲染正图。展开“Irradiance map（发光贴图）”卷展栏，在“Mode（模式）”中选择“From file（从文件）”模式。在“Current Preset（当前预置）”中选择“High（高）”选项。展开“Light cache（灯光缓存）”卷展栏，将“Subdivs（细分值）”设置为1200，在模式设置组中选择“From file（从文件）”模式。展开“rQMC采样器”卷展栏，将“Adaptive amount（适应数量）”设置为0.85，“Min samples（最小采样值）”设置为15，“Noise threshold（噪波阀值）”设置为0.002，“Global subdivs multiplier（全局）”设置为1.0，如图9-92所示。

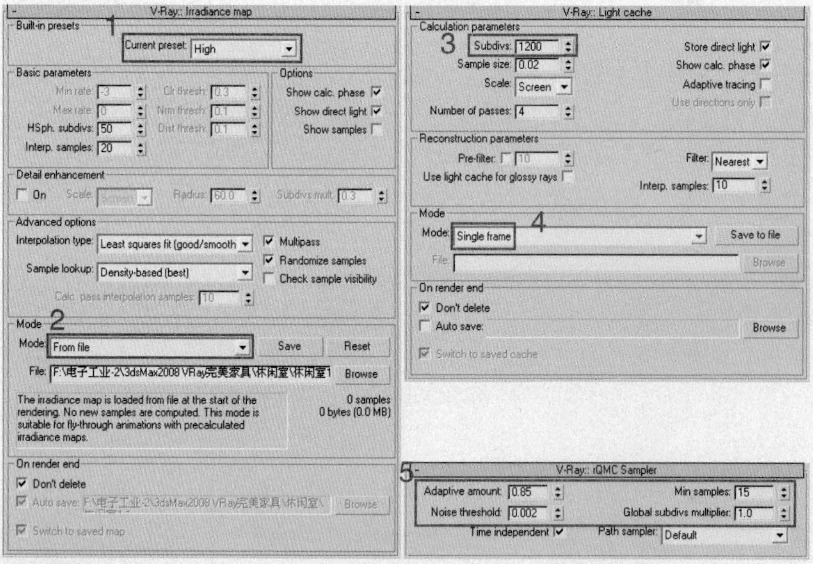

图9-92

| 4 | 进行最终渲染。单击按钮进行正图的渲染。

9.2.4 进行后期处理

| 1 | 在Photoshop CS3中打开“休闲室.tga”，单击图层面板下方的按钮，在弹出的菜单中选择【色阶】命令创建色阶整图层，调整图片明暗，如图9-93所示。

| 2 | 单击图层面板下方的按钮，在弹出的菜单中选择【曲线】命令，创建曲线调整图层。在“曲线”对话框中拖动曲线，对画面局部明暗再次进行调整，如图9-94所示。

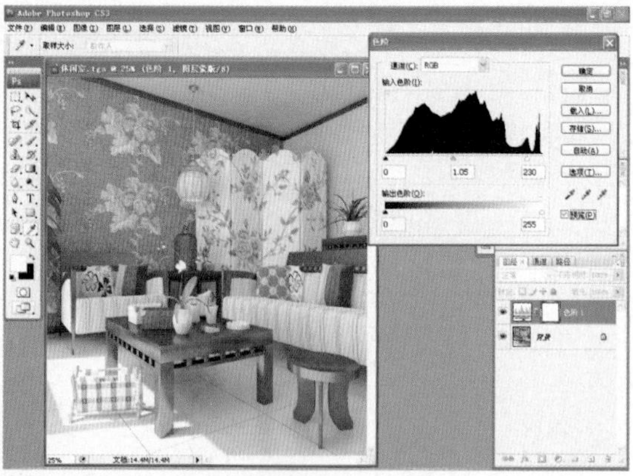

图9-93

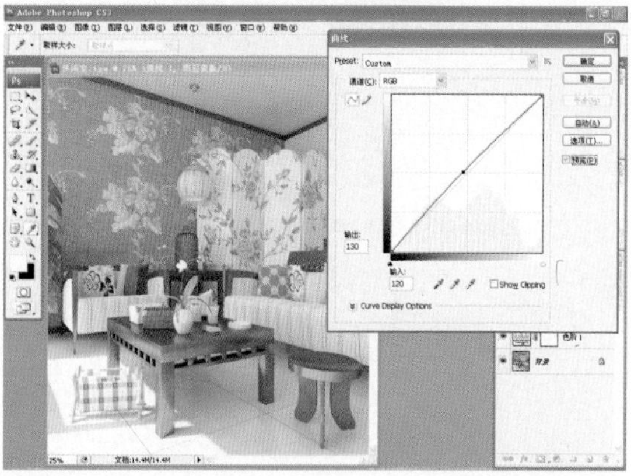

图9-94

| 3 | 单击图层面板下方的按钮，在弹出的菜单中选择【亮度/对比度】命令，创建亮度/对比度调整图层。在“亮度/对比度”对话框中将“亮度”和“对比度”都设置为5，如图9-95所示。

| 4 | 在图层面板上激活曲线调整图层，打开“曲线”对话框，如图9-96所示。

图9-95

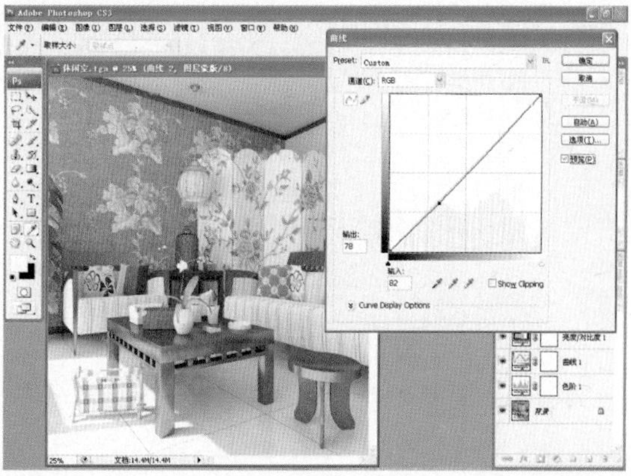

图9-96

| 5 | 在“曲线”对话框中单击鼠标，这样在曲线上将添加一个调节点。拖动新添加的调节点调整图片明暗，如图9-97所示。

| 6 | 单击图层面板下方的按钮，在弹出的菜单中选择【色彩平衡】命令，创建色彩平衡调整图层。在“色彩平衡”对话框中选择“中间调”单选按钮，如图9-98所示设置参数。

图9-97

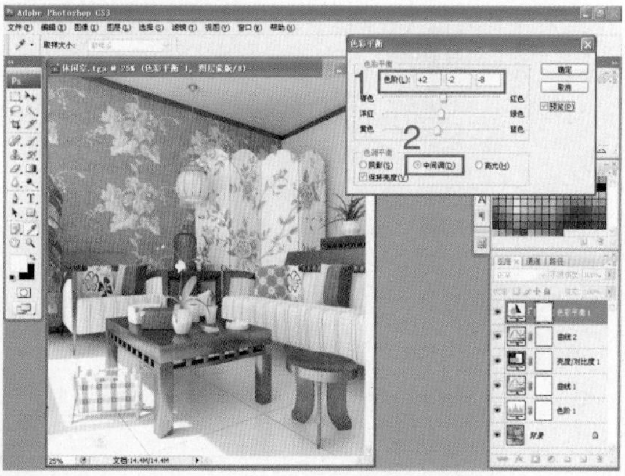

图9-98

丨7丨在“色彩平衡”对话框中选择“高光”单选按钮，并拖动滑块进行色彩平衡调节，如图9-99所示。

丨8丨单击图层面板下方的◐.按钮，在弹出的菜单中选择【色相/饱和度】命令，创建色相/饱和度调整图层。在“色相/饱和度”对话框中将“饱和度”设置为15，如图9-100所示。

图9-99

图9-100

丨9丨当对色相/饱和度进行调整后，图片的饱和度将增强，如图9-101所示。

丨10丨选择【图像】→【模式】→【Lab颜色】命令，图片将失去颜色。进入通道面板，将Alpha1通道删除，并激活“明度”通道，如图9-102所示。

图9-101

图9-102

丨11丨选择【图像】→【调整】→【色阶】命令，在“色阶”对话框中设置参数，如图9-103所示。

图9-103

| 12 | 激活“明度”通道，选择【滤镜】→【锐化】→【USM锐化】命令，在弹出的“USM锐化”对话框中将“数量”设置为60，如图9-104所示。

| 13 | 回到图层面板，再次选择【滤镜】→【锐化】→【USM锐化】命令，在弹出的“USM锐化”对话框中将“数量”设置为20，如图9-105所示。

图9-104

图9-105

| 14 | 在Photoshop CS3中进行后期处理后的效果如图9-106所示。

图9-106

反侵权盗版声明

电子工业出版社依法对本作品享有专有出版权。任何未经权利人书面许可，复制、销售或通过信息网络传播本作品的行为；歪曲、篡改、剽窃本作品的行为，均违反《中华人民共和国著作权法》，其行为人应承担相应的民事责任和行政责任，构成犯罪的，将被依法追究刑事责任。

为了维护市场秩序，保护权利人的合法权益，我社将依法查处和打击侵权盗版的单位和个人。欢迎社会各界人士积极举报侵权盗版行为，本社将奖励举报有功人员，并保证举报人的信息不被泄露。

举报电话：（010）88254396；（010）88258888

传　　真：（010）88254397

E-mail：dbqq@phei.com.cn

通信地址：北京市万寿路 173 信箱

　　　　　电子工业出版社总编办公室

邮　　编：100036